U0425819

向为创建中国卫星导航事业

并使之立于世界最前列而做出卓越贡献的北斗功臣们

致以深深的敬意!

"十三五"国家重点出版物
出版规划项目

卫星导航工程技术丛书

主　编　杨元喜
副主编　蔚保国

高精度 GNSS/INS 组合定位及测姿技术

High-Precision GNSS/INS Combined Positioning and Attitude Measurement Technology

伍蔡伦　智奇楠　编著

国防工業出版社
·北京·

内 容 简 介

本书系统地介绍了全球卫星导航系统(GNSS)和惯性导航系统(INS)基本理论以及 GNSS/INS 组合定位的理论、方法和系统设计。全书分为8章,在介绍 GNSS 和 INS 理论的基础上,从高精度定位以及组合定位的基本概念和方法入手,系统地阐述了高精度定位与测姿技术以及松组合、紧组合和深组合等不同架构的组合导航技术,详细阐述了高精度接收机以及高精度组合定位系统的实现细节,最后给出了高精度 GNSS/INS 组合定位与测姿系统的系统设计与应用。

本书可供从事卫星导航、组合导航等专业领域的工程技术人员以及高校师生阅读参考。

图书在版编目(CIP)数据

高精度 GNSS/INS 组合定位及测姿技术 / 伍蔡伦,智奇楠编著. — 北京 :国防工业出版社,2021.3
(卫星导航工程技术丛书)
ISBN 978 - 7 - 118 - 12171 - 1

Ⅰ. ①高… Ⅱ. ①伍… ②智… Ⅲ. ①卫星导航 - 全球定位系统 Ⅳ. ①P228.4

中国版本图书馆 CIP 数据核字(2020)第 146919 号

审图号 GS(2020)3014 号

※

国防工业出版社出版发行
(北京市海淀区紫竹院南路 23 号 邮政编码 100048)
天津嘉恒印务有限公司印刷
新华书店经售

*

开本 710 × 1000 1/16 **插页** 8 **印张** 15½ **字数** 284 千字
2021 年 3 月第 1 版第 1 次印刷 **印数** 1—2000 册 **定价** 108.00 元

国防书店:(010)88540777 书店传真:(010)88540776
发行业务:(010)88540717 发行传真:(010)88540762

孙家栋院士为本套丛书致辞

探索中国北斗自主创新之路
凝练卫星导航工程技术之果

当今世界，卫星导航系统覆盖全球，应用服务广泛渗透，科技影响如日中天。

我国卫星导航事业从北斗一号工程开始到北斗三号工程，已经走过了二十六个春秋。在长达四分之一世纪的艰辛发展历程中，北斗卫星导航系统从无到有，从小到大，从弱到强，从区域到全球，从单一星座到高中轨混合星座，从 RDSS 到 RNSS，从定位授时到位置报告，从差分增强到精密单点定位，从星地站间组网到星间链路组网，不断演进和升级，形成了包括卫星导航及其增强系统的研究规划、研制生产、测试运行及产业化应用的综合体系，培养造就了一支高水平、高素质的专业人才队伍，为我国卫星导航事业的蓬勃发展奠定了坚实基础。

如今北斗已开启全球时代，打造"天上好用，地上用好"的自主卫星导航系统任务已初步实现，我国卫星导航事业也已跻身于国际先进水平，领域专家们认为有必要对以往的工作进行回顾和总结，将积累的工程技术、管理成果进行系统的梳理、凝练和提高，以利再战，同时也有必要充分利用前期积累的成果指导工程研制、系统应用和人才培养，因此决定撰写一套卫星导航工程技术丛书，为国家导航事业，也为参与者留下宝贵的知识财富和经验积淀。

在各位北斗专家及国防工业出版社的共同努力下，历经八年时间，这套导航丛书终于得以顺利出版。这是一件十分可喜可贺的大事！丛书展示了从北斗二号到北斗三号的历史性跨越，体系完整，理论与工程实践相结合，突出北斗卫星导航自主创新精神，注意与国际先进技术融合与接轨，展现了“中国的北斗，世界的北斗，一流的北斗”之大气！每一本书都是作者亲身工作成果的凝练和升华，相信能够为相关领域的发展和人才培养做出贡献。

“只要你管这件事，就要认认真真负责到底。”这是中国航天界的习惯，也是本套丛书作者的特点。我与丛书作者多有相识与共事，深知他们在北斗卫星导航科研和工程实践中取得了巨大成就，并积累了丰富经验。现在他们又在百忙之中牺牲休息时间来著书立说，继续弘扬“自主创新、开放融合、万众一心、追求卓越”的北斗精神，力争在学术出版界再现北斗的光辉形象，为北斗事业的后续发展鼎力相助，为导航技术的代代相传添砖加瓦。为他们喝彩！更由衷地感谢他们的巨大付出！由这些科研骨干潜心写成的著作，内蓄十足的含金量！我相信这套丛书一定具有鲜明的中国北斗特色，一定经得起时间的考验。

我一辈子都在航天战线工作，虽然已年逾九旬，但仍愿为北斗卫星导航事业的发展而思考和实践。人才培养是我国科技发展第一要事，令人欣慰的是，这套丛书非常及时地全面总结了中国北斗卫星导航的工程经验、理论方法、技术成果，可谓承前启后，必将有助于我国卫星导航系统的推广应用以及人才培养。我推荐从事这方面工作的科研人员以及在校师生都能读好这套丛书，它一定能给你启发和帮助，有助于你的进步与成长，从而为我国全球北斗卫星导航事业又好又快发展做出更多更大的贡献。

2020 年 8 月

祝贺卫星导航工程技术丛书

圆满出版

杨元喜

于 2019 年第十届中国卫星导航年会期间题词。

期待卫星导航工程技术丛书

助力中国北斗系统发展

周承钰

于2019年第十届中国卫星导航年会期间题词。

卫星导航工程技术丛书
编审委员会

卫星导航工程技术丛书
编写委员会

丛书序

宇宙浩瀚、海洋无际、大漠无垠、丛林层密、山峦叠嶂，这就是我们生活的空间，这就是我们探索的远方。我在何处？我之去向？这是我们每天都必须面对的问题。从原始人巡游狩猎、航行海洋，到近代人周游世界、遨游太空，无一不需要定位和导航。

正如《北斗赋》所描述，乘舟而惑，不知东西，见斗则寤矣。又戒之，瀚海识途，昼则观日，夜则观星矣。我们的祖先不仅为后人指明了“昼观日，夜观星”的天文导航法，而且还发明了“司南”或“指南针”定向法。我们为祖先的聪颖智慧而自豪，但是又不得不面临新的定位、导航与授时（PNT）需求。信息化社会、智能化建设、智慧城市、数字地球、物联网、大数据等，无一不需要统一时间、空间信息的支持。为顺应新的需求，“卫星导航”应运而生。

卫星导航始于美国子午仪系统，成形于美国的全球定位系统（GPS）和俄罗斯的全球卫星导航系统（GLONASS），发展于中国的北斗卫星导航系统（BDS）（简称“北斗系统”）和欧盟的伽利略卫星导航系统（简称“Galileo 系统”），补充于印度及日本的区域卫星导航系统。卫星导航系统是时间、空间信息服务的基础设施，是国防建设和国家经济建设的基础设施，也是政治大国、经济强国、科技强国的基本象征。

中国的北斗系统不仅是我国 PNT 体系的重要基础设施，也是国家经济、科技与社会发展的重要标志，是改革开放的重要成果之一。北斗系统不仅“标新”“立异”，而且“特色”鲜明。标新于设计（混合星座、信号调制、云平台运控、星间链路、全球报文通信等），立异于功能（一体化星基增强、嵌入式精密单点定位、嵌入式全球搜救等服务），特色于应用（报文通信、精密位置服务等）。标新立异和特色服务是北斗系统的立身之本，也是北斗系统推广应用的基础。

2020 年 6 月 23 日，北斗系统最后一颗卫星发射升空，标志着中国北斗全球卫星导航系统卫星组网完成；2020 年 7 月 31 日，北斗系统正式向全球用户开通服务，标志着中国北斗全球卫星导航系统进入运行维护阶段。为了全面反映中国北斗系统建设成果,同时也为了推进北斗系统的广泛应用,我们紧跟北斗工程的成功进展,组织北斗系统建设的部分技术骨干,撰写了卫星导航工程技术丛书,系统地描述北斗系统的最新发展、创新设计和特色应用成果。丛书共26个分册,分别介绍如下:

卫星导航定位遵循几何交会原理,但又涉及无线电信号传输的大气物理特性以及卫星动力学效应。《卫星导航定位原理》全面阐述卫星导航定位的基本概念和基本原理,侧重卫星导航概念描述和理论论述,包括北斗系统的卫星无线电测定业务(RDSS)原理、卫星无线电导航业务(RNSS)原理、北斗三频信号最优组合、精密定轨与时间同步、精密定位模型和自主导航理论与算法等。其中北斗三频信号最优组合、自适应卫星轨道测定、自主定轨理论与方法、自适应导航定位等均是作者团队近年来的研究成果。此外,该书第一次较详细地描述了"综合PNT"、"微PNT"和"弹性PNT"基本框架,这些都可望成为未来PNT的主要发展方向。

北斗系统由空间段、地面运行控制系统和用户段三部分构成,其中空间段的组网卫星是系统建设最关键的核心组成部分。《北斗导航卫星》描述我国北斗导航卫星研制历程及其取得的成果,论述导航卫星环境和任务要求、导航卫星总体设计、导航卫星平台、卫星有效载荷和星间链路等内容,并对未来卫星导航系统和关键技术的发展进行展望,特色的载荷、特色的功能设计、特色的组网,成就了特色的北斗导航卫星星座。

卫星导航信号的连续可用是卫星导航系统的根本要求。《北斗导航卫星可靠性工程》描述北斗导航卫星在工程研制中的系列可靠性研究成果和经验。围绕高可靠性、高可用性,论述导航卫星及星座的可靠性定性定量要求、可靠性设计、可靠性建模与分析等,侧重描述可靠性指标论证和分解、星座及卫星可用性设计、中断及可用性分析、可靠性试验、可靠性专项实施等内容。围绕导航卫星批量研制,分析可靠性工作的特殊性,介绍工艺可靠性、过程故障模式及其影响、贮存可靠性、备份星论证等批产可靠性保证技术内容。

卫星导航系统的运行与服务需要精密的时间同步和高精度的卫星轨道支持。《卫星导航时间同步与精密定轨》侧重描述北斗导航卫星高精度时间同步与精密定轨相关理论与方法,包括:相对论框架下时间比对基本原理、星地/站间各种时间比对技术及误差分析、高精度钟差预报方法、常规状态下导航卫星轨道精密测定与预报等;围绕北斗系统独有的技术体制和运行服务特点,详细论述星地无线电双向时间比对、地球静止轨道/倾斜地球同步轨道/中圆地球轨道(GEO/IGSO/MEO)混合星座精密定轨及轨道快速恢复、基于星间链路的时间同步与精密定轨、多源数据系统性偏差综合解算等前沿技术与方法;同时,从系统信息生成者角度,给出用户使用北斗卫星导航电文的具体建议。

北斗卫星发射与早期轨道段测控、长期运行段卫星及星座高效测控是北斗卫星发射组网、补网,系统连续、稳定、可靠运行与服务的核心要素之一。《导航星座测控管理系统》详细描述北斗系统的卫星/星座测控管理总体设计、系列关键技术及其解决途径,如测控系统总体设计、地面测控网总体设计、基于轨道参数偏置的 MEO 和 IGSO 卫星摄动补偿方法、MEO 卫星轨道构型重构控制评价指标体系及优化方案、分布式数据中心设计方法、数据一体化存储与多级共享自动迁移设计等。

波束测量是卫星测控的重要创新技术。《卫星导航数字多波束测量系统》阐述数字波束形成与扩频测量传输深度融合机理,梳理数字多波束多星测量技术体制的最新成果,包括全分散式数字多波束测量装备体系架构、单站系统对多星的高效测量管理技术、数字波束时延概念、数字多波束时延综合处理方法、收发链路波束时延误差控制、数字波束时延在线精确标校管理等,描述复杂星座时空测量的地面基准确定、恒相位中心多波束动态优化算法、多波束相位中心恒定解决方案、数字波束合成条件下高精度星地链路测量、数字多波束测量系统性能测试方法等。

工程测试是北斗系统建设与应用的重要环节。《卫星导航系统工程测试技术》结合我国北斗三号工程建设中的重大测试、联试及试验,成体系地介绍卫星导航系统工程的测试评估技术,既包括卫星导航工程的卫星、地面运行控制、应用三大组成部分的测试技术及系统间大型测试与试验,也包括工程测试中的组织管理、基础理论和时延测量等关键技术。其中星地对接试验、卫星在轨测试技术、地面运行控制系统测试等内容都是我国北斗三号工程建设的实践成果。

卫星之间的星间链路体系是北斗三号卫星导航系统的重要标志之一,为北斗系统的全球服务奠定了坚实基础,也为构建未来天基信息网络提供了技术支撑。《卫星导航系统星间链路测量与通信原理》介绍卫星导航系统星间链路测量通信概念、理论与方法,论述星间链路在星历预报、卫星之间数据传输、动态无线组网、卫星导航系统性能提升等方面的重要作用,反映了我国全球卫星导航系统星间链路测量通信技术的最新成果。

自主导航技术是保证北斗地面系统应对突发灾难事件、可靠维持系统常规服务性能的重要手段。《北斗导航卫星自主导航原理与方法》详细介绍了自主导航的基本理论、星座自主定轨与时间同步技术、卫星自主完好性监测技术等自主导航关键技术及解决方法。内容既有理论分析,也有仿真和实测数据验证。其中在自主时空基准维持、自主定轨与时间同步算法设计等方面的研究成果,反映了北斗自主导航理论和工程应用方面的新进展。

卫星导航"完好性"是安全导航定位的核心指标之一。《卫星导航系统完好性原理与方法》全面阐述系统基本完好性监测、接收机自主完好性监测、星基增强系统完好性监测、地基增强系统完好性监测、卫星自主完好性监测等原理和方法,重点介绍相应的系统方案设计、监测处理方法、算法原理、完好性性能保证等内容,详细描述我国北斗系统完好性设计与实现技术,如基于地面运行控制系统的基本完好性的监测体系、顾及卫星自主完好性的监测体系、系统基本完好性和用户端有机结合的监测体系、完好性性能测试评估方法等。

时间是卫星导航的基础,也是卫星导航服务的重要内容。《时间基准与授时服务》从时间的概念形成开始:阐述从古代到现代人类关于时间的基本认识,时间频率的理论形成、技术发展、工程应用及未来前景等;介绍早期的牛顿绝对时空观、现代的爱因斯坦相对时空观及以霍金为代表的宇宙学时空观等;总结梳理各类时空观的内涵、特点、关系,重点分析相对论框架下的常用理论时标,并给出相互转换关系;重点阐述针对我国北斗系统的时间频率体系研究、体制设计、工程应用等关键问题,特别对时间频率与卫星导航系统地面、卫星、用户等各部分之间的密切关系进行了较深入的理论分析。

卫星导航系统本质上是一种高精度的时间频率测量系统,通过对时间信号的测量实现精密测距,进而实现高精度的定位、导航和授时服务。《卫星导航精密时间传递系统及应用》以卫星导航系统中的时间为切入点,全面系统地阐述卫星导航系统中的高精度时间传递技术,包括卫星导航授时技术、星地时间传递技术、卫星双向时间传递技术、光纤时间频率传递技术、卫星共视时间传递技术,以及时间传递技术在多个领域中的应用案例。

空间导航信号是连接导航卫星、地面运行控制系统和用户之间的纽带,其质量的好坏直接关系到全球卫星导航系统(GNSS)的定位、测速和授时性能。《GNSS 空间信号质量监测评估》从卫星导航系统地面运行控制和测试角度出发,介绍导航信号生成、空间传播、接收处理等环节的数学模型,并从时域、频域、测量域、调制域和相关域监测评估等方面,系统描述工程实现算法,分析实测数据,重点阐述低失真接收、交替采样、信号重构与监测评估等关键技术,最后对空间信号质量监测评估系统体系结构、工作原理、工作模式等进行论述,同时对空间信号质量监测评估应用实践进行总结。

北斗系统地面运行控制系统建设与维护是一项极其复杂的工程。地面运行控制系统的仿真测试与模拟训练是北斗系统建设的重要支撑。《卫星导航地面运行控制系统仿真测试与模拟训练技术》详细阐述地面运行控制系统主要业务的仿真测试理论与方法，系统分析全球主要卫星导航系统地面控制段的功能组成及特点，描述地面控制段一整套仿真测试理论和方法，包括卫星导航数学建模与仿真方法、仿真模型的有效性验证方法、虚-实结合的仿真测试方法、面向协议测试的通用接口仿真方法、复杂仿真系统的开放式体系架构设计方法等。最后分析了地面运行控制系统操作人员岗前培训对训练环境和训练设备的需求，提出利用仿真系统支持地面操作人员岗前培训的技术和具体实施方法。

卫星导航信号严重受制于地球空间电离层延迟的影响，利用该影响可实现电离层变化的精细监测，进而提升卫星导航电离层延迟修正效果。《卫星导航电离层建模与应用》结合北斗系统建设和应用需求，重点论述了北斗系统广播电离层延迟及区域增强电离层延迟改正模型、码偏差处理方法及电离层模型精化与电离层变化监测等内容，主要包括北斗全球广播电离层时延改正模型、北斗全球卫星导航差分码偏差处理方法、面向我国低纬地区的北斗区域增强电离层延迟修正模型、卫星导航全球广播电离层模型改进、卫星导航全球与区域电离层延迟精确建模、卫星导航电离层层析反演及扰动探测方法、卫星导航定位电离层时延修正的典型方法等，体系化地阐述和总结了北斗系统电离层建模的理论、方法与应用成果及特色。

卫星导航终端是卫星导航系统服务的端点，也是体现系统服务性能的重要载体，所以卫星导航终端本身必须具备良好的性能。《卫星导航终端测试系统原理与应用》详细介绍并分析卫星导航终端测试系统的分类和实现原理，包括卫星导航终端的室内测试、室外测试、抗干扰测试等系统的构成和实现方法以及我国第一个大型室外导航终端测试环境的设计技术，并详述各种测试系统的工程实践技术，形成卫星导航终端测试系统理论研究和工程应用的较完整体系。

卫星导航系统 PNT 服务的精度、完好性、连续性、可用性是系统的关键指标，而卫星导航系统必然存在卫星轨道误差、钟差以及信号大气传播误差，需要增强系统来提高服务精度和完好性等关键指标。卫星导航增强系统是有效削弱大多数系统误差的重要手段。《卫星导航增强系统原理与应用》根据国际民航组织有关全球卫星导航系统服务的标准和操作规范，详细阐述了卫星导航系统的星基增强系统、地基增强系统、空基增强系统以及差分系统和低轨移动卫星导航增强系统的原理与应用。

与卫星导航增强系统原理相似，实时动态（RTK）定位也采用差分定位原理削弱各类系统误差的影响。《GNSS 网络 RTK 技术原理与工程应用》侧重介绍网络 RTK 技术原理和工作模式。结合北斗系统发展应用，详细分析网络 RTK 定位模型和各类误差特性以及处理方法、基于基准站的大气延迟和整周模糊度估计与北斗三频模糊度快速固定算法等，论述空间相关误差区域建模原理、基准站双差模糊度转换为非差模糊度相关技术途径以及基准站双差和非差一体化定位方法，综合介绍网络 RTK 技术在测绘、精准农业、变形监测等方面的应用。

GNSS 精密单点定位（PPP）技术是在卫星导航增强原理和 RTK 原理的基础上发展起来的精密定位技术，PPP 方法一经提出即得到同行的极大关注。《GNSS 精密单点定位理论方法及其应用》是国内第一本全面系统论述 GNSS 精密单点定位理论、模型、技术方法和应用的学术专著。该书从非差观测方程出发，推导并建立 BDS/GNSS 单频、双频、三频及多频 PPP 的函数模型和随机模型，详细讨论非差观测数据预处理及各类误差处理策略、缩短 PPP 收敛时间的系列创新模型和技术，介绍 PPP 质量控制与质量评估方法、PPP 整周模糊度解算理论和方法，包括基于原始观测模型的北斗三频载波相位小数偏差的分离、估计和外推问题，以及利用连续运行参考站网增强 PPP 的概念和方法，阐述实时精密单点定位的关键技术和典型应用。

GNSS 信号到达地表产生多路径延迟，是 GNSS 导航定位的主要误差源之一，反过来可以估计地表介质特征，即 GNSS 反射测量。《GNSS 反射测量原理与应用》详细、全面地介绍全球卫星导航系统反射测量原理、方法及应用，包括 GNSS 反射信号特征、多路径反射测量、干涉模式技术、多普勒时延图、空基 GNSS 反射测量理论、海洋遥感、水文遥感、植被遥感和冰川遥感等，其中利用 BDS/GNSS 反射测量估计海平面变化、海面风场、有效波高、积雪变化、土壤湿度、冻土变化和植被生长量等内容都是作者的最新研究成果。

伪卫星定位系统是卫星导航系统的重要补充和增强手段。《GNSS 伪卫星定位系统原理与应用》首先系统总结国际上伪卫星定位系统发展的历程，进而系统描述北斗伪卫星导航系统的应用需求和相关理论方法，涵盖信号传输与多路径效应、测量误差模型等多个方面，系统描述 GNSS 伪卫星定位系统（中国伽利略测试场测试型伪卫星）、自组网伪卫星系统（Locata 伪卫星和转发式伪卫星）、GNSS 伪卫星增强系统（闭环同步伪卫星和非同步伪卫星）等体系结构、组网与高精度时间同步技术、测量与定位方法等，系统总结 GNSS 伪卫星在各个领域的成功应用案例，包括测绘、工业控制、军事导航和 GNSS 测试试验等，充分体现出 GNSS 伪卫星的“高精度、高完好性、高连续性和高可用性”的应用特性和应用趋势。

GNSS 存在易受干扰和欺骗的缺点，但若与惯性导航系统（INS）组合，则能发挥两者的优势，提高导航系统的综合性能。《高精度 GNSS/INS 组合定位及测姿技术》系统描述北斗卫星导航/惯性导航相结合的组合定位基础理论、关键技术以及工程实践，重点阐述不同方式组合定位的基本原理、误差建模、关键技术以及工程实践等，并将组合定位与高精度定位相互融合，依托移动测绘车组合定位系统进行典型设计，然后详细介绍组合定位系统的多种应用。

未来 PNT 应用需求逐渐呈现出多样化的特征，单一导航源在可用性、连续性和稳健性方面通常不能全面满足需求，多源信息融合能够实现不同导航源的优势互补，提升 PNT 服务的连续性和可靠性。《多源融合导航技术及其演进》系统分析现有主要导航手段的特点、多源融合导航终端的总体构架、多源导航信息时空基准统一方法、导航源质量评估与故障检测方法、多源融合导航场景感知技术、多源融合数据处理方法等，依托车辆的室内外无缝定位应用进行典型设计，探讨多源融合导航技术未来发展趋势，以及多源融合导航在 PNT 体系中的作用和地位等。

卫星导航系统是典型的军民两用系统，一定程度上改变了人类的生产、生活和斗争方式。《卫星导航系统典型应用》从定位服务、位置报告、导航服务、授时服务和军事应用 5 个维度系统阐述卫星导航系统的应用范例。“天上好用，地上用好”，北斗卫星导航系统只有服务于国计民生，才能产生价值。

海洋定位、导航、授时、报文通信以及搜救是北斗系统对海事应用的重要特色贡献。《北斗卫星导航系统海事应用》梳理分析国际海事组织、国际电信联盟、国际海事无线电技术委员会等相关国际组织发布的 GNSS 在海事领域应用的相关技术标准，详细阐述全球海上遇险与安全系统、船舶自动识别系统、船舶动态监控系统、船舶远程识别与跟踪系统以及海事增强系统等的工作原理及在海事导航领域的具体应用。

将卫星导航技术应用于民用航空，并满足飞行安全性对导航完好性的严格要求，其核心是卫星导航增强技术。未来的全球卫星导航系统将呈现多个星座共同运行的局面，每个星座均向民航用户提供至少 2 个频率的导航信号。双频多星座卫星导航增强技术已经成为国际民航下一代航空运输系统的核心技术。《民用航空卫星导航增强新技术与应用》系统阐述多星座卫星导航系统的运行概念、先进接收机自主完好性监测技术、双频多星座星基增强技术、双频多星座地基增强技术和实时精密定位技术等的原理和方法,介绍双频多星座卫星导航系统在民航领域应用的关键技术、算法实现和应用实施等。

本丛书全面反映了我国北斗系统建设工程的主要成就,包括导航定位原理,工程实现技术,卫星平台和各类载荷技术,信号传输与处理理论及技术,用户定位、导航、授时处理技术等。各分册:虽有侧重,但又相互衔接;虽自成体系,又避免大量重复。整套丛书力求理论严密、方法实用,工程建设内容力求系统,应用领域力求全面,适合从事卫星导航工程建设、科研与教学人员学习参考,同时也为从事北斗系统应用研究和开发的广大科技人员提供技术借鉴,从而为建成更加完善的北斗综合 PNT 体系做出贡献。

最后,让我们从中国科技发展史的角度,来评价编撰和出版本丛书的深远意义,那就是:将中国卫星导航事业发展的重要的里程碑式的阶段永远地铭刻在历史的丰碑上!

杨元喜

2020 年 8 月

前 言

高精度 GNSS/INS 组合定位与测姿技术是卫星导航技术与惯性导航技术的深度融合,它兼具高精度、高可用、高可靠的特点,是目前最为广泛的一种组合导航方式。该组合方式在测绘、军事、自动驾驶等领域有着广泛应用。本书以卫星导航和惯性导航为背景,根据多年的科研积累和工程实践经验,详细介绍了高精度 GNSS/INS 组合定位的理论、方法、关键技术以及工程应用。本书概述了 GNSS 和 INS 的基本理论;详细介绍了 GNSS 和 INS 的多种组合方式,并对卫星导航和惯性导航进行组合的技术体制、测量模型、误差模型和不同组合方式下的性能进行分析;从工程实践角度介绍高精度 GNSS/INS 组合定位与测姿系统的体系架构、工作原理、设备组成、关键技术以及测试方法和结果等。最后介绍高精度 GNSS/INS 组合定位与测姿系统在各个行业中的应用,以及未来的应用前景。

本书的应用价值体现在以下几个方面。

(1) 高精度处理的硬件视角:高精度处理主要在于误差消除,本书重点从硬件角度分析接收机端的误差建模和消除,同时描述高精度接收机的设计与实现。

(2) 松/紧组合的工程化实现:松/紧组合是当前组合导航系统的主流模式,本书重点分析卫星导航与惯性导航的各项误差建模,从工程化的角度给出详尽分析。

(3) 深组合的工程技术实现:深组合技术代表了未来组合导航系统的发展趋势。本书重点描述了高精度 GNSS/INS 组合定位及测姿系统中深组合的设计与实现,为下一步组合导航的发展提供思路和途径。

全书共包括 8 章内容,分别从高精度 GNSS/INS 组合定位与测姿系统的工作原理、体系架构、设备组成以及设计实现等方面进行介绍,并对其未来应用进行展望。

第 1 章绪论,从卫星导航和惯性导航的基本原理入手,介绍卫星导航和惯性导航的基本概念和工作原理,也给出了 GNSS/INS 组合定位与测姿的相关技术简介和发展现状。

第 2 章卫星导航系统理论及信号,介绍当前主流四大全球卫星导航系统以及区域导航系统,同时介绍导航和定位关系密切的时空基准及其转换,最后针对卫星导航的信号格式进行详细描述。

第 3 章卫星导航观测量与定位，从无线电定位的基本原理出发，系统介绍卫星导航的观测量形成、单点定位、相对定位以及多天线测姿等理论。

第 4 章捷联惯导理论，介绍捷联惯性导航的基本理论、工作原理以及常用坐标系，介绍各类传感器的工作原理以及误差特性，最后对于捷联惯性导航的对准和解算进行详细介绍。

第 5 章 INS 及多源组合导航理论及方法，介绍卡尔曼滤波器的理论，介绍了 GNSS/INS 的不同组合方式，重点对车载环境下的组合导航进行了描述，最后介绍了 MEMS 组合导航技术。

第 6 章高精度 GNSS 接收机实现，介绍高精度接收机的实现，详细介绍高精度接收机中观测量输出的重要部分—码环和载波环设计，介绍高精度处理的相关细节，包括预处理、相对定位、定向、测姿以及精密单点定位等。

第 7 章高精度 GNSS/INS 组合定位与测姿系统设计与实现，介绍国内外典型的高精度 GNSS/INS 定位测姿系统的现状，同时详细介绍高精度 GNSS/INS 组合定位与测姿系统的设计与测试技术。

第 8 章高精度 GNSS/INS 组合定位与测姿系统应用，介绍高精度 GNSS/INS 组合定位与测姿系统在测绘、军事以及无人驾驶等多个领域的应用，并对未来组合定位系统的前景进行展望。

本书的编写主要由两位作者完成：伍蔡伦负责该书的第 1、2、3、6、8 章编写；智奇楠负责该书的第 4、5、7 章编写。在本书编写过程中得到了许多专家和领导的支持与帮助，其中：中国电子科技集团公司第五十四研究所李隽研究员以及武汉大学王磊副研究员对本书的章节编排提出了宝贵建议，并对“第 6 章高精度 GNSS 接收机实现”的编写给予无私的指导；辽宁工程技术大学祝会忠副教授，中国电子科技集团公司第五十四研究所谢松高工、刘鹏飞工程师分别对第 3、4、5 等章节贡献了很多智慧，李枭楠、郝菁、刘天立、邢博文、孙一雄对书稿进行了整理与校对；丛书副主编蔚保国首席科学家也多次对本书进行审阅并提出修改建议，在此一并表示感谢。

由于作者水平有限，书中难免存在疏漏、不当之处，恳请读者批评指正。

作者
2020 年 8 月

目录

第1章　绪　　论

高精度定位技术毫无疑问是当前导航与位置服务领域需求最大、挑战最多、应用最广的关键技术之一。人工智能(AI)、大数据、云计算等新兴技术的发展加速推动了当今社会从信息时代到智能时代的跨越,对更可靠更高精度的位置需求也越来越迫切。

考虑到应用场景极其复杂,单一导航定位技术很难满足所有场景要求,卫星导航和惯性导航技术作为位置服务领域最重要的两项基础性技术已经深入到各行各业中。卫星导航不随时间发散,绝对定位精度高,可全天时全天候提供服务。惯性导航不受外界干扰、精度高,能输出位置、速度以及姿态等全方位信息。因此,本书以高精度这一核心目标为牵引,将卫星导航技术与惯性导航技术深度融合,实现可靠的高精度组合定位测速以及测姿,为高精度全球卫星导航系统/惯性导航系统(GNSS/INS)组合定位的发展提供一些有价值的思路。

1.1　卫星导航技术

卫星导航技术是本书的基础之一。利用卫星得到位置、速度、时间信息已经成为时空信息获取的重要手段,并应用到各行各业中。为了让读者对此有清晰了解,本书花费一定篇幅对卫星导航系统的基本原理和理论进行详细描述。

目前卫星导航系统包括美国的全球定位系统(GPS)、俄罗斯的全球卫星导航系统(GLONASS)、中国的北斗卫星导航系统(BDS)以及欧盟的伽利略卫星导航系统(Galileo 系统)四大导航系统,除此以外,还包括一些区域导航系统,比如日本的准天顶卫星系统(QZSS)以及印度区域卫星导航系统(IRNSS)等。

1.1.1　高精度 GNSS 的现状

高精度 GNSS 技术主要是指利用误差改正等信息实现更高精度导航定位的技术,伪距差分技术、载波相位差分技术、精密单点定位技术等都属于高精度 GNSS 技术[1]。高精度 GNSS 技术具有全天候、高精度、全球覆盖、实时性强等诸多优点,目前广泛应用在交通、军事、农业等领域,例如车辆的导航定位、形变监测、靶场测量、精准农业等。

目前应用最为广泛的是载波相位差分技术,即实时动态(RTK)技术。在短基线差分测量方面主要有荷兰代尔夫特工业大学的 P. J. G. Teunissen 提出的基于最小二乘原理的双差基线解算方法,其提出的最小二乘模糊度降相关平差(LAMBDA)算法成为目前为止模糊度搜索最有效的方法。在中长基线的高精度解算方面,由于受到对流层、电离层等误差的影响,需要进行模型改正和参数估计。其中:对流层误差主要利用经验模型改正和参数估计的方式进行处理;电离层误差的消除则主要使用无电离层组合模型实现。高精度后处理软件主要有美国麻省理工学院的 GAMIT、瑞士伯尔尼大学的 Bernese、武汉大学的 Panda 等。

1.1.2 GNSS 定向测姿的现状

国外在利用 GNSS 卫星实现定向技术方面早已开始了相关研究,并且取得了较大进展。20 世纪 80 年代 Brown、Bowles 和 Thorvaldsen 首次提出使用载波相位来确定姿态的概念[2]。1983 年,Joseph 首次尝试开发单基线的定向系统并进行了静态实验[3]。美国天宝(Trimble)公司于 1985 年生产出第一台可以用于定位和定向测姿的 GPS 接收机,并对其进行了初步验证。1992 年美国斯坦福大学的 C. E. Cohen 等研制并进行了 GPS 航向姿态系统的试飞,验证其航姿系统的精度小于 0.1°[4]。1998 年,J. H. Keong 等开展了多导航系统定向的研究,通过 GPS 和 GLONASS 双系统卫星信号来测量载体姿态,提高了恶劣环境下的解算成功率[5]。

在国内方面,定向技术研究相对国外而言起步比较晚,但各大高校和研究机构都开展了利用 GPS 载波相位实现载体姿态测量的研究[6-8]。武汉大学、上海交通大学等高校在此方面均取得了一些研究成果,例如:上海交通大学导航制导与控制研究所利用诺瓦泰(NovAtel)公司的 OEM 板卡开展了 GPS 以及 GLONASS 组合姿态测量的研究,取得了 1°均方根(RMS)的定向精度(基线长度 2m);武汉大学以及北京航空航天大学也利用各自的卫星导航接收设备取得了 1°RMS 和 0.8°RMS 的精度。

除了应用于定向外,GNSS 也可以用于姿态测量。20 世纪 80 年代初,GPS 接收机硬件发展相对比较缓慢,且价格昂贵,因此早期 GPS 测姿主要集中在仿真研究。1988 年 7 月,美国天宝公司开发研制成功的第一台 GPS 姿态测量接收机(具有 18 个通道和 3 个接收天线)在美国海军约克城号导弹巡洋舰上进行了试验,用于确定航向与纵摇的基线长为 60cm,用于确定横摇的基线长为 40cm,天线周围由不反射的纤维玻璃制成防护栏杆,数据处理试验结果与 INS 比较,航向、纵摇和横摇的标准偏差分别为 1.5°、4.3°和 5.6°,第一次验证了 GPS 能给低、中速运动载体提供姿态测量信息。

进入 20 世纪 90 年代,利用 GPS 载波相位进行低、中速载体姿态测量的理论开始日益成熟,国外许多大公司争相开展 GPS 姿态测量系统的研制和试验,并取得了令人瞩目的进展,如 1991 年阿什泰克(Ashtech)公司推出了 3DF 系统,1992 年天宝公司推出了 TANSVECTOR 系统,测试结果表明这些专用 GPS 测姿接收机姿态测量精度可达 0.03°~0.5°,然而这与测试环境和天线距离有关。1993 年 Lu 用 3 根 GPS 接收天线

对应3个接收机搭建了GPS测姿系统,利用最优搜索法解算载波相位整周模糊度,并与阿什泰克公司3DF测姿接收机的测姿结果比对表明:它和专用的测姿接收机姿态测量结果一致。1999年,佳瓦特(Javad)公司展示的4天线GPS/GLONASS双频RTK系统也能实现测姿功能。2000年,加拿大卡尔加里大学的J. H. Keong通过为两台阿什泰克GG24型单频GPS/GLONASS接收机提供同步时钟,实验证明了利用单频信号测量载体俯仰角和偏航角的可行性。

在航天应用方面,GPS姿态测量技术的研究和产品开发为降低空间应用成本提供了巨大潜力。陆地卫星四号(Landsat-4)是第一个在轨使用GPS接收机的卫星。自此以后,接收机技术不断发展,很多小卫星平台都转而使用小型、先进的GPS接收机进行授时、定位和测速。德国EQUATOR-S卫星在1997年12月发射入轨,在轨进行了利用GPS信号计算卫星姿态的试验。这次试验对GPS在自主轨道、姿态确定和同步卫星控制等方面的应用产生了很大影响。2000年,在欧洲未来航天器空间导航与姿态测量研究中,欧洲空间研究和技术中心无线电导航实验室研发的GPS导航与测姿系统GINAS,利用载波相位差分技术达到了0.1°的姿态测量精度。目前,加拿大诺瓦泰公司生产的兼容BDS的单机测向板卡使用2m、4m的基线能够分别达到0.08°、0.05°的测向精度。当采用GNSS双天线与INS进行组合测姿时横滚角和俯仰角精度可达0.015°,方位角精度可达0.08°。此类产品可以方便地应用于无人机导航、稳定平台、自动化控制等领域[9-11]。

目前,各科研机构及各大公司着重于可靠性、高精度、实时性等方面的研究。研究重点主要有以下方面。

(1) 算法优化:通过改进GNSS测姿算法,尤其是整周模糊度算法,提高载体测量的可靠性及精度。

(2) 组合研究:为消除GNSS测姿系统的局限性,将GNSS测姿系统与其他系统组合在一起,从而实现优势互补。目前研究较多的是将GNSS和惯性导航系统进行组合,这样既可以发挥GNSS无累积误差的优势,又能发挥惯性导航系统自主性强的优势。

(3) 短基线研究:GNSS测姿系统的精度依赖于基线的长度,较长的基线能够取得较高精度。因此,在基线较短的情况下如何获得较高精度的姿态信息成为一个主要研究方向。

(4) 系统优化:芯片技术的快速发展,使得研制低功耗小尺寸的高精度测姿系统成为可能。国内一些公司也开发出基于导航芯片的测姿系统。

1.1.3 高精度定位定向及测姿应用

高精度定位定向及测姿技术主要应用在航天、测绘、气象、交通等领域。在航天应用中,航天器姿态和轨道确定主要是通过在卫星上搭载GNSS接收机,实现精密定位和定轨,为航天器制导及控制提供位置、速度、姿态、姿态角速率和时间等多种信息。这种应用无需地面观测站,完全实现航天器自主轨道确定和姿态确定。除了精密定轨以外,GNSS 动对动精密相对定位技术能够为卫星星座的编队飞行提供精确位置、速度等信息,实现精确的轨道控制,具有精度高、连续性高、自主性强、成本低等特点,已经被广泛应用[12]。

测绘领域的典型应用包括尾矿库以及土石大坝监测、大桥自动化监测、南极科考、机械控制及高危边坡监测、精准农业和驾考系统等。由于定向测姿设备精度较高,而成本与惯性系统相比更加低廉,因此在很多应用场合非常受欢迎,具有良好的市场前景。

高精度驾考系统是定位定向领域一个比较有特色的应用。在驾考系统应用中,通过引入高精度 GNSS 定位定向技术可以实现场地考试和实际道路考试中的高精度车辆位置与车辆朝向测量。高精度 GNSS 定位定向技术的使用大大提升了驾考系统的可靠性、精度以及工作效率,缩短了整个系统运行维护的时间和成本。在精准农业应用中,将高精度定位定向技术和车辆自动驾驶技术相结合,通过精确测量车辆位置、航向和姿态自动调整车辆转向,使车辆严格保持直线、设定曲线或者按照自动规划路线行驶,保证耕地、播种、喷洒和收割等农田重复作业所需的厘米级精度,大大提高农机作业效率,降低驾驶员的劳动强度。

在军事领域,基于高精度 GNSS 定位定向技术的应用越来越多。一种典型的军事应用场景是靶场的高精度测量。无人靶机可以在军事演习或武器试射时,模拟敌军的航空武器或者来袭导弹。无人靶机通过高精度 GNSS 定位定向设备,实时接收 GNSS 信号,解算出高精度的位置、速度、航向以及时间信息,完成对靶机轨迹的高精度测量。在不增加测量人员负担的情况下,自主完成试验任务的高精度数据处理以及存储,具备数据回放、事后分析等功能,为武器定型试验和武器作战试验任务提供更多更完善的测试手段。

综上所述,高精度 GNSS 的应用迎来了快速发展阶段,高精度 GNSS 定位定向技术有着良好的市场前景和社会效益。无论是在民用领域还是军事领域,高精度 GNSS 定位定向技术都有着巨大需求和广泛应用。

1.2 惯性导航技术

惯性导航是一门传统技术。惯性导航是以陀螺仪和加速度计为敏感器件,通过测量载体在惯性参考系下的角增量以及加速度,计算一次积分和二次积分后,求得载体的运动速度和距离以进行导航的技术。惯性导航是一种自主式的导航方法,完全依靠载体上的设备自主地确定载体的航向、姿态、位置和速度等导航参数。惯性导航并不需要外界任何的光、电、磁参数输入就可以工作。因此,惯性导航系统具有隐蔽性好、全天候工作等优点。对飞行器、舰船和地面移动载体(特别是用于军事目的)等尤为重要。近三十年来,在航空、航天、航海、地面交通和大地测量中惯性

导航系统都得到了广泛应用。

1.2.1 惯性导航技术的特点

惯性导航系统(简称惯导系统)的优点是能够不依赖外界信息,具有很强的隐蔽能力,可以完全独立自主地提供多种高精度的导航参数(位置、速度、姿态)。由于使用了惯性敏感器件,因此可以获得较高精度的载体运动及其姿态变化信息,也可以提供较高的数据更新率。但是惯性导航系统的缺点也很明显,系统中的惯性器件(陀螺仪和加速度计)误差水平决定了导航定位精度,由于使用积分方式获得位置、速度及姿态结果,导航参数的误差(如位置误差)会随着时间而累积,因此惯导系统特别是低成本惯导不适合单独长时间导航。

1.2.2 惯性导航技术发展现状

目前惯导系统在各类民用航天飞行器、运载火箭、客/货机及军事领域的各类军用飞机、战术导弹等武器系统上被广泛采用。随着航空航天技术的发展及新型惯性器件关键技术的陆续突破,捷联惯导系统的可靠性、精度将会更高,成本将更低。同时,随着惯性系统内的计算机容量和处理速度的提高,许多惯性器件的误差补偿及消除技术也开始走向实用,它将进一步提高惯导系统精度。

20 世纪 80 ~90 年代,航天飞机、宇宙飞船、卫星等民用装备及各种战略和战术导弹、军用飞机、反潜武器、作战舰艇等军事装备开始采用动力调谐式陀螺仪、激光陀螺仪和光纤式陀螺仪等构成的捷联惯导系统,其中激光陀螺仪和光纤式陀螺仪是捷联惯导系统的理想器件。激光陀螺仪具有角速率动态范围宽、对加速度和震动不敏感、不需温控、启动时间特别短和可靠性高等优点。激光陀螺仪惯导系统已在波音757/767、A310 民机以及 F-20 战斗机上使用,精度达到 1.85km/h 的量级。20 世纪 90 年代,激光陀螺仪惯导系统估计占全部惯导系统的 50% 以上市场份额,其价格与普通惯导系统差不多,但由于增加了平均故障间隔时间,因而其寿命期费用只有普通惯导系统的 15% ~20% 。光纤陀螺仪实际上是激光陀螺仪中的一种,其原理与环型激光陀螺仪相同,克服了因激光陀螺仪闭锁带来的负效应,具有检测灵敏度和分辨力极高(可达 10^{-7}rad/s)、启动时间极短(原理上可瞬间启动)、动态范围极宽、结构简单、零部件少、体积小、造价低、可靠性高等多个优点。采用光纤陀螺仪的捷联航姿系统已用于战斗机的机载武器系统及波音 777 飞机上。波音 777 由于采用了光纤陀螺仪的捷联惯导系统,其平均故障间隔时间可高达 20000h。采用光纤陀螺仪的捷联惯导系统被认为是一种极有发展前途的导航系统。

我国惯性导航与惯性仪表的发展已经初具规模,具有一定的自行设计、研制和生产能力,基本具备了全系列陀螺仪和加速度计等传感器的批量化生产能力。但和国外某些先进技术相比,还有一定差距。

1.3 GNSS/INS 组合定位及测姿

1.3.1 组合导航的概念

由于陀螺仪漂移和加速度计的误差随时间逐渐积累(这也是纯惯导系统的主要误差源之一,它对位置误差的影响是时间的三次方函数),惯导系统长时间运行必将导致累积误差,因此,目前人们除了不断探索提高自主式惯导系统的精度外,还寻求引入外部信息,形成组合式导航系统,这是弥补惯导系统不足的一个重要措施[13]。

随着研究深入和技术发展,GNSS/INS 组合导航技术在国外已经成为广泛采用的全天候、半自主式制导技术[14]。随着 GNSS 的应用普及和惯性器件成本的逐步降低,GNSS/INS 组合导航系统显示出巨大的发展潜力。GNSS/INS 组合导航系统可以提供三维位置、三维速度和精确的时间信息,组合系统的核心是卡尔曼滤波器,它遵循线性最小方差准则,实现导航定位结果的最优估计[15]。美国海军在海湾战争发射的“斯拉姆”导弹的惯导系统融合了 GPS 技术,其命中精度达 10 ~ 15m。随着微电子及微机械等技术的发展,微机电系统(MEMS)惯性器件随之迅速发展起来。利用 MEMS 陀螺仪和加速度计可构成微型惯性测量单元(MIMU),它具有成本低、体积小、功耗小、可靠性高和环境适应能力强等特点[16]。MEMS 惯性器件的出现使 GNSS/INS 组合方式成为导航技术应用的重要方向,目前已经成为国外正在发展的第 4 代中/远程精确制导武器普遍采用的一项关键技术。

组合导航系统通常以惯导系统作为主导航系统,而将其他导航定位误差不随时间积累的导航系统,如无线电导航、天文导航、地形匹配导航、GNSS 等,作为辅助导航系统,将辅助信息作为观测量并应用卡尔曼滤波技术,对组合系统的状态变量进行最优估计,以获得高精度的导航结果。上述方法既保持了纯惯导系统的自主性,又防止了导航定位误差随时间的积累。

1.3.2 组合导航的发展现状

GNSS/INS 组合导航技术发展经历了三个阶段。阶段一:“重调”式、松组合(Loose Integration)阶段。阶段二:紧组合(Tight Integration)阶段。阶段三:标量、矢量深组合(Deep Integration)阶段。组合导航技术三个阶段特点是组合层次逐步深入,联系更加密切,动态性能、抗干扰性能、可用性能、精度不断提升。

松组合将来自 INS 的原始测量值(角速度和加速度)变换为载体姿态、位置和速度,结合 GNSS 接收机输出的导航结果,融合处理得到最终的导航参数。这种组合导航方式中两个系统相对独立工作,结构直观,工程实现相对简单。松组合方式需要足够数目的可见卫星(单系统接收机需要至少 4 颗卫星)使接收机能够完成位置、速度和时间(PVT)解算,否则组合导航系统不能正常工作。由于接收机内部使用的某些

导航解算方法会导致 PVT 结果存在相关性,因此可能导致组合滤波器的工作异常。

紧组合采用 GNSS 接收机的伪距/伪距率观测量与惯导数据融合处理。这种方式由于直接采用了原始观测量而没有输入观测量的相关性问题。接收机无需进行导航解算就可以进行组合,因此在可见卫星数目不足的情况下也具有一定的工作能力。紧组合方式和松组合方式相比,需要对接收机或 INS 设备内部软硬件进行改进才能提取原始观测量,实现比较复杂,因而成本较高。

深组合则是使用 INS 测得的载体位置、速度、加速度对卫星信号的载波多普勒频率、载波相位、码相位进行估计,接收机载波和码跟踪环路无需直接跟踪接收信号的快速变化,这样可以减小载波和码跟踪环路带宽,带宽的缩小可以减小热噪声的影响,因此深组合方式可以更好地适用于高动态的载体机动[17]。另外由于使用了 INS 的独立观测信息,使得 GNSS 接收机对于卫星信号的依赖程度降低,因此深组合方式在信噪比(SNR)更低的恶劣环境下具有更好的工作潜力。深组合方式需要建立跟踪环路中测量值与载体位置、速度的关系,这种关系通常比较复杂,而且环路中观测量输出速率很高,需要很强的数据处理能力才能进行有效处理,这些问题增加了深组合的实现难度。

1980 年 E. M. Copps 在关于 GPS 信号最优化处理的文献中最先认识到 INS/GPS 深组合的优势。直到 20 世纪末,深组合导航方式才受到关注。美国国防高级研究计划局(DARPA)的 P. G. Donald 等在 2000 年明确了深组合方式,提出了基于码跟踪环的 INS/GPS 深组合方法以提高接收机的抗干扰能力,并采用仿真的 GPS 信号和惯性数据验证了这一方法。美国斯坦福大学的 Gautier 进一步完善了这一概念,对 INS/GPS 的深组合方法进行了研究,对深组合方式下卡尔曼滤波器的基本结构及状态观测方程进行了分析。加拿大的 Abbott 和 Lillo 则为 INS/GPS 的联合卡尔曼滤波器(FKF)实现方法申请了专利,并受美国关键军事技术出口限制。

美国斯坦福大学和明尼苏达大学对 INS 辅助 GPS 接收机载波跟踪环路研究工作比较深入,如斯坦福大学的 Santiago Alban 和明尼苏达大学的 Demoz Gebre 等对 MEMS 辅助 GPS 的跟踪环路进行了分析和研究,认为在低成本惯性测量单元(IMU)辅助下,接收机的载波环路带宽可以从传统的 15Hz 减小到 3Hz,增强了抑制噪声的能力。

加拿大雷锡恩公司的 E. L. David 研究了 INS/GPS 深组合方式下晶振对信号捕获和跟踪环路的影响,提出 INS 辅助信息具有对于接收机钟漂和频偏估计的改善作用。加拿大卡尔加里大学的 Gao Guojiang 利用 INS 信息辅助高灵敏 GPS 接收机组成深组合系统,并设计利用 INS 信息实现 INS 辅助延迟锁定环(DLL),提高了 GPS 接收机在衰落信号环境下的信号跟踪能力。澳大利亚新南威尔士大学的 Di Li 等利用扩展卡尔曼滤波器实现了 INS/GPS 的深组合,着重解决了深组合中的非线性问题,并对其性能进行了分析。除此之外,其他研究机构包括美国遥感中心、美国俄亥俄大学、韩国首尔国立大学和建国大学等对深组合技术进行了理论研究和探讨。同时,美国工业界的主流公司,如美国 IEC 公司、雷锡恩公司等也都开发了各自基于 INS/GPS 的深组合导航测试平台。国外 GNSS/INS 深组合系统的研究现状如表 1.1 所列。

表 1.1　GNSS/INS 深组合系统统计列表

研究单位	国家	深组合类型	系统平台	实时性	年份
斯坦福大学	美国	标量	软件	非实时	2003 年
宇宙航空研究开发机构	日本	标量	软件	非实时	2011 年
卡尔加里大学	加拿大	矢量	软件	非实时	2006 年
俄亥俄大学	美国	矢量	软件	实时	2004 年
奥本大学	美国	矢量	硬件	非实时	2010 年
L3 技术公司和 IEC 公司	美国	矢量	硬件	实时	2002 年
诺瓦泰和 KVH 公司	加拿大	标量	硬件	实时	2008 年
霍尼韦尔公司和罗克韦尔国际公司	美国	矢量	硬件	实时	2006 年

由表 1.1 及国内外研究现状可知,国外的惯导/矢量接收机深组合装备已经商业化,软硬件一体化的实时矢量深组合系统已经开始应用。总体来看,深组合技术研究在国外已经开展了多年,并取得了大量的研究成果[18]。

深组合导航技术除了提高惯性导航系统的性能以外,重点以改善接收机性能为目标,相对于单一接收机,其在动态性、抗干扰性、数据输出频率、参数种类方面均有大幅改善。现代武器对导航装备的体积、重量以及功耗等指标提出了较高要求,传统的激光惯导、光纤惯导与 GPS 进行组合已经无法满足武器装备对导航设备小体积、低功耗等的要求。基于 MEMS 的 IMU 性能不断提高,而深组合方式对 IMU 品质要求越来越低,因此,基于 MEMS 的 IMU 在组合方案中越来越多被采用。美国的 L3 技术公司和 IEC 公司针对精确制导武器系统对导航系统的体积、质量、精度方面的要求,采用伪距/伪距率组合方式,建立了 INS 和 GPS 的紧组合导航系统,并于 2005 年 7 月发布了新一代用于精确制导武器、导弹、无人轰炸机的 FaSTAP 抗干扰技术和 GPS/INS 深组合系统。

参考文献

[1] KAPLAN E D, HEGARTY C J. Understanding GPS principles and applications[M]. Norwood: Artech House Inc, 2006.

[2] BROWN A K. Interferometric attitude determination using the global positioning system[J]. Massachusetts Institute of Technology, 1981, 38(3):99-102.

[3] BROWN A K, JOSEPH K M, DEEM P S. Precision orientation: a new GPS application [C]//International Telemetering Conference, San Diego, October 24-27, 1983.

[4] COHEN C E.. Attitude determination using GPS[D]. San Francisco:Standford Universitiy, 1992.

[5] RYAN S J,STEPHEN S,KEONG J H,et al. Combination of GPS and GLONASS for hydrographic applications under signal masking [C]//The Canadian Hydorgraphic Conference,Nova Scotia,June 3-5,1998.

[6] 何晓峰. 北斗/微惯导组合导航方法研究[D]. 长沙:国防科技大学, 2009.

[7] 寇艳红, 张其善, 李先亮. 车载 GPS/DR 组合导航系统的数据融合算法[J]. 北京航空航天大学学报, 2003(3):264-268.

[8] 李鹏, 陆明泉, 冯振明. GNSS/IMU 组合导航观测量丢弃策略[J]. 清华大学学报(自然科学版), 2011(1):122-130.

[9] 李涛. 非线性滤波方法在导航系统中的应用研究[D]. 长沙:国防科技大学, 2003.

[10] 尚捷. MIMU 及其与 GPS 组合系统设计与实验研究[D]. 北京: 清华大学, 2005.

[11] 沈忠, 俞文伯, 房建成. 基于 UKF 的低成本 SINS/GPS 组合导航系统滤波算法[J]. 系统工程与电子技术, 2007(3):408-411.

[12] COHEN C E, PARKINSON B W, MCNALLY B D. Flight tests of attitude determination using GPS compared against an inertial navigation unit[J]. Navigation, 1994, 41(1):83-97.

[13] SUKKARIEH S, NEBOT E M, DURRANT-WHYTE H F. A high integrity IMU/GPS navigation loop for autonomous land vehicle applications[J]. IEEE Transactions on Robotics and Automation, 1999, 15(3):572-578.

[14] COX D B. Integration of GPS with inertial navigation systems[J]. Global Positioning System, 1979(1):144-153.

[15] 董绪荣, 张守信, 华仲春. GPS/INS 组合导航定位及其应用[M]. 长沙: 国防科技大学出版社, 1998.

[16] PARK M, GAO Y. Error analysis and stochastic modeling of low-cost MEMS accelerometer[J]. Journal of intelligent & robotic systems theory & applications, 2006, 46(1):27-41.

[17] SUN D. Ultra-tight GPS/reduced IMU for land vehicle navigation[D]. Calgary:University of Calgary, 2010.

[18] GODHA S. Performance evaluation of low cost MEMS-based IMU integrated with GPS for land vehicle navigation application[D]. Calgary:University of Calgary, 2006.

第2章 卫星导航系统理论及信号

本章重点介绍各卫星导航系统及其基本要素:时空基准和卫星导航信号结构。它属于卫星导航系统的基本知识,是后续章节的基础。

2.1 卫星导航系统介绍

卫星导航系统是一种星基无线电导航定位系统,它能够为处于地球表面或近地空间用户提供即时三维位置、速度、时间等重要信息。随着卫星导航系统在军民领域的作用越来越大,美国、俄罗斯、欧盟及中国等开始大力发展卫星导航系统,截至目前,除美国的GPS外,还有俄罗斯的GLONASS、欧盟的Galileo系统及中国的BDS等多种卫星导航系统。

2.1.1 GPS

GPS是目前全球范围内应用最主流的卫星导航系统,由美国研制并监管。GPS基本定位原理是利用测距交会定位方法,通过3颗以上卫星的已知空间位置交会出地面未知点(待测点)的位置[1]。GPS卫星发射测距信号,测距信号中含有卫星位置信息的导航电文,地面用户接收测距信号并根据导航电文计算出卫星位置,从而完成定位。

1973年,美国国防部为满足军民领域的导航定位授时需求,提出了建设GPS的构想并为其设定了技术发展路线。GPS从设计到投入使用,共用了约22年时间。在建设初期美国相继发射了6颗不同种类的卫星。到1995年,系统正式建成并投入运营,在全球范围内提供定位、导航与授时(PNT)服务。2005年,美国为了提供更精确的定位服务以保持GPS在卫星导航领域的垄断地位,开始对GPS的现代化建设。截至2019年4月,GPS在轨正常运行卫星共有31颗,包括1颗Block ⅡA卫星,11颗Block ⅡR卫星、7颗Block ⅡR(M)卫星和12颗Block ⅡF卫星,其中Block ⅡF卫星能够播发L5频段的信号。2018年12月首次发射的GPS Ⅲ卫星增加了第四代民用信号L1C,拥有更好的安全性、完整性和准确性,目前正处于在轨测试中。

GPS是由空间部分、地面控制部分以及用户部分组成。GPS空间部分负责提供具有测距能力和包含导航电文的信号。地面控制部分负责对空间卫星星座进行监测、控制以及维护,包括监测卫星的实际运行状态、计算卫星实时位置、维持星座构型

以及将电文信息通过注入站上传至卫星。用户部分通过处理接收到的卫星信号,获得伪距和卫星位置信息,再利用最小二乘等算法计算出自身当前位置、速度和时间。

GPS空间部分主要指GPS卫星。GPS卫星能够播发测距信号和导航电文,接收机跟踪卫星信号并利用解调出的导航电文信息解算出自身位置。此过程属于无源定位,因此GPS在提供服务时所承担的压力并不会随用户数量的增加而增加。美国军方在GPS设计阶段总结了海军导航卫星系统(NNSS)的建设经验,并且对系统的不足之处进行了优化。为了使GPS具备全球范围内的卫星导航定位能力,GPS卫星星座在建设初期设计了24颗卫星,其中工作卫星21颗,备用卫星3颗。当工作卫星发生故障时,备用卫星可以将其替换,从而保证系统运行的连续性。目前GPS在轨卫星的数量已经达到31颗。GPS卫星星座的轨道倾角为55°,卫星轨道高度约为20200km,其运行周期为11h58min。

GPS卫星分布在6条近圆形轨道上,各轨道面的位置通过其与地球赤道面交点的位置来描述,各轨道面升交点赤经相差60°,能够保证6个轨道面均匀地分布在赤道上方。卫星在轨道内的位置用平近点角表示,在同一轨道上的各卫星的升交角距相差90°。这种星座布局保证了GPS在全球范围内有尽可能多的可见卫星。图2.1为GPS星座的卫星分布。GPS卫星中装备有高精度原子钟、进行数据处理的计算机以及为系统提供电能的两块太阳能翼板。除此之外每颗卫星还装备有导航荷载(接收数据、发射测距码和导航数据)、姿态控制装置和太阳能板指向系统,用以保障卫星正常运行。

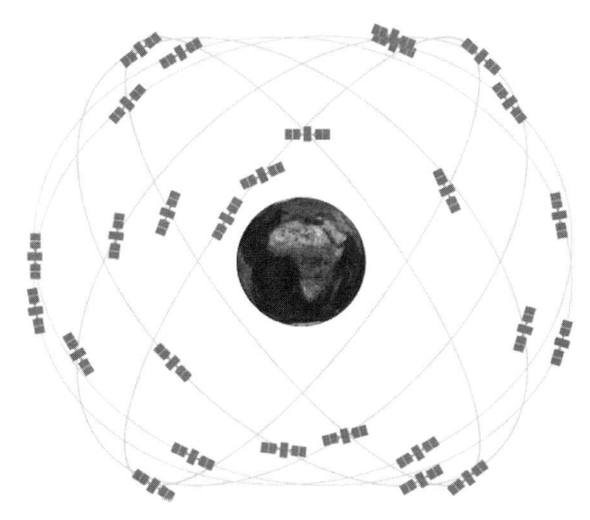

图2.1 GPS卫星星座分布(见彩图)

GPS卫星在这些年经历了不同的技术发展阶段,截至目前一共发射了Block Ⅰ、Block Ⅱ、Block ⅡA、Block ⅡR、Block ⅡF、GPS Ⅲ共六个系列的卫星[2-3]。

Block I作为验证阶段开发的卫星由罗克韦尔国际公司生产并制造了11颗,其主要目的是验证 GPS 早期的关键技术。该类卫星的发射时间主要集中在 1978 年至 1985 年，卫星上可以存储约 3 天的导航电文数据。在卫星姿态控制方面，需要地面控制部分不断地对卫星进行控制。

与 Block Ⅰ阶段的卫星相比，罗克韦尔国际公司对 Block Ⅱ卫星进行了大幅技术改进，进一步提高了系统的容错性以及抗干扰性。Block Ⅱ卫星能够通过新的姿态控制装置来控制卫星姿态，使其无需地面控制部分干预。Block Ⅱ卫星的设计寿命仅为 7.5 年，但其平均使用寿命达到了 11.8 年，其中 15 号卫星寿命达到了 15 年。

Block ⅡA 是继 Block Ⅱ卫星后新一代卫星，也是由罗克韦尔国际公司制造，共有 19 颗。Block ⅡA 卫星与 Block Ⅱ卫星十分相似，增加了卫星的自主运行期限，其自主运行期限达到 180 天。Block ⅡA 卫星是在 1990 年至 1997 年期间发射的，设计寿命同样为 7.5 年，但目前仍然有 1 颗 Block ⅡA 卫星在轨运行，卫星的平均寿命达到了 10.3 年。

Block ⅡR 卫星是由洛克希德·马丁公司生产制造，用以替代早期发射的 Block Ⅱ和 Block ⅡA 卫星。Block ⅡR 卫星分为经典的 IIR 型卫星以及经过现代化过程的 Block ⅡR(M)卫星。Block ⅡR 的设计寿命为 7.5 年，在卫星上搭载了先进的铷原子频标，与早期发射的卫星相比，Block ⅡR 卫星具有更强的自主性、可重编程性并改进了天线板设计。Block ⅡR(M)卫星是在 Block ⅡR 基础上进行现代化的补充卫星，Block ⅡR(M)卫星在 L2 载波上增加了第二个民用信号，并且更换了更加先进的硬件平台。

Block ⅡF 是美国空军为了维持 GPS 星座继续运行而研制的新型卫星。Block ⅡF 卫星在原来 L2 载波上增加了新的军用信号，并且增加了新的民用 L5 信号。Block ⅡF 卫星上的导航载荷包括 2 台铷频标和 1 台数字铯束频标，卫星的设计寿命为 12 年。

GPS Ⅲ是最新一代的导航卫星，同样由洛克希德·马丁公司制造。与现有卫星相比，GPS Ⅲ在 L1 载波上新增了 L1C 民用信号，从而使 GPS Ⅲ可以和 BDS、Galileo 系统实现兼容与互操作。在性能上，GPS Ⅲ将信号准确度提高 3 倍，同时大幅增强了抗干扰能力，可以令系统有效防止意外或敌方信号的侵入，保障信息的可靠性与安全性。无论是在军事领域还是民用领域，GPS Ⅲ卫星都能凭借独有优势提供更优质可靠的服务。表 2.1 列出了目前在轨运行的卫星信息。

GPS 地面控制部分的主要功能是对卫星星座进行监控并维持 GPS 健康、高效运行。该部分是 GPS 的大脑和中枢。它发出指令对卫星轨道进行较小范围的机动调整，以保证卫星工作在适当轨道上。GPS 控制部分会根据星上时钟的误差变化对卫星进行调整。当卫星信号出现异常时，控制部分能以最快速度解决问题。除此之外，该部分还负责更新卫星的导航电文，保证用户接收信息的时效性与准确性。

表 2.1 在轨卫星运行状况

早期卫星			现代化卫星	
Block ⅡA	Block ⅡR	Block ⅡR(M)	Block ⅡF	GPS Ⅲ
• 1颗在轨运行; • C/A码调制在L1频段上,可供民用使用; • P码调制在L1、L2频段上供军方使用; • 设计使用寿命为7.5年; • 1990年至1997年期间发射	• 11颗在轨运行; • C/A码调制在L1频段上; • P码调制在L1、L2频段上; • 设计使用寿命为7.5年; • 1997年至2004年期间发射	• 7颗在轨运行; • 能够发射所有上一代信号; • 在L2频段上增加了第二个民用信号(L2C); • 新增M码军用信号; • 设计使用寿命为7.5年; • 2005年至2009年期间发射	• 12颗在轨运行; • 能够发射所有上一代信号; • 在L5频段上新增加了第三个民用信号用于改进定位精度、信号强度以及质量; • 设计使用寿命为12年; • 2010年至2016年期间发射	• 已成功发射; • 能够发射所有上一代卫星信号; • 在L1频段上增加了第四个民用信号(L1C)用于改进信号设计以增强信号可靠性、准确性及完备性; • 设计使用寿命为15年; • 2018年开始发射

整个地面控制部分包括卫星监测站、卫星主控站和卫星注入站,除了主控站需要工作人员进行现场管理外,监测站与注入站均已实现自动化运行,为无人值守状态。地面站在全球范围内分布,各站所处的具体位置如图2.2所示。

GPS用户部分主要是指GPS接收机,接收机内部可以生成与卫星信号一致的伪随机码信号,并通过与接收到的卫星信号进行相关来计算接收机到卫星的距离[4]。通常接收机的工作流程是:首先接收机捕获信号,成功后开始对信号进行跟踪,实现同步后进行观测量收集与处理,接收机内部嵌入的导航定位算法根据收集的原始观测量实现定位,从而获得接收机的位置、速度和时间信息,最后接收机将解算好的导航定位结果输出给用户。

卫星信号是通过接收机天线进行接收的,天线为右旋圆极化,并提供近于半球形的覆盖,典型的覆盖范围约为160°。天线相位中心既有物理相位中心也有电子相位中心,物理相位中心可以通过实际测量的方法确定,而电子相位中心与物理相位中心通常不在一个点上,而且会随着接收信号到达接收天线的方向变化而变化。当用GPS接收机进行定位时,实际上是在估计天线的电子相位中心的位置。对于测量型GPS接收机天线,电子和物理相位中心有毫米级的差异。在高精度GPS应用中,必

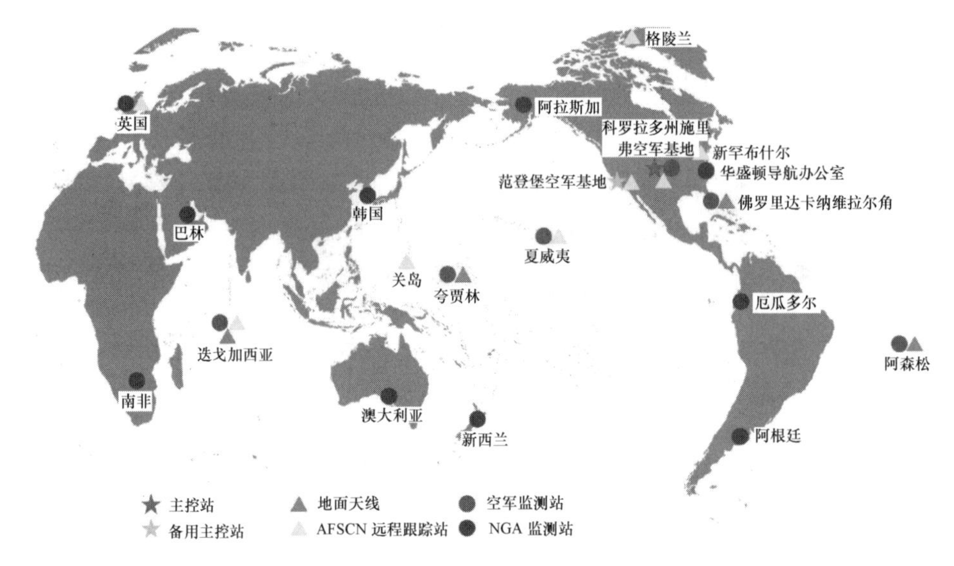

图 2.2　GPS 地面主控站以及监测站分布(见彩图)

须获取这一差异的校准数据。

天线有螺旋线圈、片状天线等多种形式。天线选择需要根据具体使用场景进行判断。例如,对于使用过程中容易受到较大阻力,需要增加天线牢固性的场合,应该使用片状天线,这样可以在使用过程中不影响载体的流线型,能够保证载体的动态性能。另外,如果考虑天线的抗干扰性能,在某些军用场合会使用阵列天线以保证定位的可靠性和抗干扰性能。

GPS 接收机大致可以分为两类,一类是能够同时跟踪 L1 和 L2 频点的粗码以及精码的双频接收机,而另一类是只能跟踪粗码的单频接收机。一般有高精度需求的用户使用双频接收机。这种接收机在初始工作时会跟踪 L1 频率上的粗码,然后转换到跟踪 L1 和 L2 频率上的精码。对于定位精度要求不高的用户,一般使用只跟踪粗码的接收机即可。但随着技术的进步,使用双频接收机的情况越来越多。

除了上述两种接收机外,还有一些其他类型的接收机,例如,面向民用的半无码跟踪接收机。这种接收机能跟踪 L1 频点上的粗码以及 L1 和 L2 频点上的载波相位,因为载波的波长较短,所以能够达到比较高的测量精度。当观测时间足够长时,解算精度能达到厘米级和毫米级。通常接收机包含有多个通道,每个通道都是相互独立的,每个接收机能够同时跟踪多颗卫星。

随着加工制造业以及集成电路技术的发展,GPS 接收机的成本在不断下降,同时体积不断缩小,重量不断减轻,这使得接收机的便携性大幅提升,令 GPS 的应用局限性大大降低,有力推动了 GPS 的进一步发展[5]。

2.1.2　GLONASS

20 世纪 60 年代末期,美国、苏联正值冷战时期,苏联为了增强自身军队的作战

能力，亟须为海军、陆军以及空军提供一种独立的导航定位系统。因此苏联国防部联合国内的海陆空三军研究所，开始着手一个独立的、可靠的卫星导航系统建设，并且于1970年确定了该系统的建设框架。GLONASS就是在这样的背景下，由苏联于1976年正式提出构想并设计研制，苏联解体后由俄罗斯接手进行运营与维护。

苏联国防部制定了详细的系统建设方案，并且将卫星导航系统正式命名为GLONASS。在此之后开始卫星的研制，并且在1982年成功进行了第一次卫星发射，将首颗GLONASS卫星送上了预定轨道。随后，苏联政府进行了一系列卫星发射，1993年进行联网调试后，系统正式运行，从而使其成为继美国的GPS后第二个能够在全球范围内进行定位、测速、授时的卫星导航系统[6]。

1991年苏联解体后，GLONASS的建设维护工作转交给了俄罗斯。为了更好地维护GLONASS的运行，1993年系统交给了俄罗斯航空部进行管理。该部门负责GLONASS在轨卫星的监测以及上注导航信息，同时担负维持GLONASS星座几何构型稳定的职责。

GLONASS开始正常运行后遇到各种困难。首先是GLONASS卫星的实际寿命达不到设计寿命，并且伴随着俄罗斯经济衰退，俄罗斯政府无法维持对GLONASS的正常维护，导致GLONASS在2000年无法提供导航服务。随着俄罗斯经济逐步好转，俄罗斯意识到卫星导航系统在军用和民用中的重要性，开始对GLONASS进行升级维护。截至2019年，系统有24颗卫星在轨正常工作。

俄罗斯为了加强系统的稳定性以及可用性，1994年启动了新一代卫星的发射以完善GLONASS的性能。1995年12月，俄罗斯通过“一箭三星”方式将三颗卫星同时送入预定轨道，从而使星座中具备了可替换工作卫星的备用卫星，进一步提高了系统的可靠性。到目前为止，在轨的24颗卫星运行正常，使GLONASS再一次具备了在全球范围内的导航、定位、授时服务能力。在GLONASS民用推广方面，俄罗斯政府于1995年3月解除了对GLONASS使用的限制，使其应用从军用扩展到民用。

GLONASS的建设要晚于GPS，正式投入使用的时间与GPS相当。从1976年正式提出系统的规划方案到系统投入运行共经历了19年时间，期间共进行了27次发射，一共将67颗卫星送入太空。图2.3给出了GLONASS历年的卫星数变化图。

GLONASS同样由三部分组成，包括卫星星座（空间部分）、地面控制基础设施（控制部分）和用户设备（用户部分）。

GLONASS共有24颗卫星。这些卫星分布在3个轨道面上，每个轨道面上有8颗卫星，其中每个轨道面上能正式使用的卫星有7颗，剩余1颗作为备用卫星。其中一个轨道面的升交点赤经为73°，而剩余两个轨道面的赤经与该轨道面间隔角度呈均匀分布在赤道360°范围内。GLONASS卫星轨道高度为19100km，卫星距离地心的距离为25510km，轨道倾角为64.8°。GLONASS卫星轨道的倾角较大，因此GLONASS对高纬度地区具有良好的覆盖性。在可用卫星数量为24颗时，GLONASS能够保证地球上任何一个地方可观测到5颗以上卫星。图2.4和图2.5分别给出了

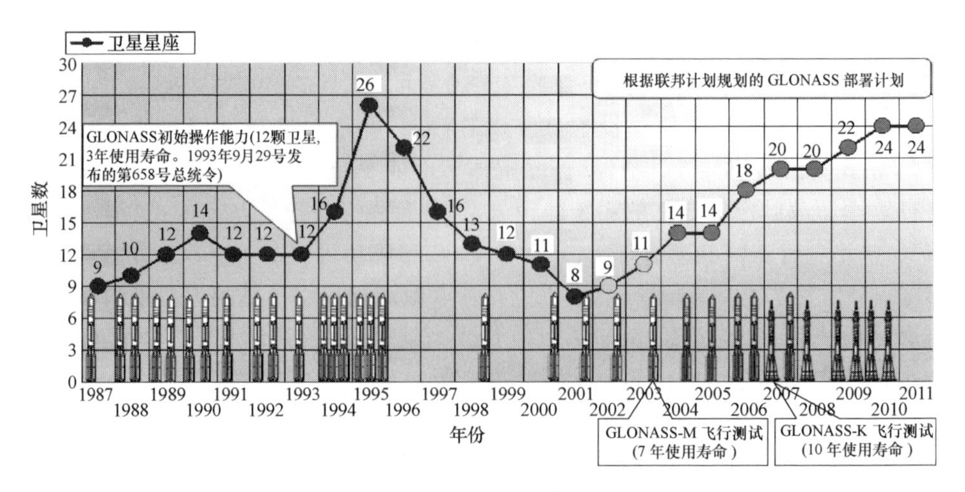

图 2.3　GLONASS 卫星历年卫星数变化

GLONASS 在全球的卫星可用性以及全球范围内的几何精度衰减因子(GDOP)分布。

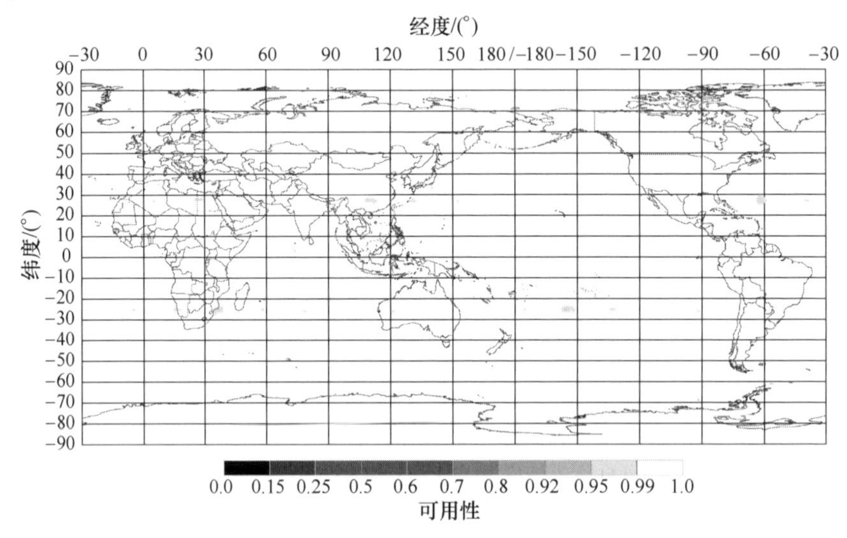

图 2.4　GLONASS 卫星的可用性(见彩图)

GLONASS 卫星播发 1.6GHz 和 1.2GHz 两个频率的卫星信号。与 GPS 信号有所不同,GLONASS 卫星信号采用频分多址方式。所有 GLONASS 卫星使用同一种二进制相移键控(BPSK)调制方式,每颗卫星发射的信号频率各不相同。其中 L1 载波上的相邻卫星频率间隔为 0.5625MHz,L2 载波上相差 0.4735MHz。24 颗卫星 L1 频段占据了约 14MHz 的带宽。为了节约宝贵的无线电频率资源,GLONASS 的卫星轨道上位置相对的两颗卫星采用相同的载波频率,这样既能保证卫星之间互不干扰,又能降低卫星载波频率的数量。卫星编号按照卫星飞行的反方向递增,GLONASS 卫星的编号分为宇宙卫星编号、GLONASS 编号和卫星识别编号。卫星识别编号表示该卫星

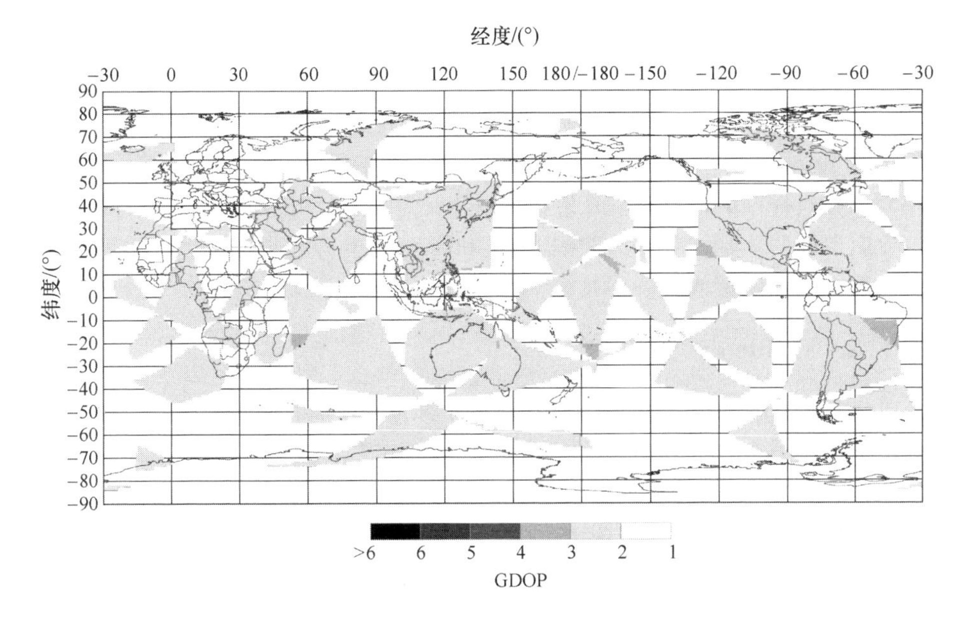

图2.5　GLONASS在全球范围内的几何精度衰减因子分布(见彩图)

所采用的载波频率值,也称为频率编号。除此之外GLONASS还根据卫星位置以及卫星轨道的不同对卫星进行编号。

GLONASS地面控制部分主要负责预测卫星轨道并上传星历,调整星钟以及监控卫星状态等。具体任务包括:

(1)预测并生成卫星星历;

(2)将有关信息(预测星历、时钟校正值、历书信息等)上传至相应卫星;

(3)计算GLONASS时与协调世界时(UTC)之间的偏差;

(4)调整星钟并保证其与GLONASS时间同步;

(5)GLONASS卫星的指挥、控制、维护以及跟踪。

这些功能由多个地面站点协同完成。由于苏联解体后GLONASS的运行维护任务转交给俄罗斯负责,目前GLONASS的控制站以及跟踪站主要集中在俄罗斯的领土范围内。GLONASS的控制中心由俄罗斯航空部负责管理,地址位于莫斯科附近。该中心的主要功能是对GLONASS进行协调控制,保证系统的有序运行。控制中心还负责处理跟踪站信息以及维护GLONASS的时间基准,同时发布GLONASS的时间信息,供用户使用。GLONASS的遥测站则分布在俄罗斯境内的圣彼得堡、捷尔诺波尔、埃尼谢斯克和共青城四个城市。

用户设备部分主要包括天线和接收机,其中天线能够跟踪GLONASS信号,接收机能够接收、处理卫星信号,同时进行导航解算,得到位置、速度以及时间等信息。1989年前,苏联不对外公布GLONASS的接口控制文件,因此只有苏联的少数部门能够研制和生产接收机。这种接收机主要作为军事用途,其类型为专用型接收机。进入 20 世纪 90 年代，俄罗斯对外公布了 GLONASS 接口控制文件，从而为接收机生产商提供了契机，市场上开始出现各种类型的 GLONASS 接收机。这种接收机成本低廉、体积小、重量轻。很多公司生产了多模接收机以支持 GPS/GLONASS 双系统，例如阿什泰克公司生产的 24 通道接收机能够接收 GPS/GLONASS 双系统信号。GLONASS从接口控制文件公布后开始从军用转变为军民合用，有效地增加了GLONASS在卫星导航市场的份额。我国有很多公司和研究所生产和研制了 GPS/GLONASS/BDS 三系统卫星导航接收机。

2.1.3 Galileo 系统

考虑到卫星导航、定位与授时三大功能在诸多领域内都有广泛应用，具有重要的经济价值和战略意义，欧盟于 20 世纪末提出了建设独立于 GPS 与 GLONASS 的新一代民用卫星导航系统的计划——Galileo 计划。系统首批正式卫星于 2011 年 10 月发射，截至 2018 年 7 月，欧盟已经发射了 26 颗卫星，已经基本完成组网并具备导航定位功能。

Galileo 计划预计耗资 27 亿美元，由 30 颗卫星组成，其中 27 颗卫星为工作卫星，3 颗为候补卫星，分别位于 3 个轨道面内，卫星轨道高度为 24126km，位于 3 个轨道倾角为 56°的轨道平面内。卫星绕地球旋转一周的时间为 14h4min，卫星质量为 625kg，在轨寿命 15 年，功耗为 1.5kW，频率范围包括 E2-L1-E1 频段（1559 ~ 1592 MHz）、E5 频段（1164 ~ 1215MHz）、E6 频段（1260 ~ 1300 MHz）。每颗 Galileo 卫星可以发射 E1B、E1C、E5a 和 E5b、E6B、E6C 六种导航信号。

Galileo 系统和 GPS 以及 GLONASS 的系统构成类似，分为空间段、环境段、地面段和用户段。其中环境段是新独立出来的部分。Galileo 环境段主要负责研究电离层、对流层、电波干扰和多径效应，以及它们的缓解技术和对策。实际上环境段在 GPS 和 GLONASS 中都是存在的，但在 Galileo 系统中，它被视作最关键的组成部分之一。Galileo 系统这么做的主要原因是对定位精度和可靠性的需求日益增加。在实际导航定位过程中，定位结果会因大气、电离层等因素受到显著影响，所以增加了环境段来提高其重要性以满足定位精度和可靠性的需要[7-8]。

该系统除 30 颗中高圆轨道卫星外，还包括地面段。Galileo 系统地面段主要由控制中心（2 个）、C 频段任务上行站（5 个）、上行注入站（5 个）、监测站（29 个）组成。它们之间通过数据链路和通信网络进行信息传输。除了以上部门外，还包括搜寻与救援（SAR）中心，欧洲静地轨道卫星导航重叠服务（EGNOS）和协调世界时（UTC）部门。其中控制中心又分为 4 个子系统：完好性处理系统、精密定时系统、轨道同步和定时系统以及资源控制系统。资源控制系统又包括服务产品分系统、卫星控制分系统和任务控制分系统。

Galileo 用户段包括海陆空天等领域的应用终端。Galileo 系统建设完成后在全球范围内提供以下 5 种服务：开放服务（OS）、生命安全（SOL）、商业服务（CS）、公共特许服务（PRS）及搜索与救援（SAR）服务。普通终端可以免费使用 OS 以及 SAR 两

大服务。Galileo 系统用户终端不仅可以通过卫星信号获取位置、时间等基础信息，还可以在发生紧急事件时向 SAR 组织发送坐标并获得救援。针对有特殊需求的用户，Galileo 系统也可以有偿地提供服务，例如，应用在航空、航海领域的接收机可以选择 SOL 以获得更高安全性的服务，需要更高定位精度的用户可以购买 CS 以获取用于精密定位的差分改正数据。

2.1.4　QZSS

QZSS 是由日本建设的与 GPS 兼容并实现协同定位的区域性辅助卫星导航系统。该导航系统具有区域辅助与区域增强两大功能，能够覆盖日本领土及其周边区域。截至 2019 年 7 月，日本已经发射了 4 颗 QZSS 卫星（卫星编号 QZS-1 至 QZS-4），后续计划还会发射 3 颗卫星组成七星星座。

在已发射的 4 颗卫星中，除 QZS-3 处于地球静止轨道（GEO）外，其余 3 颗卫星皆处于准天顶卫星轨道（QZO）。对于东京地区而言，每颗 QZO 卫星可以在 70°及以上的仰角下停留 8h，在 50°以上停留 12h，在 20°以上停留 16h，因此，3 颗 QZO 卫星确保了无论何时日本上方至少有 1 颗卫星处于天顶附近。由于日本城区高楼很多，独立 GPS 很难保证提供连续定位服务，增加 1 颗 QZO 卫星将大大改善 GPS 在日本区域的定位性能。

准天顶卫星的主要功能分为对 GPS 的补充和对 GPS 的增强两种情况。所谓补充指的是单纯地增加卫星数量，提供与 GPS 一样的无偿服务。增强功能则是指通过发送亚米级增强信息修正电离层延迟等误差，提供精度高于普通 GPS 的有偿定位服务。图 2.6 描述了在 GPS 卫星信号受楼宇遮挡时，QZSS 卫星凭借其“准天顶”的特点以及良好的兼容性有效提高定位精度的情景。

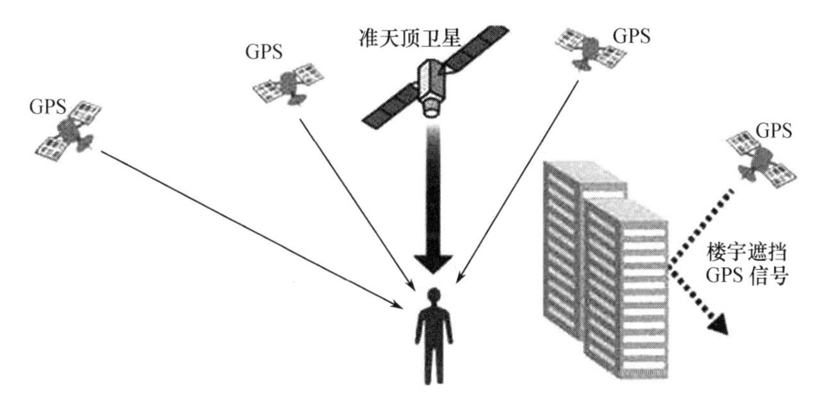

图 2.6　准天顶卫星系统

除增强定位性能以及提高可靠性之外，该系统还可以为日本和澳大利亚等地区提供高速移动通信服务。准天顶卫星可以观测到同步轨道卫星观测不到的南北极地区，从而为科学研究提供更多的宝贵资料。

QZSS 卫星搭载两颗铷原子钟，能至少发送 L1C/A、L1C、L2C、L5 以及 L6 共 5 种信号，其中 L6 信号可以提供厘米级的定位服务。由于准天顶卫星发送的信号与现代化的 GPS 信号兼容，使得两系统的互操作特性得以保证。原有 GPS 接收机仅需要稍加改动便可捕获 QZSS 信号，极大方便了用户使用。

2.1.5 BDS

为了不依赖于 GPS、GLONASS 以及 Galileo 系统，实现完全自主独立的导航定位，我国也设计并建设了自己的卫星导航定位系统。我国最初提出的是双星计划，于 2000 年完成了系统建设，即北斗一号卫星定位系统。北斗一号的定位方式是有源定位，用户在进行定位时需要用户向卫星发射信号才能计算用户位置，而且只能提供给用户二维位置。为了提高北斗系统的性能、扩大北斗系统的应用范围，我国于 2007 年开始建设北斗二号卫星导航系统[9]。到 2012 年底，我国对外宣布北斗卫星已经具备区域服务的能力。随后启动了北斗三号的全球卫星导航系统建设，于 2018 年底建成了基本系统并实现了为“一带一路”沿线国家提供导航定位服务。2020 年，北斗三号全球卫星导航系统已全部建成并提供导航定位服务。

BDS 同样也由三部分构成：卫星星座部分、地面控制部分和用户终端部分。截至 2018 年 12 月，北斗系统具有在轨工作卫星 33 颗，包括 5 颗地球静止轨道（GEO）卫星，7 颗倾斜地球同步轨道（IGSO）卫星，21 颗中圆地球轨道（MEO）卫星。其中 5 颗 GEO 卫星（BDS-2G）、7 颗 IGSO 卫星（BDS-2I）和 3 颗 MEO 卫星（BDS-2M）是北斗二号卫星，18 颗 MEO 卫星（BDS-3M）是北斗三号卫星。现阶段，北斗二号卫星和北斗三号卫星共存，同时提供导航定位服务。卫星星座如图 2.7 所示。

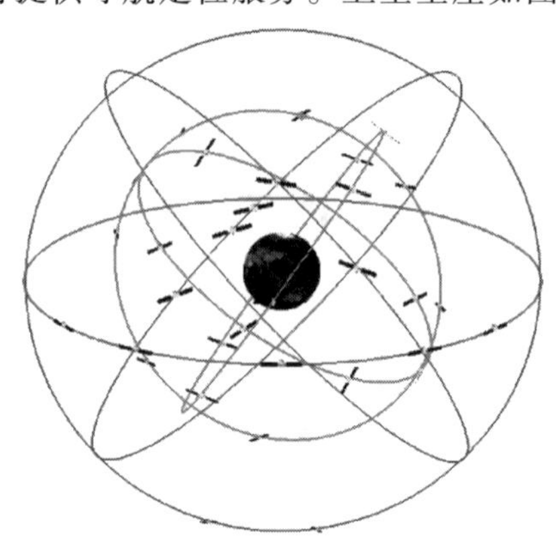

图 2.7 北斗系统在轨工作卫星星座示意图（见彩图）

GEO 卫星的轨道高度为 35786km，分别定点于东经 58.75°、84°、110.5°、140°和 160°。IGSO 卫星的轨道高度为 35786km，轨道倾角为 55°，分布在三个轨道面内，其中第一个轨道面三颗卫星升交点地理经度分别为东经 95°、112°和 118°，第二个轨道面两颗卫星升交点地理经度分别为东经 95°和 118°，第三个轨道面两颗卫星升交点

地理经度分别为东经 95°和 118°。MEO 卫星轨道高度为 21528km,轨道倾角为 55°,分布于 Walker24/3/1 星座。

在 BDS 中,所有卫星都播发 B1I(中心频率为 1561.098MHz)和 B3I(中心频率为 1268.52MHz)信号。BDS-3M 卫星在此基础上增加了 B1C(中心频率为 1575.42MHz)和 B2a(中心频率为 1176.45MHz)两个民用信号。BDS 公开的导航电文共有 4 种,其对应关系如表 2.2 所列。

表 2.2 北斗卫星类型、播发信号及导航电文类型的对应关系

卫星类型	播发信号	导航电文类型
BDS-2M BDS-2I	B1I、B3I	D1
BDS-2G	B1I、B3I	D2
BDS-3M	B1I、B3I	D1
	B1C	B-CNAV1
	B2a	B-CNAV2

到目前为止,BDS 已经具备亚太区域导航能力,而下一步发展计划将其服务从区域拓展到全球。BDS 的最终建设目标是 30 颗非 GEO 卫星加 5 颗 GEO 卫星,其设计性能优于 GLONASS,并与第三代的 GPS 相当(表 2.3)。

表 2.3 北斗卫星各个阶段的性能参数

性能指标	第一阶段	第二阶段	第三阶段
服务区域	中国以及周边地区	中国以及周边地区	全球
定位精度	优于 20m	水平 10m/高程 10m	三维精度优于 10m
测速精度	—	优于 0.2m/s	优于 0.2m/s
授时精度	单向 100ns,双向 20ns	20ns	20ns

除提供高质量的定位服务外,BDS 还可以提供星基增强服务、国际救援服务以及短报文通信服务。借助北斗导航卫星,在我国及周边地区的用户可以获得单次报文 1000 个汉字的服务,在其他地区的用户为 40 个汉字。

在后续建设中,BDS 将继续以开放性、自主性、兼容性为原则,在独立为全球用户提供高质量服务的同时,和世界其他卫星导航系统实现兼容与互操作,助力全球卫星导航定位系统向着精度更高、功能更完善的方向发展。

2.2 时空基准及其转换

卫星导航系统的时空基准是描述卫星的运动状态、建立观测方程及确定观测点位置的数学与物理基础。时间基准又称时间尺度,是指描述事件发生时刻所采用的

时间系统及相应参数,通常包括时间的起点和秒长。空间基准是指描述空间点位置所采用的坐标系统及相应参数,通常包括原点、轴向和尺度以及其他物理参数。

2.2.1 时间系统

时间系统规定了时间测量的标准,包括时刻的参考基准(起点)和时间间隔测量的尺度基准。常用的时间系统包括以地球自转为时间基准的恒星时、太阳时以及以物质内部原子运动为时间基准的原子时等。在实际应用中,往往需要根据具体情况和详细要求选择合适的时间系统。

1) 恒星时

恒星时以春分点在当地上中天的时刻为当地恒星时的零点,春分点在当地的时间定义为当地恒星时。春分点位移速率受岁差和章动的影响而得到的恒星时称为真恒星时。消除章动影响后的恒星时为平恒星时。

2) 太阳时

太阳时分为真太阳时和平太阳时。取太阳视圆面中心上中天的时刻为零点,则太阳视圆面中心的时角即为当地的真太阳时。由于黄道和赤道不重合,且地球绕太阳运动的轨道不是正圆形,使真太阳时的变化是不均匀的。假定在黄道上作等速运动的点,其运行速度等于太阳视运动的平均速度,并与太阳同时经过近地点和远地点,在赤道上一个作等速运动的点,其运行速度与黄道上假想点的运行速度相同,并同时经过春分点,则该点即为平太阳点,则

$$\text{平太阳时} = \text{平太阳时角} + 12\text{h} = \text{平春分点的时角} - \text{平太阳的赤经} + 12\text{h} \quad (2.1)$$

3) 世界时(UT)

格林尼治起始子午线处的平太阳时称为世界时。可以看出,世界时与恒星时相同,也是根据地球自转测定的时间,以平太阳日为单位,平太阳日的 1/86400 为秒长。由于地球自转的不均匀性和极移引起的地球子午线的变动,世界时变化是不均匀的。根据对其采用的不同修正,又定义了三种不同的世界时。

UT0:通过测量直接得出的世界时。

UT1:UT0 进行极移修正得出的世界时,其值等于 UT0 与极移修正之和。

UT2:由于地球自转存在长期、周期和不规则变化,因此 UT1 也呈现上述变化,将周期性季节变化修正之后,得到 UT2。

4) 原子时

随着科技发展,人们愈发需要更准确的时间系统,以天体自转、公转为基准的恒星时等已经难以满足高精度授时的需求。原子时以物质内部原子运动为基础,具有更优越的稳定性,成为卫星导航系统的“心脏”。它由国际时间局(BIH)从多个国家的原子钟分析得出,主要的原子时有以下两种:

A1:美国海军天文台建立的原子时,取 1958 年 1 月 1 日 0 时(UT2)为 A1 的起

点,铯原子133原子基态的两个超精细能级跃迁辐射振荡9192631770次为A1的秒长。

国际原子时(TAI):由国际时间局确定的原子时系统,称国际原子时,定义同A1,但其起始历元比A1早34ms。事实上,TAI的起始点与UT2并不严格重合。

5)协调世界时(UTC)

由世界时和原子时的定义可以看出,世界时很好地反映了地球自转,但其变化是不均匀的。原子时相较世界时虽然变化更加均匀,但其定义与地球自转无关,因此原子时不能反映地球自转。为了兼顾两者,国际无线电科学协会建立了UTC。为使UTC尽量接近于UT2,采用跳秒的方式对UTC进行修正。UTC是各跟踪站时间同步的标准时间信号。国际地球自转与参考系统服务组织负责UTC的更新(跳秒)。由于跳秒会给现代高度信息化的社会带来很大不便,因此国际天文学联合会(IAU)成立了一个部门考虑重新定义UTC。

6)GNSS时间系统

GNSS包括GPS、BDS、GLONASS、Galileo系统等多种卫星导航系统,它们都拥有各自的时间系统[10]。

GPS的时间基准为GPS时(GPST),其在1980年1月6日零时被设置成与UTC完全一致,而后GPST不受跳秒的影响。GPST的实现是基于地面原子钟组与星钟组合而成的纸面钟,并在监测站对GPST和UTC(USNO①)的时差进行监测。

GPS时是连续的原子时系统,不需要进行协调世界时的跳秒改正。它以GPS周加秒的形式进行计数,最大秒计数不超过604800s。其秒长与国际原子时相同,但时间起点不同,GPST与TAI之间存在一常量偏差,即

$$\mathrm{TAI}-\mathrm{GPST}=19\mathrm{s} \tag{2.2}$$

GPS时与协调世界时(UTC)的时刻在1980年1月6日0时相一致,其后随着时间的积累两者之间的差别将表现为整秒的整数倍:

$$\mathrm{GPST}=\mathrm{UTC}+\text{跳秒}-19\mathrm{s} \tag{2.3}$$

北斗时(BDT)是由北斗卫星导航系统主控站高精度原子钟维持的原子时系统,它的秒长取为国际单位制秒,起始点选为2006年1月1日(星期日)的UTC零点。BDT通过UTC(NTSC②)与国际UTC建立联系,BDT与国际UTC的偏差保持在50ns以内(模1s)。BDT是一个连续的时间系统,它与UTC之间存在跳秒改正。北斗卫星导航系统主控站将控制BDT与UTC的偏差保持在1μs以内。BDT在时刻上以"周"和"周内秒"为单位连续计数,周计数不超过8192,系统不进行闰秒,即单位周长度为604800s。

GLONASS的时间基准为莫斯科当地协调时间(UTC(SU))。GLONASS时(GLO-

① USNO:美国海军天文台。

② NTSC:中国科学院国家授时中心。

NASST)是定期引入闰秒的不连续时间系统，它基于原子时产生并同步到 UTC(SU)。与 UTC 相比，二者存在一致的跳秒，并满足如下转换关系：

$$UTC = GLONASST - 3(h) + \tau \tag{2.4}$$

式中：τ 为微小的时间差异，通常小于 1ms。

Galileo 系统的系统时间为 Galileo 系统时(GST)，采用国际单位制秒的无闰秒连续时间，起始历元是 UTC1999 年 8 月 22 日 0 点，GST 使用周计数和周内秒表示，通过时间服务提供商的时间溯源到 TAI，与其同步标准误差为 33ns，并且在全年的 95% 时间内限制在 50ns 以内。

2.2.2 坐标系统

坐标系统是描述物质存在的空间位置(坐标)的参照系，通过定义特定基准及其参数形式来实现。坐标是描述位置的一组数值，按坐标维度一般分为一维坐标(公路里程碑)、二维坐标(笛卡儿平面直角坐标、高斯平面直角坐标)和三维坐标(大地坐标、空间直角坐标)。为了描述或确定位置，必须建立坐标系统，坐标只有存在于某个坐标系统才有实际意义。坐标系统是描述物体运动状态与位置信息的基础，选择的坐标系统不同，描述时空信息的角度也有所不同。因此，为了高效、清晰地阐述物体的空间位置、运动速度以及轨迹，通常需要根据实际情况选择合理的坐标系。下面介绍几种卫星导航系统常用的坐标系：

1）大地坐标系

以参考椭球中心为原点、起始子午面和赤道面为基准面、法线为基准线的地球坐标系。常用大地经度 L、大地纬度 B、大地高 H 三个参量来描述一个点的空间位置，是应用最广泛的地球坐标系之一。

2）地心直角坐标系

以地心为坐标原点，X 轴指向赤道与零度子午线的交点，Z 轴与地球自转轴重合并指向北极，Y 轴在赤道平面内与 X、Z 轴垂直构成右手坐标系。

3）2000 中国大地坐标系统(CGCS2000)

BDS 使用的由我国建立的大地坐标系统，原点设于地球质心，Z 轴指向国际时间局(BIH)1984.0 定义的协议地球极(CTP)方向，X 轴指向 BIH1984.0 的零度子午面和 CTP 赤道的交点，Y 轴满足右手法则。其实现以国际地球参考框架(ITRF)为基准，参考历元为 2000.0。

4）1984 世界大地坐标系(WGS-84)

GPS 使用的由美国建立的大地坐标系，原点设于地球质心，Z 轴指向 CTP 方向，X 轴指向相应的零度子午面和 CTP 赤道的交点，Y 轴满足右手法则。

5）PZ-90 大地坐标系

GLONASS 使用俄罗斯建立的大地坐标系，原点设于地球质心，Z 轴指向 CTP 方

向,X 轴指向相应的零度子午面和 CTP 赤道的交点,Y 轴满足右手法则。

6) Galileo 地球参考框架(GTRF)

Galileo 系统采用的大地坐标系,原点设于地球质心,Z 轴指向 CTP 方向,X 轴指向相应的零度子午面和 CTP 赤道的交点,Y 轴满足右手法则。

需要注意的是,尽管 CGCS2000、WGS-84、PZ-90、GTRF 的坐标系定义保持一致,但是在各自的参考椭球参数上略有差异。

2.3 导航信号及电文

导航信号是卫星导航系统的关键。卫星播发导航信号到地面,地面接收机接收导航信号完成测距以及卫星位置计算,从而完成定位。因此,导航信号及电文是整个卫星导航的核心,也是整个卫星导航系统提供服务的基础。

2.3.1 GPS 导航信号及电文

GPS 卫星发送的信号包括三部分内容:数据码 $d(t)$、测距码(C/A 码、P 码)和载波(L1、L2 和 L5)。卫星将 GPS 信号通过载波调制后发射出去,调制后载波是卫星导航电文和伪随机噪声码的组合码。伪随机噪声(PRN)码,也称为伪随机码或伪随机序列[11]。每颗 GPS 卫星早期使用两个 L 频段发射载波信号,即 L1 频段和 L2 频段,Block ⅡF 卫星增加了 L5 频段。以 GPS 导航信号为例,其信号的产生原理图如图 2.8 所示。

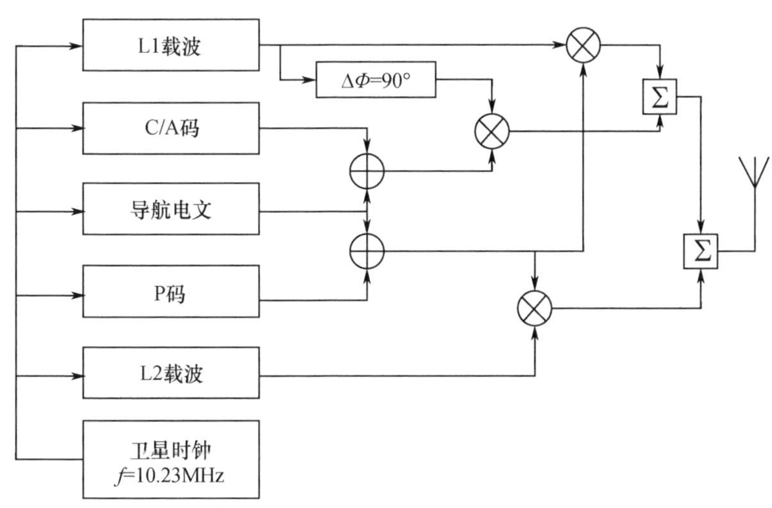

⊕—模 2 加法器;⊗—调制器;Σ—信号合成器。

图 2.8 GPS 信号的产生原理图

卫星导航电文是由导航卫星播发给用户的描述导航卫星运行状态参数的电文,包括系统时间、星历、历书、卫星时钟的修正参数、导航卫星健康状况和电离层延时模型参数等内容。导航电文的参数给用户提供了时间和空间信息,利用导航电文可以计算卫星的位置坐标和速度。

导航电文一般采用帧结构的编排格式并按照子帧或页面顺序播发导航电文,完整的卫星导航电文必须包含用户定位服务所需要的一切参数,包括卫星星历参数、卫星钟差参数、电离层延迟改正参数、历书数据以及时间同步参数等。GPS 卫星的导航电文以帧和子帧的结构形式编排成数据流。每帧导航电文为 1500bit,GPS 的信息速率为 50bit/s,一帧的播发时间为 30s,依次包含 5 个子帧。每个子帧长度为 300bit,播发时间为 6s,共包含 10 个字。每个字的长度为 30bit[12]。

每个子帧的前两个字分别为遥测字(TLM)和交接字(HOW),后 8 个字组成数据块。第 1 子帧的数据块称为第一数据块,第 2 子帧和第 3 子帧中的数据块称为第二数据块,剩下的第 4 子帧和第 5 子帧的数据块称为第三数据块。GPS 对第三数据块按照页面进行播发。完整的第三数据块包含 25 页内容,需要耗时 12.5min 才能播发完成。

除了以上的民用信号以外,GPS 信号在 L1 和 L2 频段上增加了一组新的 M 码军用信号。该信号具有更好的抗破译和抗干扰性能。接收机通过接收处理导航电文中所携带的各种信息,获取卫星轨道参数和钟差等,从而实现定位与授时功能。

2.3.2 BDS 导航信号及电文

截至 2019 年 7 月,北斗系统提供 4 个公开服务信号:B1I(1561.098MHz)、B3I(1268.52MHz)、B1C 信号(1575.42MHz)以及 B2a 信号(1176.45MHz)。B1I 信号的测距码的码速率为 2.046Mchip/s,伪码周期为 1ms,码长度为 2046。B3I 信号的测距码的码速率为 10.23Mchip/s,伪码周期同样为 1ms,码长度为 10230。

B1I 和 B3I 信号的电文格式根据卫星类型的不同而不同。MEO 和 IGSO 卫星的信息类型为 D1 类型,GEO 卫星的信息类型为 D2 类型。其中 D1 导航电文速率为 50bit/s,D2 导航电文速率为 500bit/s。

除了以上两种信号类型以外,为了满足兼容和互操作特性,在北斗三号卫星上又增加了两种卫星信号,即 B1C 信号(1575.42MHz)和 B2a 信号(1176.45MHz)。B1C 信号和 B2a 信号的结构如表 2.4 所列。

表 2.4 B1C 信号和 B2a 信号结构

信号	信号分量	载波频率/MHz	调制方式	符号速率/(symbol/s)
B1C	数据分量 B1C_data	1575.42	BOC(1,1)	100
	导频分量 B1C_pilot		QMBOC(6,1,4/33)	0
B2a	数据分量 B2a_data	1176.45	BPSK(10)	200
	导频分量 B2a_pilot		BPSK(10)	0

注:BOC 表示二进制偏移载波;QMBOC 表示正交复用 BOC

B1C 信号的导航电文其格式为 B-CNAV1，数据调制在 B1C 数据分量上。每帧电文由 3 个子帧组成，长度为 1800 符号位，符号速率为 100symbol/s，播发周期为 18s。各子帧长度和携带信息皆不相同，具体内容如下：

（1）子帧 1 在纠错编码前的长度为 14bit，包括伪随机噪声（PRN）序列号（6bit）和小时内秒计数值（8bit）。采用 BCH（21，6）+BCH（51，8）编码后，长度为 72 符号位。

（2）子帧 2 在纠错编码前的长度为 600bit，包括系统时间参数、电文数据版本号、星历参数、钟差参数、群延迟修正参数等信息。采用 64 进制低密度奇偶校验码（LDPC）（200，100）编码后，长度为 1200 符号位。

（3）子帧 3 在纠错编码前的长度为 264bit，分为多个页面，包括电离层延迟改正模型参数、地球定向参数（EOP）、BDT-UTC 时间同步参数、BDT-GNSS 时间同步参数、中等精度历书、简约历书、卫星健康状态、卫星完好性状态标识、空间信号精度指数、空间信号监测精度指数等信息。采用 64 进制 LDPC（88，44）编码后，长度为 528 符号位。

B2a 信号采用 B-CNAV2 电文格式，电文数据调制在 B2a 数据分量上，每帧电文长度为 600 符号位，符号速率为 200symbol/s，播发周期为 3s。

参考文献

[1] PARKINGSON B, SPILKER J, AXELRAD P, et al. Global positioning system: theory and applications[M]. Washington: American Institute of Aeronautics and Astronautics, 1996.

[2] 韩梦泽. GPS 发展历程及未来计划[J]. 江苏科技信息, 2013 (20):66,69.

[3] 张新征, 张力, 李宏伟. 美国新一代导航系统发展现状与启示[J]. 卫星应用, 2018(9):32-35.

[4] BRAASCH M S, VAN DIERENDONCK A J. GPS receiver architectures and measurements[J]. Proceedings of the IEEE, 1999, 87(1): 48-64.

[5] 张婷, 魏钢, 李洪力. GNSS 接收机的发展概况[J]. 电子世界, 2013, (23): 15,21.

[6] 李建文. GLONASS 卫星导航系统及 GPS/GLONASS 组合应用研究[D]. 郑州: 解放军信息工程大学, 2001.

[7] LI X, GE M, DAI X, et al. Accuracy and reliability of multi-GNSS real-time precise positioning: GPS, GLONASS, BeiDou, and Galileo[J]. Journal of Geodesy, 2015, 89(6):607-635.

[8] 刘春保. 国外卫星导航应用产业发展研究[J]. 卫星应用, 2015(2): 59-64.

[9] 郝志涛. 北斗卫星导航系统发展与应用[J]. 电子技术与软件工程, 2017(7): 34.

[10] 伍贻威, 朱祥维, 龚航, 等. 建立 GNSS 时间基准的构想和思考[J]. 电子学报, 2017, 45(8): 1818-1826.

[11] MILLIKEN R, ZOLLER C. Principle of operation of NAVSTAR and system characteristics, navigation[J]. Journal of the institute of navigation, 1978, 25(2): 1978.

[12] MISRA P, ENGE P. Global positioning system: signals, measurements, and performance[M]. Lincoln: Ganga-Jamuna Press, 2001.

第3章　卫星导航观测量与定位

卫星导航定位是通过捕获跟踪卫星播发的信号来实现的，这起源于早期的无线电定位。无线电定位接收机通过接收无线电信号的电参量来获取有效的定位信息，并结合相应的定位算法，实现测角、测距以及确定测站坐标等目的。卫星导航定位本质上是无线电定位手段中的一种，本章将针对卫星导航的观测量以及定位理论进行描述。

3.1　无线电定位原理

无线电定位由来已久，早在20世纪30年代就有科学家利用无线电信号开展定位方面的研究。由于其利用的是无线电波，具有不易受气候条件影响、传播效果稳定等优点，成为在复杂条件下一种很有效的导航定位手段。利用无线电信号实现定位的基本技术主要有信标技术、测向技术、方位角测量技术、被动测距技术、双向测距技术、双曲线测距技术以及多普勒定位技术。目前应用最广泛的卫星导航技术属于被动测距技术。

无线电信标技术属于最简单的无线电定位技术。接收端只需接收到无线信标台发出的信号，就可以推断出相对信标台的方位，然后根据接收功率等详细参数进一步缩小定位范围。测向技术，也称为到达角（AOA）技术。它接收无线电信标信号，利用接收端的天线旋转或者相控阵天线测得角度信息，从而实现定位。

在方位角测量技术中，巧妙地改进了无线信标台的发射信号，使发射信号随发射方向变化，这样用户就无需使用复杂的定向天线即可完成测角。典型的测角系统是甚高频全向无线电信标（VOR）和无线电仪表着陆系统（ILS）。被动测距技术，也称为到达时间（TOA）测量技术，最典型的应用是目前广泛使用的卫星导航技术。发射台发射带有时间信息的测距信号，接收机根据时钟信号计算与发射台的距离，利用接收3个发射台的距离信息，即可实现三维定位。它要求接收机和发射台的时间严格同步。若在此基础上再增加一个发射台，则无需接收机与发射台严格时间同步，如GPS，为了实现三维定位需要4颗卫星。

双向测距技术最典型的应用是无线电测距设备（DME）以及我国的北斗一号卫星定位系统。用户向参考台发出请求信号，参考台以设定的时间间隔发回参考信号，因此无需用户端与参考台同步，但是存在容量限制。

双曲线测距技术也称为到达时间差(TDOA)测量技术。早期的罗兰导航系统就属于双曲线测距技术的典型应用。接收机测量两个发射台的到达时间差,根据时间差绘制出一条双曲线。通过测量接收机与两组发射台的到达时间差获取两组双曲线,其交点就是用户定位点。

多普勒定位是指信号发射机按照设定的轨迹运动,接收端测量接收信号的多普勒变化从而确定位置。低轨卫星导航增强系统的单星定位应用就是利用低轨卫星多普勒变化范围大、可观测性强的特点实现多普勒定位。

3.2　卫星导航观测量

随着无线电定位技术的不断发展,以 GPS 为主的卫星导航定位成为全球范围内的主要定位手段之一,无论是在军用还是民用领域都得到了广泛应用。卫星导航定位是利用被动测距原理实现定位[1]。为了获得最终的定位结果,需要满足两个条件:①获得卫星的准确位置;②完成卫星与接收机的距离测量。

卫星的位置坐标通过卫星广播的星历计算得到。距离测量通过接收机的跟踪处理获得。本节主要围绕距离测量理论展开。在卫星导航系统中,卫星发射的信号由测距码、载波和导航电文三部分组成。其中:测距码是用于测量卫星到接收机距离的扩频码,属于伪随机噪声码;载波是对测距码进行相位调制的高频正弦信号;导航电文是包含卫星空间运行轨道参数及卫星钟、电离层等各类改正数的信息码。接收机可以利用测距码计算卫星和接收机之间的距离,并利用距离测量值组建伪距观测方程进行定位,也可以通过载波相位观测值组建载波相位观测方程进行载波相位高精度定位。

3.2.1　伪距观测量

3.2.1.1　基本概念

伪距是卫星导航定位领域中最重要的概念之一。它是信号处理与信息处理之间的桥梁。伪距是由信号处理过程中的码跟踪环获得,它是信号处理的输出结果。伪距为定位解算等信息处理提供观测量输入。伪距是利用无线电信号实现的距离测量值。与通信领域强调信道容量、误码率以及传输带宽不同,测距是导航领域最主要的特色之一。

3.2.1.2　观测量数学模型

每颗卫星都有自己的计时系统,它连续发出具有时间标记的信号。地面接收机也有自己的计时系统,接收机的计时与卫星的计时并不是严格同步的。在卫星导航系统中均定义了标准时间系统,例如 GPST 就是 GPS 的标准时间系统,在第 2 章中已有专门介绍。GPST 是一个虚拟的时间时,不管是卫星时间还是接收机时间都以 GPST 作为基准。假设在 $t^{(s)}$ 时刻发出的信号被地面接收机接收到。由于接收机计时系统中的时间在没有校准之前与GPST并不同步，因此接收机在t_u时刻接收到卫星在$t^{(s)}$时刻发射的信号。考虑到t_u时刻的GPST实际上是t，我们可以标记接收机接收时间为$t_u(t)$，它和真实时间t的差值标记为$\delta t_u(t)$。$\delta t_u(t)$称为接收机的钟差。钟差是接收机中的公共误差项，它作为未知数参与到定位解算中。它的误差大小与接收机内部的频率源选择有密切关系。

除了接收机的时间存在误差外，每颗卫星上虽然搭载了原子钟频率源，但与GPST仍然不可能严格同步。卫星的发射时刻标记为$t^{(s)}$，与GPST的差值记为$\delta t^{(s)}(t)$。在卫星导航系统中，每颗卫星的时间误差是通过导航电文中的卫星钟误差校正参数进行校正的。经过校正，可以认为卫星时间与GPST是同步的。

卫星导航接收机在$t_u(t)$时刻接收到卫星在$t^{(s)}(t-\tau)$时刻的发射信号，将两者的时间求差并乘以光速，即可得到接收机测量的距离测量值：

$$\rho(t)=c(t_u(t)-t^{(s)}(t-\tau)) \tag{3.1}$$

从式(3.1)可以看到，接收机的时间并不是真正准确的GPST，因此$\rho(t)$并不是真距。由于包含了误差项，将该测量值形象地称为“伪距”。该测量值除了接收时间不准确以外，还包括传播过程中产生的各种误差。

电磁波在传播过程中会受到电离层和对流层的影响产生传输延时，电离层和对流层延时可通过多频观测量或者模型来消除。最终得到的伪距表达式为

$$\rho(t)=r(t-\tau,t)+c(\delta t_u(t)-\delta t^{(s)}(t-\tau))+cI(t)+cT(t)+\varepsilon_\rho(t) \tag{3.2}$$

式中：$I(t)$为电离层延迟误差；$T(t)$为对流层延迟误差；$\varepsilon_\rho(t)$为其他误差之和。伪距表达式是卫星导航定位中最基本的观测表达式，是完成单点定位的核心表达式，也是实现差分定位、精密单点定位的基础。

之前提到伪距是接收机中信号处理与信息处理的桥梁。式(3.2)给出了伪距表达式可以作为定位解算的输入。伪距等于本地接收机的接收时间与信号发射时间的差乘以光速。从第2章知道，卫星导航信号和时间是严格对齐的。以GPS的L1信号为例，完整的一帧导航电文是30s，每一子帧是6s。GPS L1信号的每个子帧的帧头都是与GPST的6s整数倍严格对齐的。每个子帧包含300bit，每个比特为20ms。20ms也是与GPST的20ms整数倍严格对齐。每20ms包含20个伪码周期，每个伪码周期包含1023个扩频码码片[2]。因此GPS信号就像一把尺子，可以严格测量时间。本质上，接收机直接测量的不是卫星信号的发射时间，也不是伪距，而是GPS信号的扩频码相位、历元计数、比特计数以及帧计数。这些计数是通过卫星导航接收机中的码跟踪环来获得的，详细的码跟踪环介绍参见第6章。接收机在接收时刻$t_u(t)$测量接收到的卫星信号对应的码相位等计数值转换成发射时间后，就可以得到伪距。

3.2.2 载波相位观测量

除了伪距以外，卫星导航的另外一个重要概念是载波相位。随着高精度应用越

来越多,载波相位的使用已经越来越广泛。载波相位和伪距相比,是更加精细的距离测量量。

3.2.2.1　基本概念

载波相位的精度要高于伪距测量精度,甚至能达到毫米级。但是载波相位与伪距相比,它不是一个绝对测量值,而是存在整周模糊度,是一个相对测量值。使用载波相位需要一些特殊的方法才能更好地实现高精度定位。这也是利用载波相位实现高精度定位的精髓所在。

载波信号是一组正弦信号,其波长为 λ,如图3.1所示。假设发射点 O 的载波相位为零相位,距离点 O 半个波长的点 A 就比点 O 延后180°。点 B 距离点 A 为2.5λ。从接收机测量的角度来说,点 A 和点 B 测量值均为180°,因此,无法获得整周模糊度。

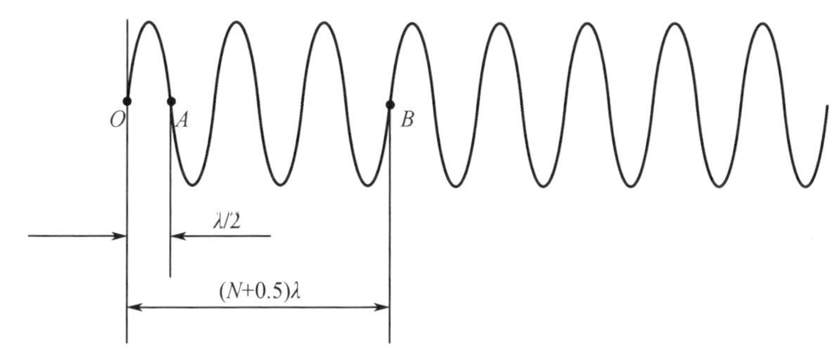

图3.1　载波生成示意图

3.2.2.2　观测量数学模型

为了测量从卫星到接收机的距离,接收机内部的晶体振荡器会产生一个载波复制品。接收机需要同步接收机端和卫星端的载波相位,再根据彼此的相位求差来获得载波相位。假定接收机和卫星保持相对静止,收发两端的时间完全同步。当接收机以卫星载波信号中心频率为频率值复制载波信号时,在任何时刻接收机所复制的载波信号相位都等于实际的卫星载波信号在卫星端的相位。接收机在 t_u 时刻采样得到的载波相位为 φ_u,复现的卫星端载波为 $\varphi^{(s)}$,那么载波相位为

$$\phi = \varphi_u - \varphi^{(s)} \tag{3.3}$$

式中:载波相位的单位为周,一周即为一个载波波长。载波相位不足一周的为小数相位,也可以用小数周表示。通过载波相位的测量原理,卫星到地面的距离可写为

$$\phi = \lambda^{-1} r + N \tag{3.4}$$

式中:r 为卫星到接收机的距离;N 为载波整周数。确定 N 的过程就是整周模糊度求解的过程。

上面是假定载波相位中不包含接收机钟差、卫星钟差以及大气传播延时误差等误差因素,如果考虑这些,公式则变为

$$\phi = \lambda^{-1}(r + \delta t_u - \delta t^{(s)} - I + T) + N + \varepsilon_\phi \tag{3.5}$$

式中：δt_u 为接收机钟差；$\delta t^{(s)}$ 为卫星钟差；I 为电离层传播延迟误差；T 为对流层传播延迟误差；ε_ϕ 为多径以及热噪声等误差和。从上可以看出，载波相位只有求差后才会包含距离相位，单说某一点的载波相位没有意义。上面假设接收机和卫星是相对静止的，如果两者是相对运动的，等式也依然成立。卫星与接收机之间的相对运动会使载波相位 ϕ 发生变化，其变化大小刚好反映了接收机和卫星相对运动在两者连线上投影的距离变化。这个关系成为利用载波相位实现高精度定位的基础。

由于载波的波长远小于码的波长，所以在分辨率相同的情况下，载波相位的观测精度较码相位的观测精度更高。例如：对 GPS 的 L1 载波而言，其波长为 19cm，相应的观测精度约为 2mm；对 L2 载波而言，其波长为 24cm，相应精度约为 2.5mm。载波相位观测是目前接收机中精度最高的观测方法，它在高精度定位上具有极为重要的意义。载波信号是一种周期性的正弦信号，相位测量只能测量其不足一个波长的部分，为了获得完整距离，存在整周不确定性问题，其解算过程相对复杂，在第 6 章将展开详细论述。

3.2.3 伪距和载波的关系

伪距和载波观测量是接收机的两个最重要的观测量。伪距精度低，是绝对观测量，不存在模糊度。载波相位精度高，是相对观测量，需要求解整周模糊度。两者互为补充，在高精度定位中缺一不可。由于伪距是绝对观测量，需要观测到至少 4 颗卫星才可以实现瞬时定位，但无需任何等待时间。载波由于具有整周模糊度，单台接收机很难利用载波相位实现绝对定位。

载波相位虽然存在整周模糊度，但它的精度很高，高精度接收机输出的载波精度能达到 1% 周，相比之下，伪距精度大约在亚米级。除此以外，伪距受各项误差的影响也更大，比如热噪声、多径效应等误差影响。除了精度上的差别，伪距和载波的获取方式也不一样。伪距在接收机完成跟踪和同步后才能获得，并需要利用帧计数、比特计数、历元计数、码相位以及码数字控制振荡器（NCO）等一系列测量值才能得出完整伪距。载波只需要接收机跟踪载波信号就可获得，它由整周计数和小数周计数组成[3]。

在接收机发生短暂失锁后，需要进行快速定位。如果还是经由跟踪、比特同步、帧同步再拼接出完整的发射时间，失锁重捕就很难满足快速定位的要求。帧头每 6s 出现一次，完整帧同步会耗费至少 6s，如果要求失锁重捕时间小于 1s，那么常规接收机就很难满足要求。在这种情况下，可能需要利用非完整伪距实现快速定位。接收机需要通过 20ms 以下的部分伪距，甚至是 1ms 以下的部分伪距实现定位。在这种情况下需要利用一些辅助信息。因此，理论上说接收机也会存在伪距不完整的问题，但是这并非主流。大部分接收机还是依靠完整的、没有模糊度的伪距完成定位处理。

和伪距具有完整特性不同，载波相位的整周模糊度是显而易见的，也是使用载波

相位最大的难题。GPS L1 载波的波长只有 19cm，由多径效应带来的误差可能超过载波波长，卫星与地面接收机的距离超过 20000km，因此利用载波相位计算精确的位置解会变得非常复杂。在早期接收机设计中，伪距被当作主要的距离测量值实现导航、定位与授时。但随着高精度时代来临，利用伪距定位的局面正在改变，越来越多的应用开始侧重使用载波相位。动态差分定位、精密单点定位等都是通过载波相位实现高精度定位的，伪距只用于辅助固定载波相位整周模糊度。

3.3　测量误差

伪距和载波中包含各种误差。可以说，整个卫星导航技术的演进就是逐步认识各种误差、建模各种误差，最后消除各种误差的过程。目前，大量的地基、星基增强系统从精度角度来说都是消除各种误差的系统，以达到更高精度的目的。

测量误差一般按照信号的传输过程进行分类，即卫星端误差、传播误差以及接收机端误差。卫星端误差主要包括卫星时钟误差和卫星星历误差。卫星播发的星历为地面运控系统经过信息处理后进行预报的星历。轨道和时钟参数和真实值必然存在一定偏差。卫星信号从卫星端传播到地面需要穿越大气层。穿越大气层会产生传播延时，主要包括电离层延时和对流层延时。除了卫星端和传播路径以外，接收机本身也会带来处理误差，主要包括本地时钟偏差、多径效应以及热噪声等[4-5]。

除了按照传播特性分类误差，还可以分为快变误差和慢变误差。像电离层、对流层误差随时间变化比较慢，属于慢变误差。热噪声的随机性很强，没有规律，属于快变误差。

3.3.1　卫星时钟和星历误差

卫星的时钟误差主要由星上原子钟的时间偏差和频率偏差所引起。每颗卫星的时间很难做到与标准卫星时严格同步。为了尽量保证每颗卫星的时间系统能够同步到标准卫星时，地面运控系统需要监测星上播发的卫星信号，并根据误差大小对星上时钟进行调整。在卫星上将时钟误差用一组参数进行描述，该组参数将星上实际时间与标准卫星时的误差建模成一个二次项公式：

$$\Delta t^{(s)} = a_{f0} + a_{f1}(t - t_{oc}) + a_{f2}(t - t_{oc})^2 \tag{3.6}$$

式中：a_{f0}为卫星钟差；a_{f1}为卫星钟速；a_{f2}为卫星钟加速度；t_{oc}为卫星钟参考时刻。这些参数均在导航电文中每 30s 播发一遍。以上的时钟建模并不能完全反映真实的时钟误差，经过参数校正后的残留时钟误差就是卫星时钟误差。卫星时钟误差的量级在米级，均方差约为 2m。除了时钟建模误差以外，接收机还需要考虑相对论效应 Δt_r 和群时延误差 T_{GD}：

$$\delta t^{(s)} = \Delta t^{(s)} + \Delta t_r - T_{GD} \tag{3.7}$$

对式(3.7)求导,就可以得到卫星时钟频率值,其中群时延随时间不变,可以认为是零。

卫星轨道采用16个星历参数预测卫星的真实运行轨道。由于卫星在运动过程中会受到各种复杂的摄动力影响,所以预报的卫星轨道和卫星的真实运行轨道之间必然存在差异。卫星轨道误差在空间可以分解为3个方向的误差:①地心和卫星连线方向上的径向分量;②在轨道平面内与径向分量垂直并指向卫星运动方向的切向分量;③与轨道面垂直的横向分量。由于受到地球的摄动力影响,径向分量是卫星轨道误差最大的部分。卫星轨道误差的三维均方误差为3~5m。

3.3.2 电离层和对流层误差

GNSS信号在电离层中受到自由电子作用发生折射导致产生传输延时。电离层分布在地球海平面之上50~1000km。除了电离层以外,GNSS信号还受到对流层的影响,在传播过程中发生折射,对流层分布在地球海平面上约12km处。由于传播路径不同,低仰角的卫星信号经过了更长距离的大气层传播,所以低仰角卫星受到的延迟影响比高仰角卫星更大[6]。

电离层为色散介质,传播速率随着频率而变化。伪码和载波在电离层的传播特性略有区别。伪码信号会产生传播延迟。载波相位会产生与伪码传播延时相同的传播超前。伪码和载波的距离测量值会逐渐偏离。电离层气体的电离是由太阳辐射引起,所以白天的电离层延时要大于夜间。电离层在天顶处由于时间的不同其误差范围可以从1m变化到15m。

消除电离层误差主要有模型估计方法。该模型是时间和用户经纬度的函数。GPS采用的是Klobuchar模型,Galileo系统采用的是NeQuik模型,BDS采用的是北斗全球广播电离层延迟修正模型(BDGIM)。GLONASS在导航电文中不广播电离层参数。采用上述模型校正,可以去掉约50%的电离层误差。除了模型校正以外,接收机还可以采用双频来消除电离层误差。在强太阳风暴出现时,电离层的折射系数在固定区域存在秒到秒的波动,该过程称为闪烁。电离层闪烁会导致接收信号产生快速波动,同时导致双频电离层校正失效。在赤道区域的日落和午夜之间的电离层闪烁最为普遍,在极地区域也会发生。

对流层为非色散介质,伪码和载波的延迟是一致的。在天顶处的总传播延迟约为2.5m。大约90%的延迟由大气中的干燥气体引起,相对稳定。剩下的10%由水蒸气引起,随着天气的变化对流层延迟会有所变化[7]。

对流层同样使用模型校正[8-10]。该模型是卫星仰角和用户高度的函数。使用模型校正可以将误差减小到0.2m以内。

3.3.3 多径误差

多径信号是指除了直达信号以外的其他非直达信号。这些多径信号进入接收机

所产生的测距误差就是多径误差。多径的反射和光的反射是完全类似的,光滑的表面都是很好的反射体,比如金属和水面。

假设接收机接收到 GNSS 信号如下:

$$s_{\mathrm{d}}(t)=Ad(t)\sin(2\pi ft+\phi) \tag{3.8}$$

式中:A 为信号幅度;$d(t)$ 为扩频码和数据码的异或;f 为载波频率;ϕ 为载波相位。经过反射后,其反射信号的表达式为

$$s_i(t)=\alpha_i Ad(t-\tau_i)\sin(2\pi f(t-\tau_i)+\Delta\phi_i) \tag{3.9}$$

式中:α_i 为直达信号经反射后的幅度衰减系数;τ_i 为反射信号相对于直达信号的传播延时;$\Delta\phi_i$ 为反射信号的相位变化之和。由于是信号反射,可以假定频率是不变的。考虑到反射信号的延时,总的相位变化为

$$\phi_i=\Delta\phi_i-2\pi f\tau_i \tag{3.10}$$

如果接收机在工作时受到多径信号的影响,那么接收机接收到的信号就为直达信号和多个反射信号的叠加,如下式所示:

$$s(t)=Ad(t)\sin(2\pi ft)+\sum_i\left[\alpha_i Ad(t-\tau_i)\sin(2\pi f(t-\tau_i)+\Delta\phi_i\right] \tag{3.11}$$

从式(3.11)可以看出,和直达信号相比,多径信号的一个重要特征是其传播路径要比直达信号路径长,τ_i 永远是一个正值。低仰角卫星产生多径的概率要大于高仰角卫星。但高仰角卫星的延时更短,反射功率更强。相对于接收来说,小于 0.1 码片的多径信号都属于近延迟多径,在接收机中是比较难处理的。如果接收机是在直达信号衰减比较大的场合使用,那么多径信号的幅度可能会大于直达信号的幅度。

这种由多径信号引起的使接收机的距离测量产生偏差甚至是跟踪困难的现象称为多径效应。不同强度、不同延时与不同相位状态的多径信号都会引起多径效应。短延迟的多径信号难以处理,而长延迟多径信号比较容易消除。由多径信号引起的伪距误差可以达到 1~5m,载波相位的多径误差达到 1~5cm。由于多径误差值很难预测和估计,它已经成为接收机中最难消除的误差。随着高精度定位的应用越来越多,对于多径环境下如何消除和抑制多径误差已经成为最重要的问题之一。

3.3.4 观测噪声

除了以上比较明确的误差外,还有一类随机误差也是接收机中重要的误差,即接收机噪声。该类噪声是一种广义上的噪声,它包括天线噪声、低噪声放大器噪声、模数转换器及数字器件的噪声、扩频码的互相关误差以及软件处理误差等。接收机噪声具有很强的随机性,很难预测和估计。一般接收机中由噪声引起的伪距误差在 1m 以内,载波相位的误差约在几毫米以内。

3.4 卫星定位与测速原理

前面阐述了卫星导航的伪距和载波相位的生成原理,并详细描述了伪距以及载

波相位的误差，本节将以伪距和载波为基础，阐述卫星导航接收机最终输出的定位、测速以及授时实现过程。

3.4.1 伪距定位

单点定位又称绝对定位，是单台接收机利用所测的伪距以及卫星星历计算得到卫星坐标和各类改正数，通过距离交会的方法独立计算接收机位置的方法。单点定位利用广播星历以及接收机获得的伪距观测值组建伪距观测方程进行定位解算。单点定位仅需一台接收机即可完成实时定位，但由于广播星历和伪距观测值的精度低，方程式中如大气延迟等误差量难以较好地改正，所以仅能达到米级甚至十米级的定位精度。早期的卫星导航接收机大多数都是单点定位接收机，其结果仅能满足低精度的定位要求。

根据伪距基本方程，考虑电离层延迟 $\delta\rho_{kn}^j$、对流层延迟 $\delta\rho_{kp}^j$ 和观测随机误差 v_k^j，可组成观测误差方程：

$$\rho_k^j = [(X^j - X_k)^2 + (Y^j - Y_k)^2 + (Z^j - Z_k)^2]^{1/2} + c\delta t_k - c\delta t^j + \delta\rho_{kn}^j + \delta\rho_{kp}^j + v_k^j \tag{3.12}$$

在实际定位解算中，根据待定点 K 的概略坐标 (X_k^0, Y_k^0, Z_k^0)，用 $X_k = X_k^0 + \delta X_k$，$Y_k = Y_k^0 + \delta Y_k$，$Z_k = Z_k^0 + \delta Z_k$ 代入式(3.12)，并用泰勒级数展开，将观测方程线性化，得观测残差方程为

$$\Delta\rho_k^j = l_k^j\delta X_k + m_k^j\delta Y_k + n_k^j\delta Z_k - c\delta t_k + \rho_k^j - R_k^j + c\delta t^j - \delta\rho_{kn}^j - \delta\rho_{kp}^j \tag{3.13}$$

式中：(l_k^j, m_k^j, n_k^j) 为待定点 K 至卫星 S_j 的观测量 ρ_k^j 的方向余弦，其表达式为

$$l_k^j = \frac{(X^j - X_k^0)}{R_k^j}, \quad m_k^j = \frac{(Y^j - Y_k^0)}{R_k^j}, \quad n_k^j = \frac{(Z^j - Z_k^0)}{R_k^j} \tag{3.14}$$

R_k^j 为待定点 K 至卫星 j 的真实距离的近似值：

$$R_k^j = [(X^j - X_k^0)^2 + (Y^j - Y_k^0)^2 + (Z^j - Z_k^0)^2]^{1/2} \tag{3.15}$$

伪距定位解算的主要流程如下：

根据卫星坐标和点 K 概略坐标，计算 (l_k^j, m_k^j, n_k^j) 和 R_k^j，即得

$$\Delta\rho_k^j = l_k^j\delta X_k + m_k^j\delta Y_k + n_k^j\delta Z_k - b_k - L_k^j \tag{3.16}$$

式中：L_k^j 为观测误差方程的常数项，且

$$\begin{cases} L_k^j = R_k^j - \rho_k^j - c\delta t^j + \delta\rho_{kn}^j + \delta\rho_{kp}^j \\ b_k = c\delta t_k \end{cases} \tag{3.17}$$

将式(3.16)写成矩阵形式为

$$\Delta\boldsymbol{\rho} = \boldsymbol{HX} - \boldsymbol{L} \tag{3.18}$$

式中:$\boldsymbol{X}$ 为待定参数矢量,且

$$\boldsymbol{X} = [\delta X_k, \delta Y_k, \delta Z_k, b_k]^{\mathrm{T}} \tag{3.19}$$

$\boldsymbol{H}$ 为未知参数的系数矩阵,且

$$\boldsymbol{H} = \begin{bmatrix} l_1^1 & m_1^1 & n_1^1 & -1 \\ l_2^2 & m_2^2 & n_2^2 & -1 \\ \vdots & \vdots & \vdots & \vdots \\ l_k^n & m_k^n & n_k^n & -1 \end{bmatrix} \tag{3.20}$$

$\boldsymbol{L}$ 为常数项矢量,且

$$\boldsymbol{L} = [L_k^1 \quad L_k^2 \quad \cdots \quad L_k^n]^{\mathrm{T}} \tag{3.21}$$

$\Delta\boldsymbol{\rho}$ 为改正数(残差)矢量,且

$$\Delta\boldsymbol{\rho} = [\Delta\rho_k^1 \quad \Delta\rho_k^2 \quad \cdots \quad \Delta\rho_k^n]^{\mathrm{T}} \tag{3.22}$$

假定卫星观测数 $n \geqslant 4$,根据观测方程用最小二乘法求解,则组成法方程为

$$\boldsymbol{H}^{\mathrm{T}}\boldsymbol{H}\boldsymbol{X} = \boldsymbol{H}^{\mathrm{T}}\Delta\boldsymbol{\rho} \tag{3.23}$$

解法方程,求得参数矢量 $\boldsymbol{X}$,且

$$\boldsymbol{X} = (\boldsymbol{H}^{\mathrm{T}}\boldsymbol{H})^{-1}\boldsymbol{H}^{\mathrm{T}}\Delta\boldsymbol{\rho} \tag{3.24}$$

通过参数 $\boldsymbol{X}$ 获得改正量 $[\delta X_k, \delta Y_k, \delta Z_k]^{\mathrm{T}}$ 后,即可求得待定点 K 的三维位置坐标 (X_k, Y_k, Z_k):

$$\begin{bmatrix} X_k \\ Y_k \\ Z_k \end{bmatrix} = \begin{bmatrix} X_k^0 + \delta X_k \\ Y_k^0 + \delta Y_k \\ Z_k^0 + \delta Z_k \end{bmatrix} \tag{3.25}$$

在没有先验信息的情况下,概略位置从地心开始计算。需要经过多次迭代,接收机定位结果才会收敛。如果接收机在定位前,通过其他手段已经获得了接收机的概略位置,定位解算的过程将会更快收敛。上述得到的结果为地心地固(ECEF)坐标系下的定位结果。根据坐标转换公式,由空间直角坐标 (X_k, Y_k, Z_k) 计算测站的大地坐标 (L_k, B_k, H_k),即大地经度、纬度和大地高。

3.4.2　定位精度评定

在 3.4.1 节中,没有考虑各个误差项对定位精度的影响。但是在具体的定位过程中,误差是不可避免存在的。本节将分析这些测量误差对卫星导航定位精度的影响。假设在定位结果中包含误差,那么计算公式就变为

$$\boldsymbol{H}\begin{bmatrix} \Delta x + \varepsilon_x \\ \Delta y + \varepsilon_y \\ \Delta z + \varepsilon_z \\ \Delta\delta t + \varepsilon_t \end{bmatrix} = \Delta\boldsymbol{\rho} + \boldsymbol{\varepsilon}_\rho \tag{3.26}$$

式中:$\boldsymbol{\varepsilon}_\rho$ 代表测量残差误差矢量,而 ε_x、ε_y、ε_z、ε_t 代表三维定位误差以及定时误差。式(3.26)的最小二乘解变为

$$\begin{bmatrix} \Delta x+\varepsilon_x \\ \Delta y+\varepsilon_y \\ \Delta z+\varepsilon_z \\ \Delta\delta t+\varepsilon_t \end{bmatrix} = (\boldsymbol{H}^{\mathrm{T}}\boldsymbol{H})^{-1}\boldsymbol{H}^{\mathrm{T}}\Delta\boldsymbol{\rho} + (\boldsymbol{H}^{\mathrm{T}}\boldsymbol{H})^{-1}\boldsymbol{H}^{\mathrm{T}}\boldsymbol{\varepsilon}_\rho \tag{3.27}$$

从式(3.27)可以得出定位误差的表达式,即

$$\begin{bmatrix} \varepsilon_x \\ \varepsilon_y \\ \varepsilon_z \\ \varepsilon_t \end{bmatrix} = (\boldsymbol{H}^{\mathrm{T}}\boldsymbol{H})^{-1}\boldsymbol{H}^{\mathrm{T}}\boldsymbol{\varepsilon}_\rho \tag{3.28}$$

式(3.28)表明了测量误差与定位误差之间的关系。在上述推导中,假定了误差很小,对方程线性化处理的影响可以忽略不计。为了计算定位误差的均值和方差,需要给出测量误差的数学模型。为了简化处理,对测量误差做如下假设:

(1) 各卫星的测量误差为正态分布,均值为零,方差为 $\boldsymbol{\sigma}_{\mathrm{URE}}^2$,即

$$E(\varepsilon_\rho^n)=0 \tag{3.29}$$

$$V(\varepsilon_\rho^n)=\boldsymbol{\sigma}_{\mathrm{URE}}^2 \tag{3.30}$$

式中:$n=1,2,\cdots,N$;$\boldsymbol{\sigma}_{\mathrm{URE}}^2$为用户测距误差(URE)的方差。根据此假设,测量误差矢量 $\boldsymbol{\varepsilon}_\rho$ 的均值为

$$\boldsymbol{E}(\boldsymbol{\varepsilon}_\rho^n)=[0 \quad 0 \quad \cdots \quad 0]^{\mathrm{T}}=\boldsymbol{0} \tag{3.31}$$

每颗卫星的伪距包含的误差项,其方差是彼此独立的。

(2) 每颗卫星的测量误差是彼此独立的。这样测量误差的协方差 $\boldsymbol{K}_{\varepsilon\rho}$为对角阵,即

$$\boldsymbol{K}_{\varepsilon\rho}=\boldsymbol{E}((\boldsymbol{\varepsilon}_\rho-\boldsymbol{E}(\boldsymbol{\varepsilon}_\rho))(\boldsymbol{\varepsilon}_\rho-E(\boldsymbol{\varepsilon}_\rho))^{\mathrm{T}})=\boldsymbol{E}(\boldsymbol{\varepsilon}_\rho\boldsymbol{\varepsilon}_\rho^{\mathrm{T}})=\boldsymbol{\sigma}_{\mathrm{URE}}^2\boldsymbol{I} \tag{3.32}$$

式中:$\boldsymbol{I}$ 为 $N\times N$ 的单位矩阵。根据以上两个假设,可得到定位误差的协方差,即

$$\mathrm{Cov}\left(\begin{bmatrix} \varepsilon_x \\ \varepsilon_y \\ \varepsilon_z \\ \varepsilon_{\delta t} \end{bmatrix}\right) = \boldsymbol{E}\left(\begin{bmatrix} \varepsilon_x \\ \varepsilon_y \\ \varepsilon_z \\ \varepsilon_{\delta t} \end{bmatrix}[\varepsilon_x \quad \varepsilon_y \quad \varepsilon_y \quad \varepsilon_y]\right) =$$
$$(\boldsymbol{H}^{\mathrm{T}}\boldsymbol{H})^{-1}\boldsymbol{H}^{\mathrm{T}}\boldsymbol{E}(\boldsymbol{\varepsilon}_\rho\boldsymbol{\varepsilon}_\rho^{\mathrm{T}})\boldsymbol{H}(\boldsymbol{H}^{\mathrm{T}}\boldsymbol{H})^{-1}=(\boldsymbol{H}^{\mathrm{T}}\boldsymbol{H})^{-1}\boldsymbol{\sigma}_{\mathrm{URE}}^2 \tag{3.33}$$

定义

$$\boldsymbol{A} = (\boldsymbol{H}^{\mathrm{T}}\boldsymbol{H})^{-1} \tag{3.34}$$

矩阵 $\boldsymbol{A}$ 为权系数矩阵,它是一个 4×4 的矩阵。式(3.33)给出了测量误差和定位误差的关系,它通过权系数矩阵将测量误差放大为定位误差。因此可以得出如下结论:

(1) 测量误差的方差越大,定位误差的方差也越大。

(2) 卫星的几何分布是影响定位误差的关键因素。矩阵 $\boldsymbol{H}$ 和 $\boldsymbol{A}$ 都取决于可见卫星个数以及相对于用户的几何分布,与其他因素无关。权系数矩阵 $\boldsymbol{A}$ 中的元素值越小,则测量误差被放大到定位误差的程度就越低。为了提高定位精度,需要降低伪距的测量误差以及改善卫星的几何构型。

为了能够量化测量误差和定位误差的关系,采用精度衰减因子(DOP)来表示误差的放大倍数。精度衰减因子是从权系数矩阵获得。式(3.33)是定位误差的协方差矩阵,其对角线元素分别对应各个方向上的定位误差分量的方差,即 σ_x^2、σ_y^2、σ_z^2 和 $\sigma_{\delta t}^2$,如果 a_{ii} 代表全系数矩阵 $\boldsymbol{A}$ 的对角元素,其中 $i=1,2,3,4$,那么式(3.33)变为

$$\begin{bmatrix} \sigma_x^2 & & & \\ & \sigma_y^2 & & \\ & & \sigma_z^2 & \\ & & & \sigma_{\delta t}^2 \end{bmatrix} = \begin{bmatrix} a_{11} & & & \\ & a_{22} & & \\ & & a_{33} & \\ & & & a_{44} \end{bmatrix} \boldsymbol{\sigma}_{\mathrm{URE}}^2 \tag{3.35}$$

式(3.35)表明了定位误差三维方向上的分量被 $\boldsymbol{A}$ 中相应的对角元素放大。比如,三维定位误差的标准差为

$$\sigma_{\mathrm{P}} = \sqrt{\sigma_x^2 + \sigma_y^2 + \sigma_z^2} = \sqrt{a_{11} + a_{22} + a_{33}}\,\sigma_{\mathrm{URE}} = \mathrm{PDOP} \cdot \boldsymbol{\sigma}_{\mathrm{URE}} \tag{3.36}$$

式中:位置精度衰减因子(PDOP)的值为

$$\mathrm{PDOP} = \sqrt{a_{11} + a_{22} + a_{33}} \tag{3.37}$$

即 σ_{P} 是 σ_{URE} 放大了 PDOP 倍后的值。同理,可以定义

$$\mathrm{TDOP} = \sqrt{a_{44}} \tag{3.38}$$

$$\mathrm{GDOP} = \sqrt{a_{11} + a_{22} + a_{33} + a_{44}} \tag{3.39}$$

式中:TDOP 为时间精度衰减因子;GDOP 为几何精度衰减因子。除上面的精度衰减因子以外,在平时使用中还往往需要了解水平和垂直方向上的精度衰减因子。上面的定位解算是在地心坐标系下计算得到的,为了计算水平和垂直方向的精度衰减因子,需要将地心坐标系下的定位结果转换到站心坐标系下。假设地心坐标系到站心坐标系的转换矩阵为 $\boldsymbol{S}$,则转换公式为

$$\begin{bmatrix}\varepsilon_e\\ \varepsilon_n\\ \varepsilon_u\\ \varepsilon_{\delta t}\end{bmatrix}=\begin{bmatrix}\boldsymbol{S} & 0\\ 0 & 1\end{bmatrix}\cdot\begin{bmatrix}\varepsilon_x\\ \varepsilon_y\\ \varepsilon_z\\ \varepsilon_{\delta t}\end{bmatrix}\tag{3.40}$$

式中：e、n、u 为站心坐标系下的东、北、天方向，重新计算在站心坐标系下的定位误差协方差矩阵为

$$\mathrm{Conv}\left(\begin{bmatrix}\varepsilon_e\\ \varepsilon_n\\ \varepsilon_u\\ \varepsilon_{\delta t}\end{bmatrix}\right)=\begin{bmatrix}\boldsymbol{S} & 0\\ 0 & 1\end{bmatrix}\cdot\boldsymbol{H}\cdot\begin{bmatrix}\boldsymbol{S}^{\mathrm{T}} & 0\\ 0 & 1\end{bmatrix}\cdot\boldsymbol{\sigma}_{\mathrm{URE}}^2\tag{3.41}$$

令

$$\tilde{\boldsymbol{A}}=\begin{bmatrix}\boldsymbol{S} & 0\\ 0 & 1\end{bmatrix}\cdot\boldsymbol{H}\cdot\begin{bmatrix}\boldsymbol{S}^{\mathrm{T}} & 0\\ 0 & 1\end{bmatrix}\tag{3.42}$$

式中：$\tilde{\boldsymbol{A}}$ 为站心坐标系下的新权系数矩阵。这样就可以定义水平精度衰减因子（HDOP）和垂直精度衰减因子（VDOP）。如果 $\tilde{a}_{11}$ 是 $\tilde{\boldsymbol{A}}$ 的对角元素，那么 HDOP 和 VDOP 为

$$\mathrm{HDOP}=\sqrt{\tilde{a}_{11}+\tilde{a}_{22}}\tag{3.43}$$

$$\mathrm{VDOP}=\sqrt{\tilde{a}_{33}}\tag{3.44}$$

式(3.43)和式(3.44)定义了在站心坐标系下的 HDOP 和 VDOP。在站心坐标系下同样也可以计算 GDOP、PDOP 和 TDOP。由于地心坐标系和站心坐标系的转换并不改变卫星的几何构型，因此这两个精度衰减因子和转换前是一致的。

在计算权系数矩阵 $\boldsymbol{A}$ 或者 $\tilde{\boldsymbol{A}}$ 的过程中，一致认为各卫星参与计算的权重是一样的。在部分接收机中最小二乘法会采用加权最小二乘算法，但是计算 DOP 值还是应该采用等权重的最小二乘算法。从 DOP 值的分析可以看出，较小的 DOP 值意味着较小的定位误差。

除了几何精度衰减因子这一概念外，接收机还会使用圆概率误差描述水平方向上的定位误差情况。圆概率一般取 50% 或者 95%，其中 50% 为默认的百分比值。如果 50% 的定位结果在水平方向上的误差小于某个值，那么这个值称为 50% 可能性的圆概率误差。50% 圆概率误差对应的不是定位误差的平均值，而是某一个中间值。

3.4.3 多普勒测速

静止不动的卫星发出频率为 f 的信号，如果接收机以 v 的速度朝向卫星运动，那

么接收机接收到的卫星信号频率并不是f,而是$f+f_d$。f_d就是由于接收机运动带来的附加多普勒频率。接收机测速正是通过测量卫星的多普勒频率变化而实现测速的方法。对伪距的表达式进行求导计算,得到

$$\dot{\boldsymbol{\rho}}^n = \dot{\boldsymbol{r}}^n + \delta \boldsymbol{f}_u - \delta \boldsymbol{f}^n + \boldsymbol{\varepsilon}_{\rho}^n \tag{3.45}$$

式中:$\boldsymbol{f}_u$为未知的接收机钟漂;$\boldsymbol{f}^n$为卫星的时钟钟漂。忽略大气层的误差,其距离变化率与速度的关系为

$$\dot{\boldsymbol{r}}^n = (\boldsymbol{v}^n - \boldsymbol{v}) \cdot \boldsymbol{I}^n \tag{3.46}$$

式中:$\boldsymbol{v}^n$为卫星运行速度;$\boldsymbol{I}^n$为卫星相对于接收机的方向矢量;$\boldsymbol{v}$为需要求解的速度。式(3.46)表明了伪距变化率与接收机相对于卫星速度变化的关系。在同样接收到4颗或更多的卫星信号后,就可以计算接收机的速度。下面重点分析伪距变化率的计算。直接对伪距进行求差计算得到的伪距变化率非常粗糙,一般不直接采用这种计算方式。采用载波相位积分的方法得到的多普勒频率精度要比伪距直接求差精度高1~2个量级,在接收机中,采用载波相位积分得到的多普勒频率值,也就是伪距变化率。但载波相位是根据时间积分得到的,它是该段时间内的平均值,而多普勒频率是当前某一瞬间的多普勒频率偏差,因此两者并不能严格画等号。

无论从载波环路中直接提取还是利用伪距求差获得多普勒频率,其精度都不如基于载波相位获得的频率值,因此伪距变化率大部分是采用载波相位计算多普勒频率。载波相位是接收机输出的精度最高的距离测量值,它反映的是一段时间的距离变化率,其多普勒频率也就是该段时间内的平均值。如果直接使用载波相位计算速度会存在一定延时。在高动态场景以及速度发生突然跳变的情况下进行测量,速度输出会有一定误差。

最小二乘法除了计算定位结果以外,同样可以实现速度的计算,其权系数矩阵和定位矩阵完全一致。由于采用载波相位计算多普勒频率精度很高,因此,速度测量结果精度要高于定位结果的精度,常规接收机的测速结果在0.2m/s左右。

3.4.4 卫星授时

接收机除了能够计算定位和测速外,还具备授时的能力。授时是根据参考时间调整接收机本地时间的过程。授时误差的结果随定位结果的输出同步输出,即δt。将该误差δt代入接收时间t_u中,可以得到当前接收时刻对应的时间t。为了进一步提高授时精度,接收机会对定位测速输出的钟差和钟漂进行平滑后再进行调整,这样可以提高接收机的授时稳定性和准确性[11]。目前常规接收机的授时精度已经接近10ns左右。

采用卫星导航进行授时已成为各行各业最主要的授时方法,比如通信、金融、电力等行业都采用卫星导航接收机进行授时[12]。和常规接收机相比,有一类专门针对授时进行优化的接收机,即授时型接收机,已得到广泛应用。除了单台接收机进行单

点授时以外，利用授时型接收机可以实现相距很远的两台接收机共视授时同步。共视法又分为单通道法和多通道法。目前多通道共视是共视接收机的主流方式。对于多通道共视，两台接收机无需握手，只需处理共同可见卫星信号即可。

国际上一致采用共视法来比较任意两地的时钟和频率。TAI 是很多国家的原子钟所产生的原子时的加权平均值。

参考文献

[1] PARKINSON B, SPILKER J, AXELRAD P, et al. Global positioning system: theory and application [M]. Washington: American Institute of Aeronautics and Astronautics, 1996.

[2] ENGE P K. The Global positioning system: signals, measurements, and performance[J]. International Journal of Wireless Information Networks, 1994, 1(2):83-105.

[3] HATCH R. The synergism of GPS code and carrier measurement[C]//Proceedings of the Third International Geodetic Symposium on Satellite Doppler Positioning, Las Cruees 1982.

[4] OLYNIK M, PETOVELLO M, CANNON M, et al. Temporal variability of GPS error sources and their effect on relative positioning accuracy[C]//The ION National Technical Meeting, San Diego, January 28-30, 2002.

[5] 高峰，郑晨. GNSS 差分定位中的误差源分析[J]. 现代导航，2019(3)：177-181.

[6] 赵铁刚. 基于GNSS 信号的对流层建模与延迟误差分析[D]. 哈尔滨：哈尔滨工业大学，2011.

[7] HOPFIELD H. Tropospheric effect on electromagnetically measured range: prediction from surface weather data[J]. Radio science, 1971, 6(3): 357-367.

[8] JANES H, LANGLEY R, NEWBY S. Analysis of tropospheric delay prediction models: comparisons with ray tracing and implications for GPS relative positioning[J]. Bulletin geodesique, 1991, 65(3):151-161.

[9] COLLINS J, LANGLEY R. Mitigating tropospheric propagation delay errors in precise airborne GPS navigation[C]//Proceedings of the IEEE position location and navigation symposium, Atlanta, April 22-25, 1996.

[10] BLACK H, EISNER A. Correcting satellite doppler data for tropospheric effects[J]. Journal of geophysical research, 1978(83): 1825-1828.

[11] ALLAN D W, WEISS M A. Accurate time and frequency transfer during common-view of a GPS satellite[C]//Proceedings of the 34th annual frequency control symposium IEEE, Philadelphia, May 28-30, 1980: 334-346.

[12] 张婷，栗靖，刘安斐. GNSS 在时间同步中的应用[J]. 电子世界，2013(21)：120, 122.

第4章 捷联惯导理论

捷联惯导技术是一门结合了机电、光学、数学、力学、控制及计算机等各类学科而形成的尖端技术,是现代科学发展到一定阶段的产物[1]。从第二次世界大战中德军将两支双自由度陀螺仪和一支积分加速度计安装在 V-2 火箭上开始,惯性导航技术经过七十多年的发展,已广泛应用于战斗机、导弹、舰船等军事领域。随着我国装备升级改造进程的推进,各行各业对惯导系统的需求保持着稳定的增长。本章分别从捷联惯导系统(SINS)简介、惯性导航传感器、初始对准、捷联惯导更新算法、捷联惯导误差分析五个方面加以阐述。

4.1 捷联惯导系统简介

捷联惯导系统是把惯性测量单元(IMU)直接固连在运动载体上,利用导航计算机采集惯性测量单元输出的原始数据,经过数值积分求解计算,得出运动载体的位置、速度和姿态等导航信息[2]。

捷联惯导系统的最大特点是工作时不依赖于外界信息,不易受到外部的干扰,是一种独立自主的导航系统。捷联惯导系统和平台惯导系统的主要区别有:

(1) 捷联惯导系统省略了真实的惯性导航平台,惯性测量单元直接安装在载体上,所以惯导系统具有体积小、质量轻、维护方便以及便于安装等特点。但是陀螺仪和加速度计等惯性器件直接承受载体的振动、冲击,这对惯性器件的环境适应能力提出了更高要求。

(2) 需要利用导航计算机实时对惯性器件输出的角速度、线加速度信息进行坐标变换和导航解算,来计算出真实的导航信息,因而对导航计算机的计算能力提出了更高要求。随着电子信息产业的发展,芯片的处理能力越来越强,复杂的惯导解算算法在导航计算机中的处理时间也越来越短,已足以满足捷联导航系统实时性的要求。

新概念测量原理和新型惯性测量单元、先进的制造业工艺和计算机技术的飞速发展有力地支撑了惯性导航系统的快速发展。从 20 世纪 60 年代逐步发展完善起来的液浮陀螺仪,进一步促进了挠性陀螺仪技术的进步。1952 年美国伊利诺伊大学 A. Nordsieck 教授率先提出了静电支撑理论,极大地促进了静电陀螺仪的飞速发展[3]。20 世纪 70 年代,静电陀螺仪监控器和导航仪由美国霍尼韦尔公司和罗克韦尔国际公司研制成功。该款静电陀螺仪经过后期标校,最高精度可达 $10^{-6} \sim 10^{-7}$

(°)/h,在真空环境下最高精度甚至达到了 $10^{-9} \sim 10^{-11}$(°)/h。由该类高精度静电陀螺仪构成的惯性导航系统已被应用于远程战略轰炸机等武器平台中。

光学技术的不断发展促使美国霍尼韦尔公司在 1982 年正式量产 GG1342 型激光陀螺仪。该型陀螺仪的平均故障间隔时间(MTBF)高达 90000h,后来美国利铁夫公司生产的高精度激光陀螺仪惯性导航系统 LTN-92 成为美国民航飞机必备的导航系统。光纤陀螺仪是比激光陀螺仪稍晚出现的又一款光学陀螺仪。光纤陀螺仪体积更小、功耗更低,且价格低廉,批量生产更为快捷。虽然光纤陀螺仪的精度还不及激光陀螺仪,但随着光纤制造技术和集成光学器件性能的不断提高,光纤陀螺仪潜在的技术优势正在显现[4]。以光纤陀螺仪为核心的捷联惯导系统正在发挥越来越重要的作用。

随着硅半导体集成电路技术的不断成熟和完善,20 世纪 80 年代微型机械、微型传感器和微型执行器的微机械制造技术逐步显露头角,这种采用微型机械结构和控制电路工艺的技术称为微机电系统(MEMS)技术。据相关文献报道,MEMS 陀螺仪的零偏稳定性已高达 0.04(°)/h,与光纤陀螺仪的精度相当,MEMS 惯性测量单元正在发挥其重要作用[5]。下面分别从捷联惯导系统的工作原理、常用坐标系以及坐标系间的转换等方面进行阐述。

4.1.1 工作原理

捷联惯导系统中有两种敏感器件:陀螺仪和加速度计。陀螺仪测量沿载体坐标系 3 个轴的角速度信号,并送入导航计算机,经误差补偿计算后进行姿态矩阵计算。加速度计测量沿载体坐标系 3 个轴的加速度信号,也送入导航计算机,经误差补偿计算后,进行由载体坐标系至"平台坐标系"的坐标变换,再完成一次积分和二次积分后可以获得速度和位置[6-7]。

陀螺仪和加速度计沿载体坐标系三轴安装,并且与载体固连,它们所测得的都是载体坐标系下的物理量。加速度计测量的是载体坐标系相对于惯性空间的加速度在载体坐标系中的投影,该测量量也称为比力。对于捷联惯导系统,导航计算要在导航坐标系中完成。因此,首先要将载体坐标系中的测量量转换为导航坐标系中的物理量,即实现由载体坐标系到导航坐标系的坐标转换。这一转换由姿态矩阵完成,利用陀螺仪的输出,即载体相对于惯性空间转动的角速率在载体坐标系下的投影计算得到。姿态矩阵是随时间的变化而不断变化的。由姿态矩阵可以确定载体的姿态角。捷联惯导系统中需要实时求取姿态矩阵,以提取载体姿态角(航向角、俯仰角、横滚角)以及比力。所以,在捷联惯导系统中,使用导航计算机完成物理实体到稳定平台的计算功能。其原理简图如图 4.1 所示,图中虚线框部分起到平台作用。

4.1.2 惯性导航常用坐标系

研究惯性导航系统问题时,常常涉及多种坐标系,本节介绍几种经常使用的坐标

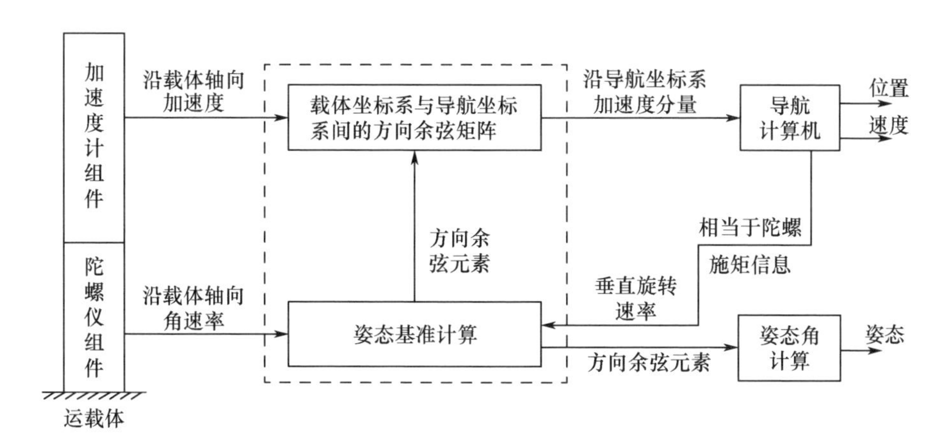

图4.1　捷联惯导原理简图

系及其变换。

4.1.2.1　坐标系定义

1）地心惯性坐标系（i系）

研究地球附近的载体导航时，常常采用地心惯性坐标系。地心惯性坐标系的原点位于地球中心，坐标系本身不随地球自转旋转，x轴指向春分点，z轴与地球的自转轴平行，y轴与x轴以及z轴构成右手坐标系。惯性传感器的测量值以i系为基准。

2）发射点惯性坐标系（i_0系）

导弹、火箭等运动载体常使用发射点惯性坐标系作为测量该载体飞行位置的基准，原点为发射点，x轴指向发射方向，y轴垂直于发射点水平面向上，右手法则决定z轴方向。

3）地固坐标系（e系）

地固坐标系的原点在地球的质心，并且坐标系与地球固连在一起，随着地球的自转而旋转。地固坐标系的x轴指向格林尼治零度经线与赤道的交点，z轴指向地球的自转轴，y轴与x、z轴构成右手坐标系。

4）导航坐标系（n系）

导航坐标系的原点位于载体中心，x轴沿着载体所在的经线指向真北方向，z轴沿大地椭球面的切平面垂线方向指下，y轴与x、z轴构成右手坐标系，形成北东地（NED）坐标系。导航坐标系的另一种构成方式是，x轴与载体所在的子午圈与地轴组成的平面垂直指向东向，z轴沿大地椭球面的切平面垂线方向指上，y轴与x、z轴构成右手坐标系形成东北天（ENU）坐标系。一般根据导航的实际用途来选择使用NED还是ENU坐标系。i系、e系和n系的示意图如图4.2所示。

5）载体坐标系（b系）

载体坐标系原点定义在运动载体中心，x轴指向载体右方，y轴指向载体正前方，z轴指向载体上方，三轴构成右手坐标系。载体坐标系相对于导航坐标系的转动可

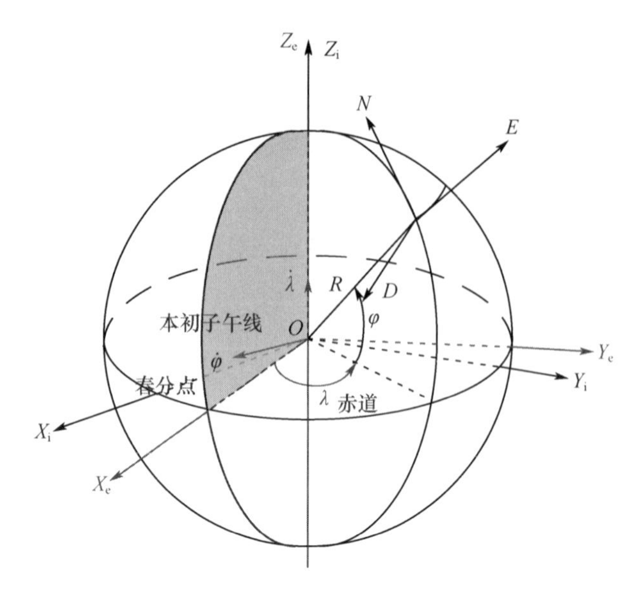

图 4.2　i 系、e 系、n 系示意图(见彩图)

以由俯仰角、横滚角、航向角确定。

6) 计算坐标系(c 系)

计算坐标系是根据计算机推算的载体位置信息而确定的导航坐标系。因为计算误差的存在,c 系与 n 系存在一个旋转矢量,n 系与 c 系和 p 系的关系如图 4.3 所示[6]。

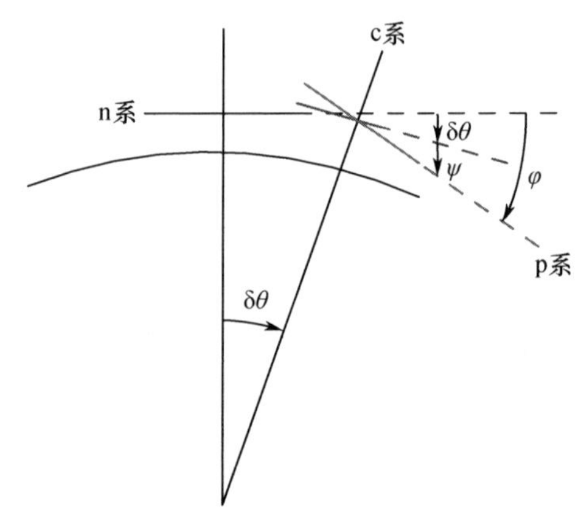

图 4.3　n 系与 c 系和 p 系的关系图(见彩图)

7) 平台坐标系(p 系)

当确定了载体所在的经度和纬度后,就能确定导航坐标系(n 系)。但是在实际的惯性导航解算中,由于存在误差,不可能得到真正的载体位置,因此,引入平台坐标系来描述导航过程中实际的导航坐标系。平台坐标系是一个数学平台坐标系,是通过计算得到的,它与真导航坐标系存在一个旋转矢量偏差。计算得到的载体坐标系

到导航坐标系的方向余弦矩阵与载体坐标系到平台坐标系的方向余弦是一样的。

$$\hat{\boldsymbol{C}}_{\mathrm{b}}^{\mathrm{n}}=\boldsymbol{C}_{\mathrm{b}}^{\mathrm{p}}=\boldsymbol{C}_{\mathrm{n}}^{\mathrm{p}}\boldsymbol{C}_{\mathrm{b}}^{\mathrm{n}} \tag{4.1}$$

式中：$\boldsymbol{C}_{\mathrm{b}}^{\mathrm{n}}$ 表示载体坐标系（b 系）到导航坐标系（n 系）的方向余弦矩阵，以此类推，另 $\hat{\boldsymbol{C}}_{\mathrm{b}}^{\mathrm{n}}$ 为计算值；$\boldsymbol{C}_{\mathrm{b}}^{\mathrm{n}}$ 为真值。

4.1.2.2 惯性导航常用坐标系之间的转换关系

1）导航坐标系（n 系）到载体坐标系（b 系）的转换

导航坐标系到载体坐标系的转换可以通过横滚、俯仰与航向三个旋转角描述。图 4.4 描述了导航坐标系到载体坐标系的旋转关系，首先使导航坐标系绕 Z_{n} 逆时针旋转过 ψ 角，得到 $OX_1Y_1Z_1$ 坐标系，然后绕 Y_1 逆时针旋转过 θ 角，得到 $OX_2Y_2Z_2$ 坐标系，最后绕 X_2 逆时针旋转 γ 角，即可转换到载体坐标系。其中 ψ 为航向角，θ 为俯仰角，γ 为横滚角。

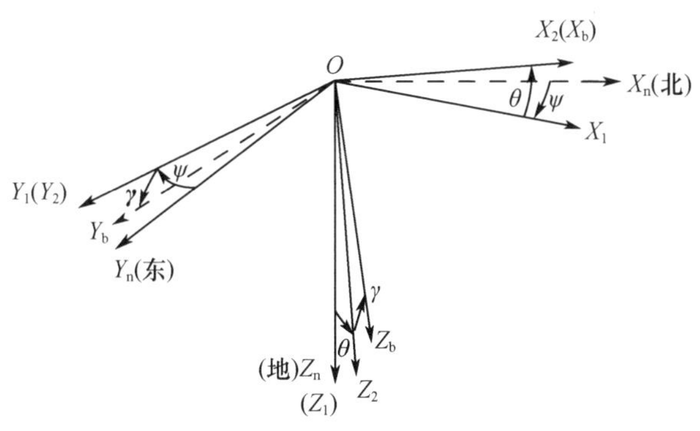

图 4.4 导航坐标系到载体坐标系的转换（见彩图）

按照上述的旋转顺序可以将导航坐标系转换到载体坐标系。载体坐标系到导航坐标系的转换可以按照下述转换关系完成：

$$\boldsymbol{C}_{\mathrm{n}}^{\mathrm{b}}=\boldsymbol{R}_X(\gamma)\boldsymbol{R}_Y(\theta)\boldsymbol{R}_Z(\psi) \tag{4.2}$$

以上旋转矩阵的含义：$\boldsymbol{R}_X(\gamma)$ 表示绕 X 轴旋转 γ 角，$\boldsymbol{R}_Y(\theta)$ 表示绕 Y 轴旋转 θ 角，$\boldsymbol{R}_Z(\psi)$ 表示绕 Z 轴旋转 ψ 角。方向余弦矩阵满足正交矩阵的性质，因此可以得到载体坐标系到导航坐标系的方向余弦矩阵：

$$\begin{aligned}
\boldsymbol{C}_{\mathrm{b}}^{\mathrm{n}}&=(\boldsymbol{C}_{\mathrm{n}}^{\mathrm{b}})^{\mathrm{T}}=\boldsymbol{R}_Z(-\psi)\boldsymbol{R}_Y(-\theta)\boldsymbol{R}_X(-\gamma)=\\
&\begin{pmatrix}\cos\psi & -\sin\psi & 0\\ \sin\psi & \cos\psi & 0\\ 0 & 0 & 1\end{pmatrix}\begin{pmatrix}\cos\theta & 0 & \sin\theta\\ 0 & 1 & 0\\ -\sin\theta & 0 & \cos\theta\end{pmatrix}\begin{pmatrix}1 & 0 & 0\\ 0 & \cos\gamma & -\sin\gamma\\ 0 & \sin\gamma & \cos\gamma\end{pmatrix}=\\
&\begin{pmatrix}\cos\theta\cos\psi & -\cos\gamma\sin\psi+\sin\gamma\sin\theta\cos\psi & \sin\gamma\sin\psi+\cos\gamma\sin\theta\cos\psi\\ \cos\theta\sin\psi & \cos\gamma\cos\psi+\sin\gamma\sin\theta\sin\psi & -\sin\gamma\cos\psi+\cos\gamma\sin\theta\sin\psi\\ -\sin\theta & \sin\gamma\cos\theta & \cos\theta\cos\gamma\end{pmatrix}
\end{aligned} \tag{4.3}$$

若已知载体坐标系到导航坐标系的方向余弦矩阵,那么根据此矩阵就可以求出描述载体姿态的三个欧拉角。计算方法如下:

$$\begin{cases} \theta = -\arctan\left(\dfrac{C_{31}}{\sqrt{1-(C_{31})^2}}\right) \\ \gamma = \arctan2(C_{32}, C_{33}) \\ \psi = \arctan2(C_{21}, C_{11}) \end{cases} \tag{4.4}$$

2) 地固坐标系(e 系)到导航坐标系(n 系)的转换

地固坐标系与导航坐标系的转换关系可以通过载体所在位置的经度和纬度进行描述。用 λ、φ 分别表示载体的经度、纬度。地固坐标系到导航坐标系的方向余弦矩阵如下:

$$\boldsymbol{C}_{\mathrm{e}}^{\mathrm{n}} = \boldsymbol{R}_Y\left(-\varphi-\frac{\pi}{2}\right)\cdot \boldsymbol{R}_Z(\lambda) = \begin{bmatrix} -\sin\varphi & 0 & \cos\varphi \\ 0 & 1 & 0 \\ -\cos\varphi & 0 & -\sin\varphi \end{bmatrix}\begin{bmatrix} \cos\lambda & \sin\lambda & 0 \\ -\sin\lambda & \cos\lambda & 0 \\ 0 & 0 & 1 \end{bmatrix} = \begin{bmatrix} -\sin\varphi\cos\lambda & -\sin\varphi\sin\lambda & \cos\varphi \\ -\sin\lambda & \cos\lambda & 0 \\ -\cos\varphi\cos\lambda & -\cos\varphi\sin\lambda & -\sin\varphi \end{bmatrix} \tag{4.5}$$

根据方向余弦的正交性质,可以得到从导航坐标系到地固坐标系的方向余弦矩阵为

$$\boldsymbol{C}_{\mathrm{n}}^{\mathrm{e}} = (\boldsymbol{C}_{\mathrm{e}}^{\mathrm{n}})^{\mathrm{T}} = \begin{pmatrix} -\sin\varphi\cos\lambda & -\sin\lambda & -\cos\varphi\cos\lambda \\ -\sin\varphi\sin\lambda & \cos\lambda & -\cos\varphi\sin\lambda \\ \cos\varphi & 0 & -\sin\varphi \end{pmatrix} \tag{4.6}$$

3) 导航坐标系(n 系)到计算坐标系(c 系)的转换

从导航坐标系到计算坐标系的方向余弦矩阵可以表示为

$$\boldsymbol{C}_{\mathrm{n}}^{\mathrm{c}} = \boldsymbol{I} - (\delta\boldsymbol{\theta}\times) \tag{4.7}$$

式中

$$\delta\boldsymbol{\theta} = \begin{bmatrix} \delta\lambda\cos\varphi \\ -\delta\varphi \\ -\delta\lambda\sin\varphi \end{bmatrix} \tag{4.8}$$

$\delta\boldsymbol{\theta}\times$ 代表矢量的反对称矩阵,其中 $\delta\varphi$ 和 $\delta\lambda$ 是根据惯导解算算法计算的与载体实际位置的纬度误差和经度误差,其值可以通过东向和北向的位置误差计算得到:

$$\begin{cases}\delta\varphi = \delta r_{N}/(R_{M}+h) \\ \delta\lambda = \delta r_{E}/((R_{N}+h)\cos(\varphi))\end{cases} \tag{4.9}$$

4）导航坐标系（n系）到平台坐标系（p系）的转换

导航坐标系到平台坐标系的方向余弦矩阵可以表示为

$$\boldsymbol{C}_{n}^{p} = \boldsymbol{I} - (\boldsymbol{\varphi}\times) \tag{4.10}$$

式中：$\boldsymbol{\varphi}$ 为导航坐标系到平台坐标系的旋转矢量。

5）计算坐标系（c系）到平台坐标系（p系）的转换

计算坐标系到平台坐标系的方向余弦矩阵可以表示为

$$\boldsymbol{C}_{c}^{p} = \boldsymbol{I} - (\boldsymbol{\psi}\times) \tag{4.11}$$

式中：$\boldsymbol{\psi}$ 为计算坐标系到平台坐标系的旋转矢量。

4.2 惯性导航传感器

惯性测量单元主要包括陀螺仪和加速度计。20世纪50～70年代以来，在滚珠轴承陀螺仪的基础上，逐步发展出各种机电式陀螺仪，如液浮陀螺仪、气浮陀螺仪、磁浮陀螺仪、挠性陀螺仪以及静电陀螺仪等。随着光学技术的日益发展，出现了以自主测量相对惯性空间角速度的速率传感器，如激光陀螺仪和光纤陀螺仪。除此以外，振动陀螺仪，如石英音叉陀螺仪、微机械陀螺仪等也相继出现[8-10]。

传统意义上的加速度计按照测量原理划分主要包括力平衡摆式加速度计和振动弦加速度计。其中：力平衡摆式加速度计包括石英挠性摆式加速度计、力平衡微机械加速度计等；振动弦加速度计包括石英振梁加速度计、微机械振动加速度计等[11]。

本节分别从惯性器件的发展现状、趋势、惯性测量单元的误差及其标定方法等方面加以阐述。

4.2.1 惯性器件的发展现状

根据2018年国外惯性导航技术研究机构的披露，今后的研究热点主要集中在高精度陀螺仪技术的开发上，主要包括光纤陀螺仪技术、微机电陀螺仪技术、半球谐振陀螺仪技术、原子陀螺仪技术等方面。

2018年的某惯性导航会议上，俄罗斯光联（Optolink）公司宣布其开发出一款光纤陀螺仪样机SRS-5000，角度随机游走约为 $69\times10^{-6}(°)/\sqrt{h}$，零偏稳定性优于 $8\times10^{-5}(°)/h$，在SRS-5000基础上研制的惯性测量单元IMU-5000（图4.5）和惯性导航系统SINS-5000，目前正在进行测试[12]。

2018年在德国导航学会举办的惯性传感器与系统会议上，长期以来一直致力于谐振式光纤陀螺仪研究的美国霍尼韦尔公司展示了一种新型谐振式光纤陀螺仪

图 4.5　俄罗斯光联公司的 IMU-5000

调制技术，消除了由调制引起的陀螺仪零偏漂移，得到的陀螺仪长期零偏漂移为 0.02～0.007(°)/h[13]。理论上，谐振式光纤陀螺仪具有比环形激光陀螺仪和干涉光纤陀螺仪更小的尺寸和更低的成本，可以满足导航级性能的需求。

在原子惯性传感器技术研究方面，印度理工学院德里分校的 K. John 博士在已有的原子磁共振惯性传感器基础上，重点研究了原子惯性传感器的设计、操作和性能。美国诺斯罗普·格鲁曼公司对其核磁共振陀螺仪的最新进展情况进行了报道，该公司通过采用一种热消磁方法解决了磁屏蔽层内的铁氧体内层问题。此外，诺斯罗普·格鲁曼公司正开发一种紧凑型原子磁力计(图 4.6)。

图 4.6　诺斯罗普·格鲁曼公司外场试验的磁力计

固体谐振陀螺仪在美国诺斯罗普·格鲁曼公司和法国赛峰电子与防务公司的共同研究和投资下，在全球惯性器件市场上占据了一席之地。诺斯罗普·格鲁曼公司提出了一种通过软件对振动陀螺仪进行动态自校准的方法，大幅简化了生产部件，得到的毫米半球谐振陀螺仪角度随机游走为 0.00025$(°)/\sqrt{h}$，零偏稳定性为 0.0005(°)/h。2018 年的导航与定位会议上，诺斯罗普·格鲁曼公司宣布计划将这种能够完全实时自校准的微半球谐振陀螺仪(mHRG)产品化。目前，第一个 mHRG 惯性传感器组件(ISA)演示单元已经开始制造(图 4.7)。在半球谐振陀螺仪的应用方面，2018 年 3 月 1 日，诺斯罗普·格鲁曼公司宣布为劳拉空间系统公司的下一代卫星星

座提供基于半球谐振陀螺仪的可扩展空间惯性参考单元。2018 年 6 月 25 日，诺斯罗普·格鲁曼公司宣布为气象卫星提供空间惯性参考单元，改善其天气预报能力，从而提供更准确和及时的预报和警告。

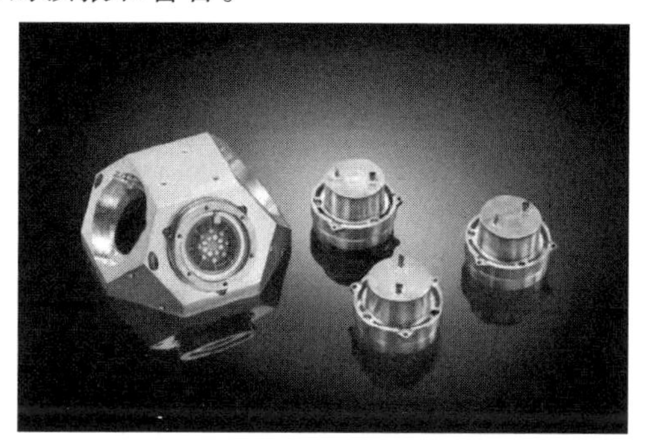

图 4.7　诺斯罗普·格鲁曼公司的 mHRG 和 mHRG ISA

法国赛峰电子与防务公司经过十余年的研发，已掌握了批量制造高性能半球谐振陀螺仪的技术。2018 年 4 月，在 IEEE 惯性传感器与系统会议上，赛峰电子与防务公司透露，该公司半球谐振陀螺仪测试结果表明，2000 h 内的陀螺仪零偏稳定性优于 0.0001(°)/h。

微机电陀螺仪技术一直是惯性导航领域的研究重点[14]。精度方面，在 DARPA 微速率积分陀螺仪项目的支持下，美国密歇根大学提出了一种鸟盆形轴对称三维微壳谐振器设计方案，陀螺仪的角度随机游走从 $1.26\times10^{-3}(°)/\sqrt{h}$ 下降到 $0.59\times10^{-3}(°)/\sqrt{h}$，预计零偏稳定性最高可提升到 $6.29\times10^{-4}(°)/h$；封装技术方面，佐治亚理工学院开发出一种晶圆级封装的微机电系统平台，可在单芯片上集成稳定授时和惯性测量单元，集成后的芯片尺寸仅为 4.5mm × 5.5mm × 1mm，陀螺仪精度优于 10(°)/h，加速度计精度优于 100μg，未来采用先进纳米和微加工工艺技术是微惯性器件的发展趋势。

2018 年 10 月，美国加州理工学院开发出一种新型光学陀螺仪(图 4.8)，尺寸为目前最先进陀螺仪设备的五百分之一，仅为米粒大小，采用了“互易灵敏度增强”的新技术。

2018 年 11 月，在英国国家量子科技展上，展出并演示了 M Squared 激光系统公司和伦敦帝国理工学院联合研制的量子加速度计，该加速度计根据测量超冷原子的运动特性保证精度和准确度。该设备可完全不依赖 GPS 等卫星导航系统，可以在任何位置进行精确定位导航。

2018 年 1 月，法国 Yole 发展公司发布了《国防、航天航空和工业领域应用的高端惯性传感器——2017 报告》，报告显示，高端惯性技术市场交易额达 31.3 亿美元，其中基于陀螺仪技术产品的交易额达 28 亿美元，约占总量的 90%。环形激光陀螺仪产品交易额达 14.58 亿美元，占陀螺仪技术产品交易总额的 45% 以上，在高端惯性

图 4.8 用米粒作为对比的新型光学陀螺仪

技术领域占据主导地位,且逐渐应用于工业领域,如霍尼韦尔公司的 HG1700 可用于机器人、汽车等;光纤陀螺仪的市场不断扩大,交易额为 6.24 亿美元,主要厂商有诺斯罗普·格鲁曼公司、KVH 公司、iXblue 集团、Al Cielo、Fizoptica、光联、Civitanaviare 等公司。随着光纤陀螺性能的提高,其所占市场份额有望进一步增大;硅微机电技术在过去几年取得了很大进展,其应用领域也越来越广,硅微机电陀螺仪技术产品交易额达 4.35 亿美元,霍尼韦尔公司、亚诺德半导体公司和 SDI 公司在该市场占主导地位;半球谐振陀螺仪产品在惯性领域的交易额达 1.77 亿美元,目前正处于低速扩张的状态,诺斯罗普·格鲁曼公司和赛峰电子与防务公司竞争激烈,价格会成为半球谐振陀螺仪成功应用和扩展的关键。

4.2.2 惯性测量单元误差分析建模和补偿

惯性测量单元误差主要包括系统性误差和随机性误差。系统性误差主要包括安装误差、标度因数误差以及常值误差。系统性误差通过惯性器件出厂前的在线标定进行补偿;随机性误差主要指由不确定因素引起的随机漂移。针对光学惯性器件,主要包括量化噪声、角度随机游走、零偏不稳定性、角速率随机游走、速率斜坡和正弦分量等,随机性误差分析与建模常用方法主要是阿伦方差法。下面分别从系统性误差的建模和补偿以及随机性误差的建模和补偿两方面加以阐述。

4.2.2.1 系统性误差建模和补偿技术

惯性器件的系统性误差建模和补偿主要是对惯性器件的确定性误差进行建模,利用相应的误差标定策略对确定性误差进行标定和补偿,四方位解析式标定方法可以对确定性误差进行粗略估计,然后使用卡尔曼滤波精确标定方法再对确定性误差进行精确估计并加以补偿。

1) 四方位解析式标定方法

分别建立陀螺仪和加速度计误差方程。

陀螺仪系统误差模型:

$$
\begin{cases}
G_x = G_{bx} + S_x\omega_x + E_{xy}\omega_y + E_{xz}\omega_z + \delta G_x \\
G_y = G_{by} + E_{yx}\omega_x + S_y\omega_y + E_{yz}\omega_z + \delta G_y \\
G_z = G_{bz} + E_{zx}\omega_x + E_{zy}\omega_y + S_z\omega_z + \delta G_z
\end{cases}
\tag{4.12}
$$

式中：G_i 为惯性系统 i 轴陀螺仪输出角速度；ω_i 为 i 轴陀螺仪输入角速度；G_{bi}为 i 轴陀螺仪零偏；S_i 为 i 轴陀螺仪标度数；E_{ij}为陀螺仪的安装误差系数；δG_i 为 i 轴陀螺仪随机误差。其中 i 和 j 为坐标轴 x、y、z 的统称。

加速度计系统误差模型：

$$
\begin{cases}
A_x = A_{bx} + K_x a_x + M_{xy} a_y + M_{xz} a_z + \delta A_x \\
A_y = A_{bx} + M_{yx} a_x + K_y a_y + M_{yz} a_z + \delta A_y \\
A_z = A_{bz} + M_{zx} a_x + M_{zy} a_y + K_z a_z + \delta A_z
\end{cases}
\tag{4.13}
$$

式中：A_i 为惯性系统 i 轴加速度计输出；a_i 为 i 轴加速度计输入；A_{bi}为 i 轴加速度计零偏；K_i 为 i 轴加速度计标度因数；M_{ij}为加速度计安装误差系数；δA_i 为 i 轴加速度计随机误差。其中 i 和 j 为坐标轴 x、y、z 的统称。

如图 4.9 所示，将 IMU 分别调整到四个方位，使 x、$-x$、y、z 轴分别指天（地理坐标系下），另外两轴水平。在每个方位上，转台的外框轴需要以一个恒定的角速度绕顺时针或逆时针方向旋转 $2\pi n$rad（n 为整数，表示旋转的圈数）。

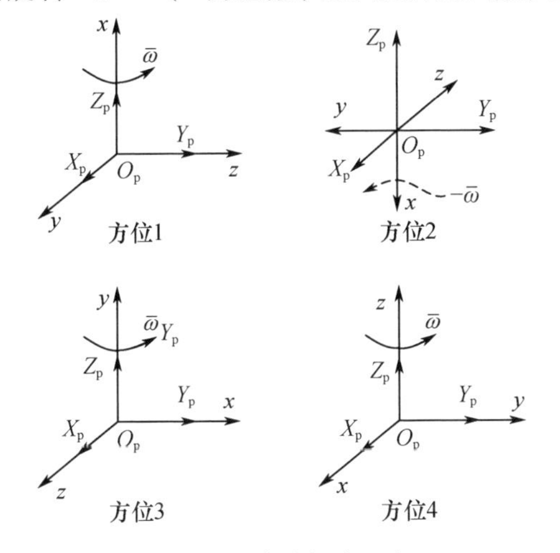

图 4.9　四方位标定示意图

陀螺仪系统状态方程：

$$
\begin{bmatrix}
G_{x1} & G_{y1} & G_{z1} \\
G_{x2} & G_{y2} & G_{z2} \\
G_{x3} & G_{y3} & G_{z3} \\
G_{x4} & G_{y4} & G_{z4}
\end{bmatrix}
=
\begin{bmatrix}
1 & \bar{\omega} & 0 & 0 \\
1 & -\bar{\omega} & 0 & 0 \\
1 & 0 & \bar{\omega} & 0 \\
1 & 0 & 0 & \bar{\omega}
\end{bmatrix}
\begin{bmatrix}
G_{bx} & G_{by} & G_{bz} \\
S_x & E_{xy} & E_{xz} \\
E_{yx} & S_y & E_{yz} \\
E_{zx} & E_{zy} & S_z
\end{bmatrix}
\tag{4.14}
$$

式中：$\overline{\omega}=\Omega+\omega_{\mathrm{ie}}\sin\phi$，其中 Ω 为转台输入角速率，ω_{ie} 为地球自转角速率（(°)/h），ϕ 为当地纬度；G_{im} 为惯性系统 i 轴陀螺仪在第 m 个方位下的输出（$m=1,2,3,4$）。

加速度计系统状态方程：

$$\begin{bmatrix} A_{x1} & A_{y1} & A_{z1} \\ A_{x2} & A_{y2} & A_{z2} \\ A_{x3} & A_{y3} & A_{z3} \\ A_{x4} & A_{y4} & A_{z4} \end{bmatrix}=\begin{bmatrix} 1 & g & 0 & 0 \\ 1 & -g & 0 & 0 \\ 1 & 0 & g & 0 \\ 1 & 0 & 0 & g \end{bmatrix}\begin{bmatrix} A_{\mathrm{bx}} & A_{\mathrm{by}} & A_{\mathrm{bz}} \\ K_x & M_{yx} & M_{zx} \\ M_{xy} & K_y & M_{zy} \\ M_{xz} & M_{yz} & K_z \end{bmatrix} \tag{4.15}$$

式中：A_{im} 为惯性系统 i 轴加速度计在第 m 个方位下的输出（$m=1,2,3,4$）；g 为当地重力加速度。

四方位解析法求出的陀螺仪系统误差标定系数：

$$\begin{bmatrix} G_{\mathrm{bx}} & S_x \\ G_{\mathrm{by}} & E_{yx} \\ G_{\mathrm{bz}} & E_{zx} \end{bmatrix}=\frac{1}{2}\begin{bmatrix} G_{x2}+G_{x1} & (G_{x1}-G_{x2})/\overline{\omega} \\ G_{y2}+G_{y1} & (G_{y1}-G_{y2})/\overline{\omega} \\ G_{z2}+G_{z1} & (G_{z1}-G_{z2})/\overline{\omega} \end{bmatrix} \tag{4.16}$$

$$\begin{bmatrix} E_{xy} & E_{xz} \\ S_y & E_{yz} \\ E_{zy} & S_z \end{bmatrix}=\frac{1}{\overline{\omega}}\begin{bmatrix} G_{x3}-G_{\mathrm{bx}} & G_{x4}-G_{\mathrm{bx}} \\ G_{y3}-G_{\mathrm{by}} & G_{y4}-G_{\mathrm{by}} \\ G_{z3}-G_{\mathrm{bz}} & G_{z4}-G_{\mathrm{bz}} \end{bmatrix} \tag{4.17}$$

四方位解析法求出的加速度计系统误差标定系数：

$$\begin{bmatrix} A_{\mathrm{bx}} & A_{\mathrm{by}} & A_{\mathrm{bz}} \\ K_x & M_{yx} & M_{zx} \\ M_{xy} & K_y & M_{zy} \\ M_{xz} & M_{yz} & K_z \end{bmatrix}=\frac{1}{2g}\begin{bmatrix} g(A_{x1}+A_{x2}) & g(A_{y1}+A_{y2}) & g(A_{z1}+A_{z2}) \\ A_{x1}-A_{x2} & A_{y1}-A_{y2} & A_{z1}-A_{z2} \\ 2(A_{x3}-A_{\mathrm{bx}}) & 2(A_{y3}-A_{\mathrm{by}}) & 2(A_{z3}-A_{\mathrm{bz}}) \\ 2(A_{x4}-A_{\mathrm{bx}}) & 2(A_{y4}-A_{\mathrm{by}}) & 2(A_{z4}-A_{\mathrm{bz}}) \end{bmatrix} \tag{4.18}$$

2）卡尔曼滤波精确标定方法

陀螺仪随机误差模型：

$$\begin{cases} \delta G_x=\delta S_x\omega_x+\delta E_{xy}\omega_y+\delta E_{xz}\omega_z+\varepsilon_x+w_{\varepsilon_x} \\ \delta G_y=\delta E_{yx}\omega_x+\delta S_y\omega_y+\delta E_{yz}\omega_z+\varepsilon_y+w_{\varepsilon_y} \\ \delta G_z=\delta E_{zx}\omega_x+\delta E_{zy}\omega_y+\delta S_z\omega_z+\varepsilon_z+w_{\varepsilon_z} \end{cases} \tag{4.19}$$

式中：δG_i 为 i 轴角速度随机误差；δE_{ij} 为减振系统引起的陀螺仪安装误差；δS_i 为陀螺仪标度因数误差；ε_i 为陀螺仪随机游走；w_{ε_i} 为 i 轴随机游走的驱动噪声。

加速度计随机误差模型：

$$\begin{cases}\delta A_x = \delta K_x a_x + \delta M_{xy} a_y + \delta M_{xz} a_z + \nabla_x + w_{\nabla_x} \\ \delta A_y = \delta M_{yx} a_x + \delta K_y a_y + \delta M_{yz} a_z + \nabla_y + w_{\nabla_y} \\ \delta A_z = \delta M_{zx} a_x + \delta M_{zy} a_y + \delta K_z a_z + \nabla_z + w_{\nabla_z}\end{cases} \tag{4.20}$$

式中：δA_i 为 i 轴加速度计随机误差；δM_{ij} 为减振系统引起的加速度计安装误差；δK_i 为加速度计标度因数误差；∇_i 为加速度计随机游走；w_{∇_i} 为 i 轴加速度计随机游走的驱动噪声。

根据随机误差模型，设计滤波器的状态方程，滤波器的状态变量不仅包括速度和姿态误差，同时包含陀螺仪和加速度计的所有标定系数，状态变量维数为30维。状态变量选取如下：

$$\begin{aligned}\boldsymbol{X} = [&\delta V_E \quad \delta V_N \quad \delta V_U \quad \phi_E \quad \phi_N \quad \phi_U \quad \nabla_x \quad \nabla_y \quad \nabla_z \quad \delta K_x \quad \delta K_y \quad \delta K_z \quad \delta M_{xy} \\ &\delta M_{xz} \quad \delta M_{yx} \quad \delta M_{yz} \quad \delta M_{zx} \quad \delta M_{zy} \quad \varepsilon_x \quad \varepsilon_y \quad \varepsilon_z \quad \delta S_x \quad \delta S_y \quad \delta S_z \quad \delta E_{xy} \\ &\delta E_{xz} \quad \delta E_{yx} \quad \delta E_{yz} \quad \delta E_{zx} \quad \delta E_{zy}]^{\mathrm{T}}\end{aligned} \tag{4.21}$$

式中：δV_E、δV_N、δV_U 分别为东、北、天方向的速度误差；ϕ_E、ϕ_N、ϕ_U 分别为俯仰角、横滚角、航向角误差。系统状态方程为

$$\dot{\boldsymbol{X}} = \boldsymbol{F} \cdot \boldsymbol{X} + \boldsymbol{G} \cdot \boldsymbol{w} \tag{4.22}$$

式中：$\boldsymbol{X}$ 是30维状态变量；$\boldsymbol{G}$ 是系统噪声矩阵，且

$$\boldsymbol{G} = \begin{bmatrix} \boldsymbol{C}_{\mathrm{b}}^{\mathrm{n}} & \boldsymbol{0}_{3\times 3} \\ \boldsymbol{0}_{3\times 3} & \boldsymbol{C}_{\mathrm{b}}^{\mathrm{n}} \\ \boldsymbol{0}_{24\times 3} & \boldsymbol{0}_{24\times 3} \end{bmatrix} \tag{4.23}$$

$\boldsymbol{w}$ 是一个6维零均值白噪声矩阵，即系统噪声矢量，且

$$\boldsymbol{w} = [w_{\nabla_x} \quad w_{\nabla_y} \quad w_{\nabla_z} \quad w_{\varepsilon_x} \quad w_{\varepsilon_y} \quad w_{\varepsilon_z}]^{\mathrm{T}} \tag{4.24}$$

$\boldsymbol{F}$ 是 30×30 维的状态矩阵，表示为

$$\boldsymbol{F} = \begin{bmatrix} \boldsymbol{A}_{3\times 6} & \boldsymbol{C}_{3\times 12} & \boldsymbol{0}_{3\times 12} \\ \boldsymbol{B}_{3\times 6} & \boldsymbol{0}_{3\times 12} & \boldsymbol{D}_{3\times 12} \\ \boldsymbol{0}_{24\times 6} & \boldsymbol{0}_{24\times 12} & \boldsymbol{0}_{24\times 12} \end{bmatrix} \tag{4.25}$$

$$\boldsymbol{A}_{3\times 6} = \begin{bmatrix} \dfrac{V_N}{R}\tan L & 2\omega_{\mathrm{ie}}\sin L + \dfrac{V_E \tan L}{R} & -2\omega_{\mathrm{ie}}\cos L - \dfrac{V_E}{R} & 0 & g & 0 \\ -2\omega_{\mathrm{ie}}\sin L + \dfrac{2V_E \tan L}{R} & -\dfrac{V_U}{R} & -\dfrac{V_N}{R} & -g & 0 & 0 \\ 2\omega_{\mathrm{ie}}\cos L + \dfrac{2V_E}{R} & \dfrac{2V_N}{R} & 0 & 0 & 0 & 0 \end{bmatrix} \tag{4.26}$$

$$\boldsymbol{B}_{3\times6}=\begin{bmatrix}0 & -\frac{1}{R} & 0 & 0 & \omega_{\mathrm{ie}}\sin L+\frac{V_E\tan L}{R} & -\omega_{\mathrm{ie}}\cos L-\frac{V_E}{R}\\ \frac{1}{R} & 0 & 0 & -\omega_{\mathrm{ie}}\sin L-\frac{V_E\tan L}{R} & 0 & -\frac{V_N}{R}\\ \frac{1}{R}\tan L & 0 & 0 & \omega_{\mathrm{ie}}\cos L+\frac{V_E}{R} & \frac{V_N}{R} & 0\end{bmatrix}\tag{4.27}$$

$$\boldsymbol{C}_{3\times12}=\begin{bmatrix}T_{11} & T_{12} & T_{13} & T_{11}a_x & T_{12}a_y & T_{13}a_z & T_{11}a_y & T_{11}a_z & T_{12}a_x & T_{12}a_z & T_{13}a_x & T_{13}a_y\\ T_{21} & T_{22} & T_{23} & T_{21}a_x & T_{22}a_y & T_{23}a_z & T_{21}a_y & T_{21}a_z & T_{22}a_x & T_{22}a_z & T_{23}a_x & T_{23}a_y\\ T_{31} & T_{32} & T_{33} & T_{31}a_x & T_{32}a_y & T_{33}a_z & T_{31}a_y & T_{31}a_z & T_{32}a_x & T_{32}a_z & T_{33}a_x & T_{33}a_y\end{bmatrix}\tag{4.28}$$

$$\boldsymbol{D}_{3\times12}=\begin{bmatrix}T_{11} & T_{12} & T_{13} & T_{11}\omega_x & T_{12}\omega_y & T_{13}\omega_z & T_{11}\omega_y & T_{11}\omega_z & T_{12}\omega_x & T_{12}\omega_z & T_{13}\omega_x & T_{13}\omega_y\\ T_{21} & T_{22} & T_{23} & T_{21}\omega_x & T_{22}\omega_y & T_{23}\omega_z & T_{21}\omega_y & T_{21}\omega_z & T_{22}\omega_x & T_{22}\omega_z & T_{23}\omega_x & T_{23}\omega_y\\ T_{31} & T_{32} & T_{33} & T_{31}\omega_x & T_{32}\omega_y & T_{33}\omega_z & T_{31}\omega_y & T_{31}\omega_z & T_{32}\omega_x & T_{32}\omega_z & T_{33}\omega_x & T_{33}\omega_y\end{bmatrix}\tag{4.29}$$

在实际标定过程中，IMU 敏感中心与转台的转动中心不一定重合，存在一个位置矢量，即杆臂。由于杆臂的存在，在转台旋转的时候，IMU 会产生一个附加的线速度。因此，需要对速度进行杆臂补偿。引入转台坐标系（$O_{\mathrm{p}}X_{\mathrm{p}}Y_{\mathrm{p}}Z_{\mathrm{p}}$），$O_{\mathrm{p}}$ 为转台旋转中心，$\boldsymbol{\omega}_{\mathrm{pb}}^{\mathrm{b}}$ 为转台坐标系下的旋转角速度，$\boldsymbol{r}_{\mathrm{b}}$ 为 IMU 敏感中心在转台坐标系下的位置矢量，$\boldsymbol{C}_{\mathrm{b}}^{\mathrm{n}}$ 为转台坐标系到导航坐标系的转移矩阵。

$$\boldsymbol{r}_{\mathrm{b}}=[r_x\quad r_y\quad r_z]^{\mathrm{T}},\quad \boldsymbol{\omega}_{\mathrm{pb}}^{\mathrm{b}}=[\omega_x\quad \omega_y\quad \omega_z]^{\mathrm{T}}\tag{4.30}$$

则由杆臂引起的速度误差在导航坐标系下可表示为

$$\mathrm{d}\boldsymbol{V}_{\mathrm{l}}^{\mathrm{n}}=\boldsymbol{C}_{\mathrm{b}}^{\mathrm{n}}(\boldsymbol{\omega}_{\mathrm{pb}}^{\mathrm{b}}\times\boldsymbol{r}_{\mathrm{b}})\tag{4.31}$$

选取速度误差为观测量，量测方程为

$$\boldsymbol{Z}=\boldsymbol{H}\boldsymbol{X}+\boldsymbol{\eta}\tag{4.32}$$

式中：$\boldsymbol{Z}$ 为量测量，且

$$\boldsymbol{Z}=\begin{bmatrix}\delta V_E\\ \delta V_N\\ \delta V_U\end{bmatrix}=\begin{bmatrix}V_E\\ V_N\\ V_U\end{bmatrix}-\begin{bmatrix}\mathrm{d}V_{1E}^{\mathrm{n}}\\ \mathrm{d}V_{1N}^{\mathrm{n}}\\ \mathrm{d}V_{1U}^{\mathrm{n}}\end{bmatrix}=\begin{bmatrix}V_E-\mathrm{d}V_{1E}^{\mathrm{n}}\\ V_N-\mathrm{d}V_{1N}^{\mathrm{n}}\\ V_U-\mathrm{d}V_{1U}^{\mathrm{n}}\end{bmatrix}$$

$\boldsymbol{H}$ 为状态转移阵，$\boldsymbol{H}=[I_{3\times3}\quad \boldsymbol{0}_{3\times3}]$；$\boldsymbol{\eta}$ 为量测噪声阵，$\boldsymbol{\eta}=[\eta_E\quad \eta_N\quad \eta_U]^{\mathrm{T}}$。

经卡尔曼滤波修正后的标定系数如下：

陀螺仪系统误差标定系数:

$$\begin{bmatrix} \bar{G}_{bx} & \bar{G}_{by} & \bar{G}_{bz} \\ \bar{S}_x & \bar{E}_{yx} & \bar{E}_{zx} \\ \bar{E}_{xy} & \bar{S}_y & \bar{E}_{zy} \\ \bar{E}_{xz} & \bar{E}_{yz} & \bar{S}_z \end{bmatrix} = \begin{bmatrix} G_{bx} & G_{by} & G_{bz} \\ S_x & E_{yx} & E_{zx} \\ E_{xy} & S_y & E_{zy} \\ E_{xz} & E_{yz} & S_z \end{bmatrix} + \begin{bmatrix} \varepsilon_x & \varepsilon_y & \varepsilon_z \\ \delta S_x & \delta E_{yx} & \delta E_{zx} \\ \delta E_{xy} & \delta S_y & \delta E_{zy} \\ \delta E_{xz} & \delta E_{yz} & \delta S_z \end{bmatrix} \tag{4.33}$$

加速度计系统误差标定系数:

$$\begin{bmatrix} \bar{A}_{bx} & \bar{A}_{by} & \bar{A}_{bz} \\ \bar{K}_x & \bar{M}_{yx} & \bar{M}_{zx} \\ \bar{M}_{xy} & \bar{K}_y & \bar{M}_{zy} \\ \bar{M}_{xz} & \bar{M}_{yz} & \bar{K}_z \end{bmatrix} = \begin{bmatrix} A_{bx} & A_{by} & A_{bz} \\ K_x & M_{yx} & M_{zx} \\ M_{xy} & K_y & M_{zy} \\ M_{xz} & M_{yz} & K_z \end{bmatrix} + \begin{bmatrix} \nabla_x & \nabla_y & \nabla_z \\ \delta K_x & \delta M_{yx} & \delta M_{zx} \\ \delta M_{xy} & \delta K_y & \delta M_{zy} \\ \delta M_{xz} & \delta M_{yz} & \delta K_z \end{bmatrix} \tag{4.34}$$

4.2.2.2　随机性误差建模和补偿技术

惯性器件的随机性误差建模和补偿常用的分析方法是阿伦方差法[15-17],下面加以介绍:

以固定的采样周期 T_s 对陀螺仪输出的角速率进行采样,把所获得的 P 个数据点 $\{\omega_1,\omega_2,\cdots,\omega_P\}$ 分成 K 组,每组包含 $M(M\leqslant P/2)$ 个采样点,M 称为平均因子,每一组的持续时间 $\tau=MT_s$ 称为相关时间,第 k 组的平均值为

$$\bar{\omega}_k = \frac{1}{M}\sum_{i=1}^{M}\omega_{(k-1)M+i} \qquad k=1,2,\cdots,K \tag{4.35}$$

阿伦方差定义为

$$\sigma^2_{\text{Allan}}(\tau) \equiv \frac{1}{2}\langle(\bar{\omega}_{k+1}-\bar{\omega}_k)^2\rangle = \frac{1}{2(K-1)}\sum_{k=1}^{K-1}(\bar{\omega}_{k+1}-\bar{\omega}_k)^2 \tag{4.36}$$

式中:$\langle\cdot\rangle$ 为求平均值操作。图 4.10 给出了阿伦方差计算示意图。

阿伦方差是光学陀螺仪稳定性的度量,它和影响陀螺仪性能的固有随机过程统计特性有关。阿伦方差与原始测量数据中噪声项的双边功率谱密度 $S_\omega(f)$ 之间关系为

$$\sigma^2_{\text{Allan}}(\tau) = 4\int_0^{\infty} S_\omega(f)\,\frac{\sin^4(\pi f\tau)}{(\pi f\tau)^2}\mathrm{d}f \tag{4.37}$$

因此,量化噪声、角度随机游走、零偏不稳定性、角速率随机游走均可将各自的角速率功率谱密度代入到式(4.37)中得到各自的阿伦方差表达式。

下面根据速率斜坡的输出,从阿伦方差的定义出发,确定速率斜坡的阿伦方差表达式。

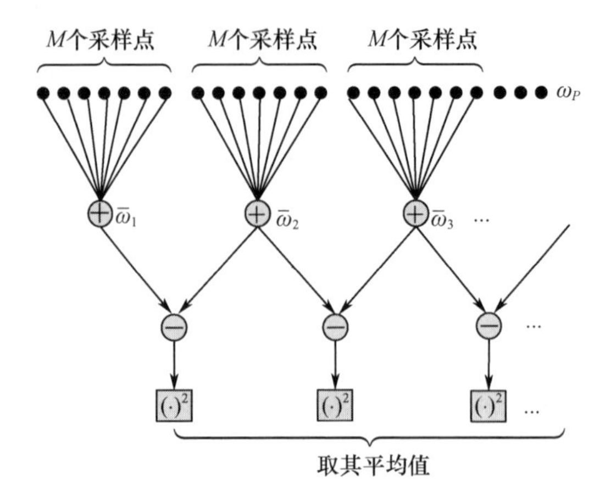

图 4.10　阿伦方差计算示意图(见彩图)

速率斜坡的输出 $\omega_R(t)$ 满足

$$\omega_R(t) = Rt \tag{4.38}$$

式中:R 为速率斜坡系数。以采样周期 T_s 对速率斜坡的确定输出 $\omega_R(t)$ 进行采样,将其分为 K 组,每组 M 个采样点,则第 j 组的平均值为

$$\bar{\omega}_j = \frac{1}{M}\sum_{i=1}^{M} R \cdot \{[(j-1)M + i]T_s\} = \frac{RT_s(2jM - M + 1)}{2} \tag{4.39}$$

则根据阿伦方差的定义,速率斜坡的阿伦方差表达式为

$$\sigma_{AR}^2 = \frac{1}{2(K-1)}\sum_{j=2}^{K}(\bar{\omega}_j - \bar{\omega}_{j-1})^2 = \frac{R^2(MT_s)^2}{2} = \frac{R^2\tau^2}{2} \tag{4.40}$$

5 种随机噪声项的阿伦标准差表达式如表 4.1 所列。表中还列出了各随机噪声项的参数、参数单位、噪声功率谱密度以及随机噪声 $\tau-\sigma(\tau)$ 双对数曲线图中斜率的大小。

表 4.1　5 种随机噪声项详细信息表

噪声类型	噪声参数	参数单位	噪声功率谱	阿伦标准差	双对数图斜率
量化噪声	Q	(″)	$(2\pi f)^2Q^2\tau$	$\sqrt{3}Q/\tau$	-1
角度随机游走	N	$(°)/h^{0.5}$	N^2	$N/\sqrt{\tau}$	-1/2
零偏不稳定性	B	$(°)/h$	$B^2/(2\pi f)$	$B/0.6648$	0
角速率随机游走	K	$(°)/h^{1.5}$	$K^2/(2\pi f)^2$	$K\sqrt{\tau/3}$	1/2
速率斜坡	R	$(°)/h^2$	$R^2/(2\pi f)^3$	$R\tau/\sqrt{2}$	1

工程实践中可以认为各随机误差项是相互独立的,阿伦方差可表示成各类随机误差项的平方和:

$$\sigma_{\mathrm{Allan}}^2(\tau) = \sigma_{\mathrm{A}Q}^2(\tau) + \sigma_{\mathrm{A}N}^2(\tau) + \sigma_{\mathrm{A}B}^2(\tau) + \sigma_{\mathrm{A}K}^2(\tau) + \sigma_{\mathrm{A}R}^2(\tau) = \sum_{n=-2}^{2} A_n^2 \tau^n \tag{4.41}$$

式中：$\sigma_{\mathrm{Allan}}^2(\tau)$表示总的阿伦方差；$\sigma_{\mathrm{A}Q}^2(\tau)$、$\sigma_{\mathrm{A}N}^2(\tau)$、$\sigma_{\mathrm{A}B}^2(\tau)$、$\sigma_{\mathrm{A}K}^2(\tau)$、$\sigma_{\mathrm{A}R}^2(\tau)$分别表示量化噪声、角度随机游走、零偏不稳定性、角速率随机游走、速率斜坡 5 种噪声项的阿伦方差；$A_n(n=-2,-1,0,1,2)$表示相关时间 τ 的系数。

使用最小二乘思想，相关时间的单位一般为秒，将其转化成小时，由拟合函数$\sigma_{\mathrm{Allan}}^2(\tau)$可以求出 A_n，进一步求出误差项系数的估计值：

$$\begin{cases} \hat{Q} = \sqrt{\dfrac{A_{-2}}{3}} \quad ('') \\ \hat{N} = \sqrt{A_{-1}}/60 \quad ((°)/\mathrm{h}^{0.5}) \\ \hat{B} = A_0/0.6643 \quad ((°)/\mathrm{h}) \\ \hat{K} = 60\sqrt{3A_1} \quad ((°)/\mathrm{h}^{1.5}) \\ \hat{R} = 3600\sqrt{2A_2} \quad ((°)/\mathrm{h}^2) \end{cases} \tag{4.42}$$

通过对惯性器件的随机误差进行阿伦方差分析，即可求得各个随机误差项系数的大小，即各个误差项在总的随机误差中所占的比例，所以阿伦方差法可为光学陀螺仪误差分析、误差补偿、陀螺仪性能评估等方面提供理论基础。

4.3　初始对准

初始对准的目的是惯导系统进入导航工作状态前建立起载体坐标系与导航坐标系的姿态矩阵。根据对准过程使用的参考信息不同，初始对准可分为自对准、传递对准和空中对准[18]。自对准将地球重力加速度、自转角速度作为参考。传递对准以主惯导为基础，使子惯导导航系与主惯导导航系重合。空中对准应用其他导航参数（如 GNSS 接收机位置、速度），估计出导航系统失准角。

按照不同的分类方法，捷联惯导系统初始对准大致有以下几种分类：

（1）按是否利用外部观测信息来分，有自主对准与非自主对准。自主对准是利用系统本身的惯性元件，结合系统作用原理，自动进行对准的方法。非自主对准则要靠外部参考进行对准，这一过程要有地面设施的支持，费时、费力，缺乏有效的机动和灵活性。在惯导系统中，从其功能的完善性和使用的方便性出发，要求在定位的同时具有自主定向，即对准功能。自主对准加强了惯导系统的自主性、隐蔽性，在现代战争中具有不可代替的作用。传统导航概念正在被新的导航概念所取代，未来导航系统应当都具有自动对准能力。因此，自主对准技术以其重要的价值和意义，引起了越来越广泛的重视和研究。

(2) 按阶段来分,初始对准有粗对准和精对准两个阶段。粗对准阶段用重力矢量 $\boldsymbol{g}$ 和地球自转角速率 $\boldsymbol{\omega}_{ie}$ 的测量值,直接估算载体坐标系到地理坐标系的变换矩阵。粗对准阶段也可采用传递对准或光学对准的方法[19]。捷联惯导系统精对准是粗对准的延续,这个阶段的主要任务是:通过处理惯性敏感器件的输出信息,精确校正计算参考坐标系与真实参考坐标系之间的小失准角,从而建立准确的初始变换矩阵 $\boldsymbol{C}_b^t(0)$,为导航解算提供精确的初始条件,以便进行导航解算。

4.3.1 粗对准原理

在静基座情况下,可以直接利用地理坐标系上重力矢量 $\boldsymbol{g}$ 和地球自转角速率 $\boldsymbol{\omega}_{ie}$ 的已知值以及惯性敏感器件对 $\boldsymbol{g}$ 与 $\boldsymbol{\omega}_{ie}$ 的量测值 $\boldsymbol{g}^b$、$\boldsymbol{\omega}_{ie}^b$ 来计算捷联矩阵 $\boldsymbol{C}_b^t(0)$。

用 $\boldsymbol{g}$、$\boldsymbol{\omega}_{ie}$ 可以构成一个新的矢量 $\boldsymbol{E}$:

$$\boldsymbol{E} = \boldsymbol{g} \times \boldsymbol{\omega}_{ie} \tag{4.43}$$

根据载体坐标系与地理坐标系的变换矩阵 $\boldsymbol{C}_b^t$ 可得

$$\begin{cases} \boldsymbol{g}^t = \boldsymbol{C}_b^t \boldsymbol{g}^b \\ \boldsymbol{\omega}_{ie}^t = \boldsymbol{C}_b^t \boldsymbol{\omega}_{ie}^b \\ \boldsymbol{E}^t = \boldsymbol{C}_b^t \boldsymbol{E}^b \end{cases} \tag{4.44}$$

考虑到捷联矩阵 $\boldsymbol{C}_b^t$ 具有正交性,即有

$$(\boldsymbol{C}_b^t)^T = (\boldsymbol{C}_b^t)^{-1} \tag{4.45}$$

故 $\boldsymbol{C}_b^t$ 可表示为

$$\boldsymbol{C}_b^t = \begin{bmatrix} (\boldsymbol{g}^t)^T \\ (\boldsymbol{\omega}_{ie}^t)^T \\ (\boldsymbol{E}^t)^T \end{bmatrix}^{-1} \begin{bmatrix} (\boldsymbol{g}^b)^T \\ (\boldsymbol{\omega}_{ie}^b)^T \\ (\boldsymbol{E}^b)^T \end{bmatrix} \tag{4.46}$$

式中:$\boldsymbol{g}^b$、$\boldsymbol{\omega}_{ie}^b$ 由加速度计、陀螺仪直接测得;$\boldsymbol{E}^b$、$\boldsymbol{E}^t$ 由理论计算得到。

实际应用中,捷联系统工作在具有各种噪声扰动的动态环境中,直接利用静基座算法将会产生很大的误差。应用稳定系统控制原理,以重力矢量 $\boldsymbol{g}$ 和地球自转角速率 $\boldsymbol{\omega}_{ie}^b$ 为控制信号,使捷联系统稳定在地理坐标系上。捷联矩阵 $\boldsymbol{C}_b^t$ 可以形象地理解成数学解析平台,系统中数学解析平台的水平及方位失准角作为系统的负反馈量,以一定的控制算法,使数学解析平台工作在具有较好动态特性和稳态特性的状态。

数学解析平台的工作过程与稳定平台式系统类似,当数学解析平台有方位失准角 γ 时,地球自转角速率分量 $\omega_{ie}\cos\varphi\sin\gamma$ 就耦合到解析平台的东轴上,从而产生罗经效应,罗经效应项 $\omega_{ie}\cos\varphi\sin\gamma$ 使数学解析平台绕东西轴旋转,从而产生水平倾角 α。解析系统利用这一控制信息,一方面控制解析平台减小水平倾斜角,另一方面控制解析平台减小方位失准角,从而使数学解析平台稳定在地理坐标系上。其稳定过

程的数学公式为

$$\dot{\boldsymbol{C}}_{\mathrm{b}}^{\hat{\mathrm{t}}} = \boldsymbol{C}_{\mathrm{b}}^{\hat{\mathrm{t}}}\,\hat{\boldsymbol{\omega}}_{\mathrm{tb}}^{\mathrm{bk}} \tag{4.47}$$

式中:$\boldsymbol{C}_{\mathrm{b}}^{\hat{\mathrm{t}}}$ 表示计算地理坐标系($\hat{\mathrm{t}}$系)和载体坐标系(b 系)间的方向余弦矩阵,也就是计算的捷联矩阵,它同样起着平台作用。

对式(4.47)不断积分,完成解析平台在地理坐标系上的稳定过程。

捷联惯导系统的计算姿态矩阵 $\boldsymbol{C}_{\mathrm{b}}^{\hat{\mathrm{t}}}$ 与真实姿态矩阵 $\boldsymbol{C}_{\mathrm{b}}^{\mathrm{t}}$ 的误差,可以直接由数学解析平台的不对准误差角表示。当误差角较小时,可以通过 $\boldsymbol{\Phi}^{\mathrm{t}}$ 表示 $\boldsymbol{C}_{\mathrm{b}}^{\hat{\mathrm{t}}}$ 与 $\boldsymbol{C}_{\mathrm{b}}^{\mathrm{t}}$ 之间的误差,称 $\boldsymbol{\Phi}^{\mathrm{t}}$ 为捷联系统中不对准角 $\boldsymbol{\Phi}$ 反对称矩阵。

$$\boldsymbol{\Phi} = (\alpha \quad \beta \quad \gamma)^{\mathrm{T}} \tag{4.48}$$

$$\boldsymbol{\Phi}^{\mathrm{t}} = \begin{bmatrix} 0 & -\gamma & \beta \\ \gamma & 0 & -\alpha \\ -\beta & \alpha & 0 \end{bmatrix} \tag{4.49}$$

式中:$\boldsymbol{\Phi}$ 为计算地理坐标系与真实地理坐标系的误差角;α、β、γ 分别为地理坐标系与真实坐标系的北向、东向、天向误差角。

捷联系统初始对准的基本思路是:通过处理加速度计和陀螺仪的量测值,产生修正角速度 $\boldsymbol{\omega}_{\mathrm{c}}$ 以供捷联矩阵的更新计算,并驱使不对准角尽可能减小为零。与此同时,以陀螺仪的量测输出估计出载体的角速度,对角度进行隔离。其原理示意图如图 4.11所示。

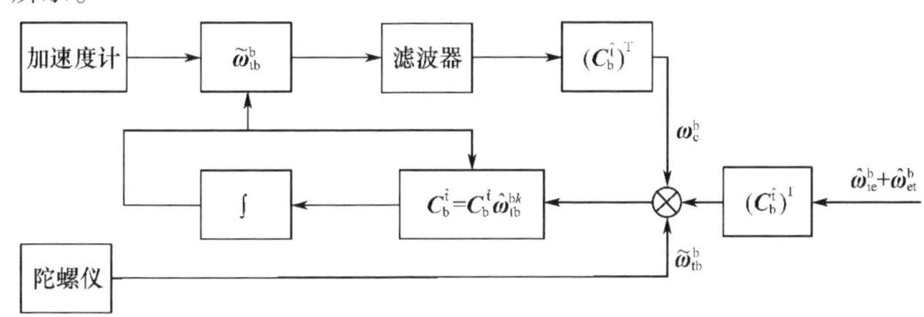

图 4.11　对准原理示意图

4.3.2　卡尔曼滤波精对准

离散卡尔曼滤波是一种实用的线性最小方差估计算法,设 t_k 时刻的被估计量 $\boldsymbol{X}_k$ 受系统噪声序列 $\boldsymbol{W}_{k-1}$驱动,状态方程为

$$\boldsymbol{X}_k = \boldsymbol{\Phi}_{k,k-1}\boldsymbol{X}_{k-1} + \boldsymbol{\Gamma}_{k-1}\boldsymbol{W}_{k-1} \tag{4.50}$$

式中:$\boldsymbol{\Phi}_{k,k-1}$为 t_{k-1}到 t_k 时刻的一步转移矩阵;$\boldsymbol{\Gamma}_{k-1}$为系统噪声驱动阵;$\boldsymbol{W}_{k-1}$为系统激励噪声序列。对 $\boldsymbol{X}_k$ 的量测满足线性关系,量测方程为 $\boldsymbol{Z}_k = \boldsymbol{H}_k\boldsymbol{X}_k + \boldsymbol{V}_k$,其中,$\boldsymbol{H}_k$ 为量测阵,$\boldsymbol{V}_k$ 为量测噪声序列。

根据离散卡尔曼滤波基本方程[20],只要给定初值$\hat{\boldsymbol{X}}_0$、$\boldsymbol{P}_0$,根据量测值 $\boldsymbol{Z}_k$,可推算

出 k 时刻的状态估计 $\hat{\boldsymbol{X}}_k$。卡尔曼滤波过程如图 4.12 所示。

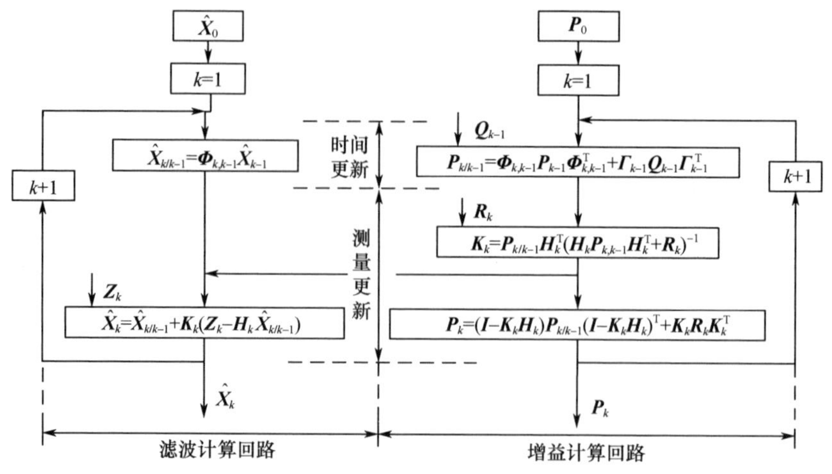

图 4.12　卡尔曼滤波过程

滤波可以分为滤波计算回路和增益计算回路，其中增益计算回路是独立计算回路，而滤波计算回路依赖于增益计算回路。

图中：$\boldsymbol{Q}_{k-1}$ 为系统噪声方差阵；$\boldsymbol{\Gamma}_{k-1}$ 为系统噪声驱动阵；$\boldsymbol{R}_k$ 为量测噪声方差阵；$\boldsymbol{Z}_k$ 为量测值。初值的选取：在不了解初始状态的统计特性时，常令 $\hat{\boldsymbol{X}}_0=0$，$\boldsymbol{P}_0=a\boldsymbol{I}$ 或者 $\hat{\boldsymbol{X}}_{0/-1}=0$，$\boldsymbol{P}_{0/-1}=a\boldsymbol{I}$，其中，$a$ 取很大的正数。

精对准仿真的原理框图如图 4.13 所示。其中：$\tilde{\boldsymbol{\nabla}}$ 表示加速度计的随机误差；$\tilde{\boldsymbol{f}}^{\mathrm{b}}$ 表示加速度计的理论输出；$\tilde{\tilde{\boldsymbol{f}}}^{\mathrm{b}}$ 表示加速度计的实际输出；$\boldsymbol{C}_{\mathrm{t真}}^{\mathrm{b}}$ 为真实的捷联矩阵，可

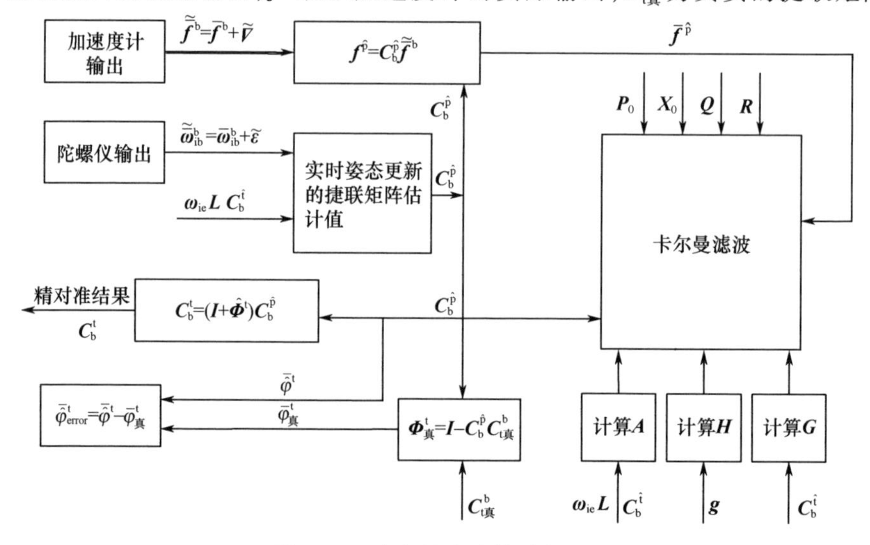

图 4.13　卡尔曼滤波精对准框图

以通过飞行轨迹的数学模型精确求得。

定义初始对准的失准角为

$$\bar{\hat{\varphi}}^{t}_{error} = \bar{\hat{\varphi}}^{t} - \varphi^{t}_{真}$$

式中：$\bar{\hat{\varphi}}^{t}$ 为卡尔曼滤波估计出的平台误差角；$\varphi^{t}_{真}$ 为真实的平台误差角。

4.3.3　静态对准试验验证

根据惯性导航初始对准精度理论分析，初始对准三个姿态角极限精度为

$$\begin{cases} \phi_x = -\dfrac{\nabla_N}{g} \\ \phi_y = \dfrac{\nabla_E}{g} \\ \phi_z = \dfrac{\varepsilon_E}{\omega_{ie}\cos L} \end{cases} \tag{4.51}$$

前两式为俯仰角、横滚角极限对准精度，其与北向、东向加速度计零偏有关，加速度计零偏量级为 mg，水平角对准精度量级为角分（′）。以 1mg 加速度计零偏进行计算，水平角对准精度为 3.4377′，精度较高。

式（4.51）第三个式子为航向角对准极限精度，其与东向陀螺仪零偏有关，欲提高方位对准精度，必须减小东向陀螺仪漂移。在石家庄地区，以 1（°）/h 东向陀螺仪零偏计算，方位角对准精度为 4.8566°，误差相对较大，方位角对准精度约为东向陀螺仪零偏的 5 倍。图 4.14 给出了初始对准过程。

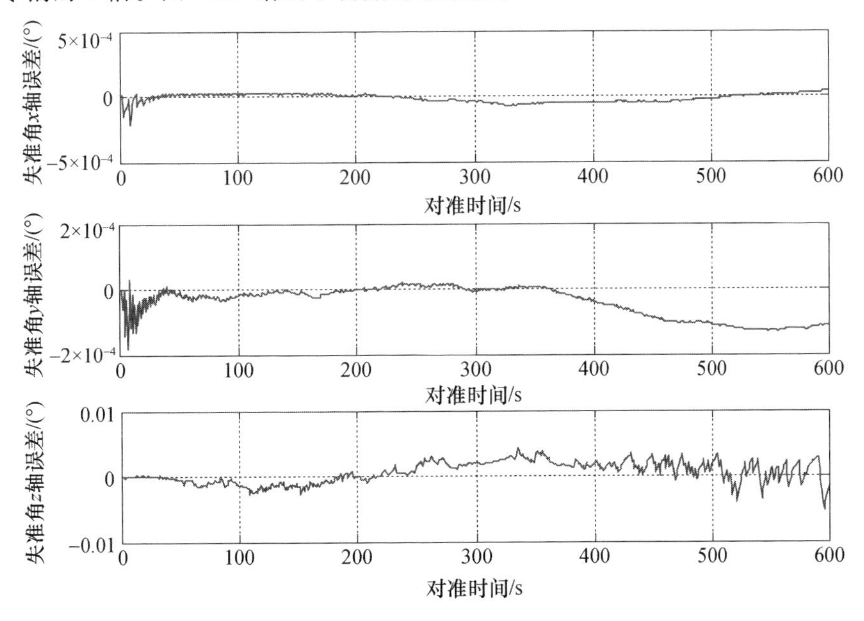

图 4.14　初始对准过程（见彩图）

试验方法：①将 IMU 安装至三轴试验转台；②IMU 上电，转台分别处于[0 0 0]，[0 0 90]，[0 0 180]三个位置，采集 IMU 原始数据；③比对转台提供的姿态角与惯导对准结果，分析初始对准性能。

表 4.2 和表 4.3 给出了初始对准结果。

通过比对试验中对准时间长度可知，该初始对准算法对准时间越长，精度反而越低，这是由于舒勒周期误差导致速度观测量变差引起的。应用时应掌握对准时间长度。

表 4.2　初始对准结果表

航向角	次数	对准时间/min	粗对准结果			修改精对准结果		
			俯仰角/(°)	横滚角/(°)	航向角/(°)	俯仰角/(°)	横滚角/(°)	航向角/(°)
0°	1	10	0.0643	-0.0156	359.7891	0.0850	0.0050	359.8844
		20				0.1017	0.0132	359.8819
		30				0.1218	0.0264	359.9284
	2	10	0.0331	-0.0470	359.0289	0.0473	-0.0323	359.4054
		20				0.0630	-0.0087	359.0658
		30				0.0928	-0.0014	359.1125
	3	10	0.0277	-0.0519	359.7474	0.0345	-0.0500	359.7514
		20				0.0488	-0.0372	359.2926
		30				0.0551	-0.0174	359.3284
90°	1	10	0.0334	-0.0464	269.9867	0.0302	-0.0437	269.6130
		20				0.0557	-0.0501	269.6066
		30				0.0531	-0.0336	269.4888
	2	10	0.0484	-0.0322	269.3364	0.0526	-0.0320	269.0805
		20				0.0565	-0.0249	269.3660
		30				0.0627	-0.0099	269.3653
180°	1	10	0.0963	0.0129	179.2804	0.1134	0.0140	179.6196
		20				0.1099	0.0258	179.6794
		30				0.1134	0.0140	179.6196
	2	10	0.0271	-0.0529	179.7894	0.0235	-0.0513	180.5902
		20				0.0413	-0.0383	180.5955
		30				0.0369	-0.0450	180.2893
误差均值			0.0472	-0.0333	-0.4345	0.0666	-0.0180	-0.3541
误差标准差			0.0254	0.0243	0.3494	0.0299	0.0257	0.4371

表 4.3　姿态角误差统计

对准时间/min	统计量	精对准误差		
		俯仰角/(°)	横滚角/(°)	航向角/(°)
10	偏差	0.0552	-0.0272	-0.2936
	标准差	0.0327	0.0263	0.4679
20	偏差	0.0681	-0.0172	-0.3589
	标准差	0.0267	0.0284	0.4999
30	偏差	0.0766	-0.0095	-0.4097
	标准差	0.0328	0.0252	0.4003

4.4　捷联惯导更新算法

捷联惯导解算，即求解捷联惯导系统位置微分方程、速度微分方程以及姿态微分方程的过程。陀螺仪和加速度计测量的原始数据往往是数字信号，这需要对惯导系统微分方程进行离散化处理，给出捷联惯导系统的离散化数字递推更新算法。本节分别对姿态更新算法、速度更新算法以及位置更新算法进行分析推导。

4.4.1　姿态更新算法

四元数(quaternion)的概念最早于 1843 年由数学家哈密顿(W. R. Hamilton)提出，用于描述刚体转动或姿态变换，与方向余弦阵相比，四元数表示方法虽然比较抽象，但十分简洁。四元数是一个包含四个元素的列向量，列向量的第 1 个元素表示刚体围绕旋转轴转过的角度大小。而其余 3 个元素代表了旋转轴的方向。四元数方法广泛应用于惯导机械编排的姿态更新描述，假定载体围绕定轴旋转过一定的角度 θ，载体的旋转轴与参考坐标系各个轴线之间的夹角为 $\cos\alpha$、$\cos\beta$、$\cos\gamma$，则该旋转的四元数可表示为

$$\boldsymbol{q}_{\mathrm{b}}^{\mathrm{n}}=\begin{pmatrix} q_0 \\ q_1 \\ q_2 \\ q_3 \end{pmatrix}=\begin{pmatrix} \cos\dfrac{\theta}{2} \\ \sin\dfrac{\theta}{2}\cos\alpha \\ \sin\dfrac{\theta}{2}\cos\beta \\ \sin\dfrac{\theta}{2}\cos\gamma \end{pmatrix} \tag{4.52}$$

根据三角函数的性质可得描述刚体定点转动的四元数 $q_{\mathrm{b}}^{\mathrm{n}}$ 的模为 1，为规范化四元数。但随着机械编排次数的增多，计算机的截断误差累积会导致四元数的模非 1，

为保证四元数的规范性，必须将四元数进行规范化，规范化的方法为

$$q_i = \hat{q}_i / \sqrt{\hat{q}_0^2 + \hat{q}_1^2 + \hat{q}_2^2 + \hat{q}_3^2} \qquad i = 0,1,2,3$$

$\hat{q}_i$ 为规范化前的值。

假定从坐标系 a 到 b 的方向余弦矩阵为 $\boldsymbol{C}_{\mathrm{a}}^{\mathrm{b}}$，并且定义

$$\begin{cases} P_1 = 1 + \mathrm{tr}(\boldsymbol{C}_{\mathrm{a}}^{\mathrm{b}}) \\ P_2 = 1 + 2c_{11} - \mathrm{tr}(\boldsymbol{C}_{\mathrm{a}}^{\mathrm{b}}) \\ P_3 = 1 + 2c_{22} - \mathrm{tr}(\boldsymbol{C}_{\mathrm{a}}^{\mathrm{b}}) \\ P_4 = 1 + 2c_{33} - \mathrm{tr}(\boldsymbol{C}_{\mathrm{a}}^{\mathrm{b}}) \end{cases} \tag{4.53}$$

式中：tr(·)为求迹运算符号；c_{ij}代表矩阵 $\boldsymbol{C}$ 的第 i 行、第 j 列元素。当确定旋转四元数中的四个参数时需要进行如下判断。

当 $P_1 = \max(P_1, P_2, P_3, P_4)$ 时：

$$q_0 = 0.5\sqrt{P_1}, \quad q_1 = \frac{c_{32} - c_{23}}{4q_0}, \quad q_2 = \frac{c_{13} - c_{31}}{4q_0}, \quad q_3 = \frac{c_{21} - c_{12}}{4q_0} \tag{4.54}$$

当 $P_2 = \max(P_1, P_2, P_3, P_4)$ 时：

$$q_1 = 0.5\sqrt{P_2}, \quad q_2 = \frac{c_{21} + c_{12}}{4q_1}, \quad q_3 = \frac{c_{13} + c_{31}}{4q_1}, \quad q_0 = \frac{c_{32} - c_{23}}{4q_1} \tag{4.55}$$

当 $P_3 = \max(P_1, P_2, P_3, P_4)$ 时：

$$q_2 = 0.5\sqrt{P_3}, \quad q_3 = \frac{c_{32} + c_{23}}{4q_2}, \quad q_0 = \frac{c_{13} - c_{31}}{4q_2}, \quad q_1 = \frac{c_{21} + c_{12}}{4q_2} \tag{4.56}$$

当 $P_4 = \max(P_1, P_2, P_3, P_4)$ 时：

$$q_3 = 0.5\sqrt{P_4}, \quad q_0 = \frac{c_{21} - c_{12}}{4q_3}, \quad q_1 = \frac{c_{13} + c_{31}}{4q_3}, \quad q_2 = \frac{c_{32} + c_{23}}{4q_3} \tag{4.57}$$

如果 $q_0 \leqslant 0$，那么 $q = -q$。

姿态更新同样通过四元数方法进行，更新时利用 $k-1$ 时刻的姿态四元数以及 $k-1$至 k 时刻的陀螺仪角增量，计算方法如下：

$$\boldsymbol{q}_{\mathrm{b}(k)}^{\mathrm{n}(k-1)} = \boldsymbol{q}_{\mathrm{b}(k-1)}^{\mathrm{n}(k-1)} \otimes \boldsymbol{q}_{\mathrm{b}(k)}^{\mathrm{b}(k-1)} \tag{4.58}$$

$$\boldsymbol{q}_{\mathrm{b}(k)}^{\mathrm{n}(k)} = \boldsymbol{q}_{\mathrm{n}(k-1)}^{\mathrm{n}(k)} \otimes \boldsymbol{q}_{\mathrm{b}(k)}^{\mathrm{n}(k-1)} \tag{4.59}$$

对于 b 系从 t_k 时刻到 t_{k-1}时刻的变化可以用四元数表示为

$$\boldsymbol{q}_{\mathrm{b}(k)}^{\mathrm{b}(k-1)} = \begin{bmatrix} \cos\|0.5\boldsymbol{\Phi}_k\| \\ \dfrac{\sin\|0.5\boldsymbol{\Phi}_k\|}{\|\boldsymbol{\Phi}_k\|}\boldsymbol{\Phi}_k \end{bmatrix} \tag{4.60}$$

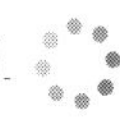

$\boldsymbol{\Phi}_k$ 代表载体坐标系从 t_{k-1}时刻到 t_k 间隔内的旋转矢量,可得

$$\dot{\boldsymbol{\Phi}}_k \approx \boldsymbol{\omega}_{\text{ib}}^{\text{b}} + \frac{1}{2}\boldsymbol{\Phi}_k \times \boldsymbol{\omega}_{\text{ib}}^{\text{b}} + \frac{1}{12}\boldsymbol{\Phi}_k \times (\boldsymbol{\Phi}_k \times \boldsymbol{\omega}_{\text{ib}}^{\text{b}}) \approx \boldsymbol{\omega}_{\text{ib}}^{\text{b}} + \frac{1}{2}\Delta\boldsymbol{\theta}(t) \times \boldsymbol{\omega}_{\text{ib}}^{\text{b}} \tag{4.61}$$

式中

$$\Delta\boldsymbol{\theta}(t) = \int_{t_{k-1}}^{t_k} \boldsymbol{\omega}_{\text{ib}}^{\text{b}} \mathrm{d}\tau \tag{4.62}$$

对式(4.61)积分可得

$$\boldsymbol{\Phi}_k = \int_{t_{k-1}}^{t_k} \left[\boldsymbol{\omega}_{\text{ib}}^{\text{b}} + \frac{1}{2}\Delta\theta(t) \times \boldsymbol{\omega}_{\text{ib}}^{\text{b}} \right] \mathrm{d}t \approx \Delta\boldsymbol{\theta}_k + \frac{1}{12}\Delta\boldsymbol{\theta}_{k-1} \times \Delta\boldsymbol{\theta}_k \tag{4.63}$$

式中:$(1/12)\Delta\boldsymbol{\theta}_{k-1} \times \Delta\boldsymbol{\theta}_k$ 是利用双子样法得到的圆锥误差补偿。导航坐标系从 t_{k-1} 时刻到 t_k 时刻的转动四元数为

$$\boldsymbol{q}_{n(k-1)}^{n(k)} = \begin{bmatrix} \cos \| 0.5\boldsymbol{\zeta}_k \| \\ -\dfrac{\sin \| 0.5\boldsymbol{\zeta}_k \|}{\| \boldsymbol{\zeta}_k \|}\boldsymbol{\zeta}_k \end{bmatrix} \tag{4.64}$$

因为载体在 t_k 时刻的位置已经计算得到,所以 t_{k-1} 到 t_k 的中间时刻的位置可以通过内插得到,即 $h_{k-1/2} = \dfrac{1}{2}(h_{k-1} + h_k)$,$t_{k-1}$ 到 t_k 的位置变化四元数可以表示为如下形式:

$$\boldsymbol{q}_{\delta\theta} = (\boldsymbol{q}_{\text{n}(k-1)}^{\text{e}(k-1)})^{-1} \otimes \boldsymbol{q}_{\text{n}(k)}^{\text{e}(k)} \tag{4.65}$$

由式(4.65)可以计算出旋转矢量 ,然后位置的内插可以通过下式实现:

$$\boldsymbol{q}_{\text{n}(k-1/2)}^{\text{e}(k-1/2)} = \boldsymbol{q}_{\text{n}(k-1)}^{\text{e}(k-1)} \otimes \boldsymbol{q}_{0.5\delta\boldsymbol{\theta}} \tag{4.66}$$

式中:$\boldsymbol{q}_{0.5\delta\boldsymbol{\theta}}$是旋转矢量 $0.5\delta\boldsymbol{\theta}$ 对应的四元数。

由于误差的积累,$\boldsymbol{q}_{\text{b}}^{n}$ 会失去规范性,因此在 $\boldsymbol{q}_{\text{b}}^{n}$ 进行一定次数的更新后需要对四元数进行规范化处理,规范化方法如下:

$$\begin{cases} \boldsymbol{q}_{\text{b}}^{\text{n}} = (1 - e_{\text{q}})\boldsymbol{q}_{\text{b}}^{\text{a}} \\ e_{\text{q}} = \dfrac{1}{2}[(\boldsymbol{q}_{\text{b}}^{\text{n}})^{\text{T}}\boldsymbol{q}_{\text{b}}^{\text{n}} - 1] \end{cases} \tag{4.67}$$

式中:$\boldsymbol{q}_{\text{b}}^{\text{a}}$ 为规范化前的四元数;e_{q} 为四元数中的规范化误差。

姿态更新使用了四元数方法,四元数方法相较于其他姿态更新方法运算量小,计算过程中不会产生奇异点,因此适合工程应用。四元数姿态更新算法实质上是旋转矢量更新方法的二子样法,其对不可旋转的不可交换性误差进行了适当补偿,可用于车载导航。如果载体运动中包含有锥运动，则需要使用旋转矢量的三子样或者更高子样方法进行补偿。

4.4.2 速度更新算法

惯性导航的基本方程可以表示如下：

$$\left.\frac{\mathrm{d}\boldsymbol{v}_{\mathrm{e}}}{\mathrm{d}t}\right|_n^n = \boldsymbol{C}_{\mathrm{b}}^{\mathrm{n}}\boldsymbol{f}^{\mathrm{b}} - (2\boldsymbol{\omega}_{\mathrm{ie}}^{\mathrm{n}} + \boldsymbol{\omega}_{\mathrm{en}}^{\mathrm{n}}) \times \boldsymbol{v}_{\mathrm{e}}^{\mathrm{n}} + \boldsymbol{g}^{\mathrm{n}} \tag{4.68}$$

式中：$\boldsymbol{v}_{\mathrm{e}}$ 为载体相对于地球参考系的运动速度；$\boldsymbol{f}^{\mathrm{b}}$ 为加速度计输出的比力；$2\boldsymbol{\omega}_{\mathrm{ie}}^{\mathrm{n}} \times \boldsymbol{v}_{\mathrm{e}}^{\mathrm{n}}$ 为哥氏加速度项；$\boldsymbol{\omega}_{\mathrm{en}}^{\mathrm{n}} \times \boldsymbol{v}_{\mathrm{e}}^{\mathrm{n}}$ 为载体对地向心加速度；$\boldsymbol{g}^{\mathrm{n}}$ 为重力加速度矢量在导航坐标系中的投影。式(4.68)同时可以写成以下形式：

$$\dot{\boldsymbol{v}}^{\mathrm{n}} = \boldsymbol{C}_{\mathrm{b}}^{\mathrm{n}}\boldsymbol{f}^{\mathrm{b}} + \boldsymbol{g}^{\mathrm{n}} - (2\boldsymbol{\omega}_{\mathrm{ie}}^{\mathrm{n}} + \boldsymbol{\omega}_{\mathrm{en}}^{\mathrm{n}}) \times \boldsymbol{v}^{\mathrm{n}} \tag{4.69}$$

通过式(4.69)可以看出，加速度计输出的比力信息中包含两项有害加速度，分别为地球重力加速度和由于载体相对于地球运动产生的哥氏加速度，在导航信息的更新中需要将其扣除。式(4.69)中的 $\boldsymbol{\omega}_{\mathrm{ie}}^{\mathrm{n}}$ 和 $\boldsymbol{\omega}_{\mathrm{en}}^{\mathrm{n}}$ 计算方法如下：

$$\boldsymbol{\omega}_{\mathrm{ie}}^{\mathrm{n}} = \boldsymbol{C}_{\mathrm{e}}^{\mathrm{n}}\boldsymbol{\omega}_{\mathrm{ie}}^{\mathrm{e}} = (\omega_{\mathrm{e}}\cos\varphi \quad 0 \quad -\omega_{\mathrm{e}}\sin\varphi)^{\mathrm{T}} \tag{4.70}$$

$$\boldsymbol{\omega}_{\mathrm{en}}^{\mathrm{n}} = \begin{pmatrix} \dfrac{v_E}{N+h} & -\dfrac{v_N}{M+h} & -\dfrac{v_E\tan\varphi}{N+h} \end{pmatrix}^{\mathrm{T}} \tag{4.71}$$

式中：ω_{e} 为地球自转角速度；φ 为载体纬度；v_N、v_E 分别为载体北向速度和东向速度；M 为载体所在位置的子午圈曲率半径；N 为载体所在环境的卯酉圈曲率半径；h 为大地高。子午圈和卯酉圈曲率半径的计算方法如下：

$$M = \frac{a(1-e^2)}{(1-e^2\sin^2\varphi)^{3/2}} \tag{4.72}$$

$$N = \frac{a}{(1-e^2\sin^2\varphi)^{1/2}} \tag{4.73}$$

式中：a 为子午椭圆的长半径；e 为子午椭圆的偏心率。

将式(4.69)离散化，得到实用的速度更新公式：

$$\boldsymbol{v}_k^{\mathrm{n}} = \boldsymbol{v}_{k-1}^{\mathrm{n}} + \Delta\boldsymbol{v}_{\mathrm{f},k}^{\mathrm{n}} + \Delta\boldsymbol{v}_{\mathrm{g/cor,k}}^{\mathrm{n}} \tag{4.74}$$

式中：$\Delta\boldsymbol{v}_{\mathrm{g/cor,k}}^{\mathrm{n}}$ 为地球重力、载体绕地球旋转产生的向心加速度以及哥氏效应产生的速度增量；$\Delta\boldsymbol{v}_{\mathrm{f},k}^{\mathrm{n}}$ 为由比力引起的速度增量，计算方法如下：

$$\Delta\boldsymbol{v}_{\mathrm{f},k}^{\mathrm{n}} = \frac{1}{2}[\boldsymbol{C}_{\mathrm{n}(k-1)}^{\mathrm{n}(k)} + \boldsymbol{I}]\boldsymbol{C}_{\mathrm{b}(k-1)}^{\mathrm{n}(k-1)}\Delta\boldsymbol{v}_{\mathrm{f},k}^{\mathrm{b}(k-1)} \tag{4.75}$$

$$\begin{aligned}\Delta\boldsymbol{v}_{\mathrm{f},k}^{\mathrm{b}(k-1)} &= \int_{t_{k-1}}^{t_k}\boldsymbol{C}_{\mathrm{b}(t)}^{\mathrm{b}(k-1)}\boldsymbol{f}^{\mathrm{b}}\mathrm{d}t \approx \Delta\boldsymbol{v}_{\mathrm{f},k}^{\mathrm{b}} + \frac{1}{2}\Delta\boldsymbol{\theta}_k \times \Delta\boldsymbol{v}_{\mathrm{f},k}^{\mathrm{b}} + \\ &\quad \frac{1}{12}(\Delta\boldsymbol{\theta}_{k-1} \times \Delta\boldsymbol{v}_{\mathrm{f},k}^{\mathrm{b}} + \Delta\boldsymbol{v}_{\mathrm{f},k-1}^{\mathrm{b}} \times \Delta\boldsymbol{\theta}_k)\end{aligned} \tag{4.76}$$

图 2.1　GPS 卫星星座分布

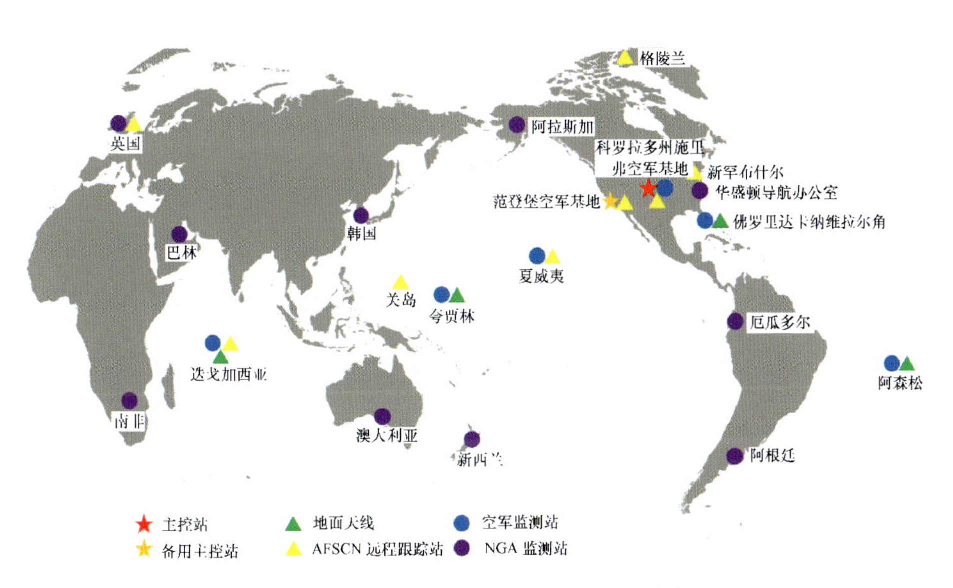

图 2.2　GPS 地面主控站以及监测站分布

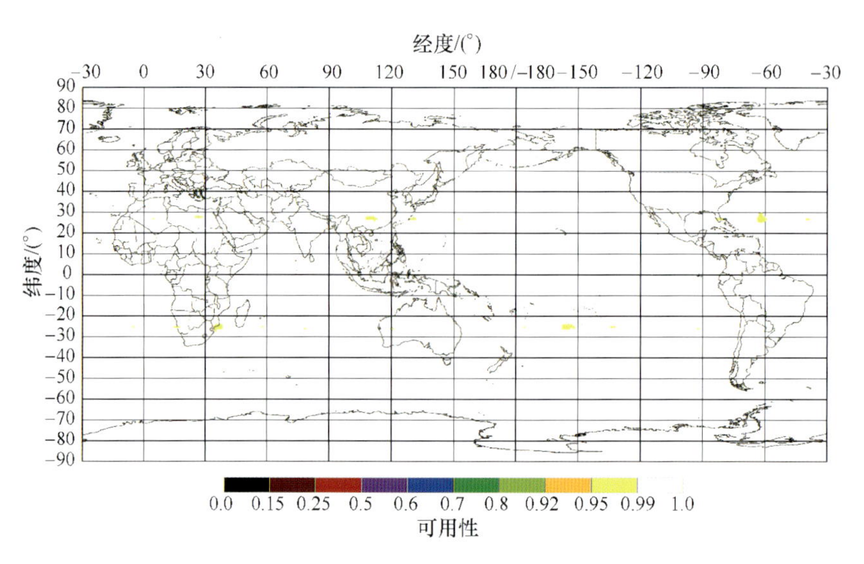

图 2.4 GLONASS 卫星的可用性

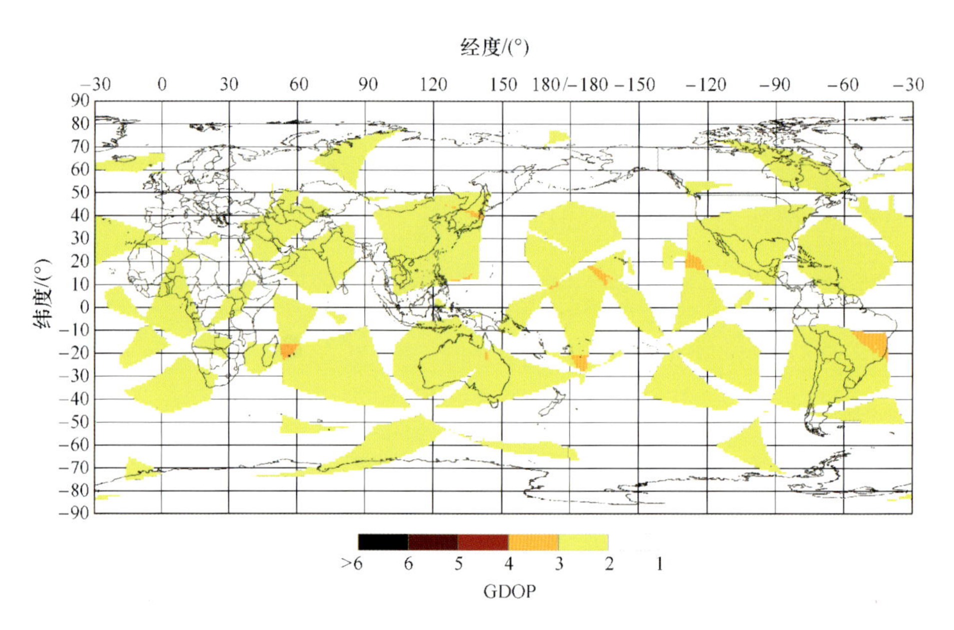

图 2.5 GLONASS 在全球范围内的几何精度衰减因子分布

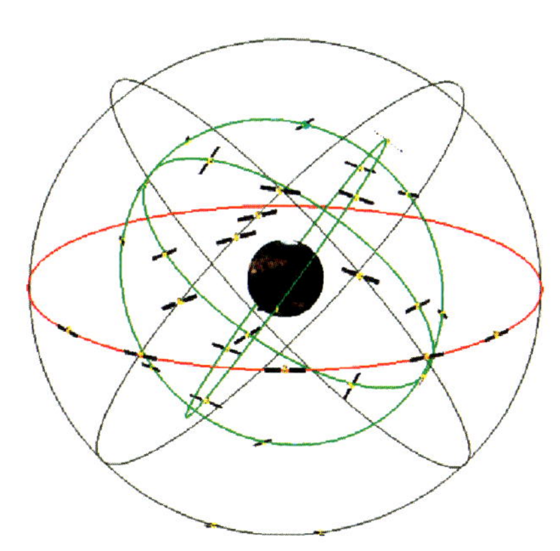
图 2.7　北斗系统在轨工作卫星星座示意图

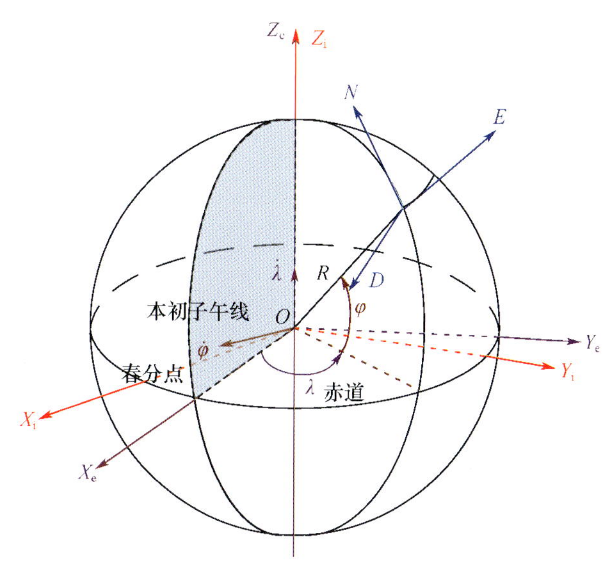

图 4.2　i 系、e 系、n 系示意图

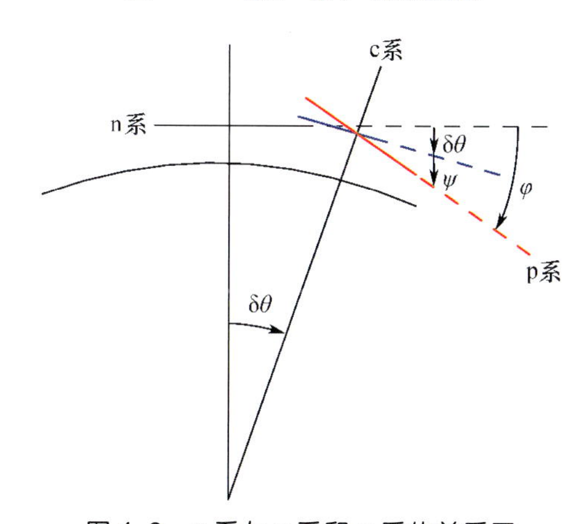

图 4.3　n 系与 c 系和 p 系的关系图

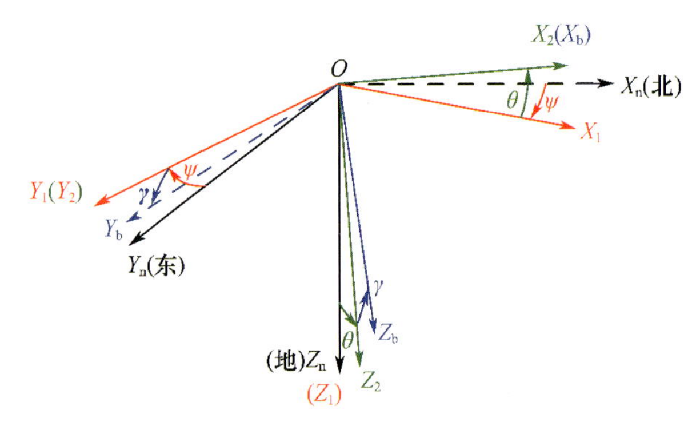

图 4.4　导航坐标系到载体坐标系的转换

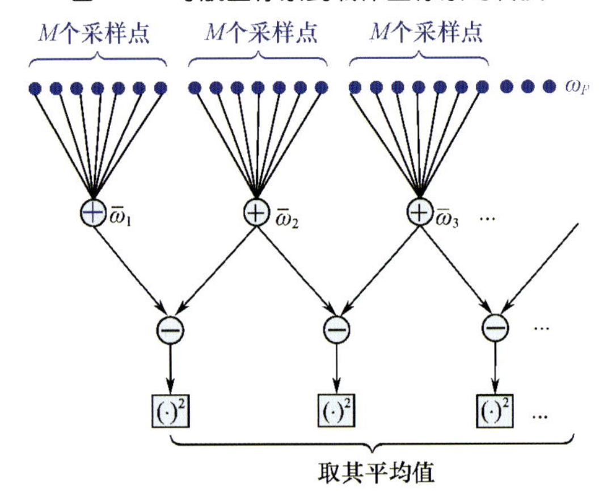

图 4.10　阿伦方差计算示意图

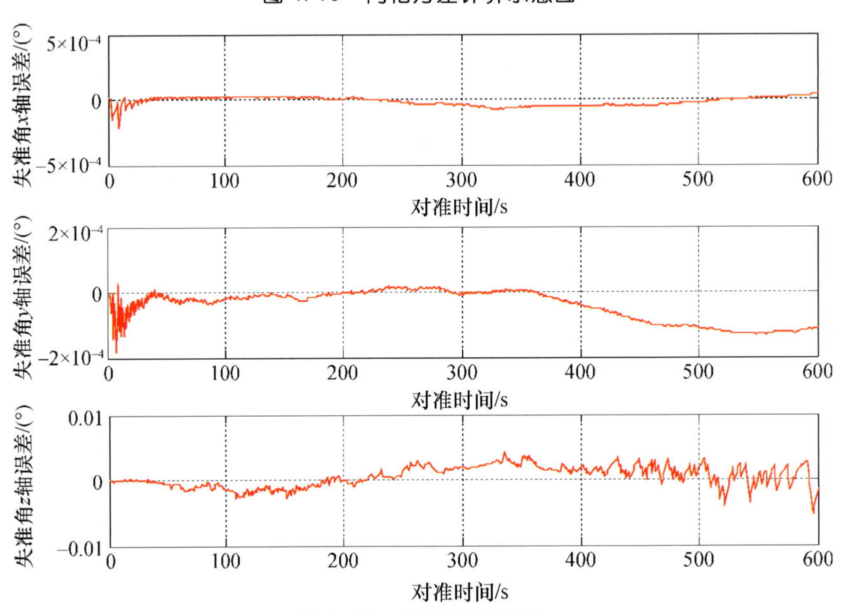

图 4.14　初始对准过程

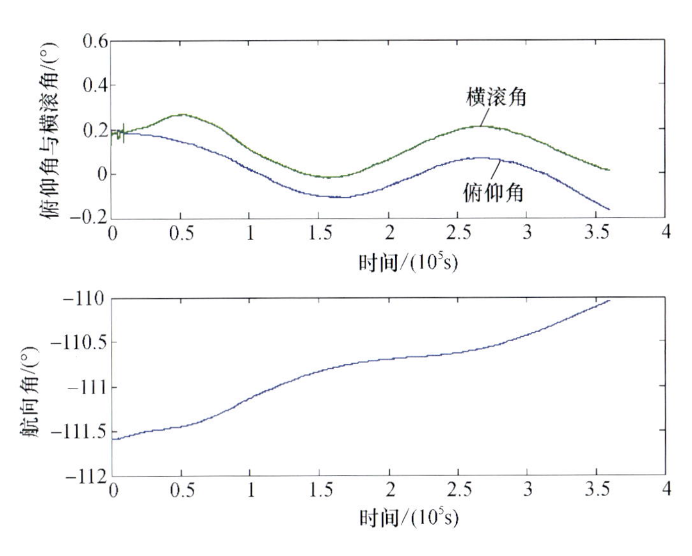

图 4.15　姿态角曲线

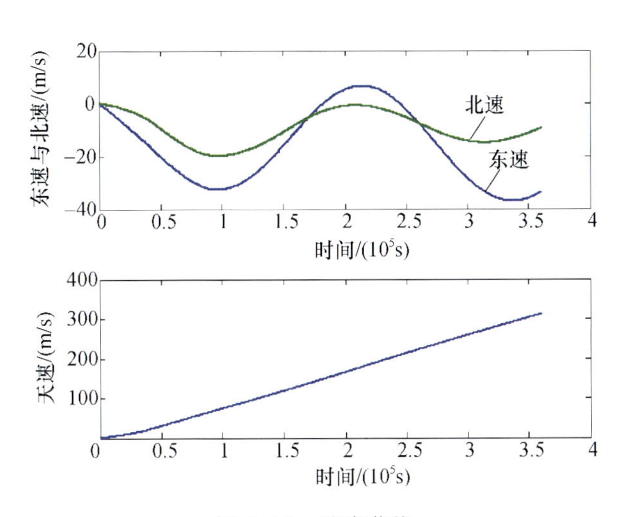

图 4.16　速度曲线

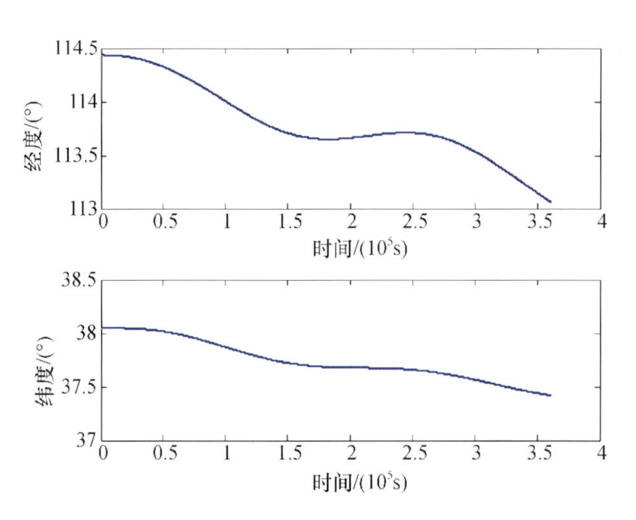

图 4.17 位置曲线

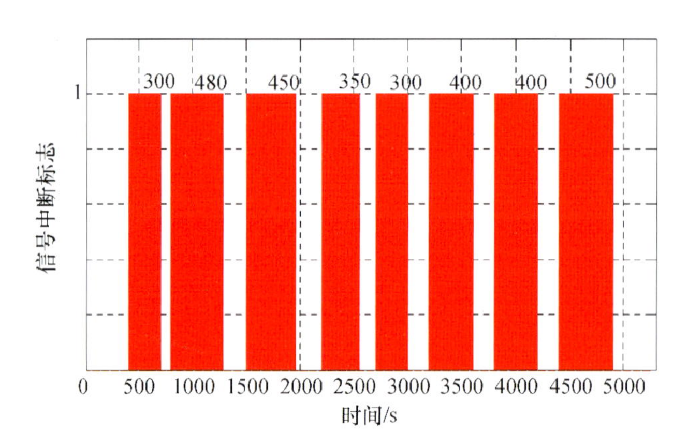

图 5.9 信号中断时刻及中断时间间隔

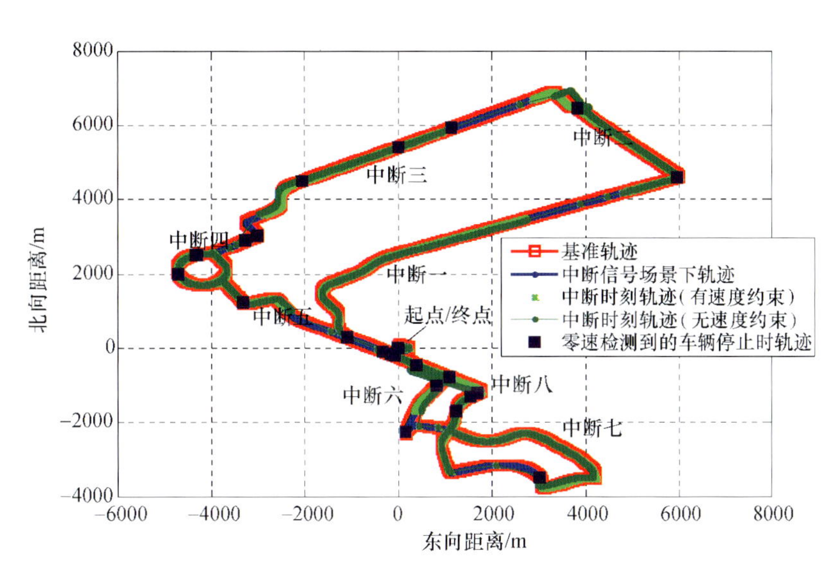

图 5.10 车辆行驶轨迹图

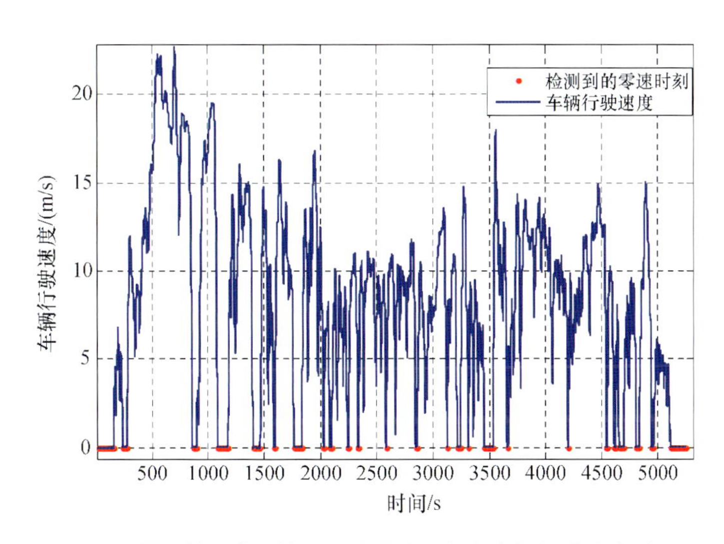

图 5.11 零速检测方法检测到的零速时刻与车辆行驶速度对照图

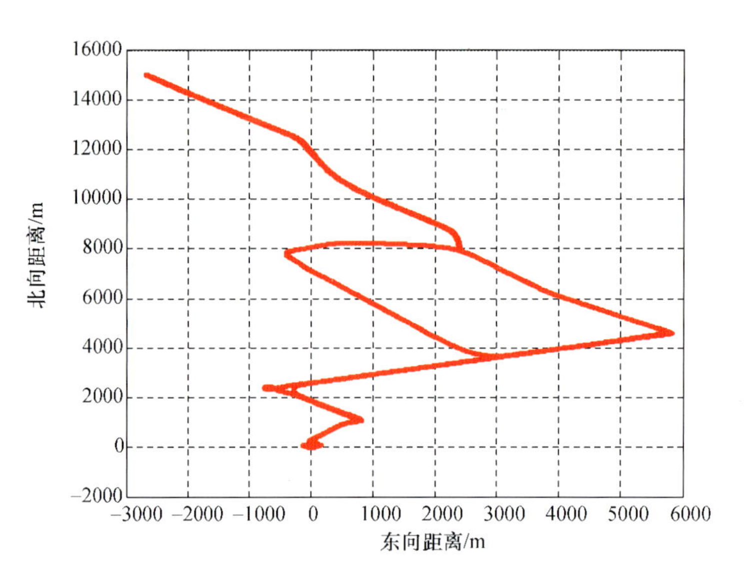

图 5.13　车辆行驶轨迹

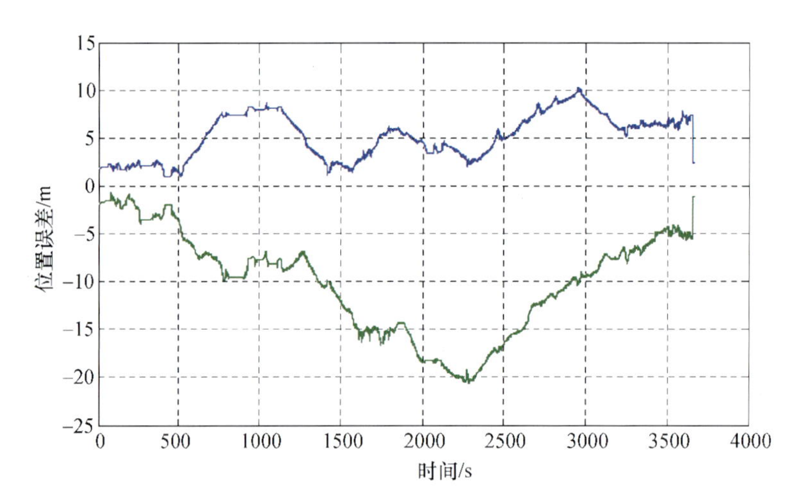

图 5.14　水平位置误差

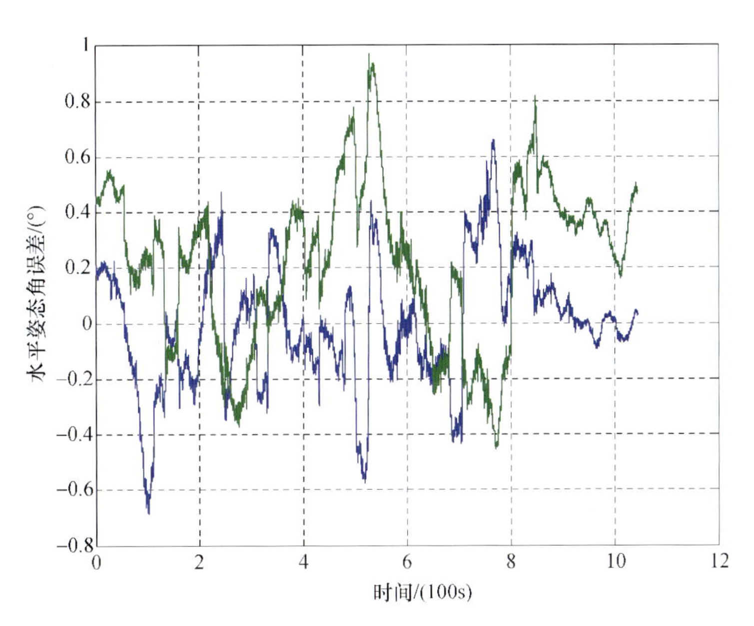

图 5.15　姿态航向参考系统动态场景水平姿态误差

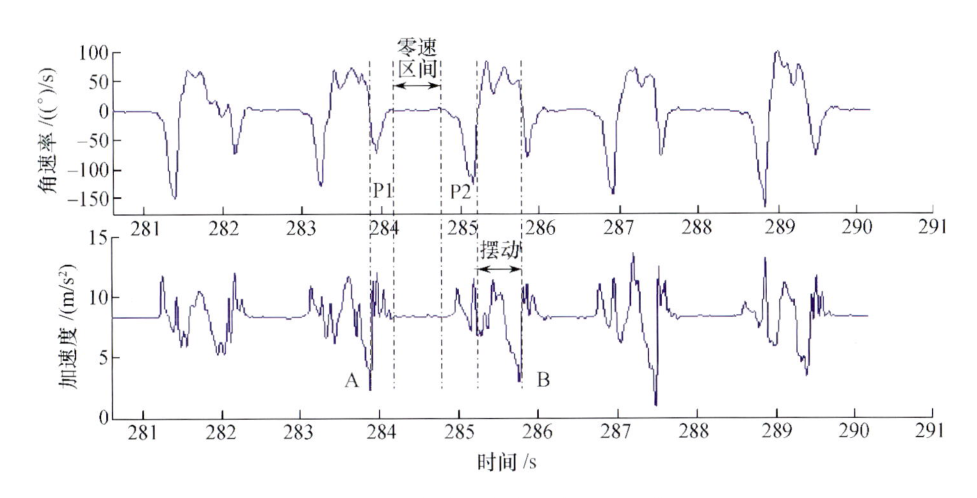

图 5.18　行人正常行走的步态周期

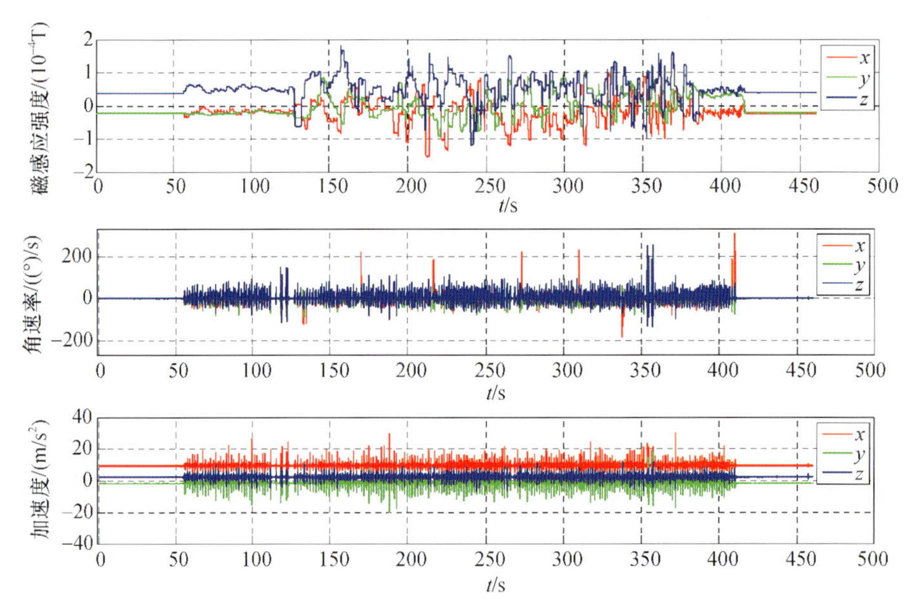

图 5.20　微 IMU 原始数据图

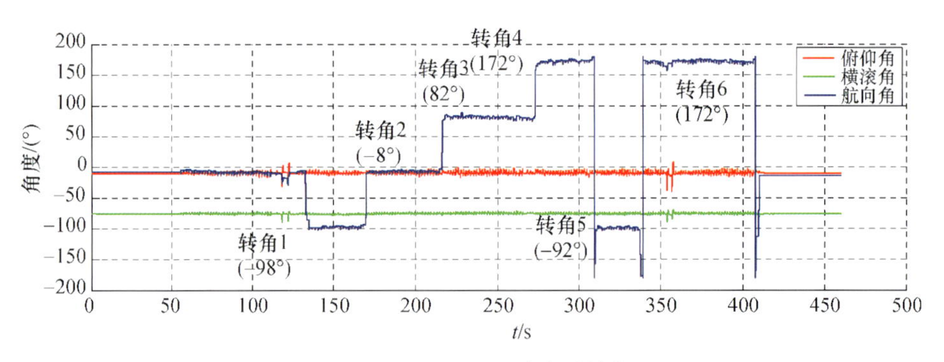

图 5.21　MEMS-IMU 姿态欧拉角图

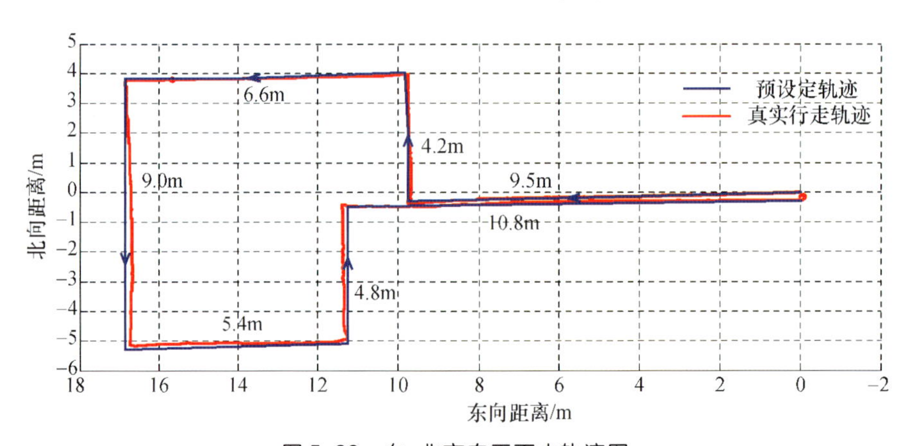

图 5.22　东、北方向平面内轨迹图

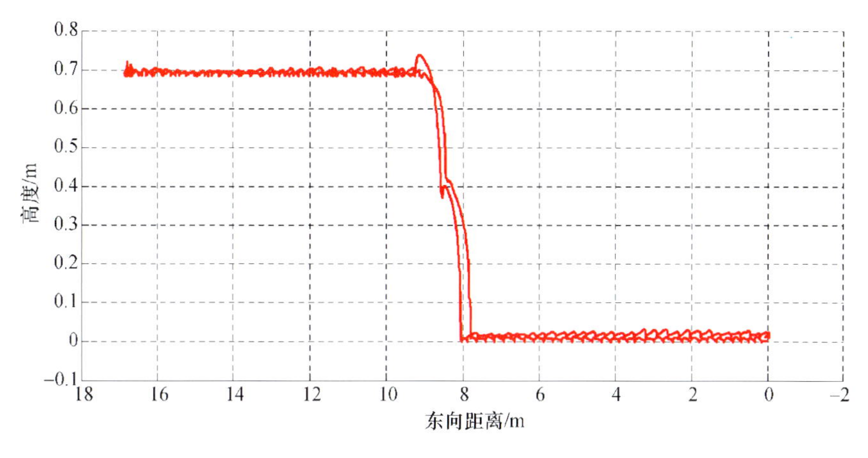

图 5.23　东、天方向平面内轨迹图

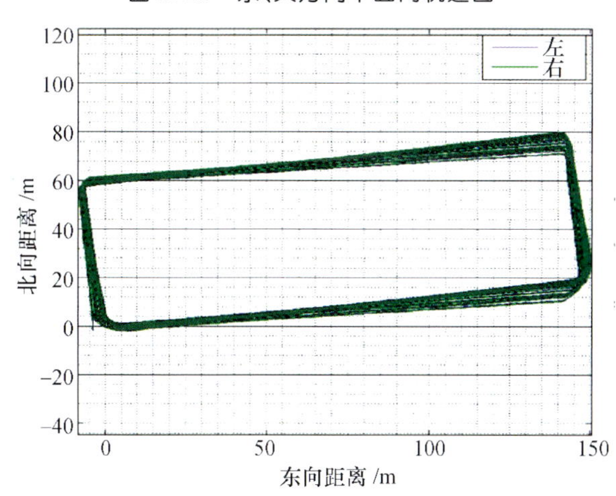

图 5.25　微惯导与无线测距组合定位轨迹

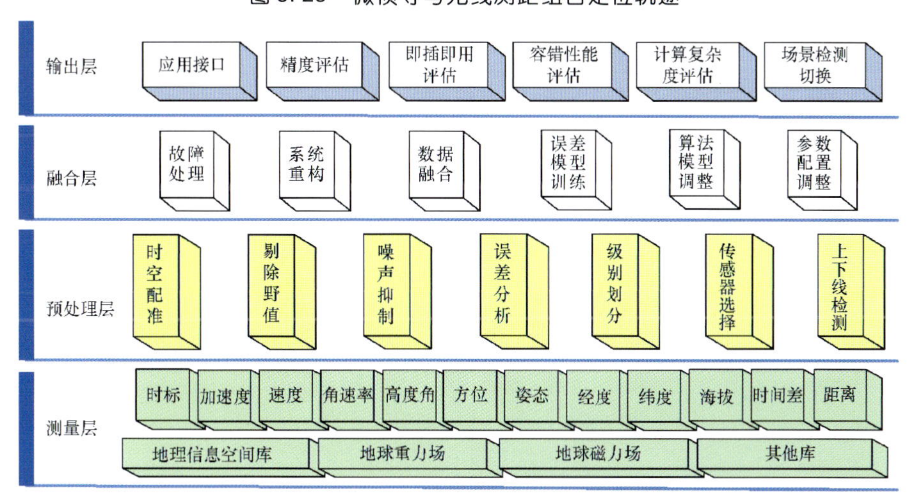

图 5.26　多源数据融合定位技术应用算法层次图

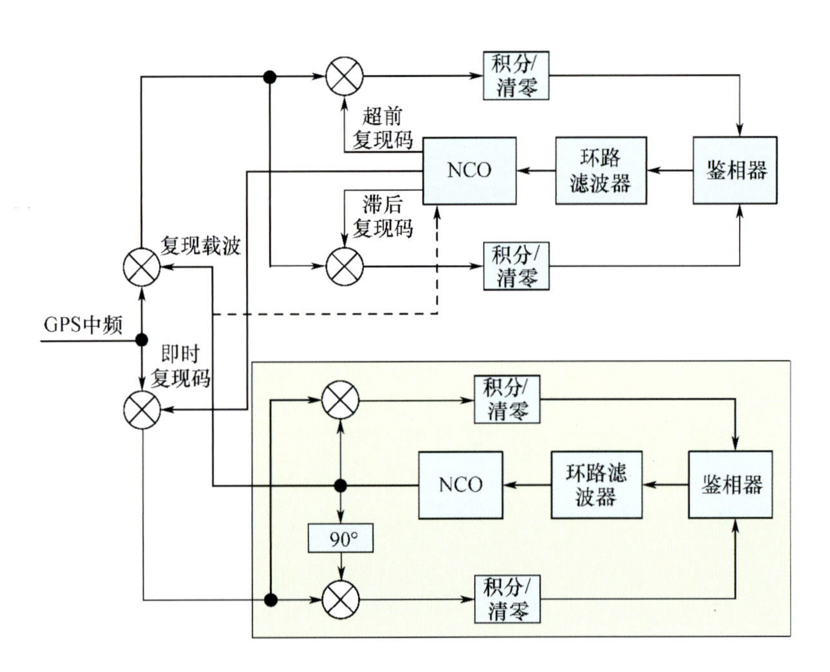

图 6.2　传统跟踪环路工作过程

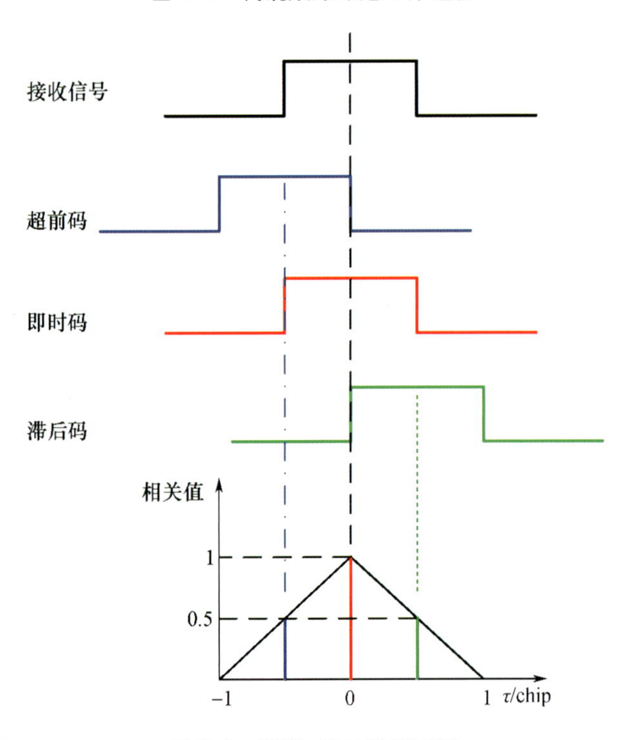

图 6.3　超前、即时和滞后码

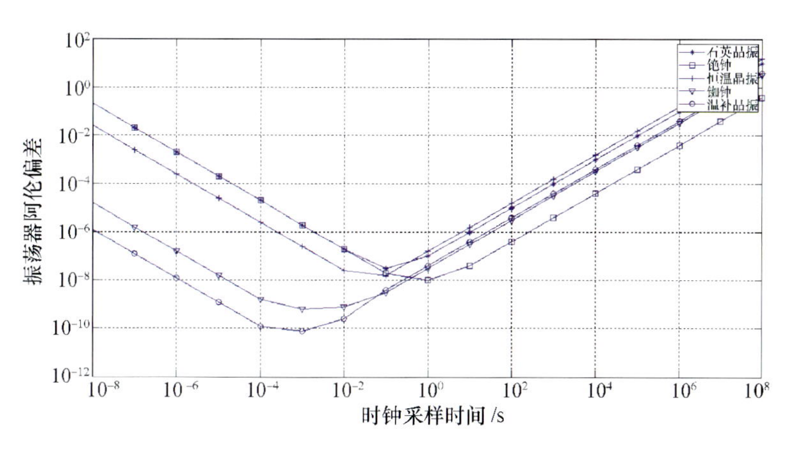

图 6.6　不同晶振的阿伦偏差

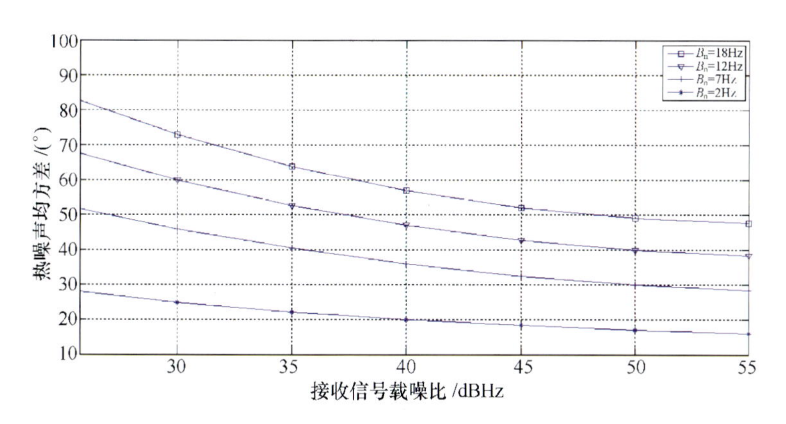

图 6.7　PLL 热噪声均方差(不同带宽)

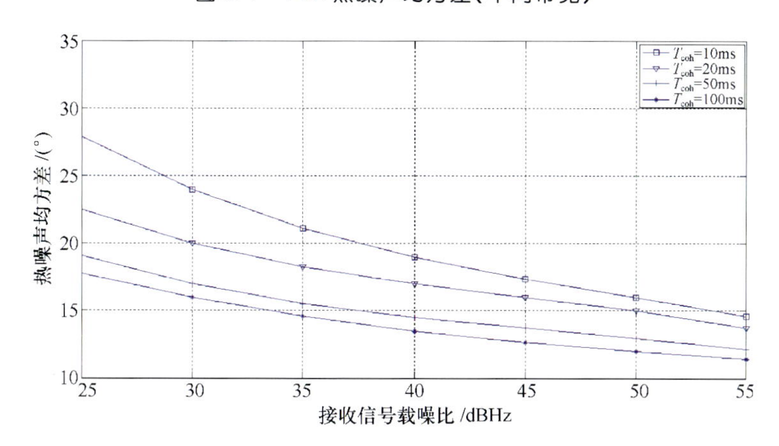

图 6.8　PLL 热噪声均方差(不同积分时间)

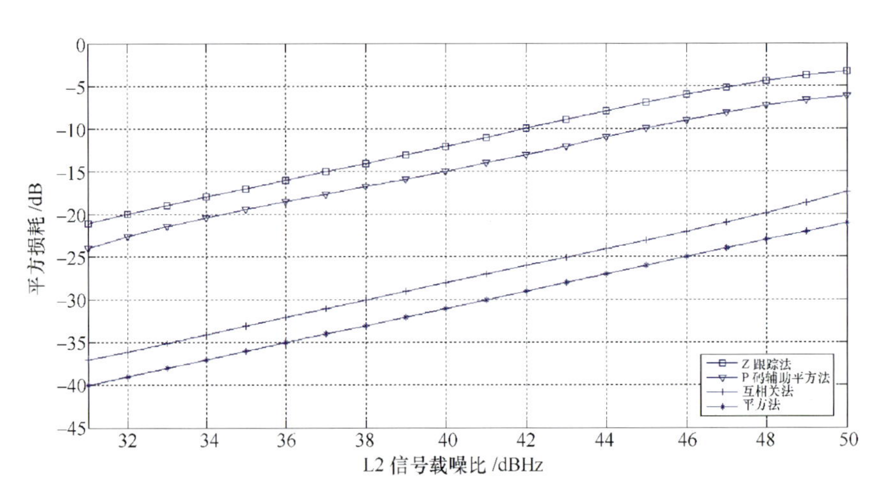

图 6.14　L2P 平方损耗结果

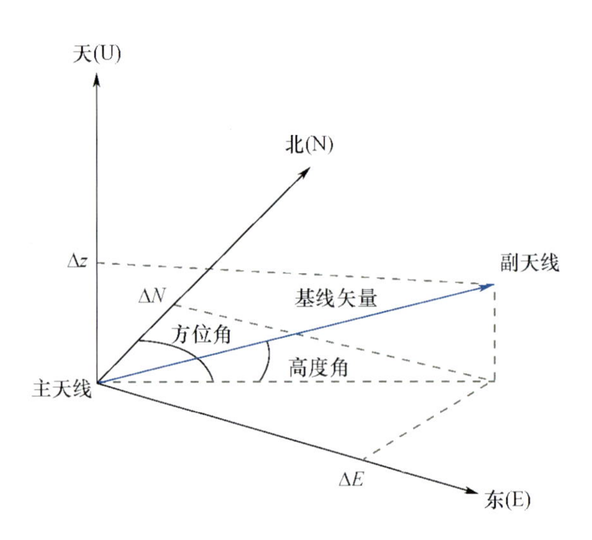

图 6.20　短基线定向原理图

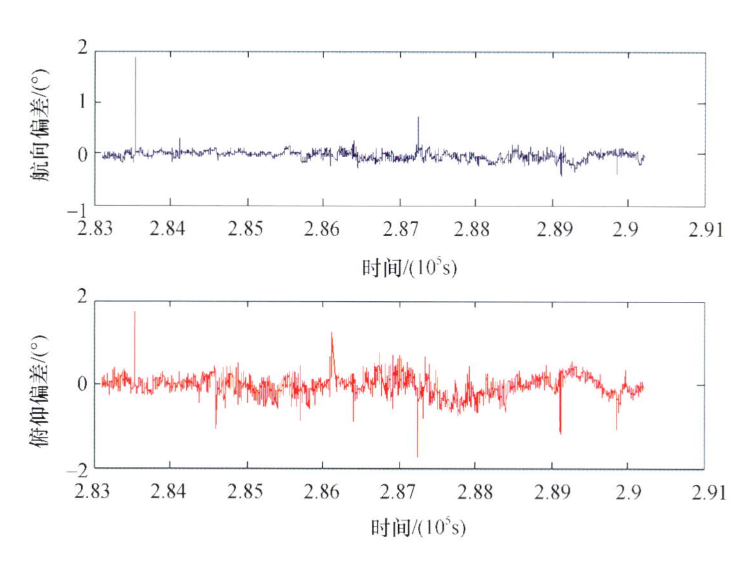

图 6.22 车载动态试验双天线定向误差序列图

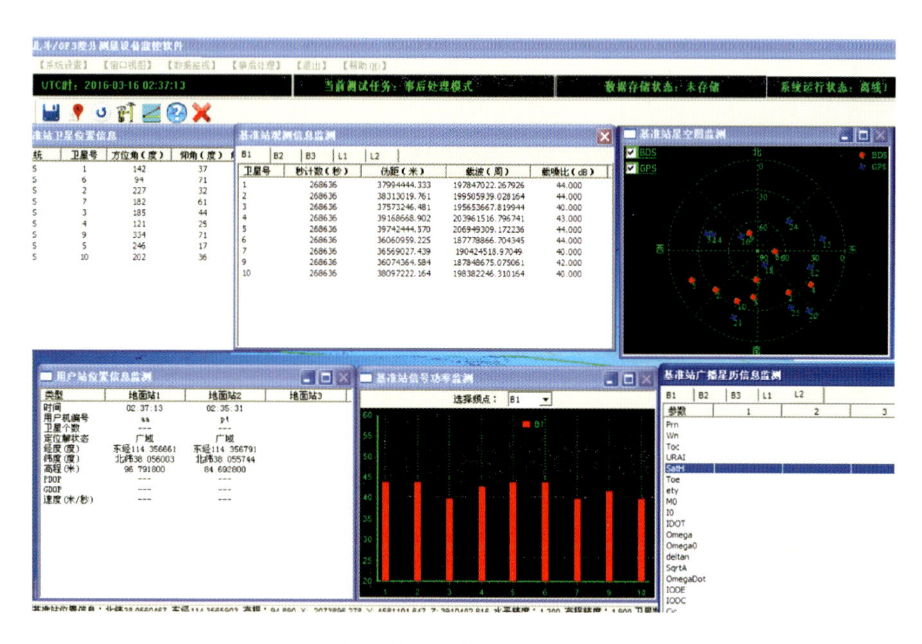

图 7.17 数据采集与后处理软件卫星信息实时监控界面示意图

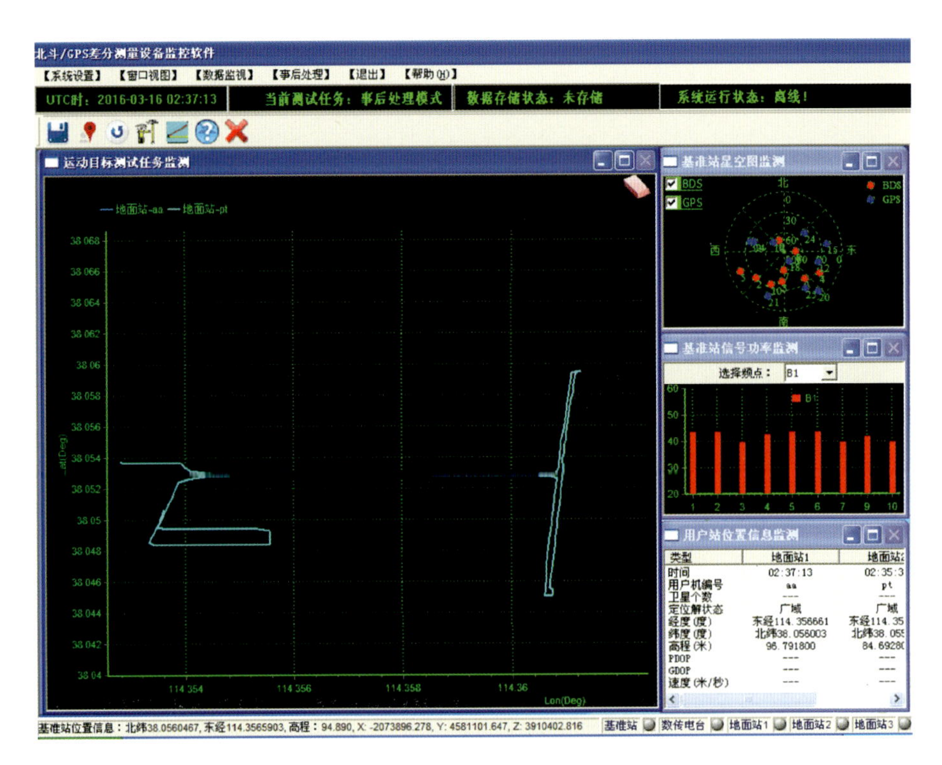

图 7.18　RTK 数据后处理界面

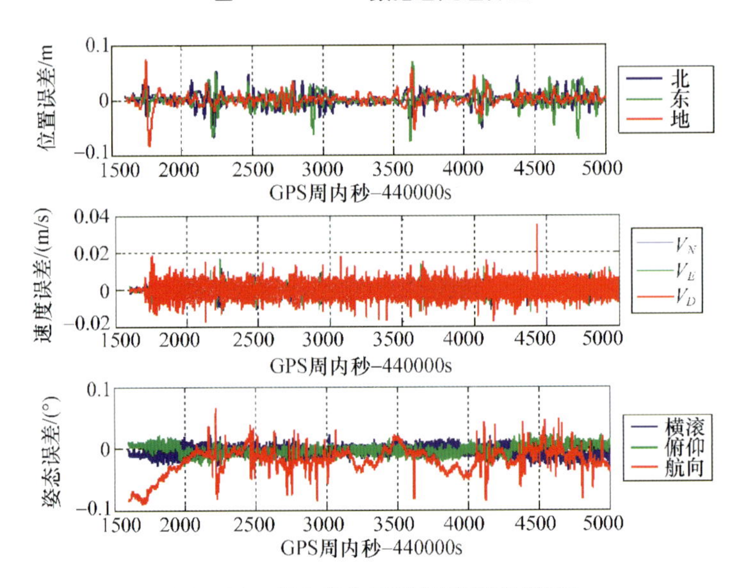

图 7.26　组合定位及测姿系统测试结果

载体围绕不同的旋转轴进行转动时，这些转动无法通过矢量形式直接进行叠加，式(4.76)右边的第2项和第3项便是对速度误差高阶项的补偿。

将式 $\boldsymbol{C}_{\mathrm{n}(k-1)}^{\mathrm{n}(k)}=\boldsymbol{I}-(\boldsymbol{\zeta}_k\times)$ 代入式(4.76)中，可得

$$\Delta\boldsymbol{v}_{\mathrm{f},k}^{\mathrm{n}}=[\boldsymbol{I}-(0.5\boldsymbol{\zeta}_k\times)]\boldsymbol{C}_{\mathrm{b}(k-1)}^{\mathrm{n}(k-1)}\Delta\boldsymbol{v}_{\mathrm{f},k}^{\mathrm{b}(k-1)} \tag{4.77}$$

$$\boldsymbol{\zeta}_k=[\boldsymbol{\omega}_{\mathrm{ie}}^{\mathrm{n}}+\boldsymbol{\omega}_{\mathrm{en}}^{\mathrm{n}}]_{k-1/2}\Delta t_k \tag{4.78}$$

式中：$\boldsymbol{\zeta}_k$ 为 n 系在 t_{k-1}时刻到 t_k 间隔内的旋转矢量；$k-1/2$ 为时刻 t_{k-1}到 t_k 时刻的中间时刻。计算 $\omega_{\mathrm{ie}}^{\mathrm{n}}$、$\omega_{\mathrm{en}}^{\mathrm{n}}$需要用到载体中间时刻的位置和速度信息，因此需要外推出中间时刻的速度和位置。

外推中间时刻的经度和纬度可以通过四元数的方法得到：

$$\boldsymbol{q}_{\mathrm{n}(k-1/2)}^{\mathrm{e}(k-1)}=\boldsymbol{q}_{\mathrm{n}(k-1)}^{\mathrm{e}(k-1)}\otimes\boldsymbol{q}_{\mathrm{n}(k-1/2)}^{\mathrm{n}(k-1)} \tag{4.79}$$

$$\boldsymbol{q}_{\mathrm{n}(k-1/2)}^{\mathrm{e}(k-1/2)}=\boldsymbol{q}_{\mathrm{e}(k-1)}^{\mathrm{e}(k-1/2)}\otimes\boldsymbol{q}_{\mathrm{n}(k-1/2)}^{\mathrm{e}(k-1)} \tag{4.80}$$

其中

$$\boldsymbol{q}_{\mathrm{n}(k-1/2)}^{\mathrm{n}(k-1)}=\begin{bmatrix}\cos\|0.5\boldsymbol{\zeta}_{k-1/2}\|\\ \dfrac{\sin\|0.5\boldsymbol{\zeta}_{k-1/2}\|}{\|\boldsymbol{\zeta}_{k-1/2}\|}\boldsymbol{\zeta}_{k-1/2}\end{bmatrix} \tag{4.81}$$

$$\boldsymbol{q}_{\mathrm{e}(k-1)}^{\mathrm{e}(k-1/2)}=\begin{bmatrix}\cos\|0.5\boldsymbol{\xi}_{k-1/2}\|\\ -\dfrac{\sin\|0.5\boldsymbol{\xi}_{k-1/2}\|}{\|\boldsymbol{\xi}_{k-1/2}\|}\boldsymbol{\xi}_{k-1/2}\end{bmatrix} \tag{4.82}$$

式中：$\boldsymbol{\zeta}_{k-1/2}=\boldsymbol{\omega}_{\mathrm{in}}^{\mathrm{n}}(t_{k-1})\Delta t_k$；$\boldsymbol{\xi}_{k-1/2}=\boldsymbol{\omega}_{\mathrm{ie}}^{\mathrm{e}}\Delta t_k/2$。

大地高的外推方法如下：

$$h_{k-1/2}=h_{k-1}-\frac{v_{\mathrm{D},k-1}\Delta t_k}{2} \tag{4.83}$$

中间时刻的速度外推方法如下：

$$\boldsymbol{v}_{k-1/2}^{\mathrm{n}}=\boldsymbol{v}_{k-1}^{\mathrm{n}}+\frac{1}{2}\Delta\boldsymbol{v}_{k-1}^{\mathrm{n}} \tag{4.84}$$

式中：$\Delta\boldsymbol{v}_{k-1}^{\mathrm{n}}$为上一个历元中从 $k-2$ 时刻到 $k-1$ 时刻的速度增量，其值在上一历元的速度更新中进行存储。

4.4.3　位置更新算法

载体的经度和纬度信息可以通过一个从 n 系到 e 系的旋转四元数表示：

$$\boldsymbol{q}_{\mathrm{n}}^{\mathrm{e}}=\begin{bmatrix}\cos(-\pi/4-\varphi/2)\cos(\lambda/2)\\ -\sin(-\pi/4-\varphi/2)\sin(\lambda/2)\\ \sin(-\pi/4-\varphi/2)\cos(\lambda/2)\\ \cos(-\pi/4-\varphi/2)\sin(\lambda/2)\end{bmatrix} \tag{4.85}$$

式(4.85)的四元数包含了载体的经度和纬度信息，t_k 时刻的位置四元数 $\boldsymbol{q}_{\mathrm{n}(k)}^{\mathrm{e}(k)}$ 可以通过 t_{k-1} 时刻的位置四元数 $\boldsymbol{q}_{\mathrm{n}(k-1)}^{\mathrm{e}(k-1)}$ 以及载体的速度信息得到，即

$$\boldsymbol{q}_{\mathrm{n}(k)}^{\mathrm{e}(k-1)} = \boldsymbol{q}_{\mathrm{n}(k-1)}^{\mathrm{e}(k-1)} \otimes \boldsymbol{q}_{\mathrm{n}(k)}^{\mathrm{n}(k-1)} \tag{4.86}$$

$$\boldsymbol{q}_{\mathrm{n}(k)}^{\mathrm{e}(k)} = \boldsymbol{q}_{\mathrm{e}(k-1)}^{\mathrm{e}(k)} \otimes \boldsymbol{q}_{\mathrm{n}(k)}^{\mathrm{e}(k-1)} \tag{4.87}$$

式中：$\boldsymbol{q}_{\mathrm{n}(k)}^{\mathrm{n}(k-1)}$ 和 $\boldsymbol{q}_{\mathrm{e}(k-1)}^{\mathrm{e}(k)}$ 计算方法为

$$\boldsymbol{q}_{\mathrm{n}(k)}^{\mathrm{n}(k-1)} = \begin{bmatrix} \cos\|0.5\zeta_k\| \\ \dfrac{\sin\|0.5\zeta_k\|}{\|\zeta_k\|}\zeta_k \end{bmatrix} \tag{4.88}$$

$$\boldsymbol{q}_{\mathrm{e}(k-1)}^{\mathrm{e}(k)} = \begin{bmatrix} \cos\|0.5\boldsymbol{\xi}_k\| \\ -\dfrac{\sin\|0.5\boldsymbol{\xi}_k\|}{\|\xi_k\|}\boldsymbol{\xi}_k \end{bmatrix} \tag{4.89}$$

式中：$\boldsymbol{\xi}_k = \boldsymbol{\omega}_{\mathrm{ie}}^{\mathrm{e}}\Delta t_k$ 是 e 系 $k-1$ 时刻到 k 时刻的旋转矢量。中间时刻的速度计算方法如下：$\boldsymbol{v}_{k-1/2}^{\mathrm{n}} = \dfrac{1}{2}(\boldsymbol{v}_{k-1}^{\mathrm{n}} + \boldsymbol{v}_k^{\mathrm{n}})$，位置外推方法同速度更新时外推方法一致。

4.4.4 惯导算法试验验证

4.4.4.1 静态试验

试验方法：①将 IMU 固定至三轴转台上；②IMU 输出频率为 200Hz，采集 2h 数据，分析惯性导航系统静态指标。

图 4.15 ~ 图 4.17 给出 2h 时间内惯性导航姿态角、速度与水平位置曲线，由图可清晰地看出舒勒振荡误差，周期约 84.4min。

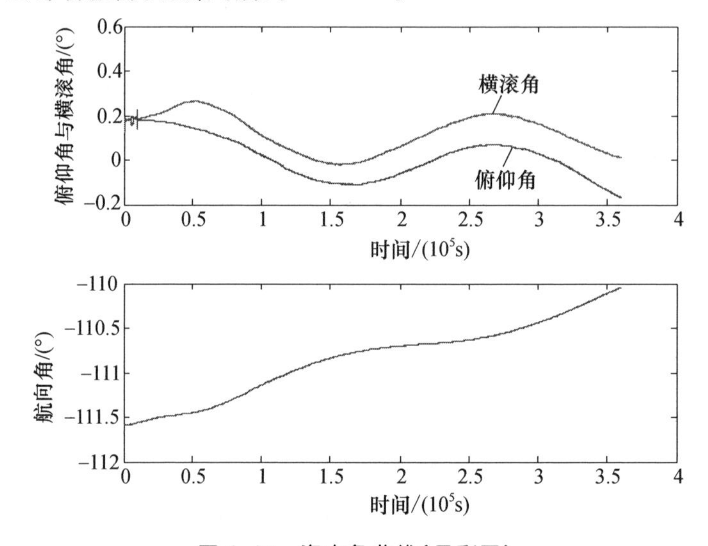

图 4.15 姿态角曲线(见彩图)

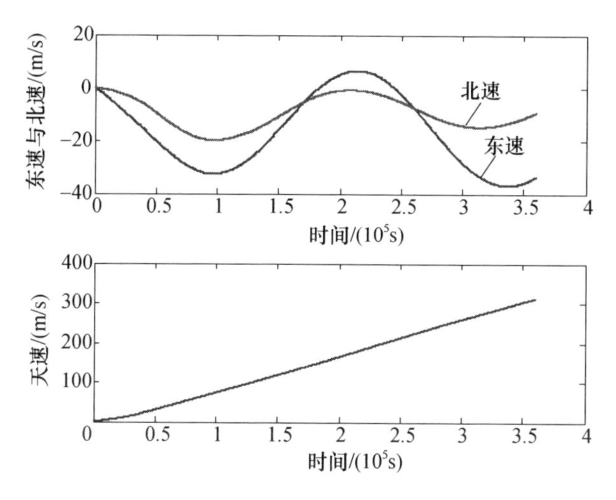

图4.16　速度曲线(见彩图)

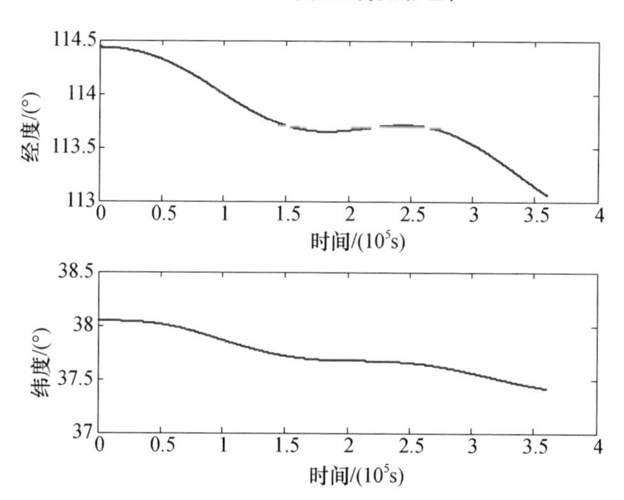

图4.17　位置曲线(见彩图)

表4.4给出了惯性导航静态试验的误差统计结果。

表4.4　惯性导航静态试验误差统计

参数 \ 运行时间		1000s	3600s	7200s
俯仰角/(°)	起始值	0.1898	0.1898	0.1898
	结束值	0.1443	−0.0994	−0.1681
	均方根	0.0115	0.1106	0.0955
横滚角/(°)	起始值	0.1434	0.1434	0.1434
	结束值	0.2639	0.0081	0.0097
	均方根	0.0287	0.1030	0.0856

（续）

参数 \ 运行时间		1000s	3600s	7200s
航向角/(°)	起始值	-111.5885	-111.5885	-111.5885
	结束值	-111.4488	-110.7359	-110.0453
	均方根	0.0438	0.2818	0.4217
东速/(m/s)	起始值	0.00	0.00	0.00
	结束值	-20.07	-1.12	33.62
	均方根	5.86	10.30	14.19
北速/(m/s)	起始值	0.00	0.00	0.00
	结束值	-9.46	-3.34	-9.54
	均方根	2.71	6.51	6.13
天速/(m/s)	起始值	0.00	0.00	0.00
	结束值	30.75	146.11	312.11
	均方根	8.79	43.97	93.99

由试验结果可知：

（1）由姿态角曲线可知，与航向姿态误差比较，水平姿态误差发散较慢，原因是航向误差与东向陀螺仪精度有关，而水平姿态与加速度计精度有关，试验中陀螺仪精度相对较差；

（2）惯导天向通道误差是发散的，无收敛特性，而水平通道是收敛的，通过水平速度与天向速度即可看出。

4.4.4.2 摇摆试验

试验方法：①将转台 3 个框分别定位到 0°，给惯导通电，初始对准结束后，记录惯导初始航向与水平姿态；②按照表 4.5 给的频率与幅值摇摆（摇摆过程中惯导保持通电状态）；③摇摆 15min 后，停止摇摆并重新将转台 3 个框定位到 0°。

表 4.5 惯导摇摆的频率和幅值对照表

位置 \ 参数	频率/Hz	幅值/(°)
内框	0.5	±7
中框	0.5	±7
外框	0.16	±5

试验结果:按照上述试验条件,共进行了 3 次试验,试验结果如表 4.6 所列。

表 4.6　摇摆试验姿态误差统计表

摇摆测试		摇摆前	摇摆后	差值	误差	参考值
俯仰角/(°)	1	0.04423	0.0586	0.014	0.018	0.07
	2	0.03176	0.02137	0.010		
	3	0.09472	0.06248	0.032		
横滚角/(°)	1	-0.0514	-0.08453	0.033	0.058	0.05
	2	-0.05958	-0.06559	0.006		
	3	-0.09182	0.03801	0.137		
航向角/(°)	1	-38.8	-38.83	0.030	0.010	0.07
	2	-38.47	-38.47	0.000		
	3	-39.77	-39.77	0.000		

由试验结果可知:摇摆试验姿态精度优于参考值,验证了惯导系统在摇摆环境下的导航性能。

4.5　捷联惯导误差分析

在 INS 机械编排算法中,由于机械编排所用的参数例如地球重力加速度和惯导的输出存在误差,因此推算出来的导航信息也存在误差[21-22]。建立卡尔曼误差方程的前提是建立机械编排的误差模型。根据误差模型表示方式的不同,误差方程可以分为失准角模型和失准角误差模型。失准角模型是相对于导航坐标系(n 系)进行的误差分析,而失准角误差模型是相对于计算坐标系(c 系)进行的误差分析。失准角误差模型中包含较少的参数,因此在卡尔曼滤波算法中容易实现。本节采用失准角误差模型,下面详细推导该模型。

4.5.1　扰动分析

建立误差方程的一种经典方法是进行扰动分析,扰动分析的原理与泰勒级数展开类似,只不过是取了常数项和一次项,因此进行扰动分析的前提是各项误差要足够小。对这些导航参数相对于 c 系作扰动分析如下:

$$\begin{cases}\hat{\boldsymbol{v}}^{n}=\boldsymbol{v}^{n}+\delta\boldsymbol{v}_{1}^{n}=\boldsymbol{v}^{c}+\delta\boldsymbol{v}_{2}^{c}\\ \hat{\boldsymbol{g}}^{n}=\boldsymbol{g}^{n}+\delta\boldsymbol{g}_{1}^{n}=\boldsymbol{g}^{c}+\delta\boldsymbol{g}_{2}^{c}\\ \hat{\boldsymbol{\omega}}_{ie}^{n}=\boldsymbol{\omega}_{ie}^{n}+\delta\boldsymbol{\omega}_{ie}^{n}=\boldsymbol{\omega}_{ie}^{c}\\ \hat{\boldsymbol{\omega}}_{in}^{n}=\boldsymbol{\omega}_{in}^{n}+\delta\boldsymbol{\omega}_{in}^{n}=\boldsymbol{\omega}_{ic}^{c}\end{cases}\tag{4.90}$$

c 系是计算得到的坐标系,在导航推算中用其代表真实的 n 系,它是根据机械编排得到载体位置建立的,因此 $\boldsymbol{C}_{c}^{e}$、$\boldsymbol{\omega}_{ie}^{c}$、$\boldsymbol{\omega}_{ic}^{c}$ 是没有误差的,可得

$$\delta \boldsymbol{g}_1^{\mathrm{n}} = \delta \boldsymbol{g}_2^{\mathrm{c}} - \delta \boldsymbol{\theta} \times \boldsymbol{g}^{\mathrm{c}} \tag{4.91}$$

简化重力模型可表示为

$$\begin{cases} \delta \boldsymbol{\omega}_{\mathrm{ie}}^{\mathrm{n}} = -\delta \boldsymbol{\theta} \times \boldsymbol{\omega}_{\mathrm{ie}}^{\mathrm{c}} \\ \delta \boldsymbol{g}^{\mathrm{n}} = [0 \quad 0 \quad 2g\delta r_D/(R+h)]^{\mathrm{T}} \end{cases} \tag{4.92}$$

式中:$R=\sqrt{R_M R_N}$,位置误差矢量可以表示成 $\delta \boldsymbol{r}^{\mathrm{n}} = [\delta r_N \quad \delta r_E \quad \delta r_D]^{\mathrm{T}}$,得到重力误差在 c 系中的表达形式如下:

$$\delta \boldsymbol{g}_2^{\mathrm{c}} = \begin{bmatrix} \dfrac{-g\delta r_N}{R_M+h} & \dfrac{-g\delta r_E}{R_N+h} & \dfrac{2g\delta r_D}{R+h} \end{bmatrix}^{\mathrm{T}} \tag{4.93}$$

4.5.2 速度误差方程

载体在运动过程中,c 系随载体一起运动,c 系相对 e 系存在转动,所以可得载体在 c 系中的速度微分方程为

$$\dot{\boldsymbol{v}}^{\mathrm{c}} + (2\boldsymbol{\omega}_{\mathrm{ie}}^{\mathrm{c}} + \boldsymbol{\omega}_{\mathrm{ec}}^{\mathrm{c}}) \times \boldsymbol{v}^{\mathrm{c}} - \boldsymbol{g}^{\mathrm{c}} = \boldsymbol{f}^{\mathrm{c}} \tag{4.94}$$

式中:$\boldsymbol{v}^{\mathrm{c}}$ 为载体相对地面的速度在 c 系中的投影,因为 $\hat{\boldsymbol{v}}^{\mathrm{c}} = \boldsymbol{v}^{\mathrm{c}} + \delta \boldsymbol{v}^{\mathrm{c}}$,$\hat{\boldsymbol{g}}^{\mathrm{c}} = \boldsymbol{g}^{\mathrm{c}} + \delta \boldsymbol{g}^{\mathrm{c}}$,所以

$$\dot{\hat{\boldsymbol{v}}}^{\mathrm{c}} + (2\boldsymbol{\omega}_{\mathrm{ie}}^{\mathrm{c}} + \boldsymbol{\omega}_{\mathrm{ec}}^{\mathrm{c}}) \times \hat{\boldsymbol{v}}^{\mathrm{c}} - \hat{\boldsymbol{g}}^{\mathrm{c}} = \boldsymbol{f}^{\mathrm{p}} + \delta \boldsymbol{f}^{\mathrm{p}} \tag{4.95}$$

在 c 系的定义中,$\boldsymbol{\omega}_{\mathrm{ie}}^{\mathrm{c}}$和 $\boldsymbol{\omega}_{\mathrm{ec}}^{\mathrm{c}}$不存在误差,$\boldsymbol{f}^{\mathrm{c}}$在此无法获知,但$\boldsymbol{f}^{\mathrm{p}} + \delta \boldsymbol{f}^{\mathrm{p}}$是可用的,所以将$\boldsymbol{f}^{\mathrm{c}}$用$\boldsymbol{f}^{\mathrm{p}} + \delta \boldsymbol{f}^{\mathrm{p}}$代替,可得

$$\boldsymbol{f}^{\mathrm{p}} = \boldsymbol{C}_{\mathrm{c}}^{\mathrm{p}} \boldsymbol{f}^{\mathrm{c}} = \boldsymbol{f}^{\mathrm{c}} - \boldsymbol{\psi} \times \boldsymbol{f}^{\mathrm{c}} \tag{4.96}$$

结合以上各式可得

$$\delta \dot{\boldsymbol{v}}^{\mathrm{c}} = \boldsymbol{f}^{\mathrm{c}} \times \boldsymbol{\psi} - (2\boldsymbol{\omega}_{\mathrm{ie}}^{\mathrm{c}} + \boldsymbol{\omega}_{\mathrm{ec}}^{\mathrm{c}}) \times \delta \boldsymbol{v}^{\mathrm{c}} + \delta \boldsymbol{g}^{\mathrm{c}} + \boldsymbol{C}_{\mathrm{b}}^{\mathrm{p}} \delta \boldsymbol{f}^{\mathrm{b}} \tag{4.97}$$

4.5.3 位置误差方程

载体从起始时刻开始运动,到 t_k 时刻位置的变化可通过载体的速度积分得到:

$$\boldsymbol{r}^{\mathrm{e}} = \int_0^{t_k} \boldsymbol{C}_{\mathrm{c}}^{\mathrm{e}} \boldsymbol{v}^{\mathrm{c}} \mathrm{d}t \tag{4.98}$$

对式(4.98)作扰动分析,$\hat{\boldsymbol{r}}^{\mathrm{e}} = \boldsymbol{r}^{\mathrm{e}} + \delta \boldsymbol{r}^{\mathrm{e}}$,$\hat{\boldsymbol{v}}^{\mathrm{c}} = \boldsymbol{v}^{\mathrm{c}} + \delta \boldsymbol{v}^{\mathrm{c}}$,可得

$$\delta \boldsymbol{r}^{\mathrm{e}} = \int_0^{t_k} \boldsymbol{C}_{\mathrm{c}}^{\mathrm{e}} \delta \boldsymbol{v}^{\mathrm{c}} \mathrm{d}t \tag{4.99}$$

$$\delta \boldsymbol{r}^{\mathrm{c}} = \boldsymbol{C}_{\mathrm{e}}^{\mathrm{c}} \delta \boldsymbol{r}^{\mathrm{e}} = \boldsymbol{C}_{\mathrm{e}}^{\mathrm{c}} \int_0^{t_k} \boldsymbol{C}_{\mathrm{c}}^{\mathrm{e}} \delta \boldsymbol{v}^{\mathrm{c}} \mathrm{d}t \tag{4.100}$$

对式(4.100)求导可得

$$\delta\dot{\boldsymbol{r}}^{c} = -\boldsymbol{\omega}_{ec}^{c} \times \delta\boldsymbol{r}^{c} + \delta\boldsymbol{v}^{c} \tag{4.101}$$

4.5.4 姿态误差方程

b 系到 n 系的方向余弦矩阵的微分方程可表示为

$$\dot{\boldsymbol{C}}_{b}^{n} = \boldsymbol{C}_{b}^{n}(\boldsymbol{\omega}_{nb}^{b}\times) = \boldsymbol{C}_{b}^{n}\boldsymbol{\Omega}_{nb}^{b} \tag{4.102}$$

对式(4.102)作扰动分析可得

$$\dot{\hat{\boldsymbol{C}}}_{b}^{n} = \hat{\boldsymbol{C}}_{b}^{n}(\hat{\boldsymbol{\omega}}_{nb}^{b}\times) \tag{4.103}$$

又因为

$$\hat{\boldsymbol{C}}_{b}^{n} = (\boldsymbol{I} - \boldsymbol{E}^{c})\boldsymbol{C}_{b}^{c} \tag{4.104}$$

$$\boldsymbol{E}^{c} = (\boldsymbol{\psi}\times) = \begin{pmatrix} 0 & -\psi_{D} & \psi_{E} \\ \psi_{D} & 0 & -\psi_{N} \\ -\psi_{E} & \psi_{N} & 0 \end{pmatrix} \tag{4.105}$$

所以将式(4.105)代入式(4.104)可得

$$\begin{aligned} -\dot{\boldsymbol{E}}^{c}\boldsymbol{C}_{b}^{c} + (\boldsymbol{I} - \boldsymbol{E}^{c})\dot{\boldsymbol{C}}_{b}^{c} &= (\boldsymbol{I} - \boldsymbol{E}^{c})\boldsymbol{C}_{b}^{c}(\boldsymbol{\Omega}_{ib}^{b} - \boldsymbol{\Omega}_{in}^{b} + \delta\boldsymbol{\Omega}_{ib}^{b} - \delta\boldsymbol{\Omega}_{in}^{b}) = \\ &(\boldsymbol{I} - \boldsymbol{E}^{c})\boldsymbol{C}_{b}^{c}(\boldsymbol{\Omega}_{ib}^{b} - \boldsymbol{\Omega}_{in}^{b}) + (\boldsymbol{I} - \boldsymbol{E}^{c})\boldsymbol{C}_{b}^{c}(\delta\boldsymbol{\Omega}_{ib}^{b} - \delta\boldsymbol{\Omega}_{in}^{b}) \end{aligned} \tag{4.106}$$

在 c 系下进行导航计算时不考虑 c 系和 n 系之间的转动，因此式(4.106)变为

$$\begin{aligned} -\dot{\boldsymbol{E}}^{c}\boldsymbol{C}_{b}^{c} + (\boldsymbol{I} - \boldsymbol{E}^{c})\dot{\boldsymbol{C}}_{b}^{c} &= (\boldsymbol{I} - \boldsymbol{E}^{c})\boldsymbol{C}_{b}^{c}(\boldsymbol{\Omega}_{ib}^{b} - \boldsymbol{\Omega}_{ic}^{b}) + (\boldsymbol{I} - \boldsymbol{E}^{c})\boldsymbol{C}_{b}^{c}(\delta\boldsymbol{\Omega}_{ib}^{b} - \delta\boldsymbol{\Omega}_{in}^{b}) = \\ &(\boldsymbol{I} - \boldsymbol{E}^{c})\boldsymbol{C}_{b}^{c}\boldsymbol{\Omega}_{cb}^{b} + (\boldsymbol{I} - \boldsymbol{E}^{c})\boldsymbol{C}_{b}^{c}(\delta\boldsymbol{\Omega}_{ib}^{b} - \delta\boldsymbol{\Omega}_{in}^{b}) \end{aligned} \tag{4.107}$$

又因为 b 系到 c 系的方向余弦矩阵微分方程可表示为

$$\dot{\boldsymbol{C}}_{b}^{c} = \boldsymbol{C}_{b}^{c}(\boldsymbol{\omega}_{cb}^{b}\times) = \boldsymbol{C}_{b}^{c}(\boldsymbol{\Omega}_{cb}^{b}) \tag{4.108}$$

将式(4.108)代入式(4.107)可得

$$\dot{\boldsymbol{E}}^{c} = -\boldsymbol{C}_{b}^{c}(\delta\boldsymbol{\Omega}_{ib}^{b} - \delta\boldsymbol{\Omega}_{in}^{b})\boldsymbol{C}_{c}^{b} \tag{4.109}$$

将式(4.109)写成矢量形式，有

$$\dot{\boldsymbol{\psi}}^{c} = -\boldsymbol{C}_{b}^{c}(\delta\boldsymbol{\omega}_{ib}^{b} - \delta\boldsymbol{\omega}_{in}^{b}) \tag{4.110}$$

为了得到 $\delta\boldsymbol{\omega}_{in}^{b}$，需要将 $\hat{\boldsymbol{\omega}}_{in}^{b} = \hat{\boldsymbol{C}}_{n}^{b}\hat{\boldsymbol{\omega}}_{in}^{n}$ 展开，可得

$$\boldsymbol{\omega}_{in}^{b} + \delta\boldsymbol{\omega}_{in}^{b} = \boldsymbol{C}_{c}^{b}(1 + \boldsymbol{E}^{c})(\boldsymbol{\omega}_{in}^{n} + \delta\boldsymbol{\omega}_{in}^{n}) \tag{4.111}$$

对式(4.111)取一阶项可得

$$\delta\boldsymbol{\omega}_{in}^{b} = \boldsymbol{C}_{c}^{b}(\delta\boldsymbol{\omega}_{in}^{n} + \boldsymbol{E}^{c}\boldsymbol{\omega}_{in}^{n}) \tag{4.112}$$

将式(4.112)代入式(4.110)可得

$$\dot{\boldsymbol{\psi}}^{c} = \delta\boldsymbol{\omega}_{in}^{n} - (\boldsymbol{\omega}_{in}^{n} \times)\boldsymbol{\psi}^{c} - \boldsymbol{C}_{b}^{c}\delta\boldsymbol{\omega}_{ib}^{b} \tag{4.113}$$

同样对式(4.113)忽略 n 系与 c 系之间的转动,并且 $\delta\omega_{ib}^{p} = \delta\omega_{ib}^{c} = \delta\omega_{ib}^{n}$,可得

$$\dot{\boldsymbol{\psi}}^{c} = -(\boldsymbol{\omega}_{ie}^{c} + \boldsymbol{\omega}_{ec}^{c}) \times \boldsymbol{\psi}^{c} - \boldsymbol{C}_{b}^{n}\delta\boldsymbol{\omega}_{ib}^{b} \tag{4.114}$$

4.5.5 传感器误差模型

由于零偏和比例因子的影响,陀螺仪和加速度计的输出都会存在误差:

$$\delta\boldsymbol{\omega}_{ib}^{b} = \boldsymbol{b}_{g} + \mathrm{diag}(\boldsymbol{\omega}_{ib}^{b})\boldsymbol{s}_{g} + \boldsymbol{w}_{g}, \quad \delta\boldsymbol{f}^{b} = \boldsymbol{b}_{a} + \mathrm{diag}(\boldsymbol{f}^{b})\boldsymbol{s}_{a} + \boldsymbol{w}_{a} \tag{4.115}$$

式中:diag($\boldsymbol{a}$)是矢量 $\boldsymbol{a} = [a_x \quad a_y \quad a_z]^{T}$ 三个元素组成的对角阵,即

$$\mathrm{diag}(\boldsymbol{a}) = \mathrm{diag}[(a_x \quad a_y \quad a_z)^{T}] = \begin{bmatrix} a_x & 0 & 0 \\ 0 & a_y & 0 \\ 0 & 0 & a_z \end{bmatrix} \tag{4.116}$$

$\boldsymbol{b}_g$、$\boldsymbol{s}_g$、$\boldsymbol{b}_a$、$\boldsymbol{s}_a$ 分别是陀螺仪和加速度计的零偏和比例因子,$\boldsymbol{w}_g$、$\boldsymbol{w}_a$ 分别是陀螺仪和加速度计输出的白噪声。

陀螺仪和加速度计零偏和比例因子的误差模型采用一阶高斯马尔可夫过程:

$$\begin{cases} \dot{\boldsymbol{b}}_{g} = -\dfrac{1}{T_{gb}}\boldsymbol{b}_{g} + \boldsymbol{w}_{gb} \\ \dot{\boldsymbol{b}}_{a} = -\dfrac{1}{T_{ab}}\boldsymbol{b}_{a} + \boldsymbol{w}_{ab} \\ \dot{\boldsymbol{s}}_{g} = -\dfrac{1}{T_{gs}}\boldsymbol{s}_{g} + \boldsymbol{w}_{gs} \\ \dot{\boldsymbol{s}}_{a} = -\dfrac{1}{T_{as}}\boldsymbol{s}_{a} + \boldsymbol{w}_{as} \end{cases} \tag{4.117}$$

式中:T_{gb}、T_{ab}、T_{gs}、T_{as}分别为陀螺仪和加速度计相应的一阶高斯马尔可夫过程的相关时间;$\boldsymbol{w}_{gb}$、$\boldsymbol{w}_{ab}$、$\boldsymbol{w}_{gs}$、$\boldsymbol{w}_{as}$分别为相应的一阶高斯马尔可夫过程的驱动白噪声。

参考文献

[1] TITTERTON D H, WESTON J L. Strapdown inertial navigation technology[M]. London:Institution of Electrical Engineers, 1997.

[2] 陈哲. 捷联惯性导航系统原理[M]. 北京: 宇航出版社, 1986.

[3] NORDSIECK A. Principles of the electronic vacuum gyroscope[G]. New York:Academic Press Inc. ,

1962.

[4] 许国祯. 惯性技术手册[M]. 北京：宇航出版社，1995.

[5] 卞玉民，胡英杰，李博，等. MEMS惯性传感器现状与发展趋势[J]. 计测技术，2019，39(4)：50-56.

[6] BRITTING K R. Inertial navigation system analysis[M]. New York：Wiley-Interscience，1971.

[7] BROXMAYER C. Inertial Navigation System[M]. New York：Mcgraw-Hill，1972.

[8] 陆元九. 惯性器件(上、下)册[M]. 北京：宇航出版社，1990.

[9] 王寿荣. 硅微型惯性器件理论及其应用[M]. 南京：东南大学出版社，2000.

[10] PIYABONGKARN D，RAJAMANI R. The development of a MEMS gyroscope for absolute angle measurement[J]. IEEE Transactions on Control Systems Technology，2005，13(2)：185-195.

[11] JIANG Q，YU M，SUN L. Design and study of a vibrating string accelerometer based on fiber Bragg grating[C]//Proc. SPIE 8916，Six International Symposium on Precision Mechanical Measurements，Guiyang，China，October 10，2013.

[12] KORKISHKO Y N，FEDOROV V A，PRILUTSKIY V E. High-precision inertial measurement unit IMU-5000[C]//2018 IEEE International Symposium on Inertial Sensors and Systems，Lake Como，Italy，March 26-29，2018.

[13] 薛连莉，葛悦涛，陈少春. 从第五届惯性传感器与系统国际研讨会看国外惯性技术的发展情况[J]. 飞航导弹，2018(9)：4-8.

[14] IGOR P P，BROCK B，CAREY M. Towards self-navigating cars using MEMS IMU：challenges and opportunities[C]//2018 IEEE International Symposium on Inertial Sensors and Systems，Lake Como，Italy，March 26-29，2018.

[15] HOU H，EL-SHEIMY N. Inertial sensors errors modeling using allan variance[C]//Proceeding of the 16th International Technical Meeting of the Satellite Division of Institute of Navigation，Portland，September 9-12，2003.

[16] EL-SHEIMY N，HOU H. Analysis and modeling of inertial sensors using allan variance[J]. Transactions on Instrumentation and Measurement，2008，57(1)：140-149.

[17] HOU H. Modeling inertial sensors errors using allan variance[D]. Calgary：University of Calgary，2004.

[18] 秦永元. 捷联惯导系统初始对准的参数辨识法[J]. 中国惯性技术学报，1990(2)：1-16.

[19] 秦永元，严恭敏，顾冬晴，等. 摇摆基座上基于重力信息的捷联惯导粗对准研究[J]. 西北工业大学学报，2005，23(5)：681-684.

[20] 柴华，王勇，许大欣，等. 地固系下四元数和卡尔曼滤波方法的惯导初始精对准研究[J]. 武汉大学学报(信息科学版)，2012，37(1)：68-72.

[21] SHIBATA M. Error analysis strapdown inertial navigation using quaternions[J]. Journal of Guidance，Control，and Dynamics，1986，9(3)：374-381.

[22] 刘勤，杜小菁，俞仁顺，等. 捷联惯导误差分析与误差补偿[J]. 弹箭与制导学报，2001(2)：17-20，27.

第5章　INS及多源组合导航理论及方法

5.1　卡尔曼滤波器简介

卡尔曼滤波是由Kalman于1960年提出。卡尔曼滤波算法是大部分导航系统状态估计的理论基础,它广泛应用于卫星导航、卫星定轨、组合导航以及多源数据融合算法中[1]。为了实现更好的工程应用,卡尔曼滤波算法被不断完善、改进,在原来的数学模型基础上相继出现了多种适合实际应用的模型[2-4]。本节对卡尔曼滤波模型进行简单介绍,首先给出随机线性离散系统的数学模型,然后给出随机线性离散系统卡尔曼滤波的基本方程。

1. 随机线性离散系统的数学模型

系统的状态方程:

$$\boldsymbol{X}_k=\boldsymbol{\Phi}_{k,k-1}\boldsymbol{X}_{k-1}+\boldsymbol{\Gamma}_{k,k-1}\boldsymbol{W}_{k-1} \tag{5.1}$$

系统的观测方程:

$$\boldsymbol{Z}_k=\boldsymbol{H}_k\boldsymbol{X}_k+\boldsymbol{V}_k \tag{5.2}$$

在式(5.1)中$\boldsymbol{\Phi}_{k,k-1}$代表系统的状态转移矩阵,描述了系统在前后相邻的两个时刻的状态转移关系;$\boldsymbol{X}_k$与$\boldsymbol{X}_{k-1}$分别代表系统在k时刻和$k-1$时刻的状态量;$\boldsymbol{W}_{k-1}$代表系统的观测噪声。卡尔曼滤波算法假设系统噪声是零均值白噪声。

2. 随机线性离散系统的卡尔曼滤波基本方程

离散卡尔曼滤波主要分为两个过程:一个过程是对系统状态量和系统方差阵的预测;另一个过程是对系统状态量和方差阵的更新。离散卡尔曼滤波方程可用较少的量对系统的整个变化状态进行描述,因此在实际工程应用中,计算机不用存储大量数据,只需要较小的存储空间即可完成运算,具有良好的工程实用价值。随机线性离散卡尔曼滤波模型可以通过5个公式进行描述,分别为

状态一步预测方程

$$\hat{\boldsymbol{X}}_{k,k-1}=\boldsymbol{\Phi}_{k,k-1}\hat{\boldsymbol{X}}_{k-1} \tag{5.3}$$

状态估计

$$\hat{\boldsymbol{X}}_k=\hat{\boldsymbol{X}}_{k,k-1}+\boldsymbol{K}_k[\boldsymbol{Z}_k-\boldsymbol{H}_k\hat{\boldsymbol{X}}_{k,k-1}] \tag{5.4}$$

一步预测误差方差阵

$$\boldsymbol{P}_{k,k-1}=\boldsymbol{\Phi}_{k,k-1}\boldsymbol{P}_{k-1}\boldsymbol{\Phi}_{k,k-1}^{\mathrm{T}}+\boldsymbol{\Gamma}_{k,k-1}\boldsymbol{Q}_{k-1}\boldsymbol{\Gamma}_{k,k-1}^{\mathrm{T}} \tag{5.5}$$

滤波增益矩阵

$$\boldsymbol{K}_k=\boldsymbol{P}_{k,k-1}\boldsymbol{H}_k^{\mathrm{T}}[\boldsymbol{H}_k\boldsymbol{P}_{k,k-1}\boldsymbol{H}_k^{\mathrm{T}}+\boldsymbol{R}_k]^{-1} \tag{5.6}$$

估计误差方差阵

$$\boldsymbol{P}_k=[\boldsymbol{I}-\boldsymbol{K}_k\boldsymbol{H}_k]\boldsymbol{P}_{k,k-1}[\boldsymbol{I}-\boldsymbol{K}_k\boldsymbol{H}_k]^{\mathrm{T}}+\boldsymbol{K}_k\boldsymbol{R}_k\boldsymbol{K}_k^{\mathrm{T}} \tag{5.7}$$

其中滤波增益矩阵又可以进一步写为

$$\boldsymbol{K}_k=\boldsymbol{P}_k\boldsymbol{H}_k^{\mathrm{T}}\boldsymbol{R}_k^{-1} \tag{5.8}$$

估计误差方差阵又可以进一步写为

$$\boldsymbol{P}_k=[\boldsymbol{I}-\boldsymbol{K}_k\boldsymbol{H}_k]\boldsymbol{P}_{k,k-1} \tag{5.9}$$

以上公式为随机线性离散系统的卡尔曼滤波公式，在卡尔曼滤波算法的实际实现中，需要首先建立系统的卡尔曼滤波模型，并且得到能够准确反映系统观测噪声的噪声矩阵，在设定好状态量的初值以及方差阵的初值之后即可进行迭代，得到 k 时刻的系统状态量。

传统卡尔曼滤波器需要准确的先验知识来建立系统过程方程和观测方程，在对过程噪声和观测噪声协方差矩阵进行适当设定后，才能保证滤波器正常工作，达到最优估计的效果。在组合导航系统中，INS与GNSS的误差模型可以通过一些手段进行测定，比如INS的惯性元件误差可以使用阿伦方差法进行测定，GNSS接收机的位置误差依赖于当前时刻卫星的几何分布、信号信噪比等因素。需要注意的是，即使这些先验信息可以通过测量手段获取，但在系统工作过程中由于环境因素也可能导致模型变化。如果能够实时跟踪到这些信息变化，则可以提高滤波器的健壮性，减小不准确误差模型带来的性能恶化[5-7]。

5.2　GNSS/INS组合导航技术

由于惯性、卫星导航系统各有优缺点，将二者相结合构成组合导航系统，实现优势互补，提高导航系统的精度和可靠性，已成为导航领域的一个重要发展方向。从INS和GNSS融合的层次来说，可以分为松组合、紧组合以及深组合三个层次，下面重点对松紧组合进行介绍[8-13]。

5.2.1　松组合导航技术

GNSS/INS松组合是指INS位置、速度与GNSS位置、速度的数据融合。该模式下，INS与GNSS接收机单独工作，分别独立计算载体位置、速度信息，再应用卡尔曼滤波器实现两者最优组合。松组合导航技术架构如图5.1所示。

采用位置、速度、姿态松组合的形式，选择导航参数误差作为滤波器状态，利用估

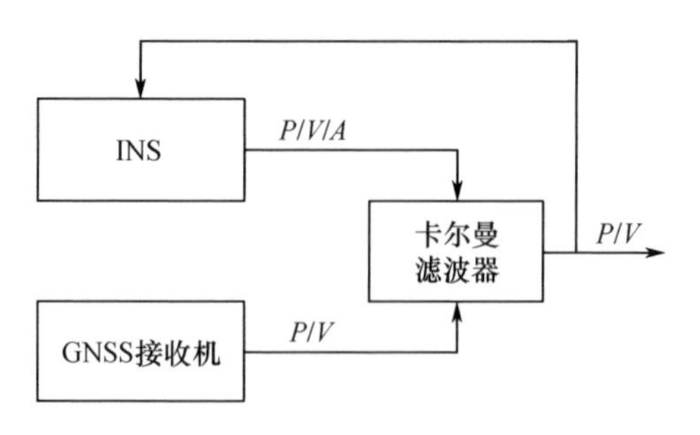

图 5.1 松组合导航技术架构

计的误差校正 INS 输出。INS 误差状态由位置误差、速度误差、姿态误差、加速度计零偏误差、陀螺仪零偏误差等组成。选取状态量如下：

$$\boldsymbol{X}(t)=[\delta r_N \quad \delta r_E \quad \delta r_D \quad \delta v_N \quad \delta v_E \quad \delta v_D \quad \varphi_N \quad \varphi_E \quad \varphi_D \quad b_{gx} \quad b_{gy} \quad b_{gz} \quad b_{ax} \quad b_{ay} \quad b_{az} \quad S_{gx} \quad S_{gy} \quad S_{gz} \quad S_{ax} \quad S_{ay} \quad S_{az} \quad \delta t_{u\_gps} \quad \delta t_{ru\_gps} \quad \delta t_{u\_bds} \quad \delta t_{ru\_bds}]^{\mathrm{T}} \tag{5.10}$$

式中：δr_N、δr_E、δr_D 分别为载体在北、东、地方向的位置误差；δv_N、δv_E、δv_D 分别为载体在北、东、地方向的速度误差；φ_N、φ_E、φ_D 分别为载体在北、东、地方向的姿态误差；b_{gx}、b_{gy}、b_{gz}、b_{ax}、b_{ay}、b_{az} 分别为三轴陀螺仪零偏、加速度计零偏；S_{gx}、S_{gy}、S_{gz}、S_{ax}、S_{ay}、S_{az} 分别为三轴陀螺仪、加速度计的比例因子；δt_{u_gps}、δt_{ru_gps} 分别为 GPS 的接收机钟差等效距离和钟漂等效速度；δt_{u_bds}、δt_{ru_bds} 分别为 BDS 的接收机钟差等效距离和钟漂等效速度。

选择位置、速度、姿态作为量测信息，建立卡尔曼状态方程，有

$$\dot{\boldsymbol{X}}(t)=\boldsymbol{F}(t)\boldsymbol{X}(t)+\boldsymbol{G}(t)\boldsymbol{w}(t) \tag{5.11}$$

式中：$\boldsymbol{F}(t)$ 为连续时间域内的状态转移矩阵；$\boldsymbol{G}(t)$ 为连续时间域内的系统噪声驱动矩阵；$\boldsymbol{w}(t)$ 为连续时间域内的噪声矢量。

经过离散化的状态方程为

$$\boldsymbol{X}_k=\boldsymbol{\Phi}_{k,k-1}\boldsymbol{X}_{k-1}+\boldsymbol{\Gamma}_{k-1}\boldsymbol{W}_{k-1} \tag{5.12}$$

式中：$\boldsymbol{X}_k$、$\boldsymbol{X}_{k-1}$ 分别为 k 和 $k-1$ 时刻的状态矢量；$\boldsymbol{\Phi}_{k,k-1}$ 为离散后的状态转移矩阵；$\boldsymbol{\Gamma}_{k-1}$ 为系统噪声驱动阵；$\boldsymbol{W}_{k-1}$ 为状态的噪声矢量，在线性化过程中只取到一次项即可。

GNSS/INS 松组合定位定姿的系统模型如图 5.2 所示。

以 INS 解算位置、速度、姿态与 GNSS 测量位置、速度、姿态的差作为量测信息。设载体真实位置为 r_N、r_E、r_D，INS 解算位置为 r_N^{I}、r_E^{I}、r_D^{I}，GNSS 解算位置为 r_N^{G}、r_E^{G}、r_D^{G}，则 INS 解算的位置可以表示为

$$\begin{cases} r_N^{\mathrm{I}}=r_N+\delta r_N \\ r_E^{\mathrm{I}}=r_E+\delta r_E \\ r_D^{\mathrm{I}}=r_D+\delta r_D \end{cases} \tag{5.13}$$

式中：δr_N、δr_E、δr_D 分别为 INS 沿北、东、地三个轴向上的位置误差噪声。

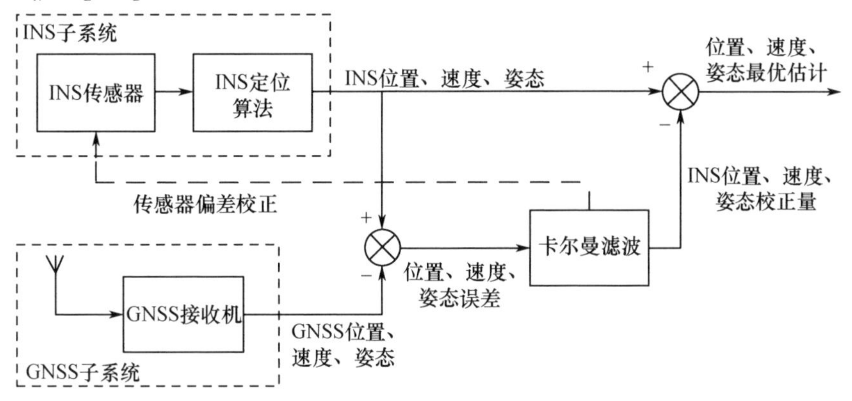

图 5.2　GNSS/INS 松组合定位定姿

GNSS 解算得到的位置可以表示为

$$\begin{cases} r_N^{\mathrm{G}} = r_N - \sigma_{r_N} \\ r_E^{\mathrm{G}} = r_E - \sigma_{r_E} \\ r_D^{\mathrm{G}} = r_D - \sigma_{r_D} \end{cases} \tag{5.14}$$

式中：σ_{r_N}、σ_{r_E}、σ_{r_D}分别为 GNSS 接收机沿北、东、地三个轴向上的位置误差噪声。则可以得到位置误差方程为

$$\begin{cases} \Delta r_N = r_N^{\mathrm{I}} - r_N^{\mathrm{G}} = \delta r_N + \sigma_{r_N} \\ \Delta r_E = r_E^{\mathrm{I}} - r_N^{\mathrm{G}} = \delta r_E + \sigma_{r_E} \\ \Delta r_D = r_D^{\mathrm{I}} - r_N^{\mathrm{G}} = \delta r_D + \sigma_{r_D} \end{cases} \tag{5.15}$$

则位置误差量测方程为

$$\boldsymbol{Z}_{\mathrm{p}} = \begin{bmatrix} \delta r_N + \sigma_{r_N} \\ \delta r_E + \sigma_{r_E} \\ \delta r_D + \sigma_{r_D} \end{bmatrix} = \boldsymbol{H}_{\mathrm{p}} \boldsymbol{X} + \boldsymbol{V}_{\mathrm{p}} \tag{5.16}$$

式中

$$\boldsymbol{H}_{\mathrm{p}} = [\boldsymbol{I}_{3\times 3} \quad \boldsymbol{0}_{3\times 22}] \tag{5.17}$$

$$\boldsymbol{V}_{\mathrm{p}} = [\sigma_{r_N} \quad \sigma_{r_E} \quad \sigma_{r_D}]^{\mathrm{T}} \tag{5.18}$$

同理得到速度和姿态量测方程为

$$\boldsymbol{Z}_{v} = \begin{bmatrix} \delta v_N + \sigma_{v_N} \\ \delta v_E + \sigma_{v_E} \\ \delta v_D + \sigma_{v_D} \end{bmatrix} = \boldsymbol{H}_{v} \boldsymbol{X} + \boldsymbol{V}_{v} \tag{5.19}$$

$$\boldsymbol{Z}_{\varphi}=\begin{bmatrix}\delta\varphi_N+\sigma_{\varphi_N}\\ \delta\varphi_E+\sigma_{\varphi_E}\\ \delta\varphi_D+\sigma_{\varphi_D}\end{bmatrix}=\boldsymbol{H}_{\varphi}\boldsymbol{X}+\boldsymbol{V}_{\varphi} \tag{5.20}$$

式中：σ_{v_N}、σ_{v_E}、σ_{v_D}和 σ_{φ_N}、σ_{φ_E}、σ_{φ_D}分别为 GNSS 接收机沿北、东、地方向上的速度误差噪声和姿态误差噪声。且有

$$\boldsymbol{H}_v=[\boldsymbol{0}_{3\times3}\quad \boldsymbol{I}_{3\times3}\quad \boldsymbol{0}_{3\times19}] \tag{5.21}$$

$$\boldsymbol{V}_v=[\sigma_{v_N}\quad \sigma_{v_E}\quad \sigma_{v_D}]^{\mathrm{T}} \tag{5.22}$$

$$\boldsymbol{H}_{\varphi}=[\boldsymbol{0}_{6\times6}\quad \boldsymbol{I}_{3\times3}\quad \boldsymbol{0}_{3\times16}] \tag{5.23}$$

$$\boldsymbol{V}_{\varphi}=[\sigma_{\varphi_N}\quad \sigma_{\varphi_E}\quad \sigma_{\varphi_D}]^{\mathrm{T}} \tag{5.24}$$

将位置、速度、姿态测量方程合并，可得到松组合测量方程，即

$$\boldsymbol{Z}=\begin{bmatrix}\boldsymbol{H}_{\mathrm{p}}\\ \boldsymbol{H}_v\\ \boldsymbol{H}_{\varphi}\end{bmatrix}\boldsymbol{X}+\begin{bmatrix}V_{\mathrm{p}}\\ V_v\\ V_{\varphi}\end{bmatrix}=\boldsymbol{HX}+\boldsymbol{V} \tag{5.25}$$

5.2.2 紧组合导航技术

与松组合相比，紧组合算法的优势在于由卫星几何构型带来的定位测速协方差已经隐含在了紧组合量测方程中，因此紧组合算法不存在由一个滤波器的输出作为下一个滤波器的输入而带来的输入量定权问题。除此之外，紧组合所用的 GNSS 观测量是原始的伪距观测值或者多普勒观测值，因此即使在卫星数量少于 4 颗时仍然能够进行组合导航，相较于松组合更能够充分地利用观测值信息，并且具有更高的可靠性。

紧组合算法同样通过卡尔曼滤波器实现。紧组合的卡尔曼滤波状态量由两部分组成，一部分是 INS 的误差状态，另一部分是 GNSS 的误差状态。通常 INS 的误差状态包括位置、速度、姿态以及惯导的确定性误差（如零偏、比例因子、交轴耦合）。GNSS 的误差状态通常包括钟差和钟漂项。在卡尔曼滤波方程中，观测量由 INS 导航结果计算的载体到各颗卫星的几何距离与 GNSS 观测的伪距之间的差值，或者由 INS 导航结果计算的载体到各颗卫星的相对速度与 GNSS 观测的伪距率之间差值组成。当进行更新后，将滤波得到的位置、速度、姿态以及传感器误差等信息一并反馈给机械编排，对位置、速度、姿态以及传感器的原始输出进行补偿。图 5.3 给出了紧组合卡尔曼滤波算法的架构。

5.2.2.1 状态方程

由卡尔曼滤波算法可知，建立一个系统的卡尔曼滤波方程需要先建立卡尔曼滤波方程状态转移方程和量测方程。这两个方程的建立主要是确定需要估计的状态量

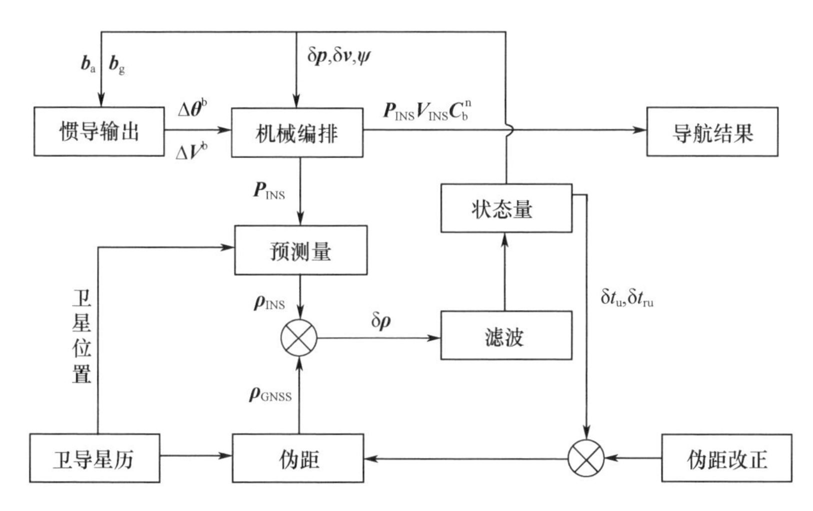

图 5.3　典型 GNSS/INS 紧组合定位系统架构

X_k,确定状态方程的系数即状态转移矩阵 $\boldsymbol{\Phi}_{k-1,k}$,以及量测方程的系数 H_k。

状态方程建立的前提是合理地选取系统状态量。在 INS/GNSS 组合导航中,通常会估计载体的位置、速度、姿态误差。而惯性传感器的确定性误差如零偏、比例因子、交轴耦合等会根据实际需要合理地选取。例如,如果对算法实时性要求较高,为了降低算法复杂度,可以考虑选取较少状态量,从而降低矩阵维数以提高算法的运算效率,这时候通常会选择估计惯性传感器的零偏而不对比例因子和交轴耦合进行估计。

一般状态量选取得越多,建立的系统方程越能反映实际的系统模型,但是状态的选取与运行的效率通常是一对矛盾,因此在具体应用中需要合理地选取。

GNSS 状态量的选取取决于系统架构,采用松组合方式时,GNSS 中的误差已通过最小二乘或者卡尔曼滤波算法进行了估计,最终得到用户位置或者速度信息,提供给滤波器的信息已经隔离了 GNSS 误差,因此在建立状态方程时无需将 GNSS 的误差项列入状态量中进行估计。但是采用紧组合进行估计时,所用的 GNSS 观测量为接收机的伪距观测值或者多普勒观测值,接收机的伪距或者多普勒观测值直接受到接收机钟差以及钟漂的影响,这些影响无法像电离层或者对流层那样进行建模消除,因此必须作为估计参数,在紧组合中常常选取 GNSS 接收机钟差和钟漂作为估计的状态量,但是由于 GPS 与 BDS 采用的信号频率不同,因此接收机对两个系统信号的硬件延迟时间不一样。除此之外,GPS 和 BDS 伪距观测量中均包含无法消除的公共误差,而这些公共误差对不同的系统是不一样的,同样会造成两个系统的接收机钟差不一致,因此在实现 GNSS/INS 紧组合算法时,需要添加两组接收机钟差和钟漂参数。

综上所述,在 GNSS/INS 紧组合算法中,选取载体的位置、速度、姿态、陀螺仪及加速度计零偏、陀螺仪及加速度计比例因子误差以及接收机对应的 GPS、BDS 的钟差和钟漂作为估计量,选取参数一共 25 个。

一般在状态量中通过钟差等效距离 δt_{u} 和接收机的钟漂等效速度 δt_{ru} 来反映接收机钟差和钟漂项在组合导航中的作用。对于 GPS 和 BDS 双系统的组合导航定位,由于两个系统的接收机钟差钟漂参数不一致,需要增加相应的钟差和钟漂参数。钟差和钟漂的状态可以建模成随机游走:

$$\begin{cases}\dot{t}=t_{r}+\eta_{t}\\ \dot{t}_{r}=\eta_{t_{r}}\end{cases} \tag{5.26}$$

式中:t 为接收机钟差;t_{r} 为接收机钟漂;η_{t} 为钟差的驱动白噪声,其功率谱密度为 q_{t};$\eta_{t_{r}}$ 为钟漂的驱动白噪声,其功率谱密度为 $q_{t_{r}}$。钟差和钟漂驱动白噪声的功率谱密度可采用如下模型计算:

$$\begin{cases}q_{t}=2h_{0}\\ q_{t_{r}}=8\pi^{2}h_{2}\end{cases} \tag{5.27}$$

式中:h_{0} 和 h_{2} 的取值与晶振选取型号有关。

由式(5.26)可以得到 δt_{u} 和 δt_{ru} 的动态模型为

$$\begin{cases}\delta\dot{t}_{u}=\delta t_{ru}+w_{\delta t_{u}}\\ \delta\dot{t}_{ru}=w_{\delta t_{ru}}\end{cases} \tag{5.28}$$

式中:$\delta t_{u}=ct$;$\delta t_{ru}=ct_{r}$;$w_{\delta t_{u}}$ 为接收机钟差等效距离误差的驱动白噪声;$w_{\delta t_{ru}}$ 为接收机钟漂等效速度误差的驱动白噪声。根据方差协方差传播定律,它们的功率谱密度可以写成如下形式:

$$\begin{cases}q_{\delta t_{u}}=c^{2}2h_{0}\\ q_{\delta t_{ru}}=c^{2}8\pi^{2}h_{2}\end{cases} \tag{5.29}$$

式中:c 为光速。

通过本节分析得到了惯导以及 GNSS 的误差方程。GNSS/INS 紧组合导航算法实现,共选取 25 个状态量依次为

$$\begin{aligned}\boldsymbol{X}(t)=[&\delta r_{N}\quad \delta r_{E}\quad \delta r_{D}\quad \delta v_{N}\quad \delta v_{E}\quad \delta v_{D}\quad \psi_{N}\quad \psi_{E}\quad \psi_{D}\quad b_{gx}\quad b_{gy}\quad b_{gz}\\ &b_{ax}\quad b_{ay}\quad b_{az}\quad S_{gx}\quad S_{gy}\quad S_{gz}\quad S_{ax}\quad S_{ay}\quad S_{az}\quad \delta t_{u\_gps}\quad \delta t_{ru\_gps}\\ &\delta t_{u\_bds}\quad \delta t_{ru\_bds}]^{T}\end{aligned} \tag{5.30}$$

式中:状态量 δr_{N}、δr_{E}、δr_{D} 分别为载体在北、东、地方向的位置误差;δv_{N}、δv_{E}、δv_{D} 分别为载体在北、东、地方向的速度误差;ψ_{N}、ψ_{E}、ψ_{D} 分别为载体在北、东、地三个方向的姿态误差;b_{gx}、b_{gy}、b_{gz}、b_{ax}、b_{ay}、b_{az} 依次为三轴陀螺仪零偏、加速度计零偏;S_{gx}、S_{gy}、S_{gz}、

S_{ax}、S_{ay}、S_{az}依次为三轴陀螺仪、加速度计的比例因子；δt_{u_gps}、δt_{ru_gps}为 GPS 的接收机钟差等效距离和钟漂等效速度；δt_{u_bds}、δt_{ru_bds}为 BDS 的接收机钟差等效距离和钟漂等效速度。

建立的状态方程如下：

$$\dot{\boldsymbol{X}}(t)=\boldsymbol{F}(t)\boldsymbol{X}(t)+\boldsymbol{G}(t)\boldsymbol{w}(t) \tag{5.31}$$

经过离散化的状态方程如下：

$$\boldsymbol{X}_k=\boldsymbol{\Phi}_{k,k-1}\boldsymbol{X}_{k-1}+\boldsymbol{\Gamma}_{k-1}\boldsymbol{W}_{k-1} \tag{5.32}$$

式中：$\boldsymbol{X}_k$、$\boldsymbol{X}_{k-1}$分别为 k 和 $k-1$ 时刻的状态矢量；$\boldsymbol{\Phi}_{k,k-1}$为离散后的状态转移矩阵；$\boldsymbol{\Gamma}_{k-1}$为系统噪声驱动阵；$\boldsymbol{W}_{k-1}$为状态的噪声矢量。只考虑一次项，$\boldsymbol{\Phi}_{k,k-1}$可以表示为

$$\boldsymbol{\Phi}_{k,k-1}=\begin{bmatrix}(\boldsymbol{F}_1)_{3\times3} & (\boldsymbol{F}_2)_{3\times3} & \boldsymbol{0}_{3\times3} & \boldsymbol{0}_{3\times3} & \boldsymbol{0}_{3\times3} & \boldsymbol{0}_{3\times3} & \boldsymbol{0}_{3\times3} & \boldsymbol{0}_{3\times4}\\ (\boldsymbol{F}_3)_{3\times3} & (\boldsymbol{F}_4)_{3\times3} & (\boldsymbol{F}_5)_{3\times3} & \boldsymbol{0}_{3\times3} & (\boldsymbol{F}_6)_{3\times3} & \boldsymbol{0}_{3\times3} & (\boldsymbol{F}_7)_{3\times3} & \boldsymbol{0}_{3\times4}\\ \boldsymbol{0}_{3\times3} & \boldsymbol{0}_{3\times3} & (\boldsymbol{F}_8)_{3\times3} & (\boldsymbol{F}_9)_{3\times3} & \boldsymbol{0}_{3\times3} & (\boldsymbol{F}_{10})_{3\times3} & \boldsymbol{0}_{3\times3} & \boldsymbol{0}_{3\times4}\\ \boldsymbol{0}_{3\times3} & \boldsymbol{0}_{3\times3} & \boldsymbol{0}_{3\times3} & (\boldsymbol{F}_{11})_{3\times3} & \boldsymbol{0}_{3\times3} & \boldsymbol{0}_{3\times3} & \boldsymbol{0}_{3\times3} & \boldsymbol{0}_{3\times4}\\ \boldsymbol{0}_{3\times3} & \boldsymbol{0}_{3\times3} & \boldsymbol{0}_{3\times3} & \boldsymbol{0}_{3\times3} & (\boldsymbol{F}_{12})_{3\times3} & \boldsymbol{0}_{3\times3} & \boldsymbol{0}_{3\times3} & \boldsymbol{0}_{3\times4}\\ \boldsymbol{0}_{3\times3} & \boldsymbol{0}_{3\times3} & \boldsymbol{0}_{3\times3} & \boldsymbol{0}_{3\times3} & \boldsymbol{0}_{3\times3} & (\boldsymbol{F}_{13})_{3\times3} & \boldsymbol{0}_{3\times3} & \boldsymbol{0}_{3\times4}\\ \boldsymbol{0}_{3\times3} & \boldsymbol{0}_{3\times3} & \boldsymbol{0}_{3\times3} & \boldsymbol{0}_{3\times3} & \boldsymbol{0}_{3\times3} & \boldsymbol{0}_{3\times3} & (\boldsymbol{F}_{14})_{3\times3} & \boldsymbol{0}_{3\times4}\\ \boldsymbol{0}_{4\times3} & \boldsymbol{0}_{4\times3} & \boldsymbol{0}_{4\times3} & \boldsymbol{0}_{4\times3} & \boldsymbol{0}_{4\times3} & \boldsymbol{0}_{4\times3} & \boldsymbol{0}_{4\times3} & (\boldsymbol{F}_{15})_{4\times4}\end{bmatrix} \tag{5.33}$$

式中

$$\begin{cases}(\boldsymbol{F}_1)_{3\times3}=[\boldsymbol{I}_{3\times3}-(\boldsymbol{\omega}_{ec}^{c}\times)\cdot\Delta t]_{3\times3}\\ (\boldsymbol{F}_2)_{3\times3}=[\boldsymbol{I}_{3\times3}\cdot\Delta t]_{3\times3}\\ (\boldsymbol{F}_3)_{3\times3}=\operatorname{diag}\left(\dfrac{-g\cdot\Delta t}{R_M+h},\dfrac{-g\cdot\Delta t}{R_N+h},\dfrac{2g\cdot\Delta t}{R+h}\right)_{3\times3}\\ (\boldsymbol{F}_4)_{3\times3}=[\boldsymbol{I}_{3\times3}-((2\boldsymbol{\omega}_{ie}^{c}+\boldsymbol{\omega}_{ec}^{c})\times)\cdot\Delta t]_{3\times3}\\ (\boldsymbol{F}_5)_{3\times3}=[(\boldsymbol{f}^{c}\times)\cdot\Delta t]_{3\times3}\\ (\boldsymbol{F}_6)_{3\times3}=[\boldsymbol{C}_b^p\cdot\Delta t]_{3\times3}\\ (\boldsymbol{F}_7)_{3\times3}=[\boldsymbol{C}_b^p\cdot\operatorname{diag}(\boldsymbol{f}^{b})\cdot\Delta t]_{3\times3}\end{cases} \tag{5.34}$$

$$
\begin{cases}
(\boldsymbol{F}_8)_{3\times3} = [\boldsymbol{I}_{3\times3} - ((\boldsymbol{\omega}_{ie}^{c} + \boldsymbol{\omega}_{ec}^{c})\times)\cdot\Delta t]_{3\times3} \\
(\boldsymbol{F}_9)_{3\times3} = [-\boldsymbol{C}_b^n\cdot\Delta t]_{3\times3} \\
(\boldsymbol{F}_{10})_{3\times3} = [-\boldsymbol{C}_b^n\cdot\mathrm{diag}(\boldsymbol{\omega}_{ib}^{b})\cdot\Delta t]_{3\times3} \\
(\boldsymbol{F}_{11})_{3\times3} = \mathrm{diag}(\mathrm{e}^{-\Delta t/T_{gb}},\mathrm{e}^{-\Delta t/T_{gb}},\mathrm{e}^{-\Delta t/T_{gb}})_{3\times3} \\
(\boldsymbol{F}_{12})_{3\times3} = \mathrm{diag}(\mathrm{e}^{-\Delta t/T_{ab}},\mathrm{e}^{-\Delta t/T_{ab}},\mathrm{e}^{-\Delta t/T_{ab}})_{3\times3} \\
(\boldsymbol{F}_{13})_{3\times3} = \mathrm{diag}(\mathrm{e}^{-\Delta t/T_{gs}},\mathrm{e}^{-\Delta t/T_{gs}},\mathrm{e}^{-\Delta t/T_{gs}})_{3\times3} \\
(\boldsymbol{F}_{14})_{3\times3} = \mathrm{diag}(\mathrm{e}^{-\Delta t/T_{as}},\mathrm{e}^{-\Delta t/T_{as}},\mathrm{e}^{-\Delta t/T_{as}})_{3\times3}
\end{cases}
\tag{5.35}
$$

$$
(\boldsymbol{F}_{15})_{4\times4} = \begin{bmatrix} 1 & \Delta t & 0 & 0 \\ 0 & 1 & 0 & 0 \\ 0 & 0 & 1 & \Delta t \\ 0 & 0 & 0 & 1 \end{bmatrix}_{4\times4}
\tag{5.36}
$$

在式(5.36)中我们建立了 GNSS/INS 紧组合的状态转移矩阵,需要说明的是,上述的 GNSS 误差中包含了 GPS 和 BDS 的接收机钟差等效距离和接收机钟漂等效速度误差。在实际观测中,如果 GPS 或者 BDS 没有可见星,那么可以去掉系统对应的钟差等效距离和钟漂等效速度项。此时 $\boldsymbol{F}_{15}$ 为

$$
(\boldsymbol{F}_{15})_{2\times2} = \begin{bmatrix} 1 & \Delta t \\ 0 & 1 \end{bmatrix}_{2\times2}
\tag{5.37}
$$

5.2.2.2 量测方程

紧组合是以惯导推算的位置到各颗卫星的几何距离与接收机观测到的伪距差值作为观测量的。在进行滤波时,首先根据接收机的观测信息以及卫星的导航电文计算出信号发射时刻卫星在地固坐标系下的位置$(x_s,y_s,z_s)^T$,利用惯导推算出来的载体在地心地固坐标系下的位置$(x_I, y_I,z_I)^T$。用惯导推算的载体几何位置与卫星的位置计算载体与卫星之间的几何距离,将得到的几何距离与接收机中观测到的伪距值之间的差值作为观测量。在实际导航应用中,惯导安装位置通常与 GNSS 天线无法重合,因此在进行组合导航定位时需要将惯导的位置转换到 GNSS 天线的位置。

为了建立卡尔曼滤波的量测方程,需要将几何距离线性化,惯导推算的 GNSS 天线到第 j 颗卫星 s_j 的几何距离表示如下:

$$
\rho_{I_j} = \sqrt{(x_I - x_{s_j})^2 + (y_I - y_{s_j})^2 + (z_I - z_{s_j})^2}
\tag{5.38}
$$

假设 GNSS 天线相位中心实际的位置为$(x,y,z)^T$,将式(5.38)在接收机的真正位置展开为泰勒级数,并且忽略二阶及二阶以上的项,可得

$$\rho_{I_j} = \sqrt{(x - x_{s_j})^2 + (y - y_{s_j})^2 + (z - z_{s_j})^2} + \frac{\partial \rho_{I_j}}{\partial x}\delta x + \frac{\partial \rho_{I_j}}{\partial y}\delta y + \frac{\partial \rho_{I_j}}{\partial z}\delta z \tag{5.39}$$

式中

$$\frac{\partial \rho_{I_j}}{\partial x} = \frac{x - x_{s_j}}{r_j}, \quad \frac{\partial \rho_{I_j}}{\partial y} = \frac{y - y_{s_j}}{r_j}, \quad \frac{\partial \rho_{I_j}}{\partial z} = \frac{z - z_{s_j}}{r_j} \tag{5.40}$$

记

$$r_j = \sqrt{(x - x_{s_j})^2 + (y - y_{s_j})^2 + (z - z_{s_j})^2} \tag{5.41}$$

$$\frac{\partial \rho_{I_j}}{\partial x} = e_{j1}, \frac{\partial \rho_{I_j}}{\partial y} = e_{j2}, \frac{\partial \rho_{I_j}}{\partial z} = e_{j3} \tag{5.42}$$

将式(5.41)和式(5.42)代入展开的几何距离的泰勒公式中可得

$$\rho_{I_j} = r_j + e_{j1}\delta x + e_{j2}\delta y + e_{j3}\delta z \tag{5.43}$$

记当前历元 GNSS 接收机测得相对于卫星 s_j 的伪距为

$$\rho_{G_j} = r_j - c\delta t_u + c\delta t_{s_j} - (V_{ion})_j - (V_{trop})_j \tag{5.44}$$

式中:c 为光速;δt_{s_j} 为卫星钟差;V_{ion} 为电离层改正;V_{trop} 为对流层改正。电离层和对流层误差可以通过建模的方法进行改正。

通过式(5.43)和式(5.44)求得了惯导推算的天线位置到每颗卫星的几何距离,以及经过误差项改正的伪距值,那么伪距差的观测方程可以表示如下:

$$\delta\rho_j = \rho_{I_j} - \rho_{G_j} = e_{j1}\delta x + e_{j2}\delta y + e_{j3}\delta z + \delta t_u + v_{\rho j} \tag{5.45}$$

式中:$v_{\rho j} = -[c\delta t_{s_j} - (V_{ion})_j - (V_{trop})_j]$代表卫星钟差、电离层以及对流层改正。

假定在某个观测历元中有 m 颗可用的 GPS 卫星,n 颗可用的 BDS 卫星,可用的卫星总数量为 $l = m + n$:

$$\boldsymbol{Z}_\rho = \boldsymbol{A}_\rho \delta \boldsymbol{r}^e + \boldsymbol{I}_\rho \delta t_u + \boldsymbol{V}_\rho \tag{5.46}$$

式中

$$\begin{cases} \boldsymbol{Z}_\rho = [\delta\rho_1 \quad \delta\rho_2 \quad \cdots \quad \delta\rho_l]^T \\ \boldsymbol{A}_\rho = \begin{bmatrix} e_{11} & e_{12} & e_{13} \\ e_{21} & e_{22} & e_{23} \\ \vdots & \vdots & \vdots \\ e_{l1} & e_{l2} & e_{l3} \end{bmatrix} \\ \delta\boldsymbol{r}^e = [\delta x \quad \delta y \quad \delta z]^T \\ \boldsymbol{I}_\rho = [1 \quad 1 \quad \cdots \quad 1]^T \\ \boldsymbol{V}_\rho = [v_{\rho 1} \quad v_{\rho 2} \quad \cdots \quad v_{\rho l}]^T \end{cases} \tag{5.47}$$

空间直角坐标系与大地坐标系的转换关系如下:

$$
\begin{cases}
x = (R_N + h)\cos\varphi\cos\lambda \\
y = (R_N + h)\cos\varphi\sin\lambda \\
z = [R_N(1 - e^2) + h]\sin\varphi
\end{cases} \tag{5.48}
$$

对式(5.48)取微分并表示成矩阵形式：

$$
\begin{bmatrix} \delta x \\ \delta y \\ \delta z \end{bmatrix} = \begin{bmatrix} -(R_N + h)\cos\lambda\sin\varphi & -(R_N + h)\cos\varphi\sin\lambda & \cos\varphi\cos\lambda \\ -(R_N + h)\sin\varphi\sin\lambda & (R_N + h)\cos\varphi\cos\lambda & \cos\varphi\sin\lambda \\ [R_N(1 - e^2) + h]\cos\varphi & 0 & \sin\varphi \end{bmatrix} \begin{bmatrix} \delta\varphi \\ \delta\lambda \\ \delta h \end{bmatrix} \tag{5.49}
$$

纬度和经度变化量与导航坐标系下北、东、地方向上的偏差关系如下：

$$
\begin{bmatrix} \delta\varphi \\ \delta\lambda \\ \delta h \end{bmatrix} = \mathrm{diag}\left(\frac{1}{R_M + h}, \frac{1}{(R_N + h)\cos\varphi}, -1\right) \begin{bmatrix} \delta r_N \\ \delta r_E \\ \delta r_D \end{bmatrix} \tag{5.50}
$$

将式(5.50)代入式(5.49)中可得

$$
\begin{bmatrix} \delta x \\ \delta y \\ \delta z \end{bmatrix} = \begin{bmatrix} \dfrac{-(R_N + h)\cos\lambda\sin\varphi}{R_M + h} & -\sin\lambda & -\cos\varphi\cos\lambda \\ \dfrac{-(R_N + h)\sin\varphi\sin\lambda}{R_M + h} & \cos\lambda & -\cos\varphi\sin\lambda \\ \dfrac{[R_N(1 - \mathrm{e}^2) + h]\cos\varphi}{R_M + h} & 0 & -\sin\varphi \end{bmatrix} \begin{bmatrix} \delta r_N \\ \delta r_E \\ \delta r_D \end{bmatrix} \tag{5.51}
$$

在构建紧组合的量测矩阵时，接收机测量得到的伪距观测值是接收机天线到卫星的距离，因此在计算惯导推算的接收机天线到卫星的几何距离时，需要将惯导推算的位置转换到天线位置，即需要进行杆臂改正。假定 GNSS 天线的相位中心在导航坐标系中的位置为 $\boldsymbol{r}_{\mathrm{GPS}}^{\mathrm{n}}$，惯导中心在导航坐标系中的位置为 $\boldsymbol{r}_{\mathrm{IMU}}^{\mathrm{n}}$，GNSS 天线相位中心到惯导中心的矢量在载体坐标系中的投影为 $\boldsymbol{l}_{\mathrm{GPS}}^{\mathrm{b}}$，则存在如下关系：

$$
\boldsymbol{r}_{\mathrm{GPS}}^{\mathrm{n}} = \boldsymbol{r}_{\mathrm{IMU}}^{\mathrm{n}} + \boldsymbol{D}_{\mathrm{R}}^{-1}\boldsymbol{C}_{\mathrm{b}}^{\mathrm{n}}\boldsymbol{l}_{\mathrm{GPS}}^{\mathrm{b}} \tag{5.52}
$$

式中

$$
\boldsymbol{D}_{\mathrm{R}}^{-1} = \mathrm{diag}\left(\frac{1}{R_M + h}, \frac{1}{R_N + h}, -1\right)
$$

计算出的 GNSS 天线相位中心的位置通过下式求得：

$$
\begin{aligned}
\hat{\boldsymbol{r}}_{\mathrm{GPS}}^{\mathrm{n}} = \hat{\boldsymbol{r}}_{\mathrm{IMU}}^{\mathrm{n}} + \boldsymbol{D}_{\mathrm{R}}^{-1}\boldsymbol{C}_{\mathrm{b}}^{\mathrm{n}}\boldsymbol{l}_{\mathrm{GPS}}^{\mathrm{b}} = \\
\boldsymbol{r}_{\mathrm{IMU}}^{\mathrm{n}} + \boldsymbol{D}_{\mathrm{R}}^{-1}\delta\boldsymbol{r}_{\mathrm{IMU}}^{\mathrm{n}} + \boldsymbol{D}_{\mathrm{R}}^{-1}[1 - (\boldsymbol{\varphi}\times)]\boldsymbol{C}_{\mathrm{b}}^{\mathrm{n}}\boldsymbol{l}_{\mathrm{GPS}}^{\mathrm{b}} = \\
\boldsymbol{r}_{\mathrm{GPS}}^{\mathrm{n}} + \boldsymbol{D}_{\mathrm{R}}^{-1}\delta\boldsymbol{r}_{\mathrm{IMU}}^{\mathrm{n}} + \boldsymbol{D}_{\mathrm{R}}^{-1}[\boldsymbol{C}_{\mathrm{b}}^{\mathrm{n}}\boldsymbol{l}_{\mathrm{GPS}}^{\mathrm{b}}\times]\boldsymbol{\varphi} =
\end{aligned}
$$

$$\boldsymbol{r}_{\mathrm{GPS}}^{\mathrm{n}} + \boldsymbol{D}_{\mathrm{R}}^{-1}\delta\boldsymbol{r}_{\mathrm{GPS}}^{\mathrm{n}} \tag{5.53}$$

由式(5.53)可得,将惯导的位置经过杆臂改正后得到的 GNSS 天线位置为

$$\delta\boldsymbol{r}_{\mathrm{GPS}}^{\mathrm{n}} \approx \delta\boldsymbol{r}_{\mathrm{IMU}}^{\mathrm{n}} + [\boldsymbol{C}_{\mathrm{b}}^{\mathrm{n}}\boldsymbol{l}_{\mathrm{GPS}}^{\mathrm{b}} \times]\boldsymbol{\varphi} \tag{5.54}$$

总结以上公式得到紧组合的量测方程为

$$\boldsymbol{Z}_{\rho} = \boldsymbol{H}_{\rho}\boldsymbol{X} + \boldsymbol{V}_{\rho} \tag{5.55}$$

式中

$$\begin{cases} \boldsymbol{H}_{\rho} = \left[\dfrac{\boldsymbol{H}_1}{\boldsymbol{H}_2}\right] \\ \boldsymbol{H}_1 = [(\boldsymbol{A}_{\rho} \cdot \boldsymbol{C}_1)_{m\times 3} \quad \boldsymbol{0}_{m\times 3} \quad (\boldsymbol{A}_{\rho} \cdot \boldsymbol{C}_1 \cdot \boldsymbol{C}_2)_{m\times 3} \quad \boldsymbol{0}_{m\times 12} \quad (\boldsymbol{I}_{\rho})_{m\times 1} \quad \boldsymbol{0}_{m\times 3}]_{m\times 25} \\ \boldsymbol{H}_2 = [(\boldsymbol{A}_{\rho} \cdot \boldsymbol{C}_1)_{n\times 3} \quad \boldsymbol{0}_{n\times 3} \quad (\boldsymbol{A}_{\rho} \cdot \boldsymbol{C}_1 \cdot \boldsymbol{C}_2)_{n\times 3} \quad \boldsymbol{0}_{n\times 14} \quad (\boldsymbol{I}_{\rho})_{n\times 1} \quad \boldsymbol{0}_{n\times 1}]_{n\times 25} \end{cases} \tag{5.56}$$

式中:$\boldsymbol{H}_1$ 为 GPS 卫星对应的量测矩阵噪声系数;$\boldsymbol{H}_2$ 为 BDS 卫星对应的量测矩阵噪声系数。$\boldsymbol{H}_1$ 与 $\boldsymbol{H}_2$ 的区别在于最后四列,分别与 GPS、BDS 的接收机钟差与钟漂相对应。

$$\boldsymbol{C}_1 = \begin{bmatrix} \dfrac{-(R_N + h)\cos\lambda\sin\varphi}{R_M + h} & -\sin\lambda & -\cos\varphi\cos\lambda \\ \dfrac{-(R_N + h)\sin\varphi\sin\lambda}{R_M + h} & \cos\lambda & -\cos\varphi\sin\lambda \\ \dfrac{[R_N(1 - \mathrm{e}^2) + h]\cos\varphi}{R_M + h} & 0 & -\sin\varphi \end{bmatrix} \tag{5.57}$$

$$\boldsymbol{C}_2 = (\boldsymbol{C}_{\mathrm{b}}^{\mathrm{n}}\boldsymbol{l}_{\mathrm{GPS}}^{\mathrm{b}}) \times \tag{5.58}$$

至此得到了伪距作为观测量的适用于紧组合的量测方程。

5.2.2.3　动态测试验证

动态测试验证的设备连接关系如图 5.4 所示。被测设备 IMU 为 0.02(°)/h 的高精度光纤陀螺仪和 50μg 的石英加速度计,基准站接收机架设在楼顶,用于采集基准站数据,供后处理使用;POSLV610 激光惯组与被测设备 IMU 一起通过基准面固定在测试车上,POSLV610-PCS 通过线缆与激光惯组、天线、里程计、计算机等连接,被测设备 GNSS 接收机通过线缆与光纤 IMU、天线、计算机等连接。图 5.5 和图 5.6 给出了测试设备的实物图。

被测设备将实时组合导航结果存储在设备内部的组合处理板卡上,将实时采集的 POSLV610 的 IMU 数据与 GNSS 数据通过后处理软件进行处理,处理后的组合导航结果作为导航基准,用于评估被测设备的实时导航精度。

采集约 1h 数据,静止约 15min,用于完成初始对准以及滤波器收敛工作;然后进

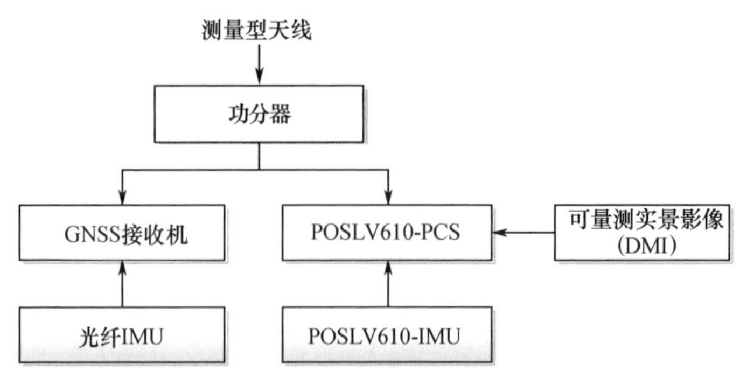

图 5.4　设备连接关系图

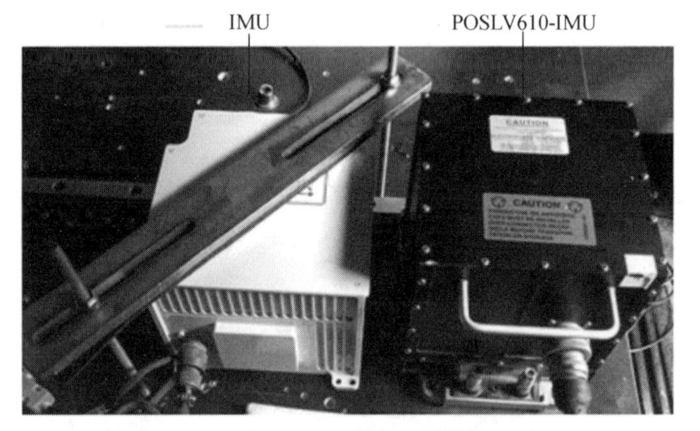

图 5.5　被测 IMU 和 POSLV610-IMU

图 5.6　被测设备 GNSS 组合导航接收机

行第一圈动态测试,之后静止约 5min,最后进行第二圈动态测试,再静止约 5min,完成整个测试过程。测试车辆的运动轨迹如图 5.7 所示。

经过数据处理与分析,统计误差如表 5.1 所列。从表中可以看出,位置精度在 2m 以内,速度精度在 0.03m/s 以内,水平姿态精度在 0.01°以内,方位角精度在 0.03°以内,符合 0.02(°)/h 光纤惯组组合导航系统的精度指标要求。

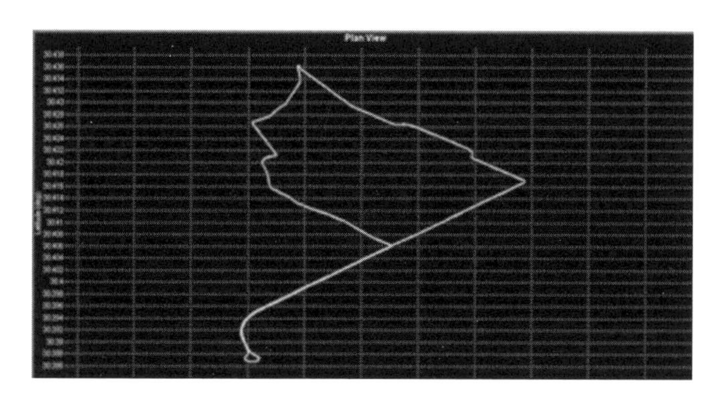

图 5.7　POSLV610 后处理后的车辆运动轨迹

表 5.1　导航误差统计表

位置误差(RMS)/m			速度误差(RMS)/(m/s)			姿态角误差(1σ)/(°)		
经度误差	纬度误差	高度误差	东速误差	北速误差	天速误差	俯仰角误差	横滚角误差	航向角误差
1.0171	0.6515	0.7845	0.0283	0.0280	0.0090	0.0073	0.0082	0.0250

5.3　运动约束辅助的车载组合导航技术

车载组合导航系统在山区、城市、隧道等复杂路况环境下信号会急剧衰弱甚至中断,导致卫星导航信号不可用,影响组合导航系统性能[14-15]。零速修正(ZUPT)技术和动态零速修正(DZUPT)技术是提高组合导航精度的有效手段。传统零速修正技术要求行进中的车辆每隔一段时间(如 5min)停车一次,来修正这段时间惯导系统累积的导航误差,这降低了行驶车辆的灵活机动性,并且传统的零速修正技术长时间工作很可能导致组合滤波器发散、估计精度下降[16]。

本节给出一种零速修正技术和动态零速修正技术相结合的运动约束辅助车载组合导航算法,很好地解决了行驶车辆每隔一段时间就要停止一次的棘手问题,并且给出一种简单的适用于工程实际的零速检测方法,在考虑了杆臂和惯组车辆安装误差的基础上,给出组合滤波算法模型。

基于运动约束的组合导航原理框图如图 5.8 所示。当卫星观测数据质量较好时,组合滤波器可利用卫星提供的伪距、伪距率信息进行量测更新;当卫星信号较差甚至无信号时,可充分利用惯性导航系统提供的导航信息,首先通过零速检测模块,判断车辆行驶的状态(车辆行驶中或者处于停止状态),然后构造相应的运动约束信息,为组合滤波器提供有效的辅助观测量。

下节分别从运动约束辅助的状态方程建立、量测方程建立、零速检测方法以及车载动态试验等四个方面加以阐述。

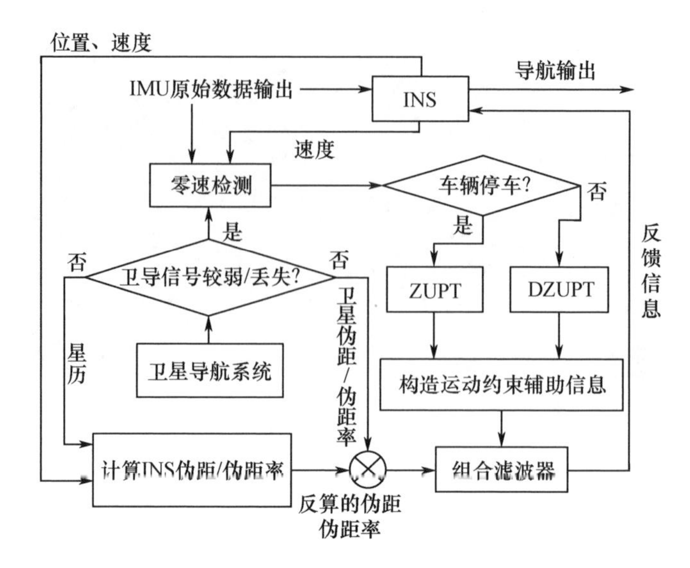

图 5.8　基于运动约束辅助的组合导航系统原理图

5.3.1　状态方程的建立

系统状态方程中选取 22 维的状态量,分别为三维姿态角误差 $\delta\boldsymbol{\varphi}$、三维速度误差 $\delta\boldsymbol{v}$、三维位置误差 $\delta\boldsymbol{p}$、三维陀螺仪零偏 $\boldsymbol{\varepsilon}_{\mathrm{b}}$、三维加速度计偏置 $\boldsymbol{\nabla}$、俯仰安装偏差角 α_{θ}、航向安装偏差角 α_{ψ}、INS 中心到 GNSS 天线中心的三维杆臂误差 $\delta\boldsymbol{l}$、GNSS 接收机钟差 δt_{u} 以及 GNSS 接收机钟漂 δt_{ru}:

$$\boldsymbol{X} = [\delta\boldsymbol{\varphi} \quad \delta\boldsymbol{v} \quad \delta\boldsymbol{p} \quad \boldsymbol{\varepsilon}_{\mathrm{b}} \quad \boldsymbol{\nabla} \quad \alpha_{\theta} \quad \alpha_{\psi} \quad \delta\boldsymbol{l} \quad \delta t_{\mathrm{u}} \quad \delta t_{\mathrm{ru}}]^{\mathrm{T}} \tag{5.59}$$

状态方程中的姿态误差方程、速度误差方程以及位置误差方程可由 INS 误差方程得到,在此不再赘述。

陀螺仪零偏和加速度计偏置建模为一阶马尔可夫过程和白噪声的组合。

车辆运动约束条件主要针对车体坐标系而言,惯导系统在车辆上安装时存在安装偏差角,即惯导系统的坐标系(b 系)并不能与车体坐标系(m 系)重合,用转换矩阵 $\boldsymbol{C}_{\mathrm{m}}^{\mathrm{b}}$ 表示惯导坐标系与车体坐标系之间的转换关系。$\boldsymbol{C}_{\mathrm{m}}^{\mathrm{b}}$ 矩阵由安装误差角构成,由于运动约束条件下的辅助量为车体右侧方向的速度分量 $\boldsymbol{V}_x^{\mathrm{m}}$ 和车体向上方向的速度分量 $\boldsymbol{V}_z^{\mathrm{m}}$,所以车体前向的横滚安装误差角对运动约束没有影响,状态量中只增加了安装误差角 α_{θ} 和 α_{ψ}。安装误差角可视为随机常数,对应误差方程为

$$\dot{\alpha}_{\theta} = 0, \quad \dot{\alpha}_{\psi} = 0 \tag{5.60}$$

使用车辆运动约束辅助信息时,还应考虑惯导系统在车辆安装时与卫星天线之间的杆臂效应。实际上,在系统运行过程中,杆臂会随着系统的震动或者形变而变化[17]。通常情况下,杆臂误差是由于系统机械部件的物理形变引起的,这些形变基本上都是低频的,因此实际应用中,将杆臂误差建模为时间常数为无穷大的随机常数

过程，满足以下微分方程：

$$\delta \dot{l} = 0 \tag{5.61}$$

5.3.2　量测方程的建立

将惯导系统反推得到的伪距$\boldsymbol{\rho}_{\mathrm{INS}}$、伪距率$\dot{\boldsymbol{\rho}}_{\mathrm{INS}}$与卫星导航系统提供的伪距$\boldsymbol{\rho}_{\mathrm{GNSS}}$、伪距率$\dot{\boldsymbol{\rho}}_{\mathrm{GNSS}}$的差值作为量测值$\boldsymbol{Z}_{\rho}$、$\boldsymbol{Z}_{\dot{\rho}}$，量测矩阵$\boldsymbol{H}_{\rho}$、$\boldsymbol{H}_{\dot{\rho}}$的构成可参阅文献[18]。

1）DZUPT条件下量测方程的建立

车体坐标系速度$\boldsymbol{V}^{\mathrm{m}}$可表示为

$$\boldsymbol{V}^{\mathrm{m}} = \boldsymbol{C}_{\mathrm{b}}^{\mathrm{m}} \boldsymbol{C}_{\mathrm{n}}^{\mathrm{b}} \boldsymbol{V}^{\mathrm{n}} \tag{5.62}$$

式中：$\boldsymbol{V}^{\mathrm{n}}$为惯导系统输出的导航坐标系下的速度分量。一般安装偏差角本身满足小角度要求，即$\boldsymbol{C}_{\mathrm{b}}^{\mathrm{m}}$为单位阵，则运动约束条件提供的DZUPT量测值可直接由惯导系统解算的速度得到，即

$$\boldsymbol{Z}_{\mathrm{v}} = \begin{bmatrix} \boldsymbol{V}_x^{\mathrm{b}} \\ \boldsymbol{V}_z^{\mathrm{b}} \end{bmatrix} \tag{5.63}$$

对式(5.62)进行微分，可得

$$\begin{aligned} \delta \boldsymbol{V}^{\mathrm{m}} &= -\boldsymbol{C}_{\mathrm{b}}^{\mathrm{m}} \boldsymbol{C}_{\mathrm{n}}^{\mathrm{b}} (\boldsymbol{V}^{\mathrm{n}} \times) \boldsymbol{\varphi} + \boldsymbol{C}_{\mathrm{b}}^{\mathrm{m}} \boldsymbol{C}_{\mathrm{n}}^{\mathrm{b}} \delta \boldsymbol{V}^{\mathrm{n}} + (\boldsymbol{C}_{\mathrm{b}}^{\mathrm{m}} \boldsymbol{V}^{\mathrm{b}}) \times \boldsymbol{\alpha} = \\ &\boldsymbol{M}_1 \boldsymbol{\varphi} + \boldsymbol{M}_2 \delta \boldsymbol{V}^{\mathrm{n}} + \boldsymbol{M}_3 \boldsymbol{\alpha} \end{aligned} \tag{5.64}$$

式中：$\boldsymbol{\alpha} = [\alpha_\theta \quad 0 \quad \alpha_\psi]^{\mathrm{T}}$。根据式(5.64)即可得到量测矩阵

$$\boldsymbol{H}_v = \begin{bmatrix} \boldsymbol{M}_1(1,\times) & \boldsymbol{M}_2(1,\times) & \boldsymbol{0}_{2\times 9} & \boldsymbol{M}_3(1,3) & \boldsymbol{0}_{2\times 5} \\ \boldsymbol{M}_1(3,\times) & \boldsymbol{M}_2(3,\times) & \boldsymbol{0}_{2\times 9} & \boldsymbol{M}_3(3,1) & \boldsymbol{0}_{2\times 5} \end{bmatrix} \tag{5.65}$$

式中：$\boldsymbol{M}_1(1,\times)$表示矩阵$\boldsymbol{M}_1$第一行的元素；$\boldsymbol{M}_3(1,3)$表示矩阵$\boldsymbol{M}_3$第1行第3列的元素。

2）ZUPT条件下量测方程的建立

当车辆处于停止状态时，由运动约束条件提供的ZUPT观测值可表示为

$$\boldsymbol{Z}_0 = \boldsymbol{V}^{\mathrm{n}} = \begin{bmatrix} \boldsymbol{V}_x^{\mathrm{n}} \\ \boldsymbol{V}_y^{\mathrm{n}} \\ \boldsymbol{V}_z^{\mathrm{n}} \end{bmatrix} \tag{5.66}$$

根据观测值$\boldsymbol{Z}_0$，很容易得到相应的量测矩阵$\boldsymbol{H}_0$：

$$\boldsymbol{H}_0 = [\boldsymbol{0}_{3\times 3} \quad \boldsymbol{I}_{3\times 3} \quad \boldsymbol{0}_{3\times 16}] \tag{5.67}$$

5.3.3 零速检测方法

零速检测方法主要是对 IMU 原始测量数据进行检测，同时将惯导系统输出的速度信息作为参考，综合判断车辆的行驶状态，具体步骤如下：

（1）在车辆初始对准阶段，采集 1 ~ 2min 的 IMU 原始静态数据，根据式（5.68）计算陀螺仪阈值 λ_g、加速度计阈值 λ_a。该阈值也可根据车辆的实际动态环境做适量调整。

$$\begin{cases}\lambda_g = \dfrac{1}{N}\sum\limits_{k\in\Omega_n} \| y_k^{\omega} \|^2 \\ \lambda_a = \dfrac{1}{N}\sum\limits_{k\in\Omega_n} (\| y_k^{a} \| - g_0)^2\end{cases} \tag{5.68}$$

式中：Ω_n 为某一时域内数据按时间顺序的编号集合，即构造统计量的窗口；y_k^{ω}、y_k^{a} 分别为时间下标为 k 的陀螺仪和加速度计的三维观测矢量；N 为窗口 Ω_n 的大小；g_0 为当地重力加速度。

（2）将采集得到的 IMU 原始数据与 λ_g、λ_a 进行比较，在此引入速度参考，得到可以进行零速修正的零速判断准则：

$$\begin{cases}\| y_k^{\omega} \|^2 \leqslant \lambda_g \\ (\| y_k^{a} \| - g_0)^2 \leqslant \lambda_a \\ |v^n| \leqslant \lambda_v\end{cases} \tag{5.69}$$

式中：λ_v 为速度参考阈值，考虑车辆停止状态下的场景，通常选取 $\lambda_v \leqslant 0.5\text{m/s}$。

5.3.4 车载动态试验

车载组合导航测试系统由高精度光纤惯组、多频多模组合导航接收机组成。高精度光纤惯组的陀螺仪随机漂移为 0.02(°)/h，加速度计零偏稳定性为 50μg。

试验时间约为 5300s，以高精度组合导航接收机的组合结果作为参考基准，通过事后人为增加中断信号以及信号中断时间，测试长时间无卫星信号场景下，速度约束辅助信息对组合导航精度的影响。

针对测试轨迹共设置 8 处人为中断，中断时刻以及中断时间间隔如图 5.9 所示。信号中断时间间隔范围为 300 ~ 500s，中断过程中包括车辆行进中的所有状态，如停车等待红灯、直线行驶、转弯行驶以及绕圈行驶等。

试验轨迹如图 5.10 所示，可以看出：在有速度约束辅助信息的情况下，中断时刻的轨迹图与基准轨迹重合度很高，零速检测到的车辆停止时的轨迹也在基准轨迹以内；在无速度约束辅助信息的情况下，中断时刻的轨迹图已严重偏离基准轨迹，特别是中断二的轨迹图。

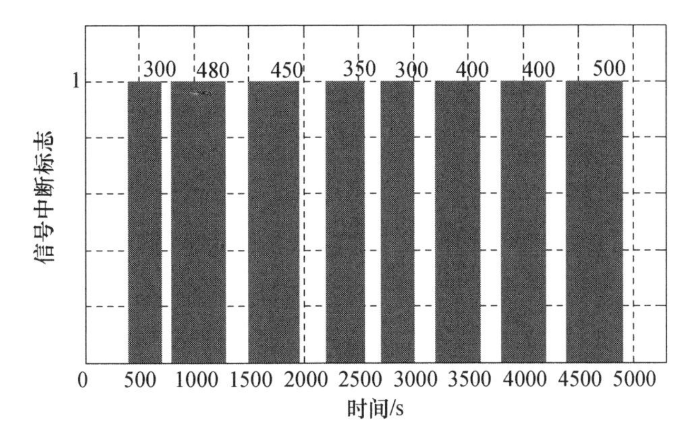

图5.9 信号中断时刻及中断时间间隔(见彩图)

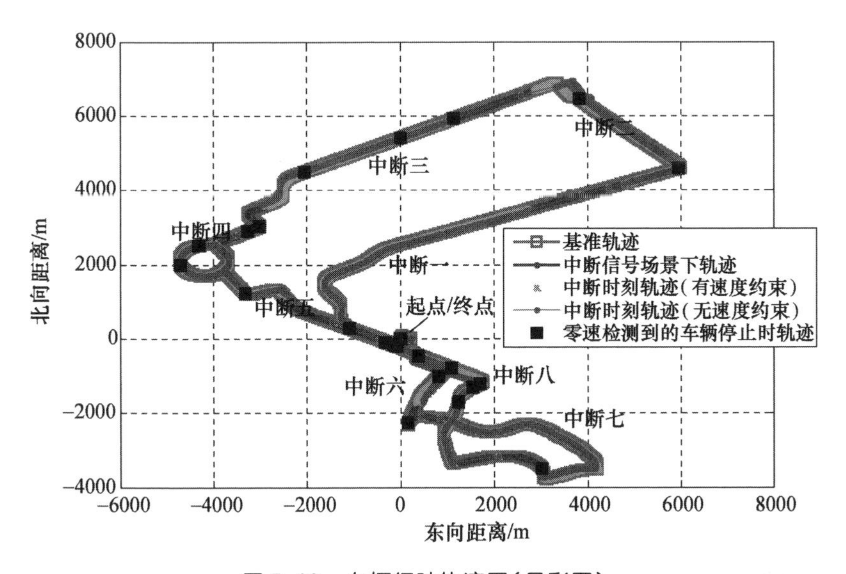

图5.10 车辆行驶轨迹图(见彩图)

表5.2给出了中断信号场景下不同组合导航类型的导航精度统计表:在有速度约束辅助信息的情况下,组合导航水平定位精度可保证在2.7m以内,垂直定位精度在1.8m以内,水平测速精度在0.05m/s以内,垂直测速精度在0.02m/s以内;在无速度约束辅助信息的情况下,组合导航精度差于有运动辅助的情况,其中水平定位精度差距更明显。

表5.2 中断信号场景下不同组合导航类型的导航精度统计表

滤波器类型	位置精度/m		速度精度/(m/s)	
	水平	垂直	水平	垂直
运动辅助	2.7081	1.7652	0.0496	0.0199
无运动辅助	6.3196	4.6366	0.2876	0.0308

图 5.11 给出了零速检测方法检测到的零速时刻与车辆行驶速度对照图。从图中可以看出,零速检测方法检测到的零速时刻很好地反映了车辆处于停止时的时刻。

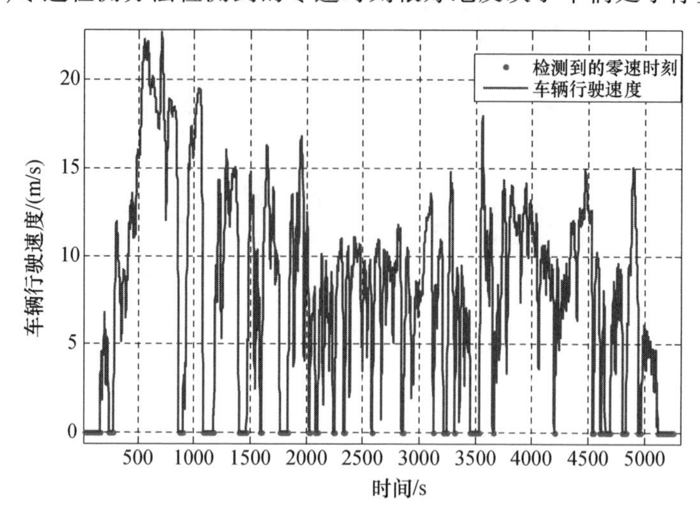

图 5.11 零速检测方法检测到的零速时刻与车辆行驶速度对照图(见彩图)

5.4 惯性/里程计车载组合导航技术

航位推算是一种常用的车载自主导航定位技术,它利用载车水平姿态、航向和行驶里程信息推算载车相对起始点的位置信息。里程计输出的信号一般是载车在一小段时间内行驶的里程增量,为便于分析,假设里程计输出的是瞬时速度[19]。本节分别从航位推算算法、航位推算误差分析、惯导/航位推算组合以及车载动态试验四方面加以阐述。

5.4.1 航位推算算法

载车在正常行驶时,假设车轮紧贴路面,无打滑、滑行和弹跳,里程计测量的是沿车体正前方向上的速度大小,前进取正,倒车取负。建立里程计坐标系(D 系)、车体坐标系(m 系),里程计坐标系与车体坐标系重合,里程计的速度输出在里程计坐标系上可表示为

$$\boldsymbol{v}_{\mathrm{D}}^{\mathrm{m}} = [0 \quad v_{\mathrm{D}} \quad 0]^{\mathrm{T}} \tag{5.70}$$

式中:v_{D} 为里程计测得的前向速度大小,右向和天向速度为零。式(5.70)可视为载车正常行驶时的速度约束条件。里程计在导航系下的速度为

$$\boldsymbol{v}_{\mathrm{D}}^{\mathrm{n}} = \boldsymbol{C}_{\mathrm{b}}^{\mathrm{n}} \boldsymbol{v}_{\mathrm{D}}^{\mathrm{m}} \tag{5.71}$$

与捷联惯导位置更新算法微分方程一样,由里程计速度 $\boldsymbol{v}_{\mathrm{D}}^{\mathrm{n}}$ 可得到航位推算的微分方程:

$$\dot{L}_{\mathrm{D}}=\frac{v_{\mathrm{DN}}^{\mathrm{n}}}{R_{\mathrm{MhD}}} \tag{5.72}$$

$$\dot{\lambda}_{\mathrm{D}}=\frac{v_{\mathrm{DE}}^{\mathrm{n}}\sec \boldsymbol{L}_{\mathrm{D}}}{R_{\mathrm{NhD}}} \tag{5.73}$$

$$\dot{h}_{\mathrm{D}}=v_{\mathrm{D}U}^{\mathrm{n}} \tag{5.74}$$

写成矢量形式为

$$\dot{\boldsymbol{p}}_{\mathrm{D}}=\boldsymbol{M}_{pv\mathrm{D}}\boldsymbol{v}_{\mathrm{D}}^{\mathrm{n}} \tag{5.75}$$

与捷联惯导姿态更新算法微分方程一样,可得航位推算的姿态矩阵微分方程为

$$\dot{\boldsymbol{C}}_{\mathrm{b}}^{\mathrm{n}}=\boldsymbol{C}_{\mathrm{b}}^{\mathrm{n}}(\boldsymbol{\omega}_{\mathrm{ib}}^{\mathrm{b}}\times)-(\boldsymbol{\omega}_{\mathrm{in}}^{\mathrm{n}}\times)\boldsymbol{C}_{\mathrm{b}}^{\mathrm{n}} \tag{5.76}$$

式(5.75)和式(5.76)构成了航位推算算法的基本微分方程组,航位推算算法中无需使用加速度计的任何信息。

下面利用里程计的路程增量信息给出航位推算的数值更新算法。

里程计在一小段时间$[t_j-t_{j-1}]$($T_j=t_j-t_{j-1}$)内的路程增量为ΔS_j,如果该时间很短,则可以认为载车在该时间内是沿直线行驶,路程增量在车体坐标系m的投影为

$$\Delta\boldsymbol{S}_j^{\mathrm{m}}=[0 \quad \Delta S_j \quad 0] \tag{5.77}$$

类似于速度关系式,可得

$$\Delta\boldsymbol{S}_j^{\mathrm{n}}=\boldsymbol{C}_{\mathrm{b}(j-1)}^{\mathrm{n}}\Delta\boldsymbol{S}_j^{\mathrm{m}} \tag{5.78}$$

将式(5.72)~式(5.74)离散化,可得航位推算位置更新算法如下:

$$L_{\mathrm{D}(j)}=L_{\mathrm{D}(j-1)}+\frac{T_j v_{\mathrm{D}N(j)}}{R_{\mathrm{MhD}(j-1)}}=L_{\mathrm{D}j-1}+\frac{\Delta S_{\mathrm{N}(j)}}{R_{\mathrm{MhD}(j-1)}} \tag{5.79}$$

$$\lambda_{\mathrm{D}(j)}=\lambda_{\mathrm{D}(j-1)}+\frac{T_j v_{\mathrm{D}E(j)}\sec L_{\mathrm{D}(j-1)}}{R_{\mathrm{NhD}(j-1)}}=\lambda_{\mathrm{D}j-1}+\frac{\Delta S_{E(j)}\sec L_{\mathrm{D}(j-1)}}{R_{\mathrm{NhD}(j-1)}} \tag{5.80}$$

$$h_{\mathrm{D}(j)}=h_{\mathrm{D}(j-1)}+T_j v_{\mathrm{DU}(j)}=h_{\mathrm{D}(j-1)}+\Delta S_{\mathrm{U}(j)} \tag{5.81}$$

航位推算的姿态更新算法为

$$\boldsymbol{C}_{\mathrm{b}(j)}^{\mathrm{n}}=\boldsymbol{C}_{\mathrm{n}(j-1)}^{\mathrm{n}(j)}\boldsymbol{C}_{\mathrm{b}(j-1)}^{\mathrm{n}}\boldsymbol{C}_{\mathrm{b}(j)}^{\mathrm{b}(j-1)} \tag{5.82}$$

5.4.2 航位推算误差分析

在实际应用中,捷联惯组安装在载车上,很难保证惯组载体坐标系(b系)与车体坐标系(m系)各坐标轴完全互相平行[20-21]。假设从m系到b系存在小量的安装偏差角,即绕车体横轴om_x、纵轴om_y以及竖轴om_z分别存在俯仰角α_θ、横滚角α_γ和航向角α_ψ偏差,记偏差矢量$\boldsymbol{\alpha}=[\alpha_\theta \quad \alpha_\gamma \quad \alpha_\psi]^{\mathrm{T}}$,则可得变换矩阵为

$$\boldsymbol{C}_{\mathrm{b}}^{\mathrm{m}}=\boldsymbol{I}+(\boldsymbol{\alpha}\times)=\begin{bmatrix}1 & -\alpha_\psi & \alpha_\gamma\\ \alpha_\psi & 1 & -\alpha_\theta\\ -\alpha_\gamma & \alpha_\theta & 1\end{bmatrix} \tag{5.83}$$

另外在实际里程计的测量中还可能存在刻度因数误差，里程计输出的速度大小 $\tilde{v}_{\mathrm{D}}$ 和理论速度大小 v_{D} 之间的关系为

$$\tilde{v}_{\mathrm{D}}=(1+\delta K_{\mathrm{D}})v_{\mathrm{D}} \tag{5.84}$$

式(5.84)用矢量表示为

$$\tilde{\boldsymbol{v}}_{\mathrm{D}}^{\mathrm{m}}=(1+\delta K_{\mathrm{D}})\boldsymbol{v}_{\mathrm{D}}^{\mathrm{m}} \tag{5.85}$$

所以在实际导航系下里程计的速度输出为

$$\begin{aligned}\tilde{v}_{\mathrm{D}}^{\mathrm{n}}&=\tilde{\boldsymbol{C}}_{\mathrm{b}}^{\mathrm{n}}(\boldsymbol{C}_{\mathrm{b}}^{\mathrm{m}})^{\mathrm{T}}\tilde{\boldsymbol{v}}_{\mathrm{D}}^{\mathrm{m}}=\\&\boldsymbol{v}_{\mathrm{D}}^{\mathrm{n}}+\boldsymbol{v}_{\mathrm{D}}^{\mathrm{n}}\times\boldsymbol{\phi}_{\mathrm{D}}+\boldsymbol{C}_{\mathrm{b}}^{\mathrm{n}}(\boldsymbol{v}_{\mathrm{D}}^{\mathrm{m}}\times)\boldsymbol{\alpha}+\boldsymbol{C}_{\mathrm{b}}^{\mathrm{n}}\boldsymbol{v}_{\mathrm{D}}^{\mathrm{n}}\delta\boldsymbol{K}_{\mathrm{D}}\end{aligned} \tag{5.86}$$

进一步简化，可得里程计速度误差为

$$\delta\boldsymbol{v}_{\mathrm{D}}^{\mathrm{n}}=\boldsymbol{v}_{\mathrm{D}}^{\mathrm{n}}+\boldsymbol{v}_{\mathrm{D}}^{\mathrm{n}}\times\boldsymbol{\phi}_{\mathrm{D}}+\boldsymbol{M}_{\mathrm{vkD}}\boldsymbol{K}_{\mathrm{D}} \tag{5.87}$$

将式(5.75)两边同时求偏导，可得航位推算位置误差方程：

$$\delta\dot{\boldsymbol{p}}_{\mathrm{D}}=\boldsymbol{M}_{\mathrm{paD}}\boldsymbol{\phi}_{\mathrm{D}}+\boldsymbol{M}_{\mathrm{pkD}}\boldsymbol{K}_{\mathrm{D}}+\boldsymbol{M}_{\mathrm{ppD}}\delta\boldsymbol{p}_{\mathrm{D}} \tag{5.88}$$

式中

$$\boldsymbol{M}_{\mathrm{pkD}}=\begin{bmatrix}0 & 1/R_{\mathrm{MhD}} & 0\\ \sec L_{\mathrm{D}}/R_{\mathrm{NhD}} & 0 & 0\\ 0 & 0 & 1\end{bmatrix}$$

$$\boldsymbol{M}_{\mathrm{ppD}}=\begin{bmatrix}0 & 0 & 0\\ v_{\mathrm{DE}}^{\mathrm{n}}\sec L_{\mathrm{D}}\tan L_{\mathrm{D}}/R_{\mathrm{NhD}} & 0 & 0\\ 0 & 0 & 0\end{bmatrix}$$

$$\boldsymbol{M}_{\mathrm{paD}}=\boldsymbol{M}_{\mathrm{pvD}}(v_{\mathrm{D}}^{\mathrm{n}}\times)$$

同理，可得航位推算的姿态误差方程为

$$\dot{\boldsymbol{\phi}}_{\mathrm{D}}=\boldsymbol{M}'_{\mathrm{aaD}}\boldsymbol{\phi}_{\mathrm{D}}+\boldsymbol{M}_{\mathrm{akD}}\boldsymbol{K}_{\mathrm{D}}+\boldsymbol{M}_{\mathrm{apD}}\delta\boldsymbol{p}_{\mathrm{D}}-\boldsymbol{C}_{\mathrm{b}}^{\mathrm{n}}\boldsymbol{\varepsilon}^{\mathrm{b}} \tag{5.89}$$

式中

$$\boldsymbol{M}'_{\mathrm{aaD}}=-\left[\left(\begin{bmatrix}0\\ \omega_{\mathrm{ie}}\cos L_{\mathrm{D}}\\ \omega_{\mathrm{ie}}\sin L_{\mathrm{D}}\end{bmatrix}+\begin{bmatrix}-v_{\mathrm{DN}}/R_{\mathrm{MhD}}\\ v_{\mathrm{DE}}/R_{\mathrm{NhD}}\\ v_{\mathrm{DE}}\tan L_{\mathrm{D}}/R_{\mathrm{NhD}}\end{bmatrix}\right)\times\right]$$

$$\boldsymbol{M}_{\mathrm{aaD}}=\boldsymbol{M}'_{\mathrm{aaD}}+\boldsymbol{M}_{\mathrm{avD}}(\boldsymbol{v}_{\mathrm{D}}^{\mathrm{n}}\times)$$

$$\boldsymbol{M}_{\mathrm{akD}}=\boldsymbol{M}_{\mathrm{avD}}\boldsymbol{M}_{\mathrm{vkD}}$$

至此，由式(5.87)、式(5.88)和式(5.89)组成了航位推算的误差方程。

5.4.3　惯导/航位推算组合

捷联惯导解算过程中已进行了姿态更新，所以航位推算过程中不必再进行姿态

角的更新计算，而直接使用惯导的姿态矩阵对里程计测量进行坐标变换，获得导航坐标系下的航位推算速度。此时惯导解算和航位推算使用的是同一姿态转换矩阵，具有相同的姿态角误差，将惯导误差方程和航位推算误差方程联合起来，得到如下状态量：

$$\boldsymbol{X} = [\boldsymbol{\phi}^{\mathrm{T}} \quad (\delta\boldsymbol{v}^{\mathrm{n}})^{\mathrm{T}} \quad (\delta\boldsymbol{p})^{\mathrm{T}} \quad (\delta\boldsymbol{p}_{\mathrm{D}})^{\mathrm{T}} \quad (\boldsymbol{\varepsilon}^{\mathrm{b}})^{\mathrm{T}} \quad (\boldsymbol{\nabla}^{\mathrm{b}})^{\mathrm{T}} \quad \boldsymbol{K}_{\mathrm{D}}^{\mathrm{T}}] \tag{5.90}$$

式中：$\boldsymbol{\varepsilon}^{\mathrm{b}}$、$\boldsymbol{\nabla}^{\mathrm{b}}$和 $\boldsymbol{K}_{\mathrm{D}}^{\mathrm{T}}$ 可视为随机常值偏差矢量。

以惯导解算的位置和航位推算的位置之差构造观测量，可得

$$\boldsymbol{Z} = \delta\boldsymbol{p}_{\mathrm{INS}} - \delta\boldsymbol{p}_{\mathrm{D}} \tag{5.91}$$

惯导/里程计组合的状态空间模型为

$$\begin{cases} \dot{\boldsymbol{X}} = \boldsymbol{F}\boldsymbol{X} + \boldsymbol{G}\boldsymbol{W} \\ \boldsymbol{Z} = \boldsymbol{H}\boldsymbol{X} + \boldsymbol{V} \end{cases} \tag{5.92}$$

式中

$$\boldsymbol{F} = \begin{bmatrix} \boldsymbol{M}_{\mathrm{aa}} & \boldsymbol{M}_{\mathrm{av}} & \boldsymbol{M}_{\mathrm{ap}} & \boldsymbol{0}_{3\times3} & -\boldsymbol{C}_{\mathrm{b}}^{\mathrm{n}} & \boldsymbol{0}_{3\times3} & \boldsymbol{0}_{3\times3} \\ \boldsymbol{M}_{\mathrm{va}} & \boldsymbol{M}_{\mathrm{vv}} & \boldsymbol{M}_{\mathrm{vp}} & \boldsymbol{0}_{3\times3} & \boldsymbol{0}_{3\times3} & \boldsymbol{C}_{\mathrm{b}}^{\mathrm{n}} & \boldsymbol{0}_{3\times3} \\ \boldsymbol{C}_{\mathrm{b}}^{\mathrm{n}} & \boldsymbol{M}_{\mathrm{pv}} & \boldsymbol{M}_{\mathrm{pp}} & \boldsymbol{0}_{3\times3} & \boldsymbol{0}_{3\times3} & \boldsymbol{0}_{3\times3} & \boldsymbol{0}_{3\times3} \\ \boldsymbol{M}_{\mathrm{paD}} & \boldsymbol{0}_{3\times3} & \boldsymbol{M}_{\mathrm{ppD}} & \boldsymbol{C}_{\mathrm{b}}^{\mathrm{n}} & \boldsymbol{0}_{3\times3} & \boldsymbol{0}_{3\times3} & \boldsymbol{M}_{\mathrm{pkD}} \\ \multicolumn{7}{c}{\boldsymbol{0}_{9\times18}} \end{bmatrix}$$

$$\boldsymbol{G} = \begin{bmatrix} -\boldsymbol{C}_{\mathrm{b}}^{\mathrm{n}} & \boldsymbol{0}_{3\times3} \\ \boldsymbol{0}_{3\times3} & \boldsymbol{C}_{\mathrm{b}}^{\mathrm{n}} \\ \multicolumn{2}{c}{\boldsymbol{0}_{15\times6}} \end{bmatrix}$$

$$\boldsymbol{G}\boldsymbol{W} = \begin{bmatrix} \boldsymbol{w}_{\mathrm{g}}^{\mathrm{b}} \\ \boldsymbol{w}_{\mathrm{a}}^{\mathrm{b}} \end{bmatrix}$$

$$\boldsymbol{H} = [\boldsymbol{0}_{3\times6} \quad \boldsymbol{I}_{3\times3} \quad -\boldsymbol{I}_{3\times3} \quad \boldsymbol{0}_{3\times9}] \tag{5.93}$$

至此，惯导/里程计组合的滤波模型推导完成。

5.4.4　车载动态试验

车载惯导/里程计组合导航测试系统由高精度光纤惯组、高精度里程计装置组成。高精度光纤惯组的陀螺仪随机漂移为 0.01 (°)/h，加速度计零偏稳定性为 50μg。

试验地点为开阔路段，卫星信号无遮挡，以高精度卫星导航接收机作为参考基准。

试验场地共设置 4 个标准大地坐标系坐标点，标准大地坐标点的精度优于

0.2m；在进行惯导/里程计组合导航测试前，首先对安装在车辆上的里程计里程当量和安装误差角进行在线标定。试验开始后，车辆分别行驶至 A、B、C、D 四个标准点上，此时记录惯导/里程计组合导航系统的位置信息，通过事后与标准点的比较，统计每个点的定位偏差。共进行 3 次跑车试验。

测试使用的车辆如图 5.12 所示。

图 5.12 跑车测试使用车辆

车辆行驶的轨迹如图 5.13 所示。

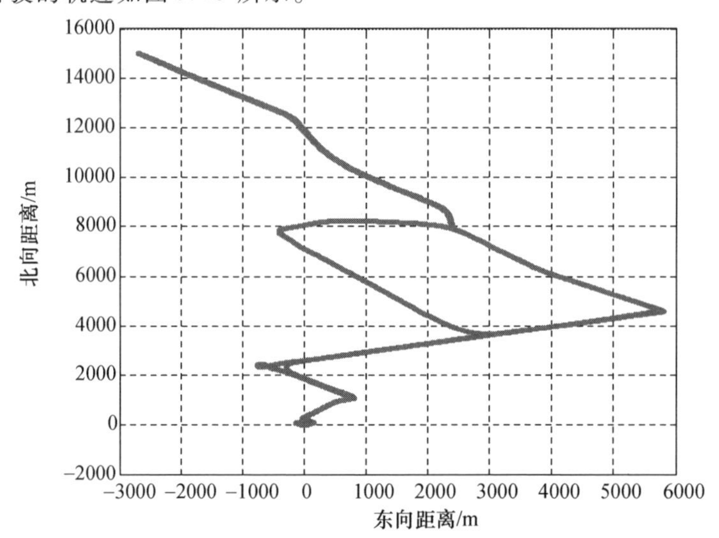

图 5.13 车辆行驶轨迹(见彩图)

第一次试验的水平位置误差如图 5.14 所示。

得到惯导/里程计组合导航系统定位精度如表 5.3 所列，最后统计的精度为 0.069% D(D 为行驶距离)。针对 0.01(°)/h 光纤陀螺仪来讲，0.069% D 的测量精度已经能够满足指标要求。

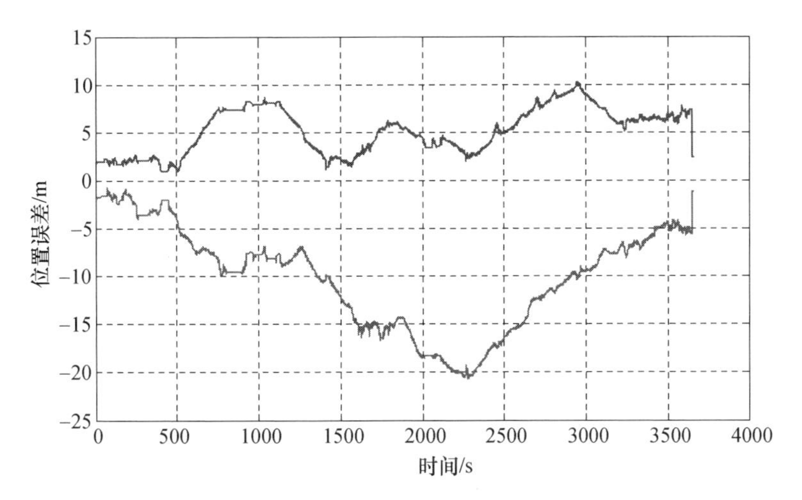

图5.14　水平位置误差(见彩图)

表5.3　惯导/里程计组合导航系统定位精度统计表

测试次数	检测点	A	B	C	D
1	X方向误差/m	7.7	2.1	6.6	3.5
	Y方向误差/m	-6.1	-9.0	-11.8	-14.5
2	X方向误差/m	3.4	1.1	5.2	4.1
	Y方向误差/m	-4.2	-4.8	-5.4	-2.4
3	X方向误差/m	6.3	-0.1	5.4	-0.6
	Y方向误差/m	-9.5	-16.7	-21.9	-28.2

5.5　MEMS组合导航技术

MEMS惯性导航技术具有小型化、低成本等优势,在过去数十年得到迅速发展,并且在无人系统领域内得到越来越多的应用,其作为未来惯性导航系统的主要发展方向,正展现出巨大的潜力以及良好的应用前景。尽管MEMS惯性传感器精度在不断进步,但是战术级MEMS惯性导航系统误差随时间累积仍然发散较快,在很多场合还不能满足高精度要求,故MEMS/GNSS组合导航仍然是主要的导航方式,研究精度以及效率更高、鲁棒性更强的MEMS/GNSS组合导航算法也是重要的发展方向[22]。本节分别从姿态航向参考系统(AHRS)、MEMS自主导航技术、MEMS多源数据融合技术等方面加以阐述。

5.5.1　姿态航向参考系统(AHRS)

AHRS利用磁力计、加速度计以及陀螺仪通过测量地磁场、载体的线性加速度以及载体的角速度来提供载体的姿态信息[23]。AHRS技术不依赖于外部信息,具有较高的可靠性,已经广泛应用于航空航天、海洋探测、人体运动测量等领域[24-25]。

5.5.1.1 AHRS 滤波器的设计

在姿态航向参考系统中,通常使用姿态角四元素 q_0、q_x、q_y、q_z 和陀螺仪的漂移 b_{gx}、b_{gy}、b_{gz} 作为滤波器的状态量[26],即

$$\boldsymbol{X} = \begin{bmatrix} q_0 & q_x & q_y & q_z & b_{gx} & b_{gy} & b_{gz} \end{bmatrix}^{\mathrm{T}} \tag{5.94}$$

状态量初值设定为 $\boldsymbol{X}_0 = \begin{bmatrix} 1 & 0 & 0 & 0 & b_{gx0} & b_{gy0} & b_{gz0} \end{bmatrix}^{\mathrm{T}}$,$b_{gx0}$、$b_{gy0}$、$b_{gz0}$、$\sigma_{bx}^2$、$\sigma_{by}^2$、$\sigma_{bz}^2$ 分别表示 AHRS 静止状态时采集的三轴陀螺仪输出值的平均值和方差值。

采集设备采集处于静止状态下的加速度计数据和磁力计数据,并计算加速度计、磁力计的平均值,根据式(5.95)~式(5.97)分别计算水平姿态角和航向角:

$$\theta = \arcsin(f_y) \tag{5.95}$$

$$\gamma = \operatorname{atan2}\left(-f_x, \operatorname{sqrt}(f_y^2 + f_z^2)\right) \tag{5.96}$$

$$\psi = \operatorname{atan2}(m_y, m_x) \tag{5.97}$$

将 b_{gx0}、b_{gy0}、b_{gz0} 作为 AHRS 的开机零偏值,实时修正到 AHRS 中。同时设置卡尔曼滤波方程的初始矩阵 $\boldsymbol{P}_0$:

$$\boldsymbol{P}_0 = \begin{bmatrix} \sigma_{q_0}^2 & 0 & 0 & 0 & 0 & 0 & 0 \\ 0 & \sigma_{q_x}^2 & 0 & 0 & 0 & 0 & 0 \\ 0 & 0 & \sigma_{q_y}^2 & 0 & 0 & 0 & 0 \\ 0 & 0 & 0 & \sigma_{q_z}^2 & 0 & 0 & 0 \\ 0 & 0 & 0 & 0 & \sigma_{bx}^2 & 0 & 0 \\ 0 & 0 & 0 & 0 & 0 & \sigma_{by}^2 & 0 \\ 0 & 0 & 0 & 0 & 0 & 0 & \sigma_{bz}^2 \end{bmatrix} \tag{5.98}$$

滤波器的转移矩阵为

$$\boldsymbol{\Phi}_K = \boldsymbol{I}_{7\times 7} + \frac{1}{2}\left[\frac{\partial \boldsymbol{f}}{\partial \boldsymbol{X}}\right]_k \Delta t \tag{5.99}$$

式中

$$\left[\frac{\partial \boldsymbol{f}}{\partial \boldsymbol{X}}\right] = \begin{bmatrix} \dfrac{\partial f_0'}{\partial q_0} & \cdots & \dfrac{\partial f_0'}{\partial b_{gz}} \\ \vdots & & \vdots \\ \dfrac{\partial f_6'}{\partial q_0} & \cdots & \dfrac{\partial f_6'}{\partial b_{gz}} \end{bmatrix} = \begin{bmatrix} 0 & -\omega_x & -\omega_y & -\omega_z & -q_x & -q_y & -q_z \\ \omega_x & 0 & \omega_z & -\omega_y & -q_s & q_z & -q_y \\ \omega_y & -\omega_z & 0 & \omega_x & -q_z & -q_s & -q_x \\ \omega_z & \omega_y & -\omega_x & 0 & q_y & -q_x & -q_s \\ 0 & 0 & 0 & 0 & 0 & 0 & 0 \\ 0 & 0 & 0 & 0 & 0 & 0 & 0 \\ 0 & 0 & 0 & 0 & 0 & 0 & 0 \end{bmatrix}$$

式中：ω_x、ω_y、ω_z 分别为陀螺仪 x、y、z 三个轴的输出。

量测方程的系数矩阵 $\boldsymbol{H}_k=\dfrac{\partial \boldsymbol{h}}{\partial \boldsymbol{X}}$，经过计算可得

$$\boldsymbol{H}_k=\begin{bmatrix} 2g\cdot q_y & -2g\cdot q_z & 2g\cdot q_0 & -2g\cdot q_x & 0 & 0 & 0 \\ -2g\cdot q_x & -2g\cdot q_0 & 2g\cdot q_z & -2g\cdot q_y & 0 & 0 & 0 \\ -2g\cdot q_0 & -2g\cdot q_x & 2g\cdot q_y & -2g\cdot q_z & 0 & 0 & 0 \end{bmatrix} \tag{5.100}$$

根据姿态信息求取的重力矢量在载体坐标系下的投影：

$$\boldsymbol{z}_k=\begin{bmatrix} -2g\cdot(q_x\cdot q_z-q_0\cdot q_y) \\ -2g\cdot(q_0\cdot q_x-q_y\cdot q_z) \\ -g(q_0\cdot q_0-q_x\cdot q_x-q_y\cdot q_y+q_z\cdot q_z) \end{bmatrix} \tag{5.101}$$

预测量的方差矩阵为 $\boldsymbol{R}_k=\boldsymbol{R}_{k-1}\cdot \mathrm{SF}$，其中 SF 为刻度因子，$\mathrm{SF}=\mathrm{norm\_f}/g$，$\mathrm{norm\_f}=\sqrt{(f_x)^2+(f_y)^2+(f_z)^2}$，$f_x$、$f_y$、$f_z$ 分别为加速度计在 x、y、z 三个轴的输出。

至此，完成滤波器的状态更新和量测更新。

5.5.1.2　动态试验验证

使用陀螺仪零偏稳定性为 14(°)/h、加速度计零偏稳定性为 5mg 的姿态航向参考系统进行动态跑车测试验证，以高精度的光纤陀螺仪组合导航系统作为姿态基准，评估动态环境下姿态航向参考系统的水平姿态误差如图 5.15 所示。

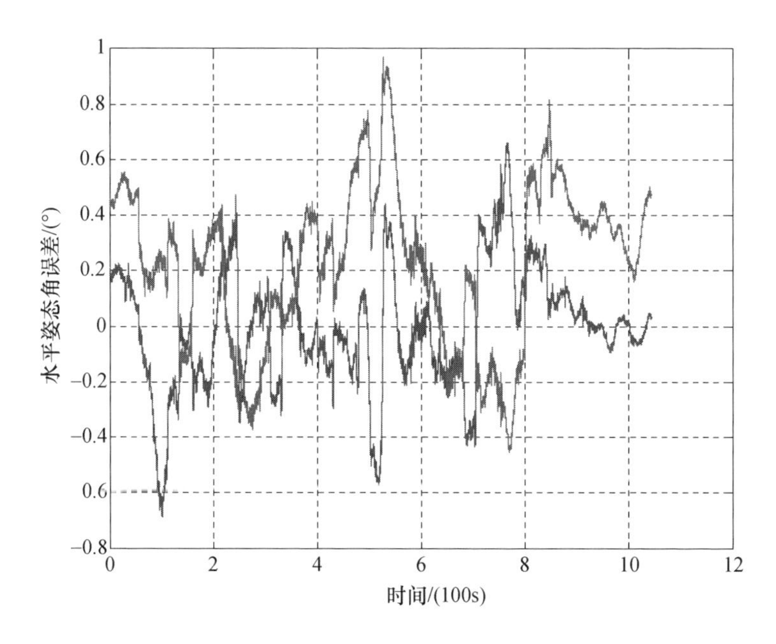

图 5.15　姿态航向参考系统动态场景水平姿态误差（见彩图）

经过统计,俯仰角、横滚角姿态精度(1σ)分别为 0.2215°和 0.2848°,对于陀螺仪零偏稳定性为 14(°)/h、加速度计零偏稳定性为 5mg 的 AHRS 来说,其精度在合理范围内。

5.5.2 MEMS 自主导航技术

DARPA 微系统技术办公室支持了微型化惯性导航技术(MINT)项目,该项目目标是利用其他自主传感器辅助微惯性导航系统实现长时间精确导航,具有体积小、功耗低、数小时至数天精确定位等特点,传感器体积小能够安装在鞋底或者微型无人机中。卡耐基梅隆大学承担了 MINT 项目,2008 年启动了速度传感器辅助微惯性导航系统技术项目研究。项目包括三个阶段:第一阶段采用地速传感器识别并校准惯性器件误差以及惯性导航误差;第二阶段实现速度传感器芯片级集成以及开发无线电测距设备,实现鞋间距离测量;第三阶段实现无线电测距设备、速度传感器、加速度计、陀螺仪、磁强计高度集成。

至第二阶段结束时,利用惯导,地速传感器以及无线电测距集成设备在室内进行闭环测试,其 MINT 传感器安装如图 5.16 所示。从起始位置出发,连续行走 2h,结束时回到起始位置,其水平误差相差 1m。第三阶段目标是定位误差 1m/(10h)且具有更小体积与功耗。

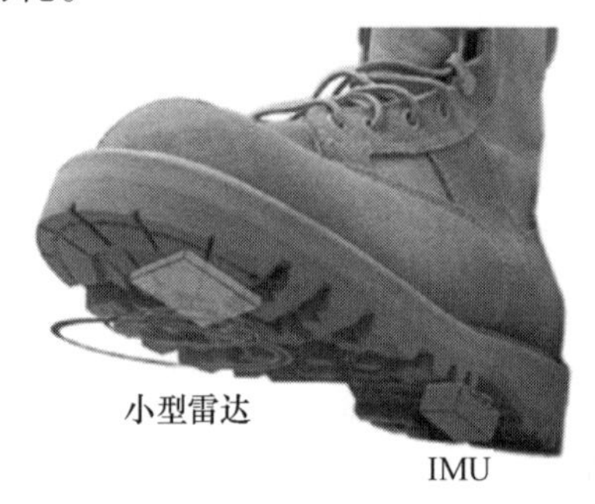

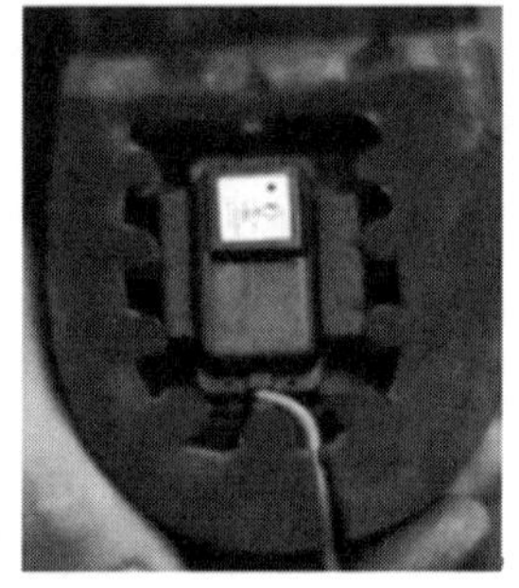

图 5.16 MINT 传感器安装图

此外:一家英国科研机构通过网站 www.x-io.co.uk 开源了 x-imu 行人导航算法与试验板卡;印度一家科研机构通过网站 www.inertial-element.in 开源了 inertial element 行人导航试验板卡;消防员定位系统(FPS)由美国密歇根大学移动机器人实验室研发。总之,国外对微惯性导航系统的研究已经逐步从理论关键技术分析转移到样机研制和性能测试验证,微惯导自主导航技术的发展和研究热点正呈现上升趋势[27-28]。

下面从运动约束辅助的 MEMS 自主定位技术、无线测距约束微惯导自主定位技术两方面加以阐述。

5.5.2.1 运动约束辅助的微惯导自主定位技术

运动约束微惯导定位算法,利用双足交替前进过程中,其中一足速度为零的约束

信息，对微惯导定位进行校正，提升定位精度，整体框架如图 5.17 所示。

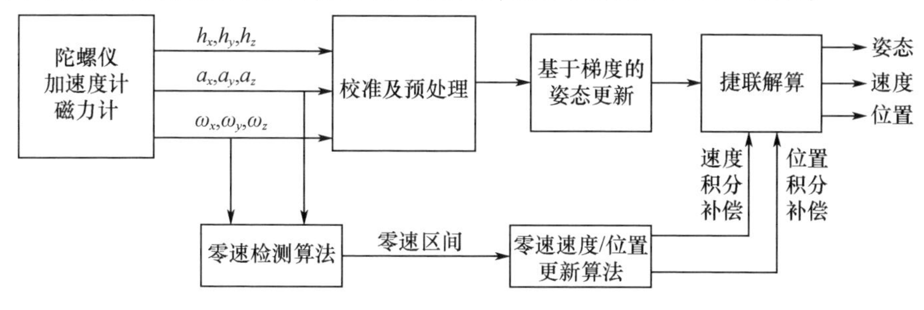

图 5.17　算法总体设计示意图

运动约束辅助的微惯导自主定位技术主要涉及零速区间检测、基于梯度的姿态更新、零速速度/位置更新算法等关键技术。

1）零速区间检测算法

行人自主定位系统的采集模块在足部，通过使用行人自主定位系统信息采集模块收集行人的右脚在行走期间的运动信息，获得图 5.18 所示的几个完整步态周期，图示为正常步行速度下的陀螺仪与加速度计的 z 轴数值。图中 A 和 B 之间的完整步态周期分为四个阶段，分别为 P1 区间、零速区间、P2 区间和摆动区间。P1 区间代表从脚跟撞击地面到前脚尖撞击地面的过程，在此期间，脚围绕 y 轴旋转，并且陀螺仪输出为负。当脚跟撞击地面时，加速度计的输出达到最大值。在前脚底完全接触地面后，存在传感器的输出大致恒定（陀螺仪输出近似为零，加速度计输出近似为重力加速度）的时期，这个周期也称为零速区间。P2 区间是从右脚的脚跟部离开地面开始到脚趾离开结束，在此期间陀螺仪输出保持为负值。之后，右脚抬离地面，腿开始摆动，身体向前移动（摆动阶段如图 5.18 所示）。摆动区间陀螺仪的输出是正值。在摆动阶段之后，右脚的脚跟再次撞击地面，这标志着另一个步态周期的开始。

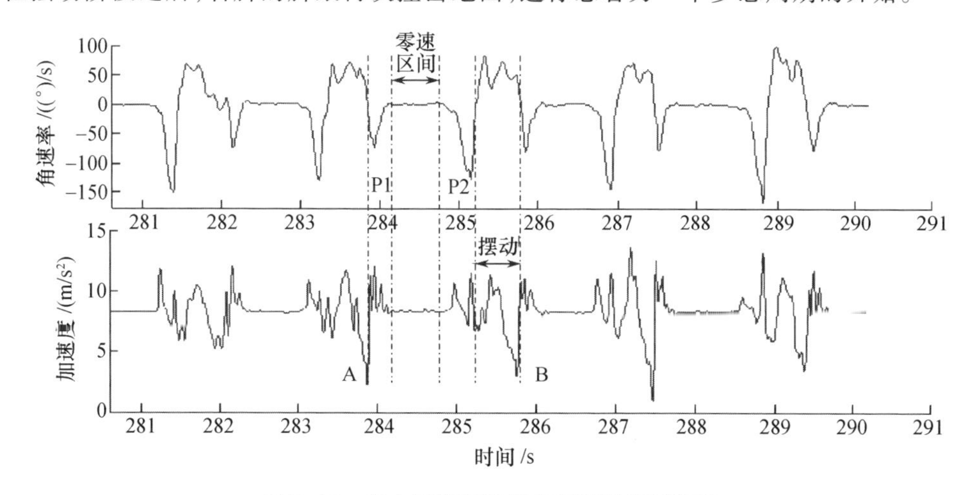

图 5.18　行人正常行走的步态周期（见彩图）

信息采集模块内三轴加速度计、三轴陀螺仪组成了六自由度的惯性测量单元，佩戴在行人脚部采集信息，其测量结果的输出用 $\boldsymbol{y}_k \in \mathbf{R}^6$ 表示：

$$\boldsymbol{y}_k = \begin{bmatrix} \boldsymbol{y}_k^{\mathrm{a}} \\ \boldsymbol{y}_k^{\omega} \end{bmatrix} \tag{5.102}$$

式中：$\boldsymbol{y}_k^{\mathrm{a}} \in \mathbf{R}^3$ 为 k 时刻加速度计输出的矩阵形式；$\boldsymbol{y}_k^{\omega} \in \mathbf{R}^3$ 为 k 时刻陀螺仪输出的矩阵形式。零速检测的目的是根据给定的测量序列 $z_n \triangleq \{\boldsymbol{y}_k\}_{k=n}^{n+N-1}$ 与由时刻 n 和 $n+N-1$之间的 N 个观测时间遍历期间，确定 MEMS - IMU 是移动的还是静止的。此外，当 MEMS - IMU 不是静止的时候，确定 MEMS - IMU 静止的概率，即虚警（FA）概率，该值应当保持较小的数值。在给定虚警概率的情况下，检测静止事件的概率应该被最大化。

2）基于梯度的姿态更新算法

采用一种四元数描述基于梯度的姿态解算算法，通过加速度计与磁力计数据信息进行融合获得俯仰角、横滚角，磁力计与陀螺仪数据信息进行融合获得航向角。不仅满足了行人自主定位系统的实时性要求，而且不需要很高的采样频率使系统收敛，降低了系统功耗。

从行人自主定位系统的采集模块中获取行人行走期间脚部的加速度、角速度以及所在环境的磁场强度，对三轴角速率值进行计算可以获得姿态变化四元数；通过梯度下降法获取的加速度、磁场强度信息可以计算出姿态四元数，由于在使用此方法求解姿态四元数时，一开始迭代解算姿态可以使误差函数快速下降，但是在趋于极小值点附近，梯度下降的收敛速率变得较慢，因此在低动态运动情况下，梯度下降法计算姿态四元数具有较高的精度，在高动态运动情况下，精度较低，而陀螺仪在高动态运动情况下能够得到精确的姿态四元数。因此可以通过融合角速度计、磁力计和陀螺仪数据信息推导姿态四元数。

3）零速/位置更新算法

基于梯度的姿态解算算法计算姿态变化四元数，四元数可转化为欧拉角和方向余弦矩阵，将加速度信息由载体坐标系转换为地理坐标系，进行双重积分，可得出行人速度矢量、位置矢量信息。但是在对加速度双重积分情况下，会出现积分漂移，因此要采用零速更新算法来定期消除速度、位置误差。

零速检测算法已经将行人迈步期间划分为静止区间和非静止区间，并且已知每个区间开始和结束时刻。在静止区间，可以通过脚部速度为 0 的先验值对计算出的速度进行校正；在非静止区间，经过梯形积分计算得出的速度、位置信息存在较大的积分漂移，应采用相应的方法去除积分漂移。零速更新算法流程框图如图 5.19 所示。

4）运动约束微惯性导航验证情况

采集国产某型微惯性传感器数据，从出发点开始行走最终再回到出发点，沿矩形

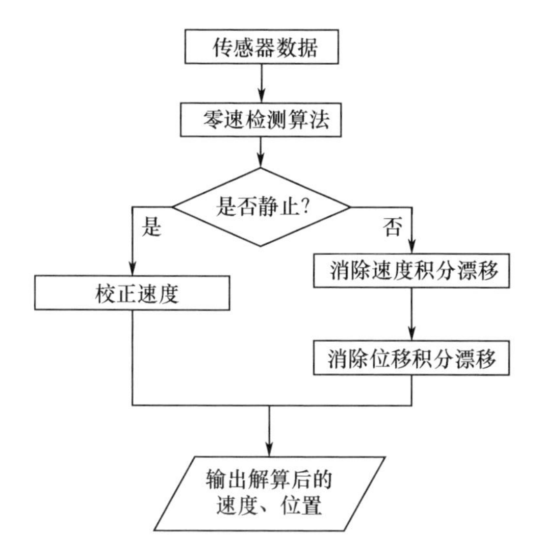

图 5.19　零速更新算法流程图

框行走，结束方向与初始方向一致，加速度计、陀螺仪和磁力计三轴的测量值，如图 5.20所示。

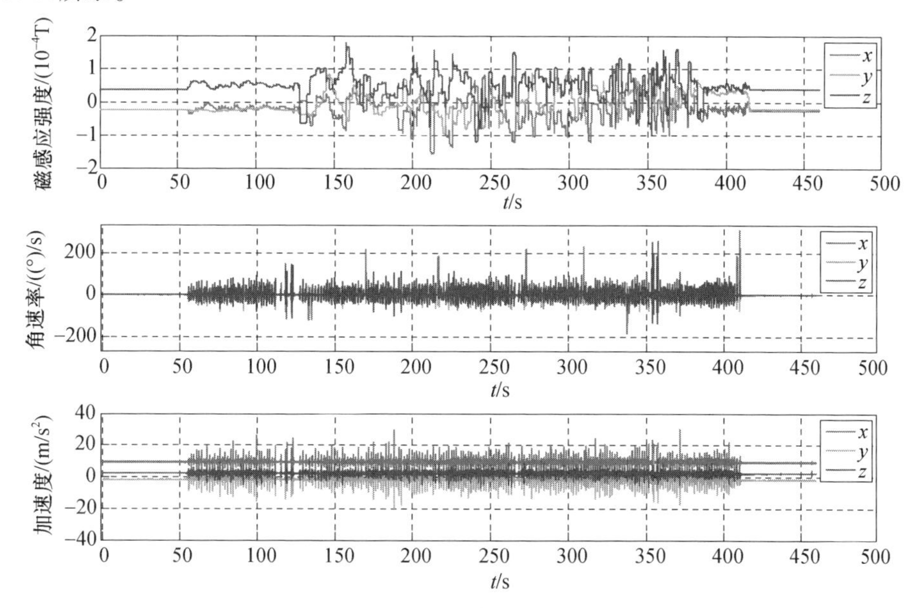

图 5.20　微 IMU 原始数据图(见彩图)

通过基于梯度的姿态解算算法对原始数据进行处理，设置滤波增益 β，可以得出行人姿态变化四元数，进而得出行人的姿态(用欧拉角表示)，如图 5.21 所示。

从图 5.21 中可知俯仰角、横滚角和航向角与初始值分别相差 0.18°、0.34°、6.13°，影响最终航迹推算的是航向角，图中对每个转角的航向角理论角度进行了标识。由图可知，航向角在每个转角处误差都较小，6 个转角误差的平均值为 1.3°，计

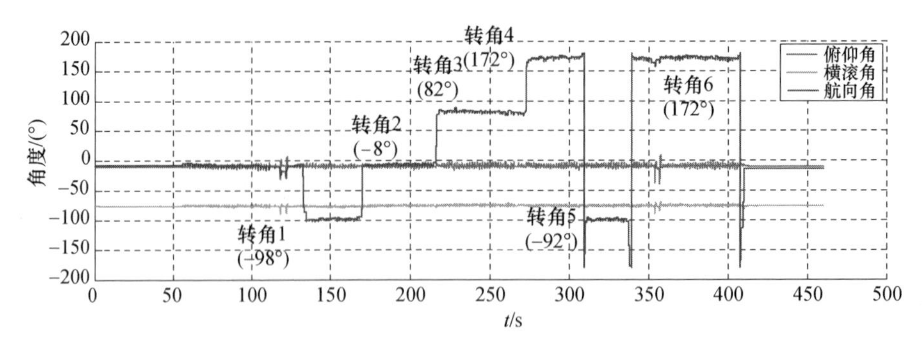

图 5.21　MEMS-IMU 姿态欧拉角图(见彩图)

算回到终点时航向角的均方根误差,取 10 次实验平均值为 4.57°。

通过位置解算公式计算行人 X、Y、Z 轴方向上的位移矢量值,从而实现行人的定位,如图 5.22 和图 5.23 所示。通过对比终点与起始点位置偏差,确定定位误差,水平误差为 0.154m,高度误差为 0.6cm。

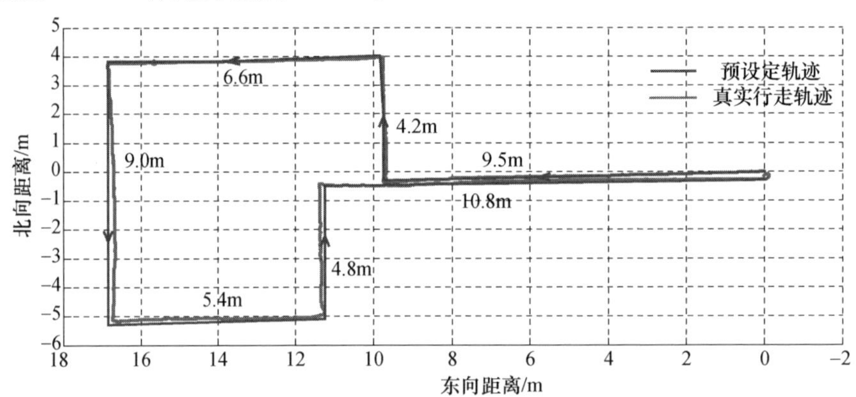

图 5.22　东、北方向平面内轨迹图(见彩图)

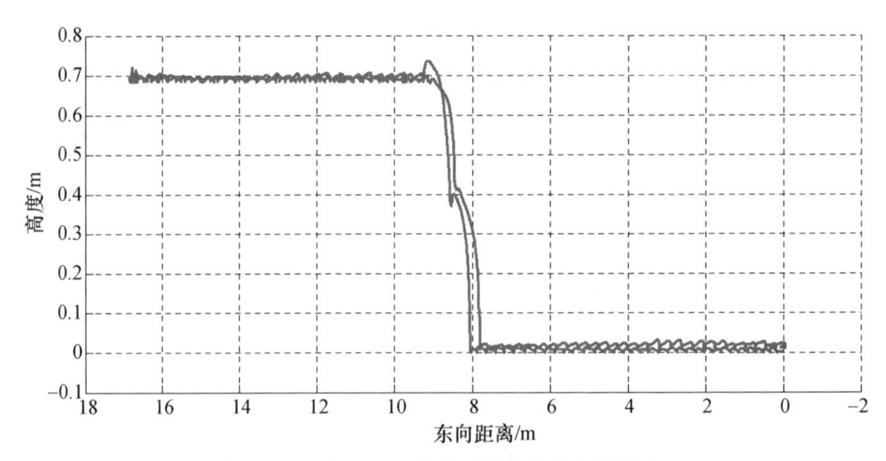

图 5.23　东、天方向平面内轨迹图(见彩图)

重复实验10次，表5.4给出了定位误差统计结果。由表中数据可以分析出，实验时行走总长度为50.3m，高度变化为1.4m，水平方向定位误差平均值为0.201m，为行走总长度的0.39%，垂直方向上误差平均值为0.0102m，为上升总高度的0.73%，验证了运动约束定位技术的良好性能。

表5.4 定位实验误差统计表

行走距离	实验次数	水平定位误差/m	误差百分数/%	垂直定位误差/m	误差百分数/%
水平方向:50.3m 垂直方向:1.4m	1	0.154	0.31	0.006	0.43
	2	0.061	0.12	0.013	0.92
	3	0.154	0.31	0.018	1.28
	4	0.17	0.33	0.015	1.07
	5	0.361	0.72	0.004	0.28
	6	0.291	0.58	0.015	1.07
	7	0.176	0.35	0.006	0.43
	8	0.221	0.44	0.008	0.57
	9	0.223	0.44	0.011	0.78
	10	0.199	0.39	0.006	0.43
平均误差		0.201	0.39	0.0102	0.73

5.5.2.2 无线测距约束微惯导自主定位技术

无线测距约束微惯导定位算法架构如图5.24所示。

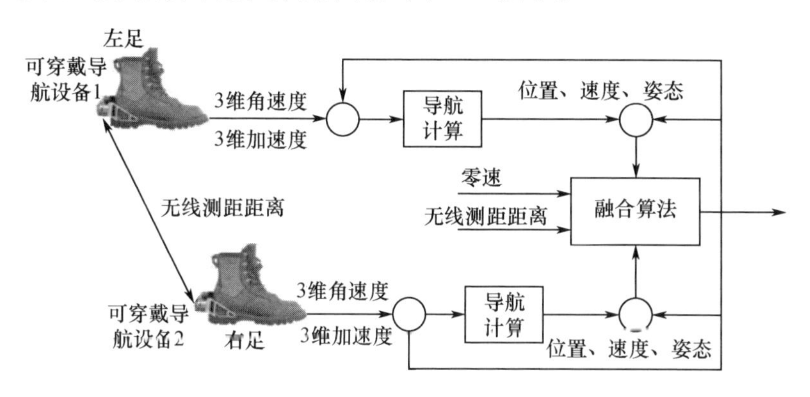

图5.24 无线测距约束微惯导定位技术框图

采用扩展卡尔曼滤波器(EKF)实现双IMU以及零速、无线测距的数据融合，滤波器状态矢量如表5.5所列，其中L为左脚，R为右脚，SF为惯性器件刻度因子。

表 5.5　无线测距约束滤波器状态

序号	状态	维数
1	L/R 位置误差	6
2	L/R 速度误差	6
3	L/R 姿态误差	6
4	L/R 陀螺仪零偏	6
5	L/R 陀螺仪稳定性	6
6	L/R 陀螺仪 SF	6
7	L/R 加速度计零偏	6
8	L/R 加速度计 SF	6
9	无线测距距离误差	2

与 GNSS/INS 组合导航滤波器状态的区别是，无线测距/微惯导组合滤波器增加了二维无线测距距离误差状态，其中一维是上时刻测距误差，另一维是当前时刻测距误差，测距误差使用符号 $\boldsymbol{b}_{\Delta\phi}$ 表示，状态转移矩阵为 $\boldsymbol{\Phi}$，状态协方差阵为 $\boldsymbol{E}$，分别表示为

$$\boldsymbol{b}_{\Delta\phi} = \begin{bmatrix} b_t \\ b_{t-1} \end{bmatrix}, \quad \boldsymbol{\Phi} = \begin{bmatrix} \boldsymbol{0} & \boldsymbol{0} \\ \boldsymbol{I} & \boldsymbol{0} \end{bmatrix}, \quad \boldsymbol{E}(t) = \boldsymbol{\Phi}\boldsymbol{E}(t_{\mathrm{P}})\boldsymbol{\Phi}^{\mathrm{T}} + \begin{bmatrix} \sigma_{\Delta\phi}^2 & 0 \\ 0 & 0 \end{bmatrix} \tag{5.103}$$

假设滤波器观测量表示为 $\boldsymbol{h}$，那么 $\boldsymbol{h}$ 各元素可以表示为

$$\boldsymbol{h}_{\mathrm{LP}} = \boldsymbol{r}_{\mathrm{rel},k} - \boldsymbol{r}_{\mathrm{rel},k-1} \tag{5.104}$$

$$\boldsymbol{h}_{\mathrm{RP}} = -\boldsymbol{r}_{\mathrm{rel},k} + \boldsymbol{r}_{\mathrm{rel},k-1} \tag{5.105}$$

$$\boldsymbol{h}_{\mathrm{LV}} = \boldsymbol{r}_{\mathrm{rel},k-1}\mathrm{d}t \tag{5.106}$$

$$\boldsymbol{h}_{\mathrm{RV}} = -\boldsymbol{r}_{\mathrm{rel},k-1}\mathrm{d}t \tag{5.107}$$

$$\boldsymbol{h}_{\mathrm{b}_{\Delta\phi}} = [1 \quad -1] \tag{5.108}$$

式中：下角 P 为位置；k 为当前时刻；$k-1$ 为上一时刻；$\boldsymbol{r}_{\mathrm{rel}}$ 为双微惯性测量模块矢量。

运动约束微惯导定位技术大幅改善了微惯导独立工作性能，然而运动约束微惯导定位方式仍存在方位误差发散较快问题，采用双微惯导与 RF 组合定位技术体制可有效解决该问题。

首先双足分别穿戴微惯导与无线测距模块，无线测距实现双向测距，将测距与双微惯导数据融合，提升定位性能。实验路径为矩形框，周长约为 422m，行走 45 圈，距离约为 19km，行走时间约 4h，实验的起始位置与结束位置为同一点，双足定位轨迹如图 5.25 所示。

由实验结果可知，定位轨迹结束点与起始点偏差为 3.8m，定位指标优于 0.3‰D（D 为行走距离）；定位轨迹出现缓慢偏移现象，这主要由方位误差缓慢发散引起的，较运动约束微惯导定位技术已得到较大改善。

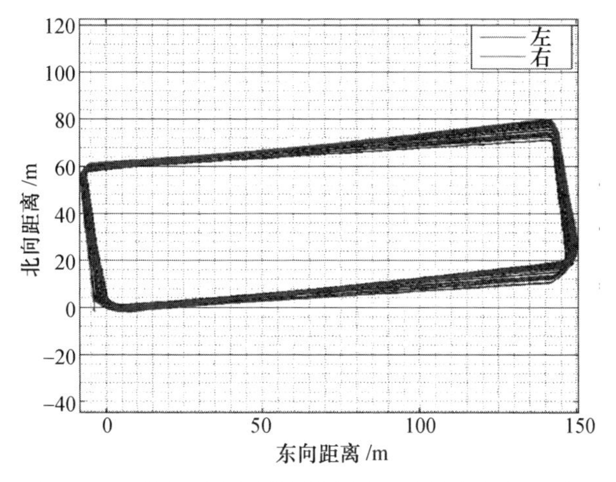

图5.25 微惯导与无线测距组合定位轨迹(见彩图)

5.5.3 MEMS多源数据融合技术

多源数据融合定位技术具有即插即用特点,能够充分利用各类导航源信息校准微惯导/RF自主定位结果,实现长期精确定位[29-30]。下面从层次组成、工作流程以及算法架构进行描述。

5.5.3.1 多源数据融合定位技术层次组成

多源数据融合定位技术层次组成如图5.26所示。

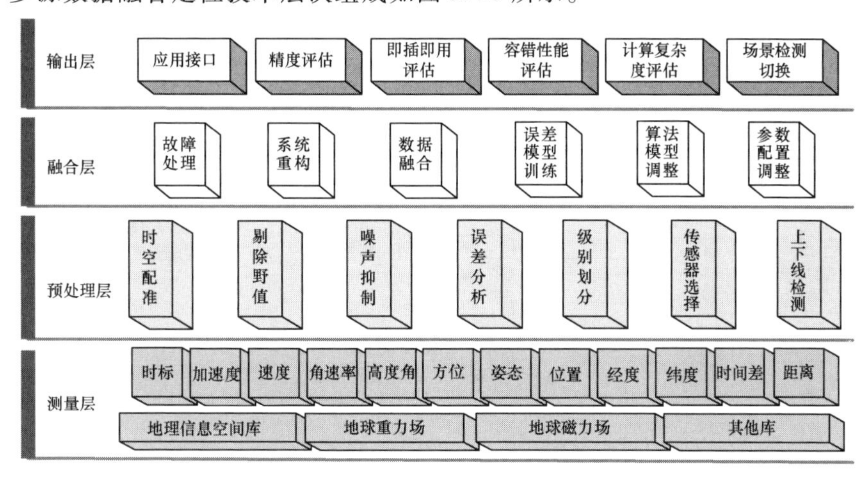

图5.26 多源数据融合定位技术应用算法层次图(见彩图)

由算法层次图可知,其包含测量层、预处理层、融合层及输出层四个层次。

测量层,包含了融合算法所需的导航要素与数据库,为融合算法提供全源数据。某些传感器输出的值不是直接的导航要素,需要预先处理,该过程未体现在算法层次图中,如相机输出信息为图片,需要预先处理得到位置与姿态。

预处理层,主要作用是为提升融合算法鲁棒性、精度而采取的预处理措施。时间配置是建立多源数据时间与空间的统一;剔除野值,即消除测量中不可信量;噪声抑制消除测量值中高频噪声;误差分析即分析各导航解的漂移率、精度等指标;级别划分即按照一定准则对多源数据进行划分,为选择传感器提供基准;传感器选择即综合考虑计算资源、功耗、精度需求与限制,选择参与数据融合的传感器集合;上下线检测即检测是否有传感器上线、下线。

融合层,主要作用是实现多源数据融合,得到最优化的导航解,即采用分布式滤波器实现多源数据融合。包括在线故障检测、隔离与系统重构、融合滤波、误差模型在线训练及参数配置调整。

输出层,主要作用是提供导航解至其他系统,并评估导航解的精度,导航算法的计算复杂度、容错性能、即插即用性能。

5.5.3.2 工作流程

多源数据融合定位技术与传统多源导航系统主要区别在于灵活性(即插即用)、鲁棒性(自适应场景切换),可以在任意时刻接入导航源,图 5.27 给出了体系灵活、鲁棒的多源数据融合定位工作流程图。

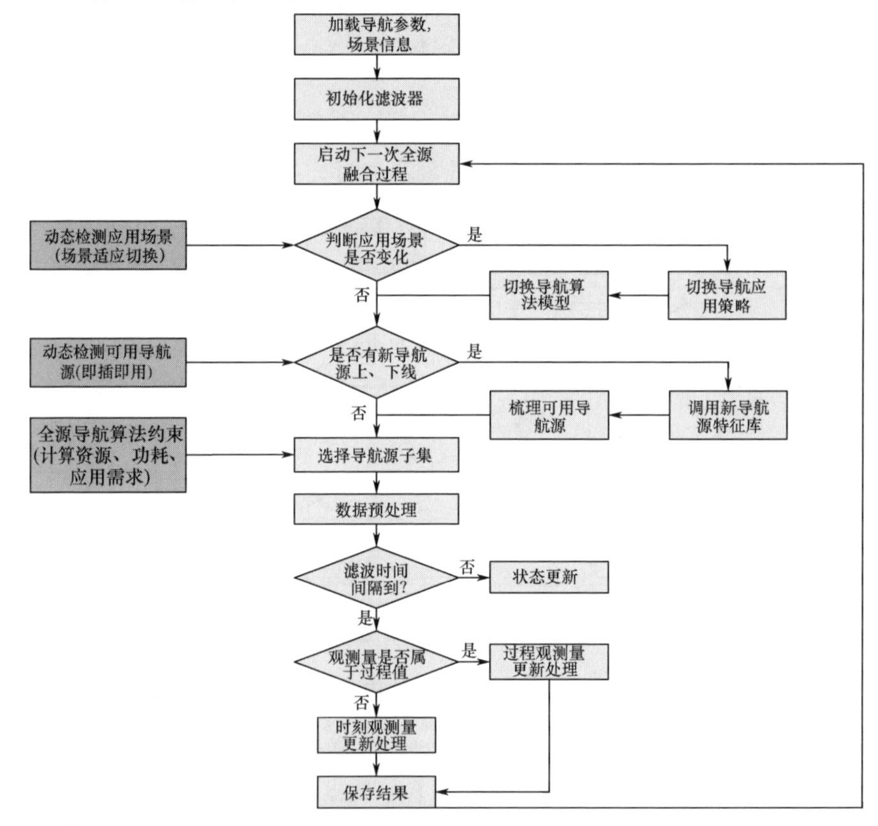

图 5.27 多源数据融合定位技术应用工作流程

由工作流程可知：鲁棒性主要体现在场景自适应检测与切换、应用策略切换、导航算法模型切换、数据预处理以及鲁棒的数据融合算法；灵活性主要体现在导航源上下线的动态检测、系统重构策略、参与计算的导航源子集的自主选择以及导航应用与性能评估反馈等方面。

参考文献

[1] 蔡艳辉，程鹏飞，李夕银．用卡尔曼滤波进行 GPS 动态定位[J]．测绘通报，2006(7)：9-11.

[2] 郭杭．迭代扩展卡尔曼滤波用于实时 GPS 数据处理[J]．武汉测绘科技大学学报，1999(2)：20-22，31.

[3] RHUDY M, GU Y, GROSS J, et al. Sensitivity analysis of EKF and UKF in GPS/INS sensor fusion [C]//AIAA Guidance, Navigation, and Control Conference, Portland, Oregon, August 8-11, 2011.

[4] 张共愿，赵忠．粒子滤波及其在导航系统中的应用综述[J]．中国惯性技术学报，2006(6)：94-97.

[5] PETOVELLO M G. Real-time integration of a tactical-grade IMU and GPS for high-accuracy positioning and navigation[D]. Calgary: University of Calgary, 2003.

[6] 周丕森，鲍其莲．组合导航系统 UKF 滤波算法设计[J]．上海交通大学学报，2009，43(3)：389-392.

[7] 高法钦，谈展中．北斗/惯导组合导航算法性能分析[J]．系统工程与电子技术，2007，29(7)：1149-1155.

[8] 秦永元，张洪钺，汪叔华．卡尔曼滤波与组合导航原理[M]．西安：西北工业大学出版社，1998.

[9] LI T, PETOVELLO M G, LACHAPELLLE G, et al. Real-time ultra-tight integration of GPS L1/L2C and vehicle sensors[C]//Proceeding of the 2011 International Technical Meeting of the Institute of Navigation, San Diego, January 24-26, 2011.

[10] SOLOVIEV A, GUNAWARDENA S, VAN GRASS F. Deeply integrated GPS/low-cost IMU for low CNR signal processing: concept description and in-flight demonstration[J]. Navigation, 2008, 55(1): 1-13.

[11] LASHLEY M. Modeling and performance analysis of GPS vector tracking algorithms[D]. Auburn: Auburn University, 2009.

[12] GUSTAFSON D, DOWDLE J, FLUECKIGER K. Deeply-integrated adaptive GPS-based navigator with extended-range code tracking[C]//Position, Location, and Navigation Symposium IEEE, San Diego, 2004.

[13] LI D, WANG J. System design and performance analysis of extended Kalman filter-based ultra-tight GPS/INS integration[C]//Position, Location, and Navigation Symposium IEEE, San Diego, April 25-27, 2006.

[14] CHIANG K-W, NOURELDIN A, EL-SHEIMY N. Multisensor integration using neuron computing for land-vehicle navigation[J]. GPS Solutions, 2003, 6(4): 209-218.

[15] LANDIS D, THORVALDSEN T, FINK B, et al. A deep integration estimator for urban ground navigation [C]//Position, Location, and Navigation Symposium IEEE, San Diego, April 25-27,2006.

[16] 徐田来. 车载组合导航信息融合算法研究与系统实现[D]. 哈尔滨：哈尔滨工业大学，2007.

[17] 黄雪妮,杨武. 飞机载体的杆臂效应对 GPS 测速精度的影响[J]. 导航定位与授时，2017，4(4)：57-60.

[18] COX D, JR. Integration of GPS with inertial navigation systems[J]. Global Positioning System, 1979(1)：144-153.

[19] 李兵,战兴群,湛雷. 基于 GPS/SINS/里程计的车载组合导航研究[J]. 测控技术,2012,31(11):43-47.

[20] 郑利龙，曹志刚. GPS 组合导航系统的数据融合[J]. 电子学报，2002(9)：1384-1386.

[21] 姚卓,章红平. 里程计辅助车载 GNSS/INS 组合导航性能分析[J]. 大地测量与地球动力学，2018,38(2):206-210.

[22] 唐康华. GPS/MIMU 嵌入式组合导航关键技术研究[D]. 长沙：国防科学技术大学，2008.

[23] GEIGER W , BARTHOLOMEYCZIK J, BRENG U, et al. MEMS IMU for AHRS applications [C]//Position, Location, and Navigation Symposium IEEE, San Diego,March 13-16,2008.

[24] 彭锐，程磊，代雅婷，等. 基于 AHRS 与 PDR 融合的个人室内自定位方法研究[J]. 高技术通讯，2018，28(6)：567-574.

[25] 平铎. 基于 AHRS 的康复运动监测装置的技术研究[D]. 北京：中国航天科技集团公司第一研究院，2018.

[26] 刘浩宇，李奇. 卡尔曼滤波算法在 AHRS 姿态角解算中的应用[J]. 工业控制计算机，2018，31(6)：69-71.

[27] CHRISTIAN E, LASSE K, HEINER K. Real-time single-frequency GPS/MEMS-IMU attitude determination of lightweight UAVs[J]. Sensors, 2015, 15(10):26212-26235.

[28] GEBER-EGZIABHER D, HAYWARD R C, POWELL J D. A low-cost GPS/inertial attitude heading reference system (AHRS) for general aviation applications[C]//Position,Location, and Navigation symposium IEEE,Palms Springs, April 15-18,2002.

[29] 赵万龙. 多源融合定位理论与方法研究[D]. 哈尔滨:哈尔滨工业大学，2018.

[30] KHAN M R R, TUZLUKOV V. Multisensor data fusion algorithms for estimation of a walking person position[C]//Control Automation and Systems (ICCAS), Kawai, 2010.

第6章 高精度GNSS接收机实现

第5章重点讲述了GNSS和INS的组合定位方法,本章将重点描述如何实现GNSS高精度定位。高精度定位已经成为卫星导航技术发展的重点方向,定位精度需求从百米、十米到亚米、分米、厘米甚至到毫米。本章从高精度接收机工程实现的角度出发,描述了伪距和载波相位的生成过程,尤其是P(Y)码跟踪和伪距提取技术。同时描述了高精度接收机工作的内在机理,并详细描述了高精度定位的数据预处理技术,从GNSS相对定位、定向以及测姿等方面依次讲述,最后重点阐述目前正在快速发展的精密单点定位(PPP)技术。

6.1 高精度接收机技术

GPS是目前最成熟、应用最广泛、最具有代表性的全球卫星导航系统。该系统采用码分多址的方式进行信号播发。每颗卫星播发的导航信号中均包含载波、导航电文和PRN码序列。导航电文与伪随机码采用BPSK调制于载波上。不同卫星的PRN码具有良好的正交特性,因此在接收机上可以使用相应的PRN码对不同卫星播发的导航信号进行处理。PRN码主要用于测量相应卫星到用户天线的距离。播发信号中的导航电文提供卫星信号的时间、卫星状况以及用来计算卫星位置的轨道及钟差参数等。

卫星信号从接收机天线开始,在接收机中经过如图6.1所示的处理流程,获得导航、定位、测速以及授时信息。

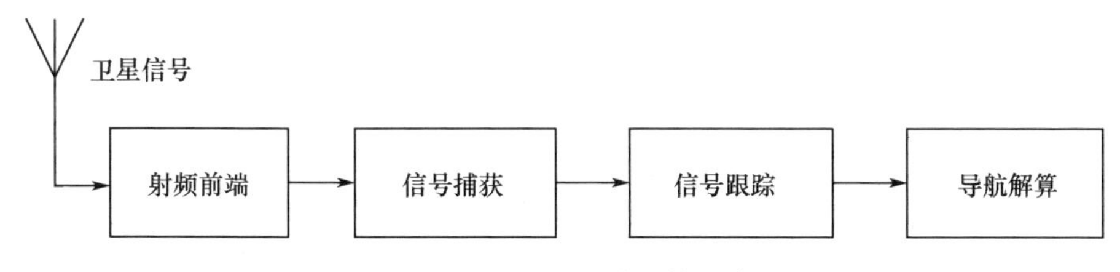

图6.1 GPS接收机信号处理流程

接收机对接收信号进行采样、下变频变换到基带信号后,接收机本地产生的复制信号与接收信号进行相关运算,当复制信号和接收信号对齐时,相关器可以输出最大功率。接收机通过相关运算实现信号捕获和跟踪。接收机通过信号捕获可以实现伪码和频率的遍历搜索,确认输入信号当中包含了哪些卫星信号。捕获完成后得到对应卫星信号的载波频率、码相位等参数的粗略估计，然后将这些信息送给各个通道开始对接收信号进行跟踪[1]。

在跟踪阶段，传统 GPS 接收机对每个通道的信号进行独立跟踪处理，每一通道当中都包含载波和码跟踪环路。通常使用延迟锁定环(DLL)对伪随机码进行跟踪，而载波跟踪则使用锁频环(FLL)或锁相环 (PLL)。图 6.2 给出了一个典型卫星导航接收机的跟踪通道工作过程。

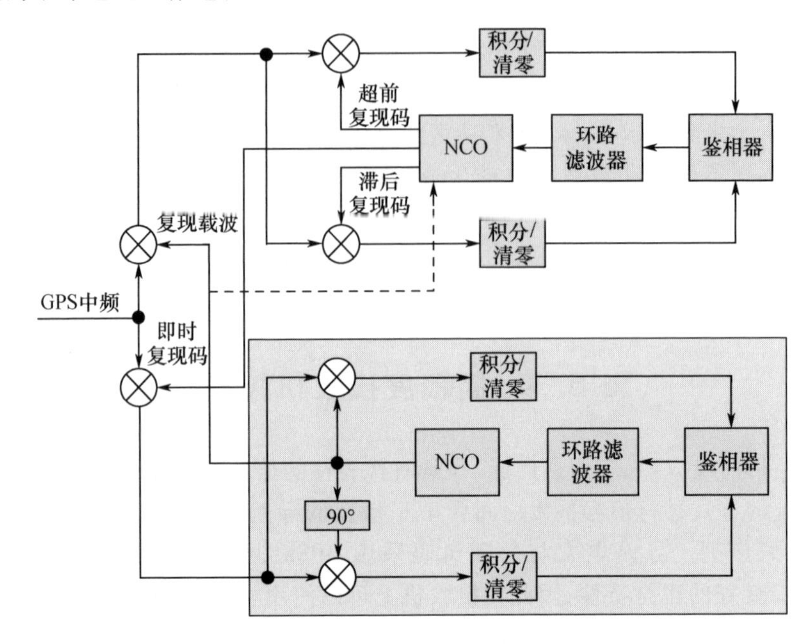

图 6.2　传统跟踪环路工作过程(见彩图)

在码跟踪环路当中，接收机通过 NCO 控制产生三组本地复制的 PRN 码列，分别称为超前码、即时码和滞后码，如图 6.3 所示。

在对信号剥离了载波后，分别将三组复现码与接收信号进行相关计算，将预检测积分(PDI)时间内的信号进行相关累加，也就是相关器中的“积分/清零”，使用码相位鉴别器和环路滤波器处理后可以得到码相位误差。类似的，载波跟踪环路当中由 NCO 驱动产生相位相差 90°的本地复制载波，与剥离了伪随机码的输入信号进行积分/清零运算，经过载波频率或相位鉴别器以及环路滤波器处理后可以得到载波频率误差或载波相位误差。码相位误差和载波频率或相位误差分别去调整码 NCO 和载波 NCO，使其始终保持对输入信号的跟踪锁定。

跟踪环路对信号保持锁定状态后，即可以进行比特同步、帧同步以及导航电文解调。根据解调后的导航电文和同步后的码环跟踪计数，提取出相应通道接收信号的发射时刻，获得卫星位置、卫星时钟误差、电离层校正值等参数。基于信号发射时刻与接收机接收时刻的差值，可以获得伪距观测量。接收机到第 j 颗卫星的伪距可以

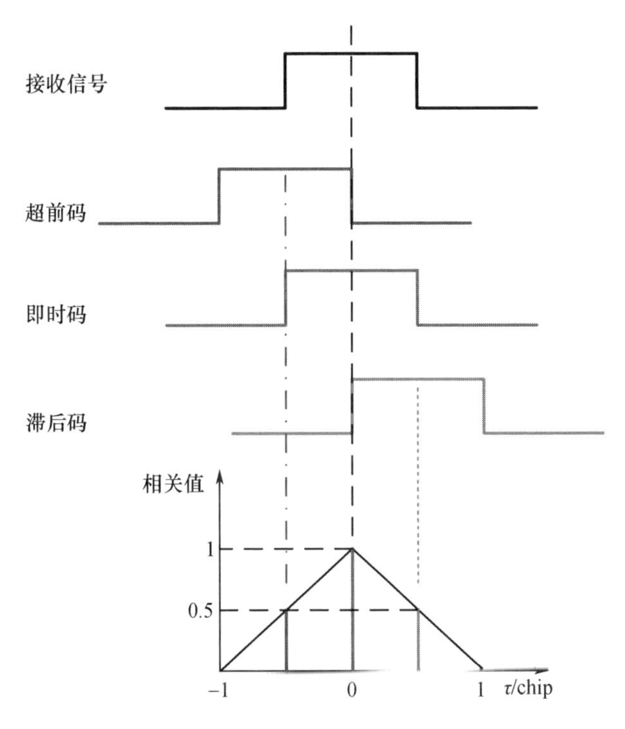

图 6.3　超前、即时和滞后码(见彩图)

表示为

$$\rho_j = c[(t_u + t_b) - t_j] = \sqrt{(x_u - x_j)^2 + (y_u - y_j)^2 + (z_u - z_j)^2} + ct_b \qquad (6.1)$$

式中:c 为光速;t_u 为接收机时间;t_b 为接收机时钟偏差;t_j 为第 j 颗卫星的信号发射时刻(卫星发射时钟偏差可以得到补偿);x_u、y_u、z_u 分别为接收机天线三个方向的位置坐标;x_j、y_j、z_j 分别为第 j 颗卫星的位置坐标。

通常使用星历信息解算得到的是 e 系下的坐标。式(6.1)当中未知数共 4 个,包括接收机天线三个方向的位置坐标和接收机时钟偏差,因此当能够获取 4 个以上卫星伪距观测量时,就可以得到接收机天线的位置坐标和接收机时钟偏差。常用算法是最小二乘迭代法,传统 GNSS 接收机的定位结果均使用该算法得到。

接收机的速度值可以从载波多普勒测量值计算得到。载波多普勒(或伪距变化率)是接收机相对于卫星的速度矢量在卫星视线方向(LOS)上的投影,同时,由于接收机时钟存在漂移,因此伪距率测量值也包含频率偏移,伪距率表达式可表示为

$$\dot{\rho}_j = (v_j - v_u)a_j + t_d \qquad (6.2)$$

式中:$\dot{\rho}_j$ 为伪距率测量值;v_j 为第 j 颗卫星速度矢量(通常可选择 e 系);v_u 为接收机速度矢量;a_j 为视线方向单位矢量;t_d 为接收机时钟漂移。得到接收机天线位置结果和通过星历计算出卫星位置后,可以计算视线方向矢量,从星历中还可以计算出卫星速度矢量。采用类似位置解算的方法,有 4 个以上的伪距率测量值时,就可确定接收

机的速度。

6.1.1 载波环

载波环实现对导航信号的载波跟踪,用于提取载波多普勒和载波相位。载波环是高精度接收机最核心的模块之一。载波环根据处理方式的不同分为锁频环和锁相环,两者主要差别在鉴相器的不同,基本原理是相似的,都遵循锁相环的基本原理。

6.1.1.1 锁相环基本原理

锁相环是基于相位误差负反馈的闭环控制系统,由鉴相器、环路滤波器和压控振荡器三部分组成,如图 6.4 所示。锁相环通过鉴相器比较输出相位和输入相位得到误差信号。环路滤波器具有低通特性,滤除误差信号中的高频分量和宽带噪声,得到的误差信号用于控制压控振荡器,使输出相位能够跟踪输入相位的变化。

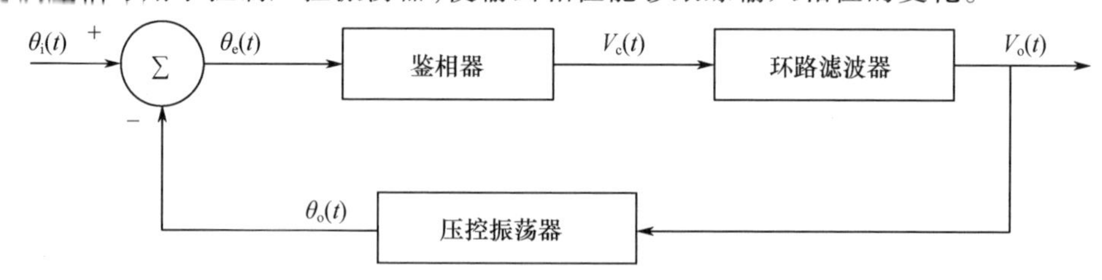

图 6.4 锁相环原理图

鉴相器是一个相位比较装置,用于检测输入信号相位 $\theta_i(t)$ 与反馈信号相位 $\theta_o(t)$ 之间的相位差 $\theta_e(t)$,其检测输出为 $V_c(t)$。鉴相器是锁相环中最灵活的部分,不同鉴相器具有不同的鉴相特性。由于鉴相器的非线性特性,锁相环为一个非线性系统。当环路处于入跟踪状态时,由于相位误差较小,鉴相特性可近似于线性,锁相环也近似为线性系统,因此可采用线性分析方法来分析环路的各种性能[2-3]。

环路滤波器具有低通特性,滤除误差信号中的高频分量和宽带噪声,其输出信号用于控制压控振荡器。环路滤波器的形式和参数的选取是锁相环设计与调试的关键,其阶数决定了锁相环的阶数,并在很大程度上决定环路的噪声性能和跟踪性能。

压控振荡器是一个电压—频率变换装置。压控振荡器在其有效工作范围内输出频率随输入电压呈线性变化。压控振荡器有一个积分因子,它是由相位与角频率之间的积分关系形成的。这种积分作用是压控振荡器固有的,通常称压控振荡器为锁相环中的固有积分环节。

若将输入信号的相位 θ_i 作为输入,数字控制振荡器输出信号的相位 θ_o 作为输出,则可以将锁相环简化为如图 6.5 所示的模拟线性化模型。

由图 6.5 可以看出,连续域模型的闭环传递函数为

$$H(s)=\frac{\theta_o(s)}{\theta_i(s)}=\frac{K_d F(s)N(s)}{1+K_d F(s)N(s)} \tag{6.3}$$

式中:$F(s)$ 和 $N(s)$ 分别是环路滤波器和压控振荡器的传递函数;K_d 为鉴相器增益。

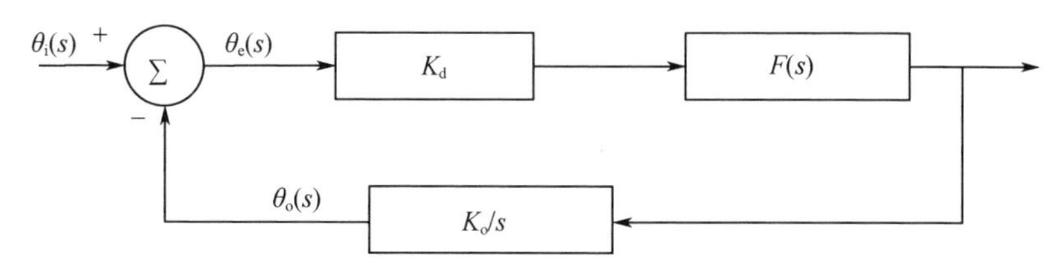

图6.5 锁相环的连续域模型

在连续域模型中，压控振荡器是一个载波频率积分器，其传递函数为

$$N(s)=\frac{K_o}{s} \tag{6.4}$$

式中：K_o 为压控振荡器增益。

下面对常用的二阶锁相环进行分析。

在二阶锁相环中，环路滤波器采用有源RC积分滤波器，其传递函数为

$$F_2(s)=\frac{1+\tau_2 s}{\tau_1 s} \tag{6.5}$$

将式(6.5)和式(6.4)代入式(6.3)中，可得到二阶锁相环在连续域中的闭环传递函数为

$$H_2(s)=\frac{\frac{K_oK_d}{\tau_1}(1+\tau_2 s)}{s^2+s\left(\frac{K_oK_d\tau_2}{\tau_1}\right)+\frac{K_oK_d}{\tau_1}} \tag{6.6}$$

通过引入环路固有频率 ω_n 和阻尼系数 ξ，环路的闭环传递函数可表示为

$$H_2(s)=\frac{2\xi\omega_n s+\omega_n^2}{s^2+2\xi\omega_n s+\omega_n^2} \tag{6.7}$$

式中：$\omega_n=\sqrt{\frac{K_oK_d}{\tau_1}}$；$\xi=\frac{\tau_2}{2}\sqrt{\frac{K_oK_d}{\tau_1}}$。

二阶锁相环等效噪声带宽 B 定义为

$$B_2=\int_0^{\infty}|H(\mathrm{j}2\pi f)|^2\mathrm{d}f=\frac{\omega_n}{2\pi}\int_0^{\infty}\frac{1+\left(2\xi\frac{\omega}{\omega_n}\right)^2}{\left(\frac{\omega}{\omega_n}\right)^4+2(2\xi^2-1)\left(\frac{\omega}{\omega_n}\right)^2+1}\mathrm{d}\omega=\frac{\omega_n}{8\xi}(1+4\xi^2) \tag{6.8}$$

将传递函数从模拟域映射到数字域有脉冲响应不变法和双线性变换法两种方法。当环路固有频率增加时，由于数字环路反馈时延以及频域混叠效应，环路工作情况变差，脉冲响应不变法给出的参数设置在 $\omega_n T_s>1$ 时容易发生振荡（T_s 为环路的采样间隔周期)。当双线性变换法通过对信号频域的压缩作用,使得环路在较高带宽时仍能稳定工作,并且在自然谐振频率较大变化范围内具有普适性,所以通常采用双线性变换法作为实现锁相环离散化的方法。

根据双线性变换公式 $s=\frac{2}{T}\frac{1-z^{-1}}{1+z^{-1}}$,对式(6.8)进行双线性变换可得

$$H_2(z)=\frac{4\xi\omega_n T+(\omega_n T)^2+2(\omega_n T)^2 z^{-1}+[(\omega_n T)^2-4\xi\omega_n T]z^{-2}}{4+4\xi\omega_n T+(\omega_n T)^2+[2(\omega_n T)^2-8]z^{-1}+[4+4\xi\omega_n T+(\omega_n T)^2]z^{-2}} \tag{6.9}$$

式中:T 为采样间隔周期。

6.1.1.2 载波环的设计

GNSS 接收机常采用科思塔斯环(Costas 环)作为锁相环的实现方式,科思塔斯环的主要测量误差为相位颤动和动态特性引入的误差。相位颤动是每个不相关的相位误差源平方和的平方根,包括热噪声和振荡器噪声(振动和阿伦方差引起的相位颤动)等。动态应力误差则是由环路所处的动态环境引起的,作为额外效应叠加到相位颤动上。

锁相环对信号的测量必然存在误差,锁相环的相位误差源主要包括相位抖动和动态应力误差[4]。造成相位抖动的误差源主要为热噪声均方误差 σ_{tPLL}、机械颤动引起的振荡频率抖动 σ_v 以及阿伦偏差抖动噪声 σ_A,总的相位抖动方差计算如下:

$$\sigma_i=\sqrt{\sigma_{tPLL}^2+\sigma_v^2+\sigma_A^2} \tag{6.10}$$

在高精度接收机中,为了得到较高的载波相位精度,一般会使用较窄的环路带宽。在窄带跟踪条件下,基准振荡器的阿伦偏差影响会占据主要地位,因此高精度接收机对基准振荡器的频率稳定性有较高的要求。如果基准振荡器频率不稳定即相位噪声太高,会影响环路的跟踪稳定,导致载波相位精度降低[5-6]。F_n 为时间上相距 τ 的 N 个频率偏差测量值,则阿伦偏差计算如下:

$$\sigma_A^2(\tau)=\frac{1}{2(N-1)}\sum_{n=1}^{N-1}(F_{n+1}-F_n)^2 \tag{6.11}$$

常见的振荡器有石英晶振、恒温晶振、温补晶振、铷钟、铯钟等,在相同的测试条件下,不同晶振的阿伦偏差随着采样时间的变化情况如图 6.6 所示。

除了系统级的高精度接收机外,普通的高精度接收机一般不会配有高精度、高稳定性的原子钟作为时钟源。阿伦偏差特性很差的基准振荡器会妨碍可靠的 PLL 闭环工作,因此对接收机设计来说,基准振荡器的频率稳定度必须满足阿伦偏差的规范。

从图 6.6 中可以看出,温补晶振在 0.1ms 到 100ms 之间的稳定性较好,因此选取稳定度较高的温补晶体振荡器作为基准振荡器,可以补偿由温度变化而引起的谐振频率变化,从而稳定晶体的频率。在环路设计中要采取一定的设计优化方法,以保证 PLL 环路的频率稳定跟踪,从而获得较高测量精度。

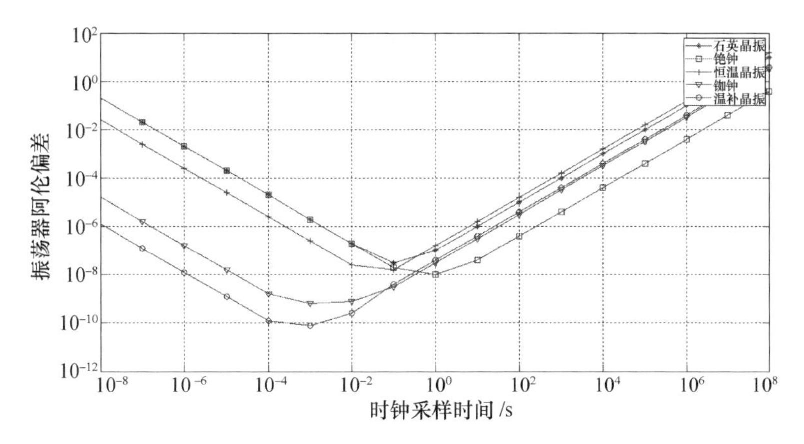

图6.6 不同晶振的阿伦偏差(见彩图)

除了振荡器的选择以外,相位抖动的另一个主要误差源就是热噪声,这是锁相环产生测量误差最主要的误差源。载波跟踪环热噪声的均方差与载噪比 C/N_0、环路带宽 B_n 和预检测积分时间 T_{coh} 密切相关,其计算公式如下:

$$\sigma_{tPLL} = \frac{360^\circ}{2\pi}\sqrt{\frac{B_n}{C/N_0}\left(1 + \frac{1}{2 \times T_{coh} \times C/N_0}\right)} \tag{6.12}$$

对于高精度接收机而言,载波相位测量值的精度要求较高[7]。为了提高载波相位精度,需要尽量减小PLL的热噪声抖动误差。减小PLL热噪声抖动的方法有多种,从上面公式可以看出,载噪比的增加会使环路抖动显著下降,减小环路带宽也会使环路抖动显著下降,延长积分时间可以减小环路抖动,但是影响较小[8]。

在实际应用中,信号强度主要由卫星发射功率、接收机所处位置等决定,可提升的空间非常有限。提高测量精度只能从以下两个方面着手:减小带宽和增加积分时间。

环路带宽又称为噪声带宽,控制着进入环路噪声量的多少。从理论上讲,载波跟踪环滤波器的噪声带宽要足够小,使得越少的噪声进入跟踪环路,这样才能使载波跟踪保持稳定[9]。但由于接收机动态特性和导航信号受内外噪声的影响,环路的噪声带宽要有一定的宽度,否则由高动态所引起的载波频率和相位变化中有用的高频成分会被一起滤除,这样破坏了实际信号的真实性。合理的利用环路滤波器能够降低信号噪声,以便在其输出端对输入的载波信号进行精确估计。在积分时间和信号载噪比都相同的情况下,采取不同的环路带宽时热噪声均方差结果如图6.7所示。

减小环路带宽可以采用逐级缩小环路带宽的办法实现载波相位的高精度测量。在逐级收敛的过程中,需要判断接收机的动态情况,在动态大的时候放宽环路,如采用10Hz以上的宽带宽满足动态需求;动态小的时候缩窄环路,如采用5Hz以下的窄带宽进行跟踪,可有效控制PLL环路噪声,提高载波相位精度。

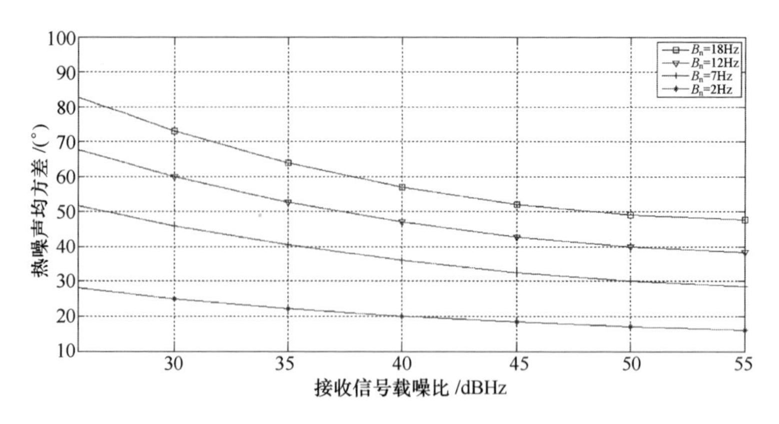

图 6.7　PLL 热噪声均方差(不同带宽)(见彩图)

由热噪声均方差的计算公式(6.12)可以看出,积分时间对于环路噪声的大小也会产生一定的影响,延长预检测积分时间可以有效抑制环路的热噪声颤动,提高环路对载波的跟踪精度。在环路带宽与信号载噪比固定的情况下,采取不同的预检测积分时间的热噪声均方差结果如图 6.8 所示。

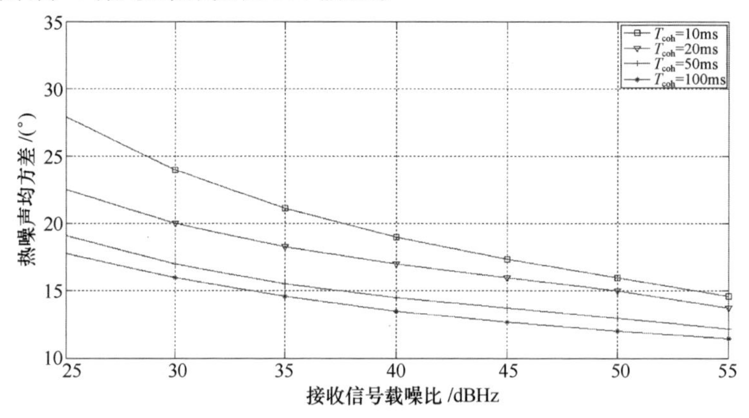

图 6.8　PLL 热噪声均方差(不同积分时间)(见彩图)

可以看出,延长预检测积分时间可有效降低锁相环路热噪声均方差,所以在环路跟踪稳定后适当延长积分时间,能够提高载波相位测量精度。由于导航信号上调制有电文数据,所以载波相位跟踪要采取科思塔斯环的形式,因此预检测积分时间也不能任意延长。

一种继续增加积分时间的实现方法如图 6.9 所示。当捕获到卫星信号且收齐了卫星星历后,在 1 ~2h 内,接收机可以推算出后续的导航电文数据,用这些数据辅助载波环,那么载波环就可以克服数据调制的影响,退化成纯 PLL,这样可以进一步延长积分时间,从而减小平方损耗,并且纯 PLL 可以使信号跟踪门限改善多达 6dB。

综合两种方法来说,缩窄环路带宽的方法是一种短期手段,需要即时准确地评估接收机的动态(速度、加速度),以便合理地设置环路带宽。从实际应用看,减小环路

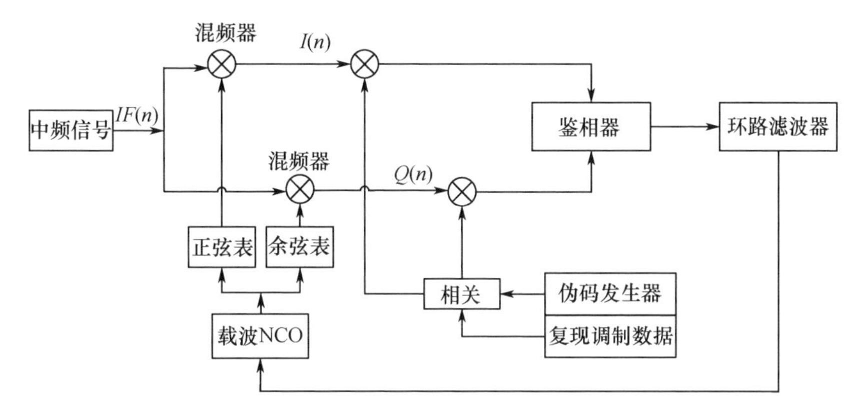

图 6.9　调制数据辅助载波环

带宽对削弱接收机噪声和提高载波精度有很大帮助,合理选择带宽是设计接收机必须考虑的问题。相对于环路带宽,延长预检测积分时间对环路噪声的改善相对较小,但适当延长积分时间也会对载波精度带来提升且不影响环路结构,合理选择积分时间也是接收机中必须考虑的问题。

继续增加积分时间是一种长期策略,需要存储很长时间的电文信息来剥离信号中的电文,这就对接收机的存储空间提出了要求。存储空间可能成为接收机设计的瓶颈,同时也增加了接收机环路设计的复杂度。在实际应用中需要在提高载波相位精度和降低接收机复杂度之间进行权衡。当前高精度接收机的载波相位精度可以达到 0.01 周。通过优化环路带宽,载波相位精度可以更高。

6.1.1.3　载波相位生成

前面介绍了单靠伪距单点定位无法满足高精度定位的需求。除了伪距外,接收机从卫星信号中获得的另外一个十分重要的基本测量值是载波相位。载波相位在厘米级甚至更高精度的定位中起着关键性作用,高精度载波相位提取是高精度应用的基本前提,载波相位质量的好坏直接关系到接收机定位的精度。因此利用载波相位实现高精度定位,首先就要做到高精度载波相位的获取。

从高精度接收机的信号处理工作流程分析,高精度载波相位获取是以在信号跟踪过程中的锁相环(PLL)为基础的。高精度接收机普遍采用的科思塔斯环路对由数据跳变所引起的载波相变不敏感,是一个可以对信号误差进行修正的闭合系统。图 6.10为一个典型的接收机锁相环路。为了提高载波相位的精度和稳定性,需要对高精度接收机锁相环路所采用的基准振荡器和环路滤波参数选择进行深入分析。

6.1.1.4　高精度载波相位获取

卫星导航接收机的主要相位误差源是相位颤动和动态应力误差。一种保守的经验就是跟踪门限大小为跟踪误差颤动不能超过 PLL 鉴相器的 1/4。一般接收机只考

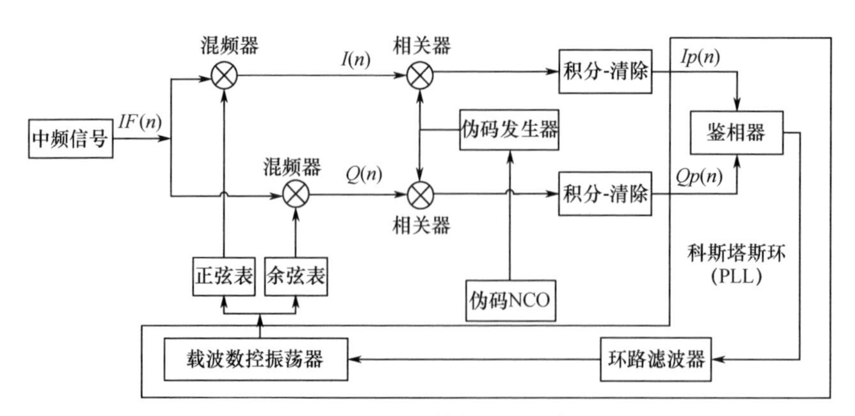

图 6.10 接收机锁相环路示意图

虑反正切载波相位鉴别器。对于相位牵引范围为 360°的无数据调制 PLL 四象限反正切鉴别器,3σ 经验门限是 90°。对于有数据调制的情况,必须使用 PLL 二象限反正切鉴别器,线性牵引范围为 180°,其 3σ 经验门限为 45°。相位颤动是每个不相关相位误差源的平方和叠加,这些误差包括热噪声、卫星振荡器的相位噪声、接收机本振颤动和阿伦方差、动态应力误差等。其中,接收机本振颤动和阿伦方差是每个通道所共有的误差,卫星振荡器的相位误差可以忽略,而且动态应力误差是小量级的瞬时误差,当采用 3 阶 PLL 后,也可以忽略,因此只需要考虑热噪声误差。

热噪声抖动与载噪比 C/N_0、噪声带宽 B_n 和预检测积分时间 T 密切相关,其数学公式为

$$\sigma_{\mathrm{PLL}} = \frac{1}{2\pi}\sqrt{\frac{B_n}{C/N_0}\left(1 + \frac{1}{2TC/N_0}\right)} \tag{6.13}$$

从式(6.13)中看,载噪比增加会使环路抖动显著下降,减小噪声带宽也会使环路抖动显著下降,涉及预检测积分时间的那一部分称为平方损耗,图 6.11 是热噪声抖动的仿真结果。

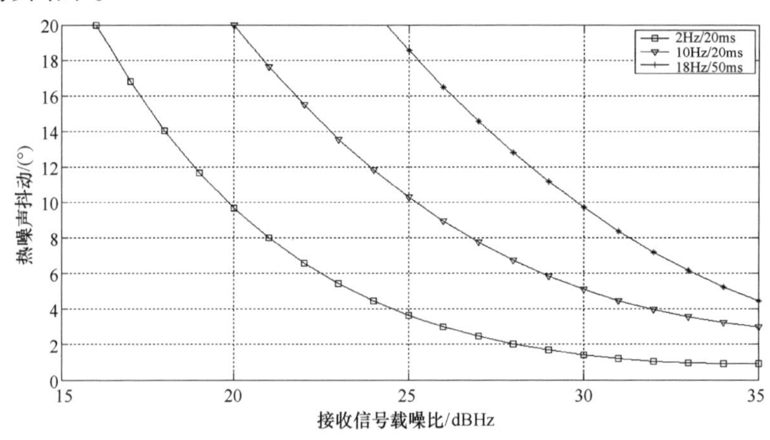

图 6.11 PLL 热噪声抖动

对于BDS的GEO卫星,由于信息速率为500bit/s,按照常规环路积分时间不能大于2ms,相比GPS的20ms积分时间,平方损耗会显著增大,信号弱时尤其明显。为了达到PLL抖动小于0.01周以上的指标,必须增加积分时间,具体实现方法如图6.12所示。通过提前预测电文并存储在接收机中,每2ms积分值再与对应的预测电文相乘,从而剥离积分值中的电文数据,剥离后的积分值即可进行更长时间的积分操作以减小平方损耗,提高跟踪精度。在当前高精度接收机设计中,该方法逐渐成为一种主流的处理策略和技术。

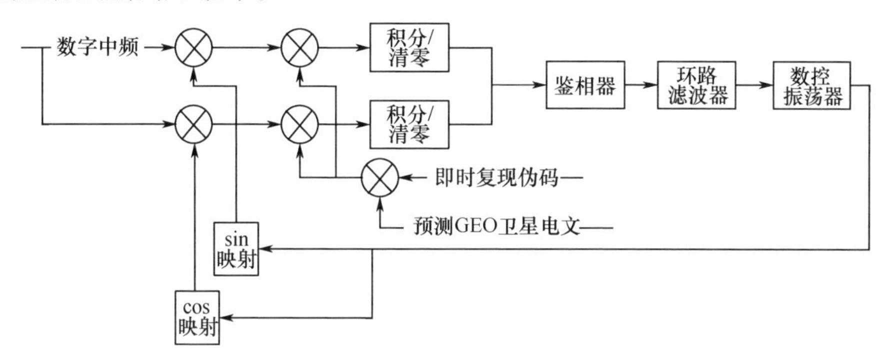

图6.12 GEO卫星长积分时间载波环

6.1.2 码环

6.1.2.1 码环跟踪原理

在跟踪过程中,有两方面原因会引起伪码相位变化。一是环路因输入高斯白噪声而引起的伪码相位抖动,另一方面因卫星与接收机之间的相对运动而引起的输入信号自身伪码相位的动态变化[10]。跟踪环路的主要目的在于协同这两方面的影响,从而使伪码相位跟踪误差最小。码跟踪环通常采用超前减滞后延迟锁定环。

伪码跟踪环由相关器、码相位鉴别器、环路滤波器和本地复制码发生器四部分组成[10]。在伪码跟踪环中,用本地复制的三种码:超前码(E)、即时码(P)、滞后码(L)与输入信号进行相关累加。累加后的相关值送入码相位鉴别器进行鉴相,经环路滤波器滤除噪声后,得到本地参考信号与输入信号的码相位差值,反馈给码相位调节器,用来调节本地码的相位值。其中码相位鉴别器选择归一化的超前减滞后包络鉴别器,去除对幅度的敏感性,以改善在信噪比快速改变条件下码跟踪环的跟踪性能。环路滤波器则是用于降低噪声以提高对误差信号的精确估计。本地码生成器根据误差控制信号不断调整本地码生成器,最终稳定跟踪输入信号的伪码相位。码跟踪环的即时支路相关值经判决后就是原始导航电文。

6.1.2.2 伪距

码环是整个接收机工作的基础,利用其输出的伪距实现单点定位是卫星导航领域最基本的定位方法。卫星导航接收机接收实际卫星信号,经过下变频后进入基带处理模块进行捕获跟踪，最后得到相应卫星的导航电文。通过导航电文可以获得卫星的星历参数，通过这些星历参数可以计算出卫星的空间位置。通过导航电文以及相关计数器还可以获得卫星信号的发射时间，并且粗略估算出卫星信号的本地接收时间，两者做差后乘以光速就得到了导航卫星到接收机天线的距离。理想情况下该距离就是卫星和接收机之间的实际距离。但是由于距离测量值受到大气延迟、多路径、接收机噪声等一系列误差源的影响，同时本地接收时间以及各种误差的改正模型和参数估计值存在一定的偏差，所以这里计算出的距离值并不是实际的几何距离，而是包含了各种误差项的距离，因而以伪距命名。

6.1.3 半无码跟踪技术

半无码跟踪技术主要解决 GPS L2 频点的伪距和载波相位提取问题。常见的无码、半无码跟踪算法前面已经介绍到了，主要有平方法、互相关法和 P 码辅助平方法。采用互相关法可避免平方法中所产生的半波长模糊度测量问题，而采用 P 码辅助平方法可减小带通滤波器的滤波带宽从而减少进入跟踪环路的噪声，减小信噪比的损失[11-12]。半无码跟踪技术是一种融合了以上算法优点的跟踪技术。该技术根据 W 码的时序关系进行进一步的优化和利用，是一种性能较优的 L2 载波跟踪算法。

6.1.3.1 半无码跟踪原理

半无码跟踪方法也叫 Z 跟踪方法，它结合了交叉相关和 P 码辅助 L2 平方法的优点，同时还利用了 W 码和 P 码之间的码长关系。Z 跟踪方法中考虑了 W 码的码长约为 P 码码长的 20 倍这一特性，L1 信号经过处理后可得到 W 码的估计值，再进一步剥离 L2 信号中的 W 码。半无码跟踪方法的原理如图 6.13所示。

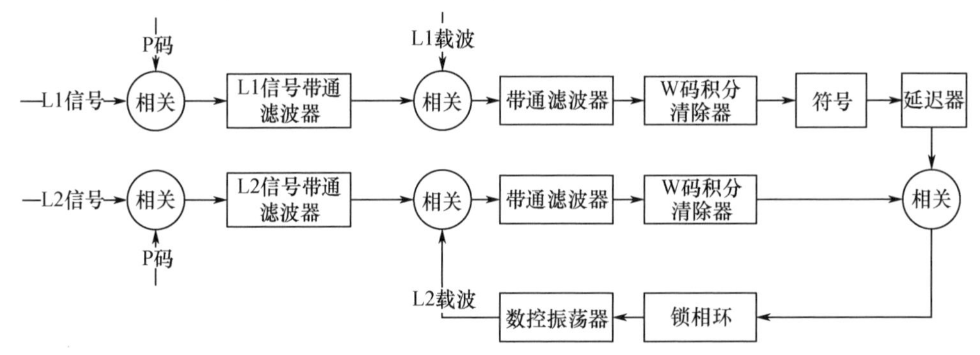

图 6.13 半无码跟踪原理

首先 L1 和 L2 信号与本地 P 码发生器产生的 P 码进行相关处理，在同一时刻，L1 和 L2 信号上调制的 P 码是相同的。当相关器的输出达到最大时，就保证了本地产生的 P 码和接收信号中的 P 码是对齐的。对齐后的相关器输出就完成了对 P 码的剥离，这样完成 P 码相关后的 L1 信号只调制有 C/A 码和 W 码，L2 信号就只调制

有1MHz带宽的W码。

针对L1信号进行处理,待L1信号跟踪稳定后,将L1信号带通滤波器的输出与从C/A码中恢复的L1信号载波进行混频。混频后的输出经低通滤波器后进行积分累加,积分时间为W码的码长。W码频率有0.511MHz和0.465MHz两种,这两种W码是交替发生的。首先20个P码生成为一个W码,持续有11个W码周期,然后紧接着22个P码为一个W码,再持续21个W码周期。这样由两个W码周期生成一个H周期,P码的相关累积可以在一个W码内进行。这样积分累加后输出信号的符号就可以作为W码的符号估计。

用相同的方式对L2信号进行相关累加,因为L2信号上的P码受到电离层影响产生的延迟大于L1信号上P码的延迟,可以认为L2信号上的P码是L1信号上的P码延迟后所得。因此,在L1支路上增加一个可控延时器,这样就可以实现L1和L2支路上P码与W码的同步。将两路信号进行相关处理,可以剥离掉W码,即可进入到锁相环内开始对L2的全载波进行跟踪。之后的锁相过程与L1信号相同,最终得到L2的载波相位测量值。

6.1.3.2　跟踪性能分析

半无码跟踪环路经过测试,能够正常跟踪到10颗GPS卫星的L1和L2P信号,而L2P信号的信噪比要比相同卫星的L1信号低5dB到10dB不等。损耗值取决于接收信号能量,接收能量越高,损耗越小。半无码跟踪技术实现了L2载波相位的测量,并且整波长测量有利于整周模糊度的解算。平方损耗的减小可以提高载波相位测量精度,减小周跳发生概率,提高载波相位的数据质量。

在L2载波复现过程中,无论是无码还是半无码技术,都采用了相关处理,在锁相环带宽内会造成一定的信号损失,这会导致信噪比降低。环路的信噪比损失一般用相关带来的平方损耗来评估。

如果相关结果I_p和Q_p中的噪声分别为ε_i和ε_q,那么可以得到平方后的相关功率信号值为

$$P_{L2} = (I_p + \varepsilon_i)^2 + (Q_p + \varepsilon_q)^2 = P_0 + (2I_p\varepsilon_i + 2Q_p\varepsilon_q) + (\varepsilon_i^2 + \varepsilon_q^2) \tag{6.14}$$

式中:最后一项的均值不为0,这种噪声无法被环路中的滤波器滤除,因此产生了平方损耗,造成信噪比下降。对于使用科思塔斯环的锁相环路来说,环路的平方损耗L_{sq}可以按照如下公式计算:

$$L_{sq} = \mathrm{SNR}_1 - \mathrm{SNR}_e = \frac{2\mathrm{SNR}}{B_0 + 2\mathrm{SNR}} \tag{6.15}$$

式中:SNR为信号的信噪比;B_0为环路滤波器所采用的环路带宽。得到L2信号的载噪比和滤波带宽,就可以用式(6.15)计算出各种方法的平方损耗结果。具体的测试结果如图6.14所示。

从结果可以看到,平方法损失最大。互相关法由于使用了L1信号,L1信号相对

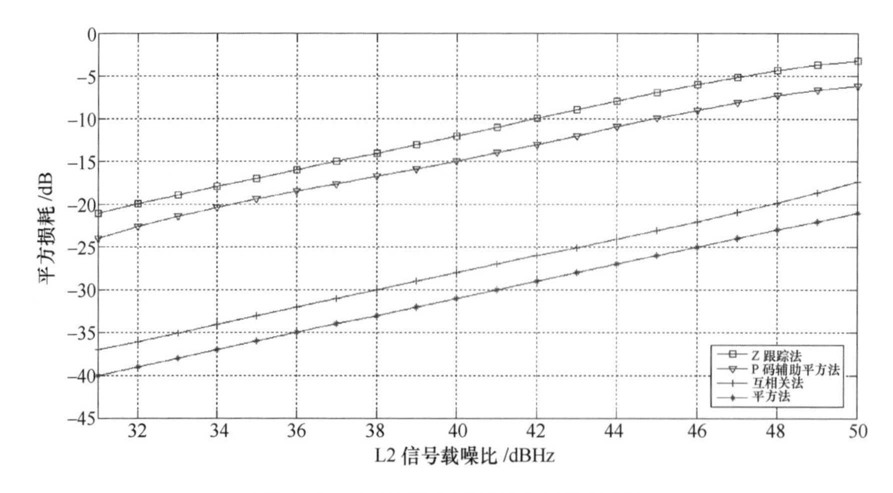

图 6.14 L2P 平方损耗结果(见彩图)

于 L2 信号要强 3dB,这样使得互相关法的损耗比平方法小一些。P 码辅助 L2 平方法由于和本地 P 码做了相关处理,因此信噪比有较大提升。Z 跟踪中由于 L1 信号相对于 L2 信号要强 3dB,并且在 W 码确定之前已经与本地 P 码进行了相关处理,剥离掉了 L1、L2 载波上的 P 码。使得相关后的信号带宽由 20MHz 缩小为 1MHz,所以 Z 跟踪方法中的平方损耗小于 P 码辅助 L2 平方法。Z 跟踪方法中的信噪比较 P 码辅助 L2 平方法高 3dB。

6.1.4 比特同步和帧同步

同步在导航接收机中分为比特同步和帧同步。同步技术在常规接收机中已有较多介绍,对此感兴趣的读者可以参考文献[13]。在高精度接收机设计中为快速恢复载波,实现快速的同步技术是关键,尤其是对载波半周的恢复更为重要。

6.2 高精度数据处理技术

受到码环跟踪精度和多路径效应的影响,GNSS 测距码的跟踪精度通常在几分米至几米之间,并只能获得亚米级至米级精度的定位结果。对于更高精度的定位,则需要使用载波相位观测值参与定位计算。载波相位观测值的精度在毫米至厘米级,但是载波相位观测值仅能观测不足一周的小数部分和连续跟踪过程中载波相位的整周数,无法直接恢复成为高精度的距离观测值。载波相位观测值中包含的初始状态下未知的整数载波周期通常称为载波相位整周模糊度。一旦正确恢复了载波相位整周模糊度,载波相位观测值就可以看作高精度距离观测值,从而进一步获得厘米甚至毫米级的定位精度。在 PLL 跟踪过程中,如果信号受到遮挡或者干扰,产生了意外中断,则会使载波相位跟踪不连续,从而导致载波相位的模糊度发生变化,这种现象

称为周跳。如果周跳未被正确处理,则会给载波相位观测值引入未知的测距偏差,从而影响定位精度。因此,通常情况下需要在定位计算之前正确地探测和处理周跳问题。周跳检测与修复问题通常也称为载波相位观测值的数据预处理。周跳检测和载波相位整周模糊度确定是 GNSS 高精度定位的关键技术。

6.2.1 周跳探测与修复

在载波环路连续跟踪的过程中,意外的信号中断导致载波相位整周数累计计数发生错位,这种情况称为载波相位的整周跳变或者周跳。引起周跳的原因很多,包括卫星信号被障碍物阻挡而无法到达接收机,或者外界干扰和接收机动态条件恶劣而引起卫星信号的暂时失锁等。

在载波相位测量的数据处理中,周跳探测与修复一直是相位观测数据处理中比较棘手的问题。如果周跳未能被准确探测到或未得到有效修复,势必影响到模糊度确定以及定位精度。正确、高效的周跳探测与修复方法是正确求解模糊度、求解高精度定位的前提条件。

探测及修复周跳的方法有高次差法、多项式拟合法、卡尔曼滤波法、组合观测值法等。不同周跳探测方法的前提条件、计算复杂度以及应用效果等各不相同。其中通过观测值组合的方法是一种常见的周跳探测手段。组合观测值法包括电离层残差法、双频码相(MW)组合法、伪距相位组合法等[14]。下面介绍几种经典的周跳探测方法及其特点。

6.2.1.1 电离层残差法

对于双频接收机,可输出两个载波频率 f_1 和 f_2 的观测数据。对某一卫星的双频载波相位观测值可写为

$$\begin{cases}\phi_1 = \dfrac{f_1}{c}\rho + f_1\delta t_R - f_1\delta t^S - \dfrac{f_1}{c}I_1 - \dfrac{f_1}{c}T + N_1 \\ \phi_2 = \dfrac{f_2}{c}\rho + f_2\delta t_R - f_2\delta t^S - \dfrac{f_2}{c}I_2 - \dfrac{f_2}{c}T + N_2\end{cases} \tag{6.16}$$

式中:δt_R、δt^S 分别为接收机端和卫星端钟差;I_i 为第 i 个频率上的电离层延迟(以米为单位);T 为对流层延迟;N_1、N_2 分别为 L1 和 L2 上的载波相位整周模糊度。

采用双频载波相位的组合,并考虑到电离层折射改正 $I_i = A/f_i^2$,其无几何(GF)距离组合可表示为

$$\phi_{GF} = \phi_1 - \frac{f_1}{f_2}\phi_2 = N_1 - \frac{f_1}{f_2}N_2 - \frac{A}{cf_1} + \frac{f_i A}{cf_2^2} \tag{6.17}$$

无几何距离组合可消除卫星与测站间的距离项和卫星与接收机的钟差项以及大气对流层折射改正项,只剩下整周数之差和电离层折射的残差项。如果载波相位连续跟踪,则整周项为一个常数,ϕ_{GF} 中时变的部分是由电离层残差项引起的。对于电

离层活动平静的年份,电离层残差的变化缓慢,可通过前后两个历元的无几何距离组合观测值形成历元间差分观测值用于周跳探测,这种方法称为电离层残差法。

电离层残差法探测周跳的优点是:观测值组合 ϕ_{GF} 中各参数仅涉及频率,取决于电离层残差影响,无须预先知道测站和卫星的坐标。电离层残差法是双频观测数据主流的周跳探测方法之一。缺点是不能顾及多路径效应和测量噪声的影响,不能判别周跳出现在哪个频率的观测值上。若两个载波相位的周跳比接近其频率,也是检测不到周跳的。

6.2.1.2 MW 组合法

MW 组合是一种巧妙的伪距和载波相位组合方式。该组合通过宽巷载波相位组合减去窄巷伪距组合的方式消除了几乎所有的误差项,仅剩下宽巷模糊度项和观测噪声,因此,该方差非常适合用于模糊度解算和周跳检测。MW 组合的定义为

$$L_{MW}=\frac{1}{f_1-f_2}(f_1L_1-f_2L_2)-\frac{1}{f_1+f_2}(f_1P_1+f_2P_2)=-\lambda_w N_w \tag{6.18}$$

式中:L_{MW}为 MW 组合观测值(m);L_1、L_2 为以米为单位的载波相位观测值;λ_w 和 N_w 为宽巷组合的波长和宽巷模糊度。

如果 L_1 和 L_2 上的载波相位保持连续跟踪,则 MW 组合观测值 L_{MW}应是一个常数。一旦 L_{MW}发生了明显跳变,则可判断 L_1 或 L_2 上发生了周跳。MW 组合也是双频周跳检测的常用方法之一,但由于 L_{MW}的构造中使用了伪距观测值,其小周跳的探测能力一定程度上取决于伪距观测值的精度。

6.2.1.3 伪距相位组合法

对于单频观测数据处理,通常采用伪距相位组合的方法进行周跳检测。通过单频的观测数据构造无几何距离观测量可表示为

$$L_{PL}=P_i-\lambda_i\Phi_i=2I_i-\lambda_iN_i+\varepsilon_P \tag{6.19}$$

式中:L_{PL}为单频伪距相位组合观测值,该观测值中仅剩余 2 倍的电离层影响,模糊度参数和伪距观测噪声。如果不发生周跳,则模糊度项保持不变,该组合观测值的变化主要受电离层和观测噪声影响。与双频载波相位无几何距离组合相比,该组合的电离层残差变大,而且引入伪距后,该组合的观测噪声也变大了。该组合的周跳探测性能取决于伪距噪声的水平,而且该组合无法检测小周跳。截至目前,仍然没有特别有效的方法处理单频观测数据中的小周跳。

6.2.2 整周模糊度解算

在载波相位测量中,对一颗卫星进行连续跟踪观测。首次对该卫星进行载波相位测量,由于载波是不带任何标记的余弦波,所以用户无法知道正在量测的是第几周的载波,故在载波相位观测量中会出现整周模糊度的问题,在后面所有历元的观测中均包含有相同的初始历元模糊度 N_0[15-16]。从第二个历元开始,接收机的实际观测值是由从首次观测至当前历元累计的整周计数及不足一整周的部分组成。只有准确

地确定 N_0 的值,才能获得高精度的定位结果。否则,即使相位观测量的精度很高,也没有意义。

载波相位的值确定后,载波相位观测方法和码相位观测方法是一致的。但是,在确定载波相位的过程中,整周模糊度的确定是一个关键问题。准确和快速解算整周模糊度,对于保障相对定位的精度,缩短观测时间以提高作业效率是极其重要的。

由于整周模糊度在确定载波相位实际观测值的过程中起到至关重要的作用,对解算整周模糊度方法的研究,尤其是对快速解算方法的研究,得到了卫星导航接收机的制造厂家、数据处理软件的开发和设计人员以及广大导航用户的高度重视。

6.2.2.1　高精度定位解算的流程

基于载波相位的 GNSS 定位模型,其数学模型可以表达为混合整数线性模型,表示为

$$\begin{cases} E(y) = (A, B)\begin{pmatrix} a \\ b \end{pmatrix} \\ D(y) = \boldsymbol{Q}_{yy} \end{cases} \tag{6.20}$$

式中:a 和 b 分别是整数型和实数型参数。整数型参数主要指载波相位模糊度参数。实数型参数包括接收机坐标,钟差,对流层延迟,电离层延迟,码偏差等。不同的定位模型对应的实数型参数类型也不相同。A 和 B 分别是整数型和实数型参数对应的设计矩阵。观测矢量 y 服从多元正态分布,其随机特性由其方差-协方差矩阵 $\boldsymbol{Q}_{yy}$ 反映。整周模糊度的解算通常分为四个步骤:

(1) 利用伪距和载波相位观测值建立 GNSS 精密定位的观测方程。

(2) 利用标准的最小二乘法或者卡尔曼滤波方法估计参数的实数解。这一步暂不考虑模糊度参数的整数特性,因此对应的参数估值称作"浮点解"。

(3) 利用模糊度参数的浮点解作为输入,选择合适的整数估计器将模糊度浮点解固定为整数。

(4) 利用模糊度接受性检验判断整数模糊度的可靠性。如果模糊度接受性检验通过,则更新实数型参数,获得其对应的固定解,如果模糊度接受性检验拒绝,则使用浮点解作为最终定位结果。

整周模糊度解算流程如图 6.15 所示。

对于静态基线解算的情况,模糊度可以通过长时间平均后取整或者通过自举(Bootstrapping)的方法直接计算。对于快速模糊度固定的情况,模糊度之间存在比较强的相关性,直接取整成功率不高,通常需要使用搜索的方法来确定最优的模糊度整数解。早期的模糊度搜索分为坐标域内模糊度搜索和模糊度域内模糊度搜索。坐标域内模糊度搜索的典型方法是模糊度函数法,它利用余弦函数对整周数不敏感的特性,将模糊度域内的搜索转化为坐标域内的搜索,但计算量通常较大。模糊度域内的模糊度搜索方法比较多,典型算法有快速模糊度解算方法(FARA)、最小二乘模糊度搜索算法(LSAST)、快速模糊度搜索滤波器(FASF)法及最小二乘模糊度降相关平

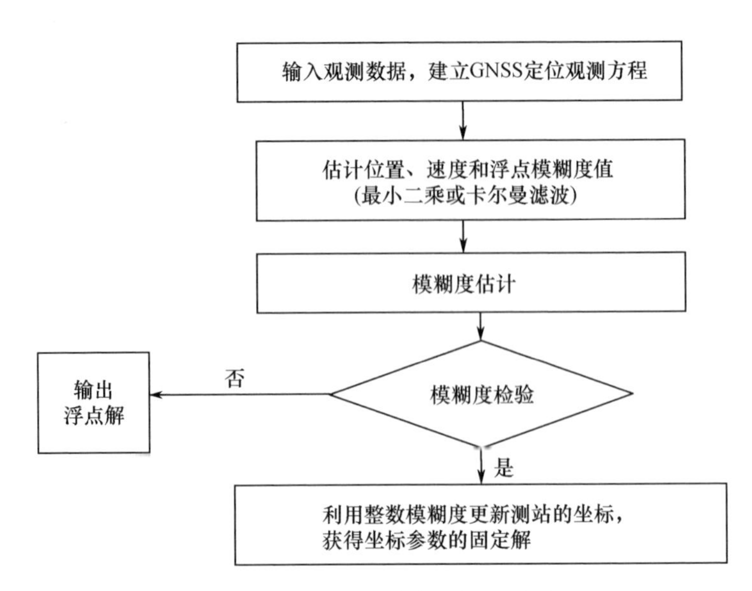

图 6.15　整周模糊度解算流程图

差(LAMBDA)法等。本节重点介绍 FARA 和 LAMBDA 法的原理。

6.2.2.2　快速模糊度解算法

整数最小二乘方法的目标函数可表示为

$$(\hat{\boldsymbol{a}}-\bar{\boldsymbol{a}})^{\mathrm{T}}\boldsymbol{Q}_{\hat{a}\hat{a}}^{-1}(\hat{\boldsymbol{a}}-\bar{\boldsymbol{a}})=\min \tag{6.21}$$

式中：$\hat{\boldsymbol{a}}$为初始解中求得的一组模糊度实数解；$\boldsymbol{Q}_{\hat{a}\hat{a}}$为模糊度实数的协因数阵；$\bar{\boldsymbol{a}}$为备选整数模糊度组合。式中顾及参数相关性的标准化距离$\sqrt{(\hat{\boldsymbol{a}}-\bar{\boldsymbol{a}})^{\mathrm{T}}\boldsymbol{Q}_{\hat{a}\hat{a}}^{-1}(\hat{\boldsymbol{a}}-\bar{\boldsymbol{a}})}$通常称为马氏(Mohalanobis)距离。整数最小二乘法的目标函数可描述为搜索到模糊度浮点马氏距离最近的整数解。

虽然可以通过一定的搜索算法从备选组中挑选出正确解，但由于备选组中的组合数往往十分巨大，故而计算工作量十分庞大。FARA 的实质就是在代入式(6.21)进行计算前，先对备选组进行数理统计检验。先利用统计检验的方法把大量不合理备选组剔除掉，以减少计算工作量，提升模糊度搜索效率。

FARA 的基本思想如下：利用来自初始平差的统计信息选择搜索范围；使用方差—协方差阵信息排除那些从统计观点上看无法接受的模糊度组；应用统计假设检验选择正确的模糊度组。具体算法实现如下：

第一步：根据载波相位观测值并通过平差过程估计出双差模糊度的实数值，同时也计算出未知参数的协因数阵及验后单位权方差(验后方差因子)。根据这些结果，也可以计算出未知参数的方差-协方差阵及模糊度的标准差。

第二步：基于模糊度实数值的置信区间确定模糊度搜索的范围。

FARA 利用模糊度浮点解和两浮点解之差的置信区间来缩小模糊度的搜索空

间。对于任意模糊度参数$\hat{a}_i$,其置信区间可表示为

$$P(\Delta\hat{a}_i - km_{\hat{a}_i} \leqslant \Delta\hat{a}_i \leqslant \Delta\hat{a}_i + km_{\hat{a}_i}) = 1-\alpha \tag{6.22}$$

式中:$k=x(f,\alpha/2)$为自由度为f,置信水平为$1-\alpha$学生分布的双尾分位值;$m_{\hat{a}_i}=\sigma_0\cdot\sqrt{q_{a_{i,i}}}$,是第$i$个模糊度的验后标准差;$\sigma_0$为初始解中的验后单位权中误差,$q_{a_{ii}}$为第$i$个模糊度参数的协因数阵中对应的元素。

任意两个整数模糊度参数$\hat{a}_i$和$\hat{a}_j$之差记作$\Delta\hat{a}_{ij}$,这两个模糊度差值的置信区间可表示为

$$P(\Delta\hat{a}_{ij} - km_{\hat{a}_{ij}} \leqslant \Delta\hat{a}_{ij} \leqslant \Delta\hat{a}_{ij} + km_{\hat{a}_{ij}}) = 1-\alpha \tag{6.23}$$

式中:$m_{\hat{a}_{ij}}=\sigma_0\sqrt{q_{a_{ii}}-2q_{a_{ij}}+q_{a_{jj}}}$;$q_{a_{ii}}$, $q_{a_{ij}}$, $q_{a_{jj}}$为协因数阵中的相应元素。

第三步:确定最优整数备选矢量。

对于每一个在统计上被接受的模糊度备选整数组,利用整数最小二乘的方法确定最优备选整数。该过程是逐个将整数模糊度备选集合中的备选值代入式(6.23)计算,寻找最优解。

第四步:对最优解进行接受性检验。模糊度接受性检验的方法有多种,其中应用比较广泛的有区分性检验以及验后单位权中误差检验等。

对模糊度最优解的检验可利用整数解单位权中误差与初始解单位权中误差的一致性判断,如果整数解的单位权中误差与验前单位权中误差存在显著差异,则拒绝最优解。此外,最常见的是基于整数解中最优解与次优解马氏距离可区分性的检验,例如比率检验或者差异检验等。如果模糊度浮点解到整数最优解的马氏距离显著小于次优解,则认为整数最优解是可靠的。

6.2.2.3 最小二乘模糊度降相关平差(LAMBDA)

LAMBDA法是Teunissen教授于1993年提出的,形成了目前理论最完善的模糊度解算理论体系。LAMBDA法的基本思想是通过一系列高斯初等变换达到降相关的目的,再利用整数最小二乘估计器确定最优整数。

LAMBDA法的计算过程可以分为3个步骤:

(1) 通过整数高斯变换(z变换),降低模糊度的相关性,改善模糊度搜索空间;

(2) 在变换后的z域内,利用整数最小二乘方法确定最优整数模糊度;

(3) 通过逆变换$\boldsymbol{Z}^{-\mathrm{T}}$把搜索到的模糊度转换回原始模糊度。

实现整数变换的方法有多种,包括高斯整数变换、联合变换、LLL降相关、截断SVD变换等,其中高斯整数变换应用最为广泛。

对初始解中的实数模糊度参数$\hat{\boldsymbol{a}}=(\hat{a}_1,\hat{a}_2,\cdots,\hat{a}_n)$及其协因数阵$\boldsymbol{Q}_{\hat{a}\hat{a}}$进行整数变换:

$$\begin{cases}\hat{z}=\boldsymbol{Z}^{\mathrm{T}}\hat{\boldsymbol{a}}\\ \boldsymbol{Q}_{\hat{z}\hat{z}}=\boldsymbol{Z}^{\mathrm{T}}\boldsymbol{Q}_{\hat{a}\hat{a}}\boldsymbol{Z}\end{cases} \tag{6.24}$$

式中:$\boldsymbol{Z}$为整数变换矩阵。整数变换具有下列特点:当a为整数时,变换后的参数z

也为整数;反之亦然,当 z 为整数时,经逆变换后所得的 $a=\boldsymbol{Z}^{-\mathrm{T}}z$ 也为整数。整数变换并不是唯一的。整数变化后所得到的新参数 $\hat{z}=(\hat{z}_1,\hat{z}_2,\cdots,\hat{z}_n)$ 之间的相关性能显著减小,其协因数阵 $\boldsymbol{Q}_{\hat{z}\hat{z}}$ 中的非对角线元素 $\leqslant 0.5$,模糊度参数的方差也能大幅度减小。

将相关的过程在不改变模糊度真值的条件下,缩小模糊度的搜索空间。因此降相关过程可以认为是一种提升计算效率的优化策略。LAMBDA 算法的核心还是整数最小二乘估计法。整数估计器有多种,常见的有整数舍入估计器、整数自举估计器以及整数最小二乘估计器。其中整数最小二乘估计器被证明是一种最优的整数估计器。整数最小二乘估计器的目标函数为

$$\operatorname{argmin}(\hat{\boldsymbol{a}}-\boldsymbol{a})^{\mathrm{T}}\boldsymbol{Q}_{\hat{a}\hat{a}}^{-1}(\hat{\boldsymbol{a}}-\boldsymbol{a}),\hat{\boldsymbol{a}}\in\mathbb{R}^n,\boldsymbol{a}\in\mathbb{Z}^n \tag{6.25}$$

由于模糊度固定解是整数矢量,具有离散性,上述优化问题无法直接使用大部分优化算法。通常情况下,只能通过搜索算法来求整数最小二乘的最优解。从搜索算法的角度来讲,有两种最优解的整数最优解搜索算法。第一种是椭球搜索法,第二种是 Z 字形搜索算法。

早期版本的 LAMBDA 算法采用椭球搜索法,其原理是以浮点解 $\hat{z}$ 为中心,根据其方差—协方差矩阵 $\boldsymbol{Q}_{\hat{z}\hat{z}}$ 和给定的显著性水平确定一个搜索椭球,即:

$$(\hat{z}-z)^{\mathrm{T}}\boldsymbol{Q}_{\hat{z}\hat{z}}^{-1}(\hat{z}-z)\leqslant\chi^2 \tag{6.26}$$

搜索椭球的大小可根据 χ^2 分布表和显著性水平确定。只要能确保搜索空间包含最少一个网格点(各坐标分量都为整数的点),它就包含所需要的解。为确保这一点,χ^2 的值不能选得太小,但是也不能选得太大,以免包含大量不必要的网格点。

搜索出椭球内所有的整数点后,逐个计算浮点解到这些整数点的马氏距离,找到马氏距离最短的一个整数点,该点就认为是最优整数解。

确定了最优的整数解 $\breve{z}$ 后再进行整数逆变换:

$$\breve{a}=\boldsymbol{Z}^{-\mathrm{T}}\breve{z} \tag{6.27}$$

求得浮点解 $\hat{a}$ 对应的最优整数解 $\breve{a}$。

另一种 Z 字形搜索算法在计算效率上比椭球法效率更高,而且不会发生最优解漏检问题,因此被广泛应用。其基本原理是首先对 $\hat{z}$ 取整作为模糊度固定解的初值,计算浮点解模糊度和固定解初值之间的马氏距离。从第一维开始分别向模糊度固定解初值的左侧和右侧分别搜索,如果马氏距离变大,则放弃,如果距离缩小,则更新模糊度固定解的初值为当前整数解。

6.3 相对定位技术

GNSS 定位精度主要受制于各种误差源的影响,这些误差源归纳起来可分为与卫星相关的误差源,与传播路径相关的误差源和与接收机相关的误差源。处理这些

误差源的通用方法有消除法,建模法,参数估计法等。采用相对定位的方式就是利用两台接收机之间误差源的相似性,通过差分方式消除大部分误差源,从而提升定位精度,因此相对定位通常也称为差分定位。从改正数类型来划分,相对定位可分为坐标域差分和观测值域差分,近些年又兴起了参数域的差分形式。从观测值类型的角度来划分,相对定位技术又划分为伪距差分和载波相位差分。伪距差分仅使用伪距观测进行相对定位,定位精度一般在亚米至米级。载波相位差分定位同时使用伪距和载波相位观测值进行定位,固定解定位精度一般情况下为厘米级。对于长时间静态相对定位解算,其精度可达毫米级,可用于变形监测,大地测量参考框架和地球物理等高精度领域。从定位时效性的角度讲,相对定位解算可分为实时差分定位和后处理差分定位。从基站角度来划分,可分为单基站差分定位和多基站差分定位。基于载波相位的实时动态差分定位通常情况下称为RTK定位技术,而基于伪距的实时动态差分定位技术称为实时差分(RTD)。多基站载波相位的实时动态差分定位技术通常称作网络实时动态(NRTK)技术。

6.3.1 相对定位的数学模型

建立合理的函数模型和随机模型是相对定位处理中的首要和关键问题。

6.3.1.1 函数模型

自20世纪80年代以来,双差定位模型可有效地确定用户与参考站之间的相对位置。双差模型即通过两次差分来构建观测方程,差分过程描述如下:

(1)站间差分。

双差模型需要至少两台接收机,其中一台具有已知坐标。安装在已知点上的接收机称为参考站;坐标待定的接收机通常称为流动站。站间差分即将流动站和参考站之间的观测值进行差分,记作

$$\begin{cases}\Delta P_i = \Delta\rho + \Delta \mathrm{d}t_i^{\mathrm{R}} + \Delta I_i + \Delta\delta_{\mathrm{trop}} + \Delta\varepsilon_{\mathrm{P}i} \\ \Delta\phi_i = \Delta\rho + \Delta \mathrm{d}T_i^{\mathrm{R}} - \Delta I_i + \Delta\delta_{\mathrm{trop}} + \lambda_i \Delta N_i + \Delta\varepsilon_{\phi i}\end{cases} \tag{6.28}$$

式中:Δ为站间差分运算符。在站间差后,大部分卫星相关的误差都被消除。如果两个接收机足够接近,则可以忽略剩余的传播路径相关的误差。同时,星间差分也消除了几何距离的共同部分。剩下的$\Delta\rho$只对两个站之间的基线矢量敏感。因此,站间差分观测值只能用于相对定位。另一方面,单差后的接收机钟差$\Delta \mathrm{d}T_i^{\mathrm{R}}$和模糊度偏差$\Delta N_i$成为相对偏差。单差模糊度$\Delta N_i$仍然无法恢复其整数性质,因为它仍然受到相对接收机的偏差$\Delta \mathrm{d}T_i^{\mathrm{R}}$的影响。站间差分有助于消除卫星端的偏差,并以丢失有用信息为代价削弱传播路径相关的偏差。首先,差分后的观测值中不再含有绝对几何距离信息,因此单差后的观测值无法实现严格意义上的绝对定位。其次,站间差分后的大气误差也变成了相对大气延迟,因此站间差分后也无法提取绝对的大气总延迟。

（2）星间差分。

为了恢复模糊度参数的整数性质，必须处理接收机相关的误差。通过形成星间差分观测值可以消除接收机相关的误差。在星间差分后，形成了双差的观测值，可表示为

$$\begin{cases} \nabla\Delta P_i = \nabla\Delta\rho + \nabla\Delta I_i + \nabla\Delta\delta_{\text{trop}} + \nabla\Delta\varepsilon_{\text{P}i} \\ \nabla\Delta\phi_i = \nabla\Delta\rho - \nabla\Delta I_i + \nabla\Delta\delta_{\text{trop}} + \lambda_i\nabla\Delta N_i + \nabla\Delta\varepsilon_{\phi i} \end{cases} \tag{6.29}$$

式中：∇为星间差分算子。在星间差分后，从双差观测值中消除了接收机相关的误差。星间差分和站间差分在形成双差观测值中具有不同作用。星间差分不能显著减少传播路径相关的误差源，因为来自不同卫星的传播路径明显不同。另一个重要的区别是星间差分给双差观测值引入了数学相关性。双差观测值不再是数学上独立的观测值。

对于双差定位模型，用户最关心的是与用户坐标相关的几何距离项。双差电离层延迟和对流层延迟项对于定位而言仍是误差源，需要采用合适的处理策略将其影响消除才能够获得高精度定位结果。对于短基线模型，双差观测值中残余的电离层和对流层的影响可忽略不计，此时双差观测方程可进一步简化，这种模型称为短基线模型。短基线模型的载波相位方程中仅包含位置参数和模糊度参数，因此该模型具有较好的模型强度，可以快速可靠地固定模糊度。对于长基线，参考站和流动站之间的传播路径相关性较弱，双差电离层和对流层延迟的残余量无法忽略，此时则需要额外引入电离层参数和对流层参数来吸收它们的残余误差影响。在相同的观测方程条件下，引入额外的参数必然影响参数的估计精度，因此长基线模型的模糊度很难直接固定，通常需要通过多个历元的收敛才能够正确固定。此外还有一种介于长基线和短基线之间的模型，称为中长基线模型。关于中长基线的长度问题，没有统一的定义，一般情况下认为是几十千米的基线。中长基线的特点是双差电离层和对流层延迟能够部分消除，但是仍有部分残余量无法忽略。中长基线也可以直接使用参数估计的方法消除双差电离层和对流层延迟的影响，但是其延迟量通常不大，可以利用先验信息合理地约束电离层和对流层延迟参数，这种模型称为中长基线模型。中长基线模型和长基线模型相比，通过先验信息提升了模型强度，也提升了模糊度解算的效率和成功率。

6.3.1.2 随机模型

在形成双差观测值的过程中，单差或双差观测值是原始观测值的线性组合。假设各颗卫星原始非差观测值之间相互独立且等精度，双差观测值之间的协方差阵可由线性组合系数导出，得到双差观测值的等方差模型。

在实际数据处理中，非差载波相位观测值之间不相关并且等精度的假设是很难成立的，一般可以采用高度角加权模型或载噪比加权模型。基于卫星高度角加权的随机模型和基于载噪比加权的随机模型在一定程度上是理想随机模型的近似，高度角加权模型利用载波相位信号的观测质量与高度角的关系得到观测值的方差，而载

噪比加权模型则基于载波相位信号观测质量本身(即载噪比)来确定观测值的方差。这两种模型在单系统的随机模型建立中使用较多。

除了建立经验的高度角定权模型和载噪比定权模型外,随机模型还可以利用观测值线性组合或者验后残差进行方差分量估计。对于多个方差因子问题,可以使用赫尔默特方差估计方法进行估计。如果需要估计完整的方差协方差矩阵,则需要利用最小范数二次无偏估计器(MINQUE)、最优不变二次无偏估计器(BIQUE)和附有约束的极大似然估计(RMLE)。另一方面,最小二乘方差分量估计(LS-VCE)方法也是一种通用的方差—协方差估计的方法。这些方差分量估计的方法往往需要大量的观测值积累才能获得准确的参数估值,因此通常用于后处理计算。

对于实时方差分量估计,可以使用基于卡尔曼滤波的自适应定权法。该方法的具体实现如下:

$$\begin{cases} \boldsymbol{v}_{z_k} = \boldsymbol{z}_k - \boldsymbol{H}_k \hat{\boldsymbol{x}}_k \\ \boldsymbol{Q}_{v_{z_k}} = \dfrac{1}{m}\sum_{i=0}^{m-1} \boldsymbol{v}_{z_{k-i}} \boldsymbol{v}_{z_{k-i}}^{\mathrm{T}} \approx R_k - \boldsymbol{H}_k \boldsymbol{Q}_{\hat{x}_k} \boldsymbol{H}_k^{\mathrm{T}} \\ \hat{R}_k = \boldsymbol{H}_k \boldsymbol{Q}_{\hat{x}_k} \boldsymbol{H}_k^{\mathrm{T}} + \dfrac{1}{m}\sum_{i=0}^{m-1} v_{z_{k-i}} \boldsymbol{v}_{z_{k-i}}^{\mathrm{T}} \end{cases} \tag{6.30}$$

式(6.30)的基本思想是利用前几个历元的残差信息得到当前历元观测值的噪声阵。实际应用时,滤波残差应该由固定解计算得到,因为浮点解含有残余的模型误差。这种方法在执行时还需考虑下面几个问题:如何顾及短时间内随机模型的较强相关性的影响以及如何确定在线估计的移动窗口大小。

6.3.2　实时动态(RTK)差分技术

基于载波相位的差分技术是目前应用最广泛的GNSS高精度定位技术。通过站星双差可以消除或者削弱测量误差,从而提升定位精度[17]。

载波相位差分技术的基础是高精度的载波相位测量值,载波相位观测方程式可以表示为如下形式:

$$\varphi = \lambda^{-1}(\rho + c(\delta t_{\mathrm{u}} - \delta t^{(s)}) - I + T) + N + \varepsilon_{\varphi} \tag{6.31}$$

在两个观测点1和2上,分别设置有基准站接收机B和流动站接收机M,同时基准站坐标(X,Y,Z)是精确已知的。

首先可以得到同一时刻两台接收机跟踪同一颗卫星S_i的卫星信号,根据载波相位的表达式可以得到两台接收机的载波相位表达式如下:

$$\varphi_{\mathrm{B}}^{(i)} = \lambda^{-1}(\rho_{\mathrm{B}}^{(i)} - I_{\mathrm{B}}^{(i)} + T_{\mathrm{B}}^{(i)}) + f(\delta t_{\mathrm{B}} - \delta t^{(i)}) + N_{\mathrm{B}}^{(i)} + \varepsilon_{\varphi,\mathrm{B}}^{(i)} \tag{6.32}$$

$$\varphi_{\mathrm{M}}^{(i)} = \lambda^{-1}(\rho_{\mathrm{M}}^{(i)} - I_{\mathrm{M}}^{(i)} + T_{\mathrm{M}}^{(i)}) + f(\delta t_{\mathrm{M}} - \delta t^{(i)}) + N_{\mathrm{M}}^{(i)} + \varepsilon_{\varphi,\mathrm{M}}^{(i)} \tag{6.33}$$

将流动站接收机 M 对卫星 S_i 载波相位测量值与基准站接收机 B 对同一颗卫星的载波相位测量值求差,得到单差载波相位测量值 $\varphi_{\mathrm{BM}}^{(i)}$,对应项相减即可得到如下表示形式:

$$\varphi_{\mathrm{BM}}^{(i)}=\varphi_{\mathrm{M}}^{(i)}-\varphi_{\mathrm{B}}^{(i)}=$$
$$\lambda^{-1}(\rho_{\mathrm{BM}}^{(i)}-I_{\mathrm{BM}}^{(i)}+T_{\mathrm{BM}}^{(i)})+f\delta t_{\mathrm{BM}}+N_{\mathrm{BM}}^{(i)}+\varepsilon_{\varphi,\mathrm{BM}}^{(i)} \tag{6.34}$$

式中:单差整周模糊度 $N_{\mathrm{BM}}^{(i)}$ 仍然是个整数,而且一旦 $N_{\mathrm{BM}}^{(i)}$ 的数值能够被正确求解,那么单差载波相位 $\varphi_{\mathrm{BM}}^{(i)}$ 就成为既没有模糊度又具有高精度的单差距离测量值。同时可以看出卫星钟差 $\delta t^{(i)}$ 在差分后彻底被消除,实际上星历误差也在单差后被消除。如果基线长度并不长的话,则经过模型修正的单差后的电离层延时和对流层延时都会接近于 0。式(6.34)可以简化为

$$\varphi_{\mathrm{BM}}^{(i)}=\lambda^{-1}\rho_{\mathrm{BM}}^{(i)}+f\delta t_{\mathrm{BM}}+N_{\mathrm{BM}}^{(i)}+\varepsilon_{\varphi,\mathrm{BM}}^{(i)} \tag{6.35}$$

差分定位的最终目标是求解出流动站到基准站之间的基线矢量 $\boldsymbol{a}_{\mathrm{BM}}$。由于流动站和基准站到卫星 S_i 的单差几何距离 $\rho_{\mathrm{BM}}^{(i)}$ 等于流动站到基准站的基线矢量 $\boldsymbol{a}_{\mathrm{BM}}$ 在基准站对卫星 S_i 观测方向上的投影长度的相反数,因此计算公式如下:

$$\rho_{\mathrm{BM}}^{(i)}=-\boldsymbol{a}_{\mathrm{BM}}\cdot\boldsymbol{l}_{\mathrm{M}}^{(i)} \tag{6.36}$$

假设有流动站和基准站共同对 N 颗不同导航卫星的测量值,并且它们在同一时刻 N 个单差载波相位测量值分别为 $\varphi_{\mathrm{BM}}^{(1)},\varphi_{\mathrm{BM}}^{(2)},\cdots,\varphi_{\mathrm{BM}}^{(N)}$,则相应 N 个单差载波相位观测方程式排列在一起组成如下计算矩阵方程式:

$$\begin{bmatrix}\varphi_{\mathrm{BM}}^{(1)}\\ \varphi_{\mathrm{BM}}^{(2)}\\ \vdots\\ \varphi_{\mathrm{BM}}^{(N)}\end{bmatrix}=\lambda^{-1}\begin{bmatrix}-(\boldsymbol{l}_{\mathrm{M}}^{(1)})^{\mathrm{T}} & 1\\ -(\boldsymbol{l}_{\mathrm{M}}^{(2)})^{\mathrm{T}} & 1\\ \vdots & \\ -(\boldsymbol{l}_{\mathrm{M}}^{(N)})^{\mathrm{T}} & 1\end{bmatrix}\times\begin{bmatrix}\boldsymbol{a}_{\mathrm{BM}}\\ c\delta t_{\mathrm{BM}}\end{bmatrix}+\begin{bmatrix}N_{\mathrm{BM}}^{(1)}\\ N_{\mathrm{BM}}^{(2)}\\ \vdots\\ N_{\mathrm{BM}}^{(N)}\end{bmatrix} \tag{6.37}$$

在上面矩阵方程组中,三维基线矢量 $\boldsymbol{a}_{\mathrm{BM}}$ 和单差接收机钟差 δt_{BM} 是需要求解的未知量,再加上有 N 个未知的整周模糊度,于是方程组总共包含有 $N+4$ 个未知数,多于方程组的个数 N,然而当确定了各个单差的整周模糊度值,那么基线矢量 $\boldsymbol{a}_{\mathrm{BM}}$ 可以被精确地求解出来。

由于方程中存在有接收机钟差 δt_{BM} 需要求解,这会增加方程组的维数和运算复杂度,因此一般用双差的方式来消除接收机钟差,进而求解基线矢量。这里假设基准站和流动站同时跟踪卫星 S_i 和 S_j 的导航信号,则根据前面的分析可以得到在同一时刻两个接收机对卫星 S_i 和 S_j 的单差载波相位测量值 $\varphi_{\mathrm{BM}}^{(i)}$ 和 $\varphi_{\mathrm{BM}}^{(j)}$ 如下所示:

$$\varphi_{\mathrm{BM}}^{(i)}=\lambda^{-1}\rho_{\mathrm{BM}}^{(i)}+f\delta t_{\mathrm{BM}}+N_{\mathrm{BM}}^{(i)}+\varepsilon_{\varphi,\mathrm{BM}}^{(i)} \tag{6.38}$$

$$\varphi_{BM}^{(j)}=\lambda^{-1}\rho_{BM}^{(j)}+f\delta t_{BM}+N_{BM}^{(j)}+\varepsilon_{\varphi,BM}^{(j)} \tag{6.39}$$

对上面观测量再次进行差分操作，可以得到双差载波相位测量值 $\varphi_{BM}^{(ij)}$：

$$\varphi_{BM}^{(ij)}=\varphi_{BM}^{(i)}-\varphi_{BM}^{(j)}=\lambda^{-1}\rho_{BM}^{(ij)}+N_{BM}^{(ij)}+\varepsilon_{\varphi,BM}^{(ij)} \tag{6.40}$$

可以看出双差后，接收机钟差和卫星钟差被彻底消除，同样如单差一样，可以建立双差载波相位测量值 φ_{BM}^{ij} 和基线矢量的关系如下：

$$\varphi_{BM}^{(ij)}=-\lambda^{-1}(\boldsymbol{l}_{M}^{(i)}-\boldsymbol{l}_{M}^{(i)})\cdot\boldsymbol{a}_{BM}+N_{BM}^{(ij)}+\varepsilon_{\varphi,BM}^{(ij)} \tag{6.41}$$

由于流动站和基准站要有两颗不同卫星的载波相位测量值（即对两颗不同卫星的单差测量值）才能线性组合成一个双差测量值，因而若两接收机同时对 N 颗卫星有测量值，则这 N 对载波相位测量值（即 N 个单差测量值）的两两之间总共能产生 $N(N-1)$ 个双差测量值，但只有其中的 $N-1$ 个双差值相互独立。假设这 $N-1$ 个相互独立的双差载波相位测量值表达成 $\varphi_{BM}^{(21)},\varphi_{BM}^{(31)},\cdots,\varphi_{BM}^{(N1)}$，那么这 $N-1$ 个双差观测方程式组合可形成如下的矩阵方程式：

$$\begin{bmatrix}\varphi_{BM}^{(21)}\\ \varphi_{BM}^{(31)}\\ \vdots\\ \varphi_{BM}^{(N1)}\end{bmatrix}=\lambda^{-1}\begin{bmatrix}-(\boldsymbol{l}_{M}^{(2)}-\boldsymbol{l}_{M}^{(1)})^{T}\\ -(\boldsymbol{l}_{M}^{(3)}-\boldsymbol{l}_{M}^{(1)})^{T}\\ \vdots\\ -(\boldsymbol{l}_{M}^{(N)}-\boldsymbol{l}_{M}^{(1)})^{T}\end{bmatrix}\times\boldsymbol{a}_{BM}+\begin{bmatrix}N_{BM}^{(21)}\\ N_{BM}^{(31)}\\ \vdots\\ N_{BM}^{(N1)}\end{bmatrix} \tag{6.42}$$

当接收机确定了上述方程式中各个双差模糊度值，则基线矢量就能从以上方程式中求解出来，从而实现高精度的相对定位。

6.3.3 实时动态差分技术误差分析

高精度定位接收机可以使用多频载波相位组合差分方式来完成定位。在双差方程中，双差残余误差有卫星位置误差、电离层延迟、对流层延迟、多路径效应、观测噪声及其他误差。其中，卫星位置误差、电离层延迟和对流层延迟经差分后被削弱，不过它们的残余误差与基线长度有关，基线越长，残余误差越大。

6.3.3.1 轨道误差

卫星星历和卫星真实位置的差值称为轨道误差。根据提供星历的精度不同，轨道误差也不同。差分可以消除大部分卫星轨道误差，但残余误差仍会对中长基线定位结果产生影响。卫星轨道误差 d_{orb} 对长度为 l 的基线影响 dx 可用下式来估算：

$$dx(m)\approx\frac{l}{d}\cdot d_{orb}(m)\approx\frac{l(km)}{35786(km)}\cdot d_{orb}(m) \tag{6.43}$$

对于北斗系统的 GEO 和 IGSO 卫星，其轨道高度 $d=35786$km。对于小于 10km 基线，轨道误差影响基本可以忽略；对于 20km 的基线长度，其绝对误差已达到

5.5mm;对于大于 100km 的基线,其影响为 3cm;轨道误差影响的比例误差系数约为 0.25×10^{-6}。

6.3.3.2 电离层延迟误差

电离层误差是 GNSS 信号传播路径相关的主要误差源,电离层延迟变化复杂,使用经验模型只能修正 50% ~70% 的电离层延迟。通过站间差分技术可以削弱电离层折射的影响,但是残余的电离层折射误差也会随基线长度的增加而增大。对于中长基线和长基线,差分后残余的电离层影响仍然显著,无法忽略。对于这种情况,电离层延迟的影响通常通过参数估计或者无电离层组合的方法来消除。

6.3.3.3 对流层延迟误差

对流层误差属于传播路径相关的误差。对流层属于非色散介质,因此对流层对不同频率的 GNSS 观测值影响相同。对流层延迟可区分为干延迟和湿延迟两部分。干延迟部分是由中性大气引起的电磁波传播延迟,主要与地面的温度,气压等有关系,对对流层总延迟的贡献超过 90% 。湿延迟主要是由大气中的水汽引起的。由于大气中的水汽含量变化复杂,因此对流层湿延迟难以使用经验模型描述,但可以通过站间差分消除或者参数估计。对流层总延迟与 GNSS 信号在大气中的传播距离有关,因此,对流层延迟与卫星的高度角相关性较强。利用站间差分技术可以削弱对流层延迟误差的影响。对于距离较远或高差较大的基线,差分后残余的对流层延迟误差比较大,将会影响基线解的精度。一般情况下,站间单差后对流层天顶方向延迟残余量在厘米至分米级。

6.3.3.4 观测噪声

理想条件下,载波环路鉴相器的鉴相精度约为载波波长的 1% ,对应地可以得出 GNSS 载波相位的噪声误差影响一般在 2mm 左右。但是观测噪声也受到信号载噪比和观测环境等影响。在卫星低仰角、遮挡条件和多路径明显的情况下,载波相位的测量噪声水平也可达几 cm。特别是多路径效应对载波相位的影响可达 1/4 周,约 5cm 左右。

伪距观测值的典型测量精度约为 0.3m,但伪距观测值的噪声也受到载噪比和多路径的影响。多路径对伪距观测值的影响更加明显,可达数十米。从接收机数字信号处理的角度,引入窄相关、多径估计延迟锁定环(MEDLL)等方法可以显著削弱多路径效应对伪距噪声的影响。接收机噪声和多路径影响在数据处理过程中一般视为白噪声。因此在形成单差和双差观测值后,都会一定程度上放大观测噪声的影响。

6.4 精密单点定位

除 RTK 外,精密单点定位(PPP)技术是近年来兴起的一种精密定位技术。PPP 技术是指利用外部组织(如国际 GNSS 服务组织)提供的精密卫星轨道和钟差产品,在合理地处理了各项误差源的基础上,采用合理的参数估计策略(如最小二乘法或

Kalman 滤波),利用单台 GNSS 接收机实现全球精密绝对定位的技术[18-19]。PPP 的函数模型根据不同的观测值类型可分为无电离层组合模型和非差非组合模型。无电离层组合模型作为经典的 PPP 定位模型,长期以来得到广泛应用。该模型通过对双频观测值的线性组合消除电离层延迟一阶项的影响,从而简化定位模型。非差非组合 PPP 模型直接使用原始伪距和载波相位观测值,并通过对每颗卫星引入一个电离层延迟参数来处理电离层延迟的影响。与无电离层组合 PPP 模型相比,非差非组合 PPP 模型更加灵活,便于多模多频数据统一处理。精密单点定位技术允许用户获取全球任意地点的精密坐标而不受地面参考站距离的限制。PPP 技术不依赖差分的方法,完整地保留了电离层和对流层对 GNSS 信号的延迟效应,因此可以作为 GNSS 大气探测的重要手段。本节将系统阐述 PPP 的数学模型、参数估计策略、数据预处理与质量控制方法。

6.4.1 精密单点定位函数模型

PPP 函数模型的优劣直接决定了 PPP 的性能。函数模型描述了观测量与相应的待估参数之间的函数关系,随机模型则反映了观测值的统计特性。因此构建正确合理的函数模型与随机模型是 PPP 获得最优解的关键前提。常用的 PPP 函数模型有无电离层组合模型、非差非组合模型和 UofC 模型。

6.4.1.1 无电离层组合模型

以双频伪距和载波观测值为例,无电离层组合模型可表示为

$$\begin{cases} P_{\text{IF}} = \alpha P_1 + \beta P_2 = \rho + c\text{d}t_{\text{IF}}^{\text{S}} + c\text{d}t_{\text{IF}}^{\text{R}} + \delta_{\text{trop}} + \varepsilon_{\text{P,IF}} \\ L_{\text{IF}} = \alpha L_1 + \beta L_2 = \rho + c\text{d}t_{\text{IF}}^{\text{S}} + c\text{d}t_{\text{IF}}^{\text{R}} + \lambda_{\text{IF}} N_{\text{IF}} + \delta_{\text{trop}} + \varepsilon_{\text{P,IF}} \end{cases} \tag{6.44}$$

式中:P_{IF}和 L_{IF}分别为无电离层组合的伪距和载波相位观测量;α 和 β 为无电离层组合的系数。对于 GPS 而言,其 L_1、L_2 的无电离层组合的实际波长约为 6.3mm。对于无电离层组合模型而言,其待估参数包含四类:接收机的位置坐标增量、接收机钟差改正、天顶对流层湿延迟、无电离层组合载波相位模糊度(含接收机和卫星端相位小数偏差)。当连续观测 n 颗卫星时,对应的观测方程个数为 $2n$,待估参数为 $5+n$,观测冗余(自由度)为 $n-5$,则初始化参数至少需要 5 颗可观测卫星。

无电离层组合模型通过对原始观测值的组合来消除电离层延迟的影响,简化了观测模型,是 PPP 的传统算法。无电离层组合模型不适用于单频数据处理且放大了观测噪声。

6.4.1.2 非差非组合模型

非差非组合模型是一种统一的 GNSS 数据处理模型,它直接使用原始 GNSS 观测值,不进行任何的差分和线性组合,因此也是最通用的一种 PPP 定位模型。任何系统任何频率的观测值均能按照这种模型建立观测方程。一般地,原始伪距 P 和载波相位 L 观测方程可表示为

$$\begin{cases} P_i = \rho + \delta_{\mathrm{orb}} + c(\delta t^{\mathrm{S}} - \delta t^{\mathrm{R}}) + (I_i + b_i^{\mathrm{S}} - b_i^{\mathrm{R}}) + \delta_{\mathrm{trop}} + \epsilon_{Pi} \\ L_i = \rho + \delta_{\mathrm{orb}} + c(\delta t^{\mathrm{S}} - \delta t^{\mathrm{R}}) - I_i + \delta_{\mathrm{trop}} + \lambda_i(\phi_i^{0,\mathrm{S}} - \phi_i^{0,\mathrm{R}} + N_i) + \epsilon_{\phi i} \end{cases} \tag{6.45}$$

式中:P_i 和 L_i 为卫星第 i 个频率的伪距和载波相位观测值;ρ 为卫星与测站间的几何距离(m);λ_i 为频率 i 对应的载波波长(m);I_i 为测站的电离层延迟(m);c 为真空中光速(m/s);δt^{R} 和 δt^{S} 分别为接收机和卫星钟差(m);δ_{trop}为测站的对流层延迟(m);δ_{orb}为卫星轨道误差;N_i 为载波相位整周模糊度。

非差非组合 GNSS 观测方程的待估参数包含六类:接收机的位置坐标增量、接收机钟差改正、天顶对流层湿延迟、L_1 电离层斜延迟(含接收机与卫星端差分码偏差(DCB)、L_1 和 L_2 上载波相位模糊度。当连续观测 n 颗卫星时,对应的观测方程个数为 $4n$,待估参数为 $5+3n$,观测冗余(自由度)为 $n-5$,则初始化参数至少需要 5 颗可观测卫星。

6.4.1.3 UofC 模型

UofC 模型是利用伪距和载波相位观测值进行组合,从而消除电离层的影响。该模型主要应用于单频 PPP。UofC 模型可表示为

$$P_{\mathrm{UofC}} = \frac{P_1 + L_1}{2} = \rho + c\mathrm{d}t_{\mathrm{IF}}^{\mathrm{S}} + c\mathrm{d}t_{\mathrm{IF}}^{\mathrm{R}} + \delta_{\mathrm{trop}} + \frac{\lambda_{\mathrm{IF}} N_{\mathrm{IF}}}{2} + \epsilon_{\mathrm{P,IF}} \tag{6.46}$$

式中:P_{UofC}为 UofC 组合后的观测值。该模型包含五类待估参数:接收机的坐标、接收机钟差、天顶对流层延迟、载波相位模糊度。当连续观测 n 颗卫星时,对应的观测方程个数为 n,待估参数为 $5+2n$,观测冗余(自由度)为 $n-5$,则初始化参数至少需要 5 颗可观测卫星。

6.4.2 精密单点定位随机模型

随机模型也是精密单点定位数学模型重要的组成部分,PPP 随机模型主要有卫星高度角定权法、载噪比定权法和方差分量估计法等,其中应用最广泛的是基于卫星高度角和载噪比(或信号强度)的随机模型[20]。

1) 卫星高度角的随机模型

基于卫星高度角的随机模型是将观测值噪声模型转化为卫星高度角 E 的函数。常见高度角相关的随机模型包括

$$\sigma^2 = a^2 + b^2 \cos^2 E \tag{6.47}$$

$$\sigma^2 = a^2 + \frac{b^2}{\sin^2 E} \tag{6.48}$$

式中:卫星高度角 E 的单位为弧度;a 和 b 为常数。

2) 基于载噪比的随机模型

Brunner 等基于接收机载波相位观测值的载噪比(C/N_0)提出了 SIGMA $-\delta$ 随机模型,即

$$\sigma^2 = B_i\left(\frac{\lambda_i}{2\pi}\right)^2 \times 10^{-\frac{S}{10}} = C_i \times 10^{-\frac{S}{10}} \tag{6.49}$$

式中：B_i 为相位跟踪环带宽（Hz）；S 为观测值的载噪比（dBHz）；λ_i 为波长。其中，模型系数 C_1 和 C_2 分别取 $0.00224\text{m}^2\cdot\text{Hz}$ 和 $0.00077\text{m}^2\cdot\text{Hz}$。

6.4.3 数据预处理

观测数据的预处理是获取“干净”数据的前提和保证，包括周跳探测与修复以及粗差探测与剔除两方面。在单频和双频情形中，针对GPS的数据预处理理论和方法已经较为成熟，且同样适用于其他卫星导航系统。这里重点对基于GNSS多频观测值和顾及电离层变化的周跳探测与修复方法，以及基于验前信息和验后残差的粗差探测与消除方法进行简要介绍。

6.4.3.1 多频观测数据的周跳探测与修复方法

在多频情况下，可得到更多特性更优的组合观测值，为周跳探测提供了新途径。本节从以下两个角度对多频观测数据的周跳进行探测与修复：一种是仅采用相位观测值建立线性组合来探测与修复周跳；另一种是联合伪距和相位观测值探测与修复周跳。

1）采用相位线性组合探测与修复周跳

基于多频相位观测数据的周跳探测与修复需要从组合观测值的误差特性分析入手，首先确定适用于多频周跳探测的最优线性组合，然后针对这些线性组合建立合理的周跳判定准则和修复方法。

（1）建立最优线性组合。为消除几何距离、卫星钟差、接收机钟差的影响，线性组合应满足无几何距离特性；同时为了降低噪声和电离层误差的影响，选择的线性组合的噪声放大因子和电离层误差放大因子应尽可能低。具体准则可用下式表示：

$$\begin{cases} \sum\limits_{i=1}^{n} w_i = 0 \\ \sqrt{\sum\limits_{i=1}^{n} w_i^2 \lambda_i^2} = \min \\ \dfrac{\left(\sum\limits_{i=1}^{n} w_i \dfrac{\lambda_i^2}{\lambda_1^2}\right)}{\sqrt{\sum\limits_{i=1}^{n} w_i^2 \lambda_i^2}} = \min \end{cases} \tag{6.50}$$

式中：n 为频率个数；i 为频率序号；λ 为波长；w 为组合系数。

（2）建立周跳判定准则。根据误差传播律推导线性组合的误差水平，再根据误差水平选择合理置信度，可以确定阈值 $f\sigma_c$ 来检验是否发生周跳。其中 f 为放大因子,通常选择为 3(99.7% 的置信水平)或 4(99.9% 的置信水平)。

(3) 利用相位预测值或伪距建立关于周跳参数的观测方程,采用类似于 LAMBDA 的估计搜索方法确定周跳大小,进而修复周跳。基于以上理论,利用两个最优线性组合,建立基于三频线性组合的周跳探测与修复方法,流程如图 6.16 所示。

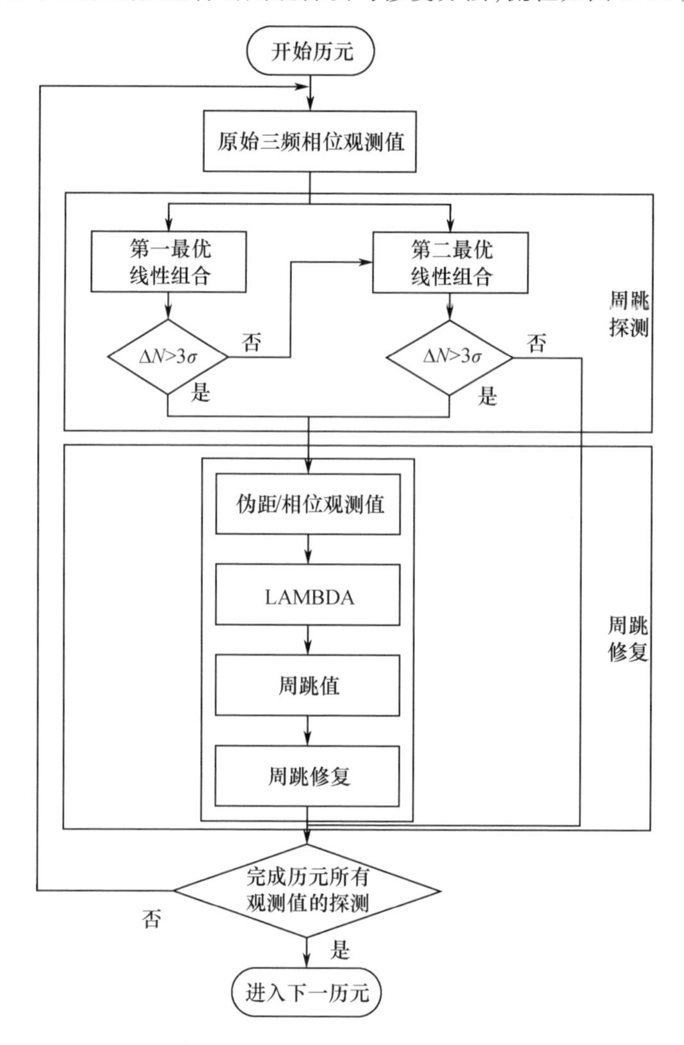

图 6.16 多频相位线性组合探测与修复周跳流程图

2) 联合码/相线性组合探测与修复周跳

联合码/相线性组合探测与修复周跳也是解决周跳问题的一种有效途径。借鉴双频中经典的 TurboEdit 方法,可将其扩展到三频情形。同样,采用类似于式(6.50)的选取准则构建线性组合,通过选取三个相互独立的线性组合来探测周跳,包括一个 MW 组合和两个电离层残差组合,其中 MW 组合采用伪距和相位观测值来建立。MW 组合采用多历元平滑的方法来探测并修复周跳,电离层残差组合则采用历元差

分方法探测并修复周跳。确定三个线性组合的周跳大小后，即可恢复三个原始频率观测值的周跳大小，进而对原始观测值进行修复。以北斗三频为例，具体探测与修复流程图如图 6.17 所示。

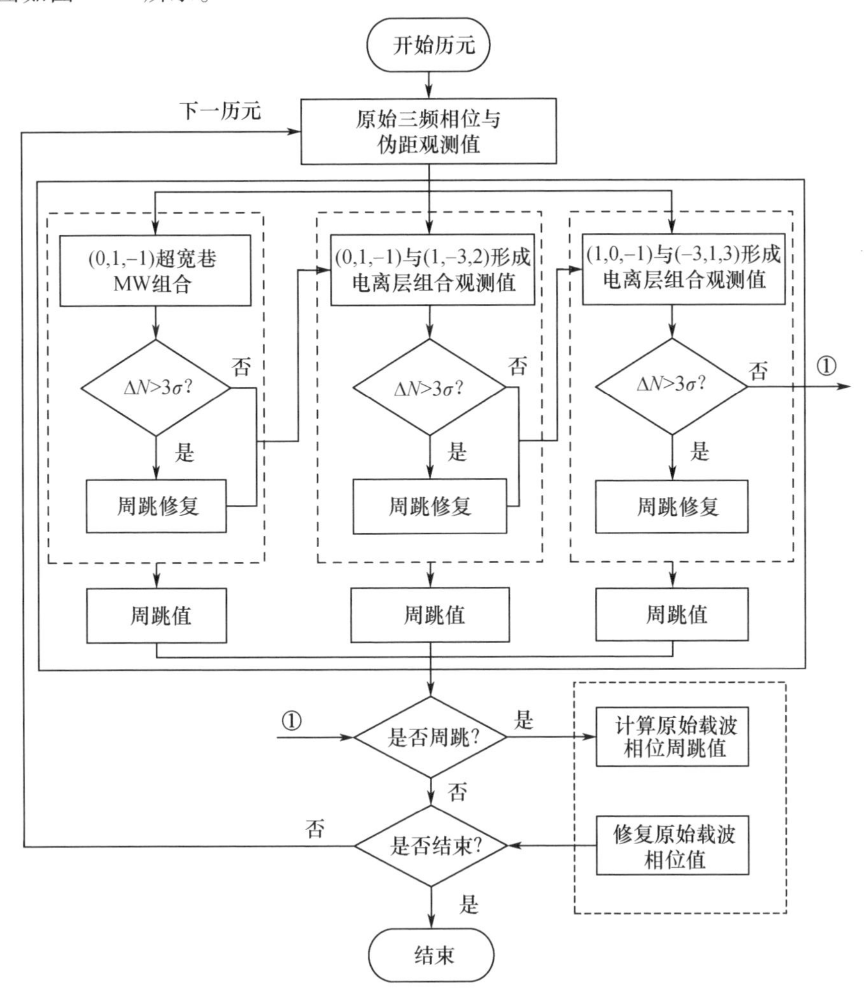

图 6.17　北斗三频 TurboEdit 法周跳探测与修复流程图

6.4.3.2　电离层活跃时周跳探测与修复方法

传统的周跳探测与修复算法（如 TurboEdit）一般是基于历元间电离层变化较小的假设。当电离层比较活跃时，这种假设将不成立。如果仍然利用传统算法对周跳进行探测和修复，将不可避免地出现误判或者漏判。在这种背景下，有必要采用适用于电离层活跃时的周跳探测与修复方法，以满足复杂环境下的数据预处理需要。针对这一问题，可联合使用电子总含量（TEC）变化率（TECR）和 MW 宽巷组合观测值来确定 L1 和 L2 上的周跳。利用该方法探测与修复周跳的具体流程如图 6.18 所示。

具体步骤为：

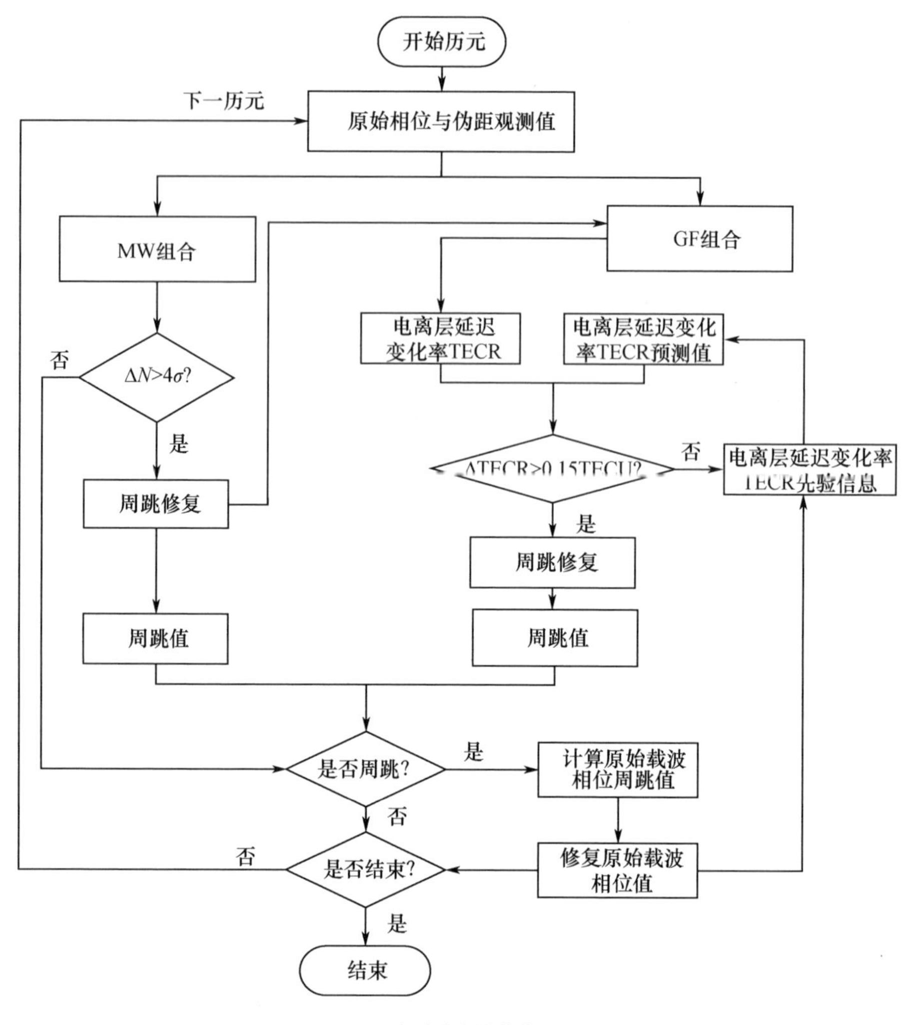

TECU—电子总含量单位。

图 6.18 联合使用 TECR 和 MW 宽巷组合观测值进行周跳探测与修复流程

第一步:利用 MW 组合观测值探测并修复宽巷组合观测值周跳。

MW 宽巷模糊度的计算如下:

$$N_{WL}=\frac{L_{WL}}{\lambda_{WL}}=\left[\Phi_1-\Phi_2-\frac{f_1\cdot P_1-f_2\cdot P_2}{\lambda_{WL}(f_1+f_2)}\right] \tag{6.51}$$

为了利用 MW 组合观测值进行周跳探测,可以采用如下递归算法:

$$\begin{cases}\hat{N}_{WL}(k)=\hat{N}_{WL}(k-1)+\dfrac{1}{k}(N_{WL}(k)-\hat{N}_{WL}(k-1))\\ \sigma^2(k)=\sigma^2(k-1)+\dfrac{1}{k}[(N_{WL}(k)-\hat{N}_{WL}(k-1))^2-\sigma^2(k-1)]\end{cases} \tag{6.52}$$

式中：$\hat{N}_{WL}$ 为平均值；k、$k-1$ 为历元；σ^2 为方差。

当周跳检验量满足上式时，则认为历元 k 存在周跳。

$$\begin{cases} |N_{WL}(k) - \hat{N}_{WL}(k)| \geqslant 4\sigma(k) \\ |N_{WL}(k+1) - N_{WL}(k)| \leqslant 1 \end{cases} \tag{6.53}$$

第二步：顾及电离层变化率，探测并修复无几何距离组合观测值周跳。

历元 $k-1$ 的电离层 TEC 可以通过式(6.53)进行计算：

$$\mathrm{TEC}(k-1) = \frac{f_1^2\{[\lambda_1\Phi_1(k-1) - \lambda_2\Phi_2(k-1)] - [\lambda_1 N_1 - \lambda_2 N_2] - b_i - B^{\mathrm{P}}\}}{4.3\times10^{16}(\gamma-1)} \tag{6.54}$$

式(6.54)中，b_i 和 B^{P} 分别为接收机和卫星的频间偏差，在短时间内可以认为是常量。历元 k 的电离层 TECR 的计算公式如下：

$$\mathrm{TECR}(k) = \frac{\mathrm{TEC}(k) - \mathrm{TEC}(k-1)}{\Delta t} \tag{6.55}$$

在对周跳进行探测时，需要利用前面历元计算的信息对当前历元的值进行预测，如果预测值和实际计算值之间的不符值超过一定的阈值(0.15TECU/s)，则认为当前历元存在周跳。

在对周跳进行修复时，历元 k 的周跳计算如下：

$$\lambda_1\Delta N_1(k) - \lambda_2\Delta N_2(k) = \frac{4.3\times10^{16}(\gamma-1)\Delta t\cdot\mathrm{TECR}(k)}{f_1^2} - \lambda_1[\Phi_1(k) - \Phi_1(k-1)] + \lambda_2[\Phi_2(k) - \Phi_2(k-1)] \tag{6.56}$$

若已知 TECR(k)，即可计算出当前历元的组合周跳值。TECR(k)可以通过式(6.54)和式(6.55)进行估计：

$$\mathrm{TECR}(k) = \mathrm{TECR}(k-1) + \mathrm{TE\dot{C}R}(k-1)\cdot\Delta t \tag{6.57}$$

$$\mathrm{TE\dot{C}R}(k-1) = \frac{\mathrm{TECR}(k-1) - \mathrm{TECR}(k-2)}{\Delta t} \tag{6.58}$$

在实际应用中，TECR($k-1$)、TECR($k-2$)可以通过前面历元的数据进行估计。在计算时，通过历元间的平滑，可以减小观测噪声，从而获取更加精确的结果。

第三步：计算原始载波相位观测值的周跳。

若已经探测出各组合观测值的周跳如下所示：

$$\begin{cases} \Delta N_1 - \Delta N_2 = a \\ \lambda_1\Delta N_1 - \lambda_2\Delta N_2 = b \end{cases} \tag{6.59}$$

式中:a 为整数;b 为实数。通过求解方程(6.59),即可求得 ΔN_1、ΔN_2 的实数解,然后取整即可求得 L_1 频率和 L_2 频率上的周跳值。

6.4.3.3 粗差探测

粗差探测一方面可以从原始观测值本身出发对其进行探测,另一方面还可根据观测值验后残差信息构造相应的检验量进行探测。下面拟结合这两种方法对观测值中的粗差进行处理。

1)基于观测值域的粗差检测

传统的粗差检测与周跳探测方法一般同时进行,通常采用 MW 组合观测值法或 GF 的电离层残差法。这些方法的基本思想为:一旦 MW 或 GF 检验量超过其设定的阈值,则判定该卫星的观测值存在粗差或发生了周跳;为了进一步区分粗差和周跳,采用后续历元继续检验,如果检验量连续超限,则将其标定为周跳,否则标记为粗差。尽管这种方法在实际应用中取得了较好效果,但其局限性在于,对于发生观测异常的卫星并不区分伪距异常和相位异常,一旦某颗卫星被标定为粗差,则该卫星的伪距和相位观测值将同时被弃用,这就造成了一些正常观测信息的浪费。因为实际观测中,很多观测异常是由伪距引起的,进而导致 MW 或 GF 组合检验量超限,使得原本正常的相位观测值也被剔除。

为了克服以上方法的局限性,可以采用码观测值差分法,利用较为宽松的阈值探测伪距观测值中的大粗差。以双频为例,常用的码观测值有 C_1、P_1 及 P_2,构造以下检验量:

$$\mathrm{d}C_1P_1 = C_1 - P_1 = d_{\mathrm{sat/C1-P1}} + d_{\mathrm{rcv/C1-P1}} + S_{\mathrm{C1-P1}} + \varepsilon \tag{6.60}$$

$$\mathrm{d}P_1P_2 = P_1 - P_2 = d_{\mathrm{sat/P1-P2}} + d_{\mathrm{rcv/P1-P2}} + S_{\mathrm{P1-P2}} + d_{\mathrm{iono}} + \varsigma \tag{6.61}$$

式中:$d_{\mathrm{sat/C1-P1}}$、$d_{\mathrm{rcv/C1-P1}}$、$d_{\mathrm{sat/P1-P2}}$、$d_{\mathrm{rcv/P1-P2}}$分别为卫星或接收机端的码偏差,以上数值在短时间内较为稳定,可视为常数;$S_{\mathrm{C1-P1}}$ 和 $S_{\mathrm{P1-P2}}$代表不同码偏差之间的时变量;d_{iono}为电离层延迟残余误差项;ε 和 ς 对应组合观测值的多路径效应、观测噪声等误差。

从物理机制上分析,$\mathrm{d}C_1P_1$、$\mathrm{d}P_1P_2$ 消除了几何距离,与载体的运动状态无关,主要表现为卫星端和接收机端的硬件延迟以及伪距观测值的组合噪声。由于卫星端的硬件延迟偏差通常较小,且较稳定;而接收机端的通道延迟对于所有卫星基本相同,因此,这两个检验量的数值较为稳定,适合用于检测伪距观测值中的粗差,诊断准则为

$$\begin{cases} H_0:\text{正常} & |\mathrm{d}C_1P_1| \leqslant k_1 \text{ 且 } |\mathrm{d}P_1P_2| \leqslant k_2 \\ H_1:\text{异常} & |\mathrm{d}C_1P_1| > k_1 \text{ 或 } |\mathrm{d}P_1P_2| > k_2 \end{cases} \tag{6.62}$$

式中:k_1 与 k_2 为阈值,顾及电离层延迟残余误差项,$k_2 > k_1$。为了确保定位解的可靠性,在数据预处理阶段仅对较大的伪距粗差进行探测与剔除,而小粗差则在后续的参

数估计时采用抗差估计的方法进行消除。因此,k_1 取10m,k_2 取30m。该方法可以扩展到多频多系统的数据预处理中。

2）基于验后残差的抗差估计

基于验后残差的粗差探测与消除的代表性方法有巴尔达数据探测法、递归质量控制过程以及抗差估计。对于残余的粗差和周跳,本节主要介绍抗差估计的方法。下面给出了抗差估计的流程,其具体步骤如图6.19所示。

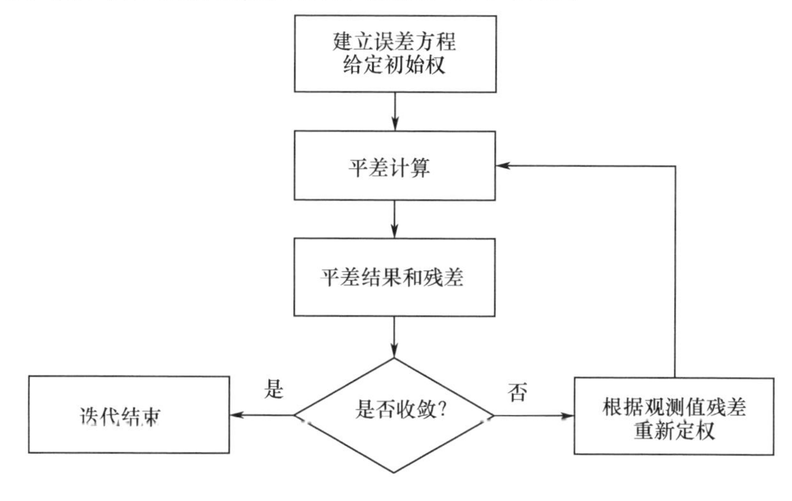

图6.19 抗差估计流程图

（1）利用初始先验权矩阵 $\boldsymbol{P}$,采用最小二乘或卡尔曼滤波解算得到参数估值 $\hat{X}$、残差矢量 $\boldsymbol{V}$ 及方差因子 $\hat{\sigma}_0$ 的初值；

（2）计算等价权矩阵 $\bar{\boldsymbol{P}}$,其中 $\bar{\boldsymbol{P}}^k$ 的元素为

$$\bar{\boldsymbol{P}}_{ii}^k = p_i \boldsymbol{W}_i^k = p_i \psi(\boldsymbol{V}_i^k) / \boldsymbol{V}_i^k \tag{6.63}$$

（3）由式(6.63)进行迭代计算,第 $k+1$ 步的迭代解为

$$\hat{\boldsymbol{X}}^{k+1} = (\boldsymbol{A}^{\mathrm{T}} \bar{\boldsymbol{P}}^k \boldsymbol{A})^{-1} \boldsymbol{A}^{\mathrm{T}} \bar{\boldsymbol{P}}^k \boldsymbol{L} \tag{6.64}$$

（4）重复(2)、(3)两步,直到

$$|\hat{\boldsymbol{X}}^{k+1} - \hat{\boldsymbol{X}}^k| \leqslant \varepsilon \tag{6.65}$$

停止迭代,其中 ε 为迭代收敛精度。

上述方法通过调整权矩阵,最终实现降低异常观测值对参数估计,达到抗差的目的。

6.4.4 参数估计策略

参数估计是精密单点定位计算的核心步骤。参数估计过程建立了观测方程与待估参数之间的关系,并且利用观测信息提取有用的参数信息。从总体上划分,精密单

点定位的参数估计方法有最小二乘批处理方法和卡尔曼滤波方法。这两种参数估计方法在本质上是等价的,形式上各有不同。其中最小二乘批处理方法更适合后处理和静态 PPP 的数据处理,当然也具备动态数据处理的能力。卡尔曼滤波方法给出的是递推形式,更适合实时和动态 PPP 计算。本节重点介绍卡尔曼滤波方法的参数估计过程。卡尔曼滤波方法递推的过程可划分为状态更新和测量更新两部分。关于观测方程部分的函数模型和随机模型前文已经介绍,本节重点介绍状态更新的过程和滤波解算的过程。

6.4.4.1 状态方程

在动态 PPP 定位中,常用的动态模型有常速度(CV)模型、常加速度(CA)模型、时间相关模型以及基于载体的“当前”统计模型等。对于车载定位系统,若观测数据的采样间隔为 0.1s 甚至更高,采用常速度模型即可满足精度要求;若观测数据的采样间隔为 1.0~3.0s,则可采用常加速度模型。本节重点描述常加速度模型的状态方程。

常加速度模型是基于载体在相邻历元之间处于稳定加速状态的假设,其状态方程可分类进行描述,即

$$\boldsymbol{X}=[\boldsymbol{X}_{\text{state}}\quad \boldsymbol{X}_{\text{other}}]^{\mathrm{T}},\quad \boldsymbol{W}=[\boldsymbol{W}_{\text{state}}\quad \boldsymbol{W}_{\text{other}}]^{\mathrm{T}} \tag{6.66}$$

$$\boldsymbol{X}_{\text{state}}=\begin{bmatrix}\boldsymbol{X}_{\text{pos}}\\ \dot{\boldsymbol{X}}_{\text{vel}}\\ \dot{\boldsymbol{X}}_{\text{acc}}\end{bmatrix}_k=\begin{bmatrix}\boldsymbol{I}_{3\times3} & \Delta t\cdot\boldsymbol{I}_{3\times3} & \Delta t^2/2\cdot\boldsymbol{I}_{3\times3}\\ \boldsymbol{0}_{3\times3} & \boldsymbol{I}_{3\times3} & \Delta t\cdot\boldsymbol{I}_{3\times3}\\ \boldsymbol{0}_{3\times3} & \boldsymbol{0}_{3\times3} & \boldsymbol{I}_{3\times3}\end{bmatrix}\begin{bmatrix}\boldsymbol{X}_{\text{pos}}\\ \dot{\boldsymbol{X}}_{\text{vel}}\\ \dot{\boldsymbol{X}}_{\text{acc}}\end{bmatrix}_{k-1}+\begin{bmatrix}\boldsymbol{0}_{3\times3}\\ \boldsymbol{0}_{3\times3}\\ \boldsymbol{I}_{3\times3}\end{bmatrix}\boldsymbol{W}_{\text{state}}(k) \tag{6.67}$$

$$\boldsymbol{X}_{\text{other}}=\begin{bmatrix}\boldsymbol{X}_{\text{clk}}\\ \boldsymbol{X}_{\text{trp}}\\ \boldsymbol{X}_{\text{amb}}\end{bmatrix}_k=\begin{bmatrix}1&0&0\\0&1&0\\0&0&\boldsymbol{I}_{n\times n}\end{bmatrix}\begin{bmatrix}\boldsymbol{X}_{\text{clk}}\\ \boldsymbol{X}_{\text{trp}}\\ \boldsymbol{X}_{\text{amb}}\end{bmatrix}_{k-1}+\begin{bmatrix}1\\1\\ \boldsymbol{0}_{n\times1}\end{bmatrix}\boldsymbol{W}_{\text{other}}(k) \tag{6.68}$$

式中:$\boldsymbol{X}_{\text{state}}$为第一类状态参数,它包含了载体的位置、速度及加速度;$\boldsymbol{X}_{\text{other}}$为第二类参数,它包含了接收机钟差、对流层延迟、电离层延迟及模糊度参数。

假设加速度是一个具有常量谱密度的白噪声过程,则系统噪声(过程噪声)的协方差矩阵 $\boldsymbol{Q}_k$ 为

$$\boldsymbol{Q}_k=\begin{bmatrix}\boldsymbol{Q}_{\text{state}} & \\ & \boldsymbol{Q}_{\text{other}}\end{bmatrix} \tag{6.69}$$

$$\boldsymbol{Q}_{\text{state}}\approx\begin{bmatrix}\dfrac{\Delta t^4}{20}\boldsymbol{I}_{3\times3} & \dfrac{\Delta t^3}{8}\boldsymbol{I}_{3\times3} & \dfrac{\Delta t^2}{6}\boldsymbol{I}_{3\times3}\\ \dfrac{\Delta t^3}{8}\boldsymbol{I}_{3\times3} & \dfrac{\Delta t^2}{3}\boldsymbol{I}_{3\times3} & \dfrac{\Delta t}{2}\boldsymbol{I}_{3\times3}\\ \dfrac{\Delta t^2}{6}\boldsymbol{I}_{3\times3} & \dfrac{\Delta t}{2}\boldsymbol{I}_{3\times3} & \boldsymbol{I}_{3\times3}\end{bmatrix}\sigma_{\mathrm{a}}^2 \tag{6.70}$$

$$\boldsymbol{Q}_{\text{other}} = \begin{bmatrix} (\sigma_{dt})^2 & & \\ & (\sigma_{\text{trp}})^2 & \\ & & (\sigma_N)^2_{n\times n} \end{bmatrix} \tag{6.71}$$

式中：$\boldsymbol{I}_{3\times3}$为单位阵；$\sigma_a^2$ 为加速度常量方差，可根据载体的实际扰动情况确定。

滤波的状态矢量除了载体运动参数外，还包括接收机钟差参数，天顶方向的对流层延迟参数，视线方向的电离层延迟参数，频间偏差参数，系统间时钟偏差参数和模糊度参数。其中电离层延迟参数，对流层延迟参数，钟差参数，均可使用随机游走过程或者一阶高斯—马尔可夫过程模拟，而频间偏差参数，系统间偏差参数，模糊度参数可视作随机常数进行估计。

6.4.4.2　参数估计

根据上述观测方程和状态方程，即可采用卡尔曼滤波进行参数估计。给定系统状态初值$\hat{X}_0$ 及其方差 P_0，则扩展的卡尔曼滤波可通过递推形式计算得到 $t(k)$时刻的状态估计$\hat{X}_k(k=1,2,\cdots)$，其递推方程如下：

$$\hat{\boldsymbol{X}}_{k,k-1} - \boldsymbol{\Phi}_{k,k-1}\hat{\boldsymbol{X}}_{k-1} \tag{6.72}$$

$$\boldsymbol{P}_{k,k-1} = \boldsymbol{\Phi}_{k,k-1}\boldsymbol{P}_{k-1}\boldsymbol{\Phi}_{k,k-1}^{\mathrm{T}} + \boldsymbol{\Gamma}_{k-1}\boldsymbol{Q}_{k-1}\boldsymbol{\Gamma}_{k-1}^{\mathrm{T}} \tag{6.73}$$

$$\boldsymbol{K}_k = \boldsymbol{P}_{k,k-1}\boldsymbol{H}_k^{\mathrm{T}}(\boldsymbol{H}_k\boldsymbol{P}_{k,k-1}\boldsymbol{H}_k^{\mathrm{T}} + \boldsymbol{R}_k)^{-1} \tag{6.74}$$

$$\hat{\boldsymbol{X}}_k = \hat{\boldsymbol{X}}_{k,k-1} + \boldsymbol{K}_k(\boldsymbol{L}_k - \boldsymbol{H}_K\hat{\boldsymbol{X}}_{k.k-1}) \tag{6.75}$$

$$\boldsymbol{P}_k = (\boldsymbol{I} - \boldsymbol{K}_k\boldsymbol{H}_k)\boldsymbol{P}_{k,k-1}(\boldsymbol{I} - \boldsymbol{K}_k\boldsymbol{H}_k)^{\mathrm{T}} + \boldsymbol{K}_k\boldsymbol{R}_k\boldsymbol{K}_k^{\mathrm{T}} \tag{6.76}$$

式中：$\boldsymbol{I}$ 为单位阵；$\hat{\boldsymbol{X}}_{k,k-1}$、$\boldsymbol{P}_{k,k-1}$分别为一步预测值及其方差—协方差阵；$\boldsymbol{K}_k$ 为滤波增益矩阵；$\hat{\boldsymbol{X}}_k$、$\boldsymbol{P}_k$ 分别为滤波估值及其方差 - 协方差阵。利用上述方法即可得到移动载体较为精确的绝对坐标。

考虑到数值稳定性问题，也可以使用矩阵分解的方法对卡尔曼滤波的计算过程进行改进，例如均方根信息滤波（SRIF）等方法在动态 PPP 定位计算中也比较常见。

6.4.5　PPP 模糊度固定方法

在传统的精密单点定位中由于非差的载波相位观测值含有 GNSS 接收机端和卫星端未校准的相位硬件延迟（UPD），通常情况下非差非组合的载波相位模糊度不具有整数特性。通过 PPP 模糊度固定，可以有效缩短 PPP 定位所需的收敛时间，因此如何将 PPP 模糊度固定为整数一直是 GNSS 领域研究的热点问题。模糊度固定的 PPP 定位兼有 PPP 单站定位和 RTK 模糊度快速固定的优势，也被称为 PPP-RTK 技术。PPP 模糊度固定主要有三种方法，即星间单差法，整数钟法和双差法。这几种方法都是通过定义整数模糊度的基准，通过基准转换的方式分离载波相位的小数部分，然后实现 PPP 模糊度固定的。这三种方法实现途径不同,但是最终 PPP 固定的效果在理论上是等价的。下面就分别介绍这三种 PPP 模糊度固定的方法。

6.4.5.1 基于星间单差的 PPP 模糊度固定方法

PPP 整数模糊度解析的星间单差法由 Ge 等人提出。该方法将非差的无电离层组合模糊度分解为宽巷模糊度和窄巷模糊度,再利用星间差分消除接收机相关的载波相位小数周偏差(FCB)。基于参考站网,宽巷模糊度的 FCB 可以通过对 MW 组合的小数部分取平均来求解。将固定的宽巷模糊度代入无电离层组合模糊度,可以获得窄巷模糊度的浮点解,同样地,窄巷 FCB 可以通过对所有站的窄巷载波相位小数偏差取平均来确定。对于流动站,这些宽巷和窄巷的 FCB 可以作为先验的改正数用来恢复流动站的宽巷和窄巷模糊度的整数模糊度:

$$N_{\mathrm{IF}} = \frac{f_1 f_2}{f_1^2 - f_2^2} N_{\mathrm{W}} + \frac{f_1}{f_1 + f_2} (N_1 + \delta\phi_1) \tag{6.77}$$

式中:N_{IF}是无电离层组合模糊度,可将其分解为宽巷模糊度和窄巷模糊度的组合。其中宽巷模糊度可通过 MW 组合以及宽巷 FCB 改正数确定为整数。$\delta\phi_1$ 是窄巷 FCB,通常在网络端求解。在用户端,利用宽巷和窄巷 FCB 即可将宽巷和窄巷模糊度恢复为整数。

6.4.5.2 基于整数相位钟的模糊度固定方法

Laurichesse 等人提出了整数相位钟的模糊度固定方法[21]。该方法利用与星间单差类似的基准转换方法,但是能够实现直接将非差模糊度转换为整数。首先需要人为地确定接收机端的 FCB 为任意一个数值,然后将载波相位观测值中的接收机端 FCB 扣除后,再分离卫星端的 FCB。整数钟方法中,宽巷 FCB 的确定方法与星间单差法完全相同。窄巷的 FCB 处理方法则不同,整数钟模型并不分离窄巷 FCB,而是直接将其合并到钟差里。对于参考站网,其窄巷模糊度可以在估计钟差之前先固定为整数。因此,估计得到的卫星钟差中也包含了窄巷 FCB 信息,这种钟差信息称为整数恢复时钟。对于流动站而言,整数恢复钟可以保证窄巷模糊度的整数特性。因此,基于非差的 PPP 模糊度可以通过宽巷 FCB 和整数恢复时钟的改正信息恢复为整数。

6.4.5.3 基于双差整数模糊度方法的模糊度约束

Bertiger 提出了双差整数模糊度方法。此方法计算浮点模糊度,包括宽巷 FCB 和窄巷 FCB。对于参考站的网络,宽巷模糊度的浮点解可以利用 MW 组合测量得出,无电离层组合的浮点解可以通过传统的 PPP 估计。流动站也采用与参考站相同的方法计算其宽巷模糊度和无电离层组合模糊度的浮点解。参考站和流动站可以形成双差的宽巷模糊度,然后直接固定为整数,因为接收机端的 FCB 和卫星端的 FCB 都可以通过双差消除。因此,参考站和流动站之间的双差无电离层组合模糊度也可以通过双差法固定为整数。

一旦 PPP 的模糊度被固定为整数,其定位精度会有一定程度的提升,更重要的

是PPP模糊度固定可以显著缩短浮点解的收敛时间,提升PPP的实用价值。

6.5　GNSS定向及测姿技术

GNSS差分测量除了定位之外,也可以用于定向或者载体姿态测量[22]。GNSS测姿通常采用移动基站的RTK解算模型,通过精确测量多个天线之间的基线矢量来求解载体的姿态角[23]。对于载体定姿应用而言,RTK定位精度不随基线长短发生显著变化。在基线解算精度一定的条件下,GNSS定姿的精度与基线长度有关。基线越长得到的定姿精度越高,受到载体平台的限制,GNSS测姿通常是针对短基线的情形。与INS定姿方法相比,GNSS定姿误差不随时间漂移[24]。在定姿精度相当的条件下,GNSS定姿系统成本更低廉。

6.5.1　GNSS短基线定向技术

GNSS短基线定向是基于卫星载波相位的信号干涉测量原理确定空间两点所成几何矢量在特定坐标系下的指向。这两点一般是指两个测量天线的物理相位中心,坐标系可选地心地固(ECEF)坐标系、当地水平坐标系或载体坐标系。常用的是当地水平坐标系如东北天坐标系,根据基线矢量可直接解算得到其相对于真北基准的方位角和相对于水平面的俯仰角(或横滚角)。

6.5.1.1　短基线定向技术原理

用载波相位进行定向的基本思想是接收机同时捕获跟踪两个相对独立的天线所接收的卫星信号,并能够实时观测到不少于4颗卫星的载波相位观测值,这样就可以确定载体坐标系与当地的地理坐标系之间的角度差[25]。如图6.20所示,在以主天线相位中心为原点建立起来的东北天坐标系中,以两天线相位中心所构成的基线矢

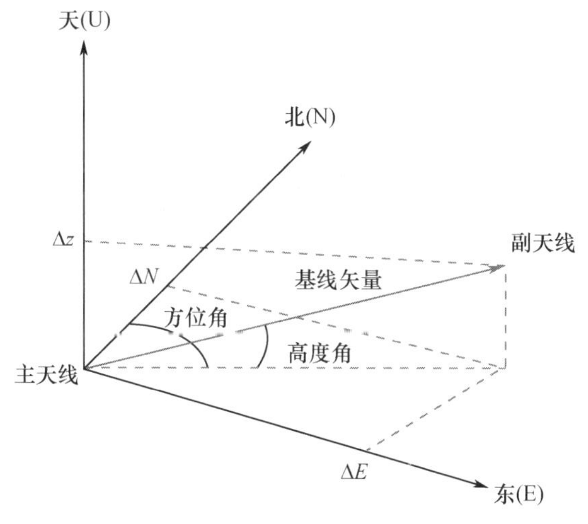

图6.20　短基线定向原理图(见彩图)

量的方位角 α 代表基线矢量偏离正北方向的角度（偏东为正），高度角 β 则代表基线矢量偏离地平面的角度（偏上为正）。因此，如果能够准确确定副天线在该东北天坐标系中的坐标（$\Delta x,\Delta y,\Delta z$），就可计算出 α 和 β，从而完成定向解算。

基线矢量解算过程实际上主要是一个平差过程，平差所采用的观测值主要是双差观测值。在基线解算时，平差分三个阶段进行：第一阶段进行初始平差，解算出整周未知数参数和基线矢量的实数解（浮点解）；第二阶段将整周未知数固定成整数；第三阶段，将确定的整周未知数作为已知值，仅将待定的测站坐标作为未知参数，再次进行平差解算，求解出基线矢量的最终整数解（固定解）。最后利用求得的基线矢量在东北天坐标系下进行方位角和俯仰角求解。当得到了基线在东北天坐标系中的坐标（$\Delta N,\Delta E,\Delta U$），就可计算出方位角和俯仰角，从而完成定向解算。

$$\alpha = \arctan\left(\frac{\Delta E}{\Delta N}\right) \tag{6.78}$$

$$\beta = \arctan\left(\frac{\Delta U}{\sqrt{\Delta E^2 + \Delta N^2}}\right) \tag{6.79}$$

对于短基线定姿的应用，天线之间的基线长度通常情况下是不会改变的。如果预先测量了天线之间的基线长度，则可以将基线长度作为先验信息约束模糊度解算，提升模糊度解算的成功率和正确率。比如，附有基线长约束的 LAMBDA 方法，即 C-Lambda方法。加入基线约束后的 GNSS 定姿模型为

$$E(\boldsymbol{y}) = \boldsymbol{A}\boldsymbol{a} + \boldsymbol{B}\boldsymbol{b}, \quad \|\boldsymbol{b}\| = l \qquad \boldsymbol{a} \in \mathbb{Z}^n, \quad \boldsymbol{b} \in \mathbb{R}^p \tag{6.80}$$

$$\boldsymbol{D}(\boldsymbol{y}) = \boldsymbol{Q}_{yy} \tag{6.81}$$

式中：a 为模糊度参数；b 为位置坐标参数。根据最小二乘准则，上述模型的最小二乘最优解为

$$\min \|\boldsymbol{y} - \boldsymbol{A}\boldsymbol{a} - \boldsymbol{B}\boldsymbol{b}\|_{Q_{yy}}^2 \qquad \boldsymbol{a} \in \mathbb{Z}^n, \quad \boldsymbol{b} \in \mathbb{R}^p \tag{6.82}$$

将式(6.82)分解有

$$\min \|\boldsymbol{y} - \boldsymbol{A}\boldsymbol{a} - \boldsymbol{B}\boldsymbol{b}\|_{Q_{yy}}^2 = \|\hat{\boldsymbol{e}}\|_{Q_{yy}} + \min\left(\|\hat{\boldsymbol{a}} - \boldsymbol{a}\|\right)_{Q_{\hat{a}\hat{a}}} + \min \|\hat{\boldsymbol{b}}(\boldsymbol{a}) - \boldsymbol{b}\|_{Q_{\hat{b}(a)\hat{b}(a)}}^2) \qquad \boldsymbol{a} \in \mathbb{Z}^n, \quad \boldsymbol{b} \in \mathbb{R}^p \tag{6.83}$$

式中：$\hat{\boldsymbol{a}}$、$\hat{\boldsymbol{b}}$为无约束最小二乘估值。

令$\breve{\boldsymbol{b}}(\boldsymbol{a}) = \min\limits_{\boldsymbol{b} \in \mathbb{R}^3, \|\boldsymbol{b}\| = l} \|\hat{\boldsymbol{b}}(\boldsymbol{a}) - \boldsymbol{b}\|_{Q_{\hat{b}(a)}}^2$，可求得$\breve{\boldsymbol{b}}(\boldsymbol{a})$。将$\breve{\boldsymbol{b}}(\boldsymbol{a})$代入下式求解

$$\breve{\boldsymbol{a}} = \min\left(\|\hat{\boldsymbol{a}} - \boldsymbol{a}\|_{Q_{\hat{a}\hat{a}}} + \|\hat{\boldsymbol{b}}(\boldsymbol{a}) - \breve{\boldsymbol{b}}(\boldsymbol{a})\|^2\right)_{Q_{\hat{b}(a)\hat{b}(a)}} \qquad \boldsymbol{a} \in \mathbb{Z}^n \tag{6.84}$$

$$\breve{\boldsymbol{b}} = \breve{\boldsymbol{b}}(\breve{\boldsymbol{a}}) \tag{6.85}$$

$\breve{a}$即为经基线长约束后的模糊度浮点解。利用该更高精度的浮点解可减小模糊度搜索范围,减少模糊度固定时间,提高模糊度固定成功率。

以下两个试验给出了静态算法和动态算法各自在静态和动态环境下的短基线定向实验结果。

6.5.1.2 静态定向试验

试验场景:采用静态方式处理4组双频静态观测数据。具体做法是以 Bernese 软件的多历元静态处理结果作为真值,将算法的单历元结果与 Bernese 的多历元静态处理结果进行比较,获得相应历元的偏差值,并统计其定向精度 RMS,其中 $RMS=\sqrt{[vv]/n}$。具体的比较结果见表6.1。

表6.1 试验比较

序号	基线/m	接收机类型	可见卫星数	总历元	模糊度固定成功率/%	固定解 RMS/(°)	
						航向角/(°)	俯仰角/(°)
1	6.13	HD2	7~10	28215	100	0.035	0.077
2	3.19	OEM4	7~9	7202	100	0.053	0.102
3	2.72	HD2	7~8	12042	99.4	0.055	0.115
4	4.41	OEM5	4~10	13814	99.4	0.050	0.101

由表6.1可以看出,4组静态数据解算的成功率可以达到99%~100%,在观测环境较差的情况下,也可达到99.4%,对2.72m的基线而言,其航向角精度和俯仰角精度可分别优于0.055°,0.115°。

6.5.1.3 车载动态定姿试验

测试场景:在某公路上进行动态测试,正常行驶时速为60~70 km/h。两天线的基线长度约为1.90m,采样间隔为1s。此数据用 JAVAD-HD2 动态定向系统采集,该系统可实时输出定向的结果(标称精度0.229(°)/m),如图6.21所示。

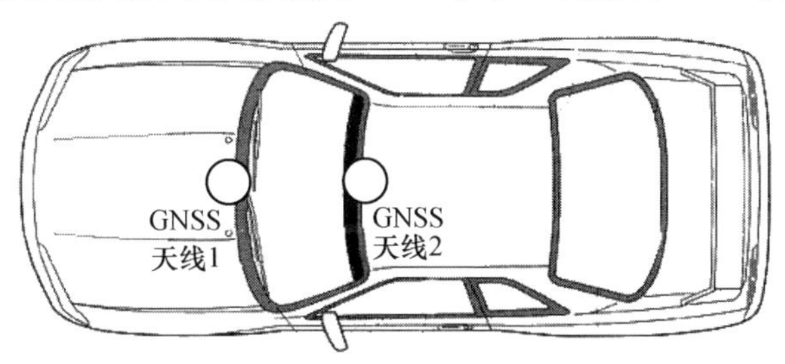

图6.21 车载双天线定向系统天线安装示意图

本次试验共观测到4颗以上卫星的历元数为7184,其中有效观测历元(如果某一历元具有双频观测值的卫星数目大于4,则认为该历元有效)数为6991个,进行定向解算后,固定了6810个历元,成功率为97.4%。将算法的单历元固定解结果和 HD2 的定向结果(固定解,且有效)进行比较。航向角和俯仰角的比较差值见

图6.22。其航向 RMS 为0.0812°,俯仰角 RMS 为0.2197°。从图6.22中可以看出,在绝大部分历元中,自编软件和 HD2 的定向结果符合得比较好,只是在少数几个历元出现了较大差距,差距在2°左右。

为了达到更高精度,同时考虑到工作模式,可以采用静态算法进行解算,这样精度及稳定性也会有较大提高。

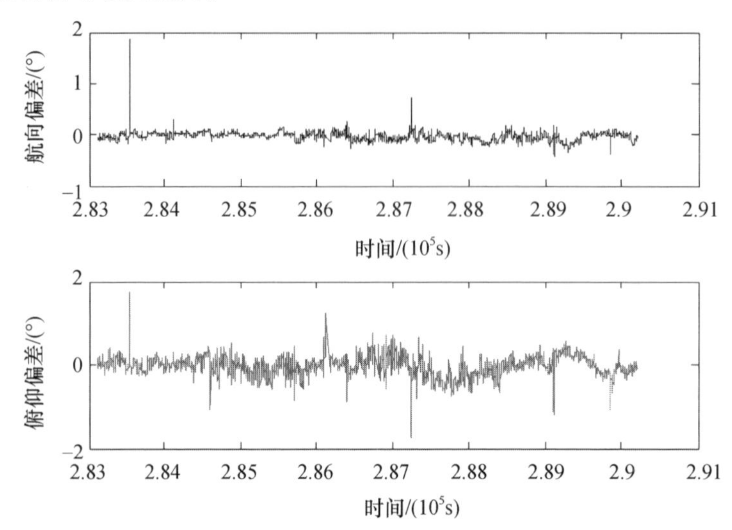

图6.22 车载动态试验双天线定向误差序列图(见彩图)

6.5.2 共用时钟的 GNSS 多天线测姿技术

考虑到双天线或者多天线定姿的需求,可使用共用时钟的多天线 GNSS 技术。目前多数主流高精度 GNSS 板卡厂商都设计了支持双天线输入的板卡型号用于实现高精度测姿,例如天宝公司的 BD982 板卡以及诺瓦泰公司的 OEM618D 等。利用相同的时钟驱动两套射频前端,可以削弱时间不同步带来的测姿误差,另一方面,共用时钟的方法也可以简化测姿的数学模型。

对于理想的共用时钟多天线测姿系统,两路 GNSS 天线射频线缆及对应的元器件完全相同,因此可以假设两路 GNSS 信号射频链路的延迟完全相同。采用共用时钟可进一步消除两路射频信号的观测不同步误差,两天线的站间单差也可完全消除接收机端的硬件延迟和接收机钟差,因此等价于传统定位中的双差模型。对于理想条件下的共用时钟法,其单差观测方程可表示为

$$\begin{cases}\Delta P_i = \Delta\rho + \Delta\varepsilon_{Pi} \\ \Delta\phi_i = \Delta\rho + \lambda_i\Delta N_i + \Delta\varepsilon_{\phi i}\end{cases} \tag{6.86}$$

该观测方程等价于传统的双差定位短基线模型,因此可快速固定模糊度,实现高精度测姿。

在实际测量中,虽然多天线之间采用同一个时钟,但是两路射频的硬件延迟量很

难保证完全相同。由于射频线缆的延迟不同或者其他的硬件延迟导致单差观测方程无法完全消除接收机端的延迟，此时观测方程可表示为

$$\begin{cases} \Delta P_i = \Delta\rho + b_{1b} + \Delta\varepsilon_{Pi} \\ \Delta\phi_i = \Delta\rho + B_{1b} + \lambda_i \Delta N_i + \Delta\varepsilon_{\phi i} \end{cases} \tag{6.87}$$

式中：b_{1b} 和 B_{1b} 分别为线缆延迟对伪距和载波相位的影响。考虑到线缆延迟的影响，共用时钟的 GNSS 多天线定姿解算过程也可以使用双差模型进行计算。双差模型能够消除线缆延迟的影响，但是双差观测值的观测噪声比单差观测值放大了 $\sqrt{2}$ 倍。

6.5.3　多天线测姿技术

随着导航系统的快速发展以及人们对导航需求的日益提高，载体姿态信息逐渐成为导航过程中与位置信息同等重要的信息。载体姿态可以用载体坐标系（BFS）和当地地理坐标系（LLS）表述。如何利多个天线确定载体的航向角、横滚角和俯仰角已经成为一大研究热点。通过双天线即可实现两个姿态角的测量，如果需要实现三个姿态角的测量，则需要在载体上安装至少 3 个不共线的天线。对于三天线定姿系统，载体的三个姿态角可以通过两条基线直接计算，对于多于 3 个天线的定姿系统，其姿态角则需要利用最小二乘平差的方法进行估计。本节对利用三天线和多天线基线矢量解算载体姿态角的方法分别进行介绍。

6.5.3.1　三天线姿态角直接估计

多天线测姿技术的基本原理如图 6.23 所示，基准站固定且精确位置坐标已知，设为 $O(x_0, y_0, z_0)$。载体平台上的主天线 A 定位坐标 $A(x_A, y_A, z_A)$ 为载体坐标。从基准站 O 到载体主天线 A 的基线矢量设为 $\boldsymbol{b}_{OA} = (x_{OA}, y_{OA}, z_{OA})$。则载体平台 GNSS 差分定位结果为

$$A(x_A, y_A, z_A) = O(x_0, y_0, z_0) + (x_{OA}, y_{OA}, z_{OA}) \tag{6.88}$$

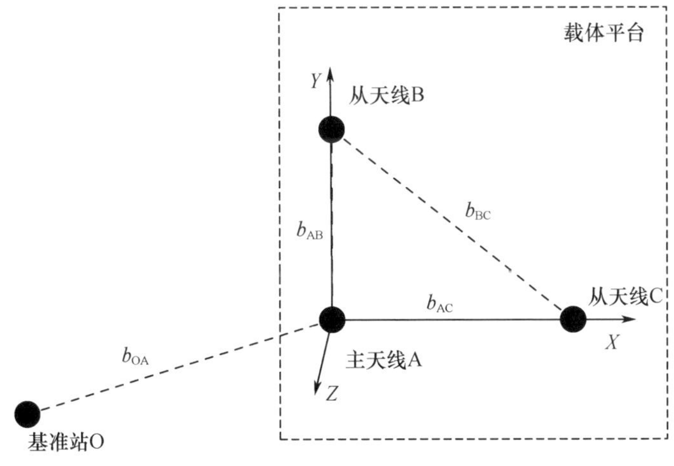

图 6.23　基准站与移动天线间基线

在当地地理坐标系(LLS)中,设主天线坐标为 $A^{\mathrm{LLS}}(0,0,0)$,从天线 B 和 C 的坐标分别为 $B^{\mathrm{LLS}}(X_{\mathrm{B}}^{\mathrm{LLS}},Y_{\mathrm{B}}^{\mathrm{LLS}},Z_{\mathrm{B}}^{\mathrm{LLS}})$ 和 $C^{\mathrm{LLS}}(X_{\mathrm{C}}^{\mathrm{LLS}},Y_{\mathrm{C}}^{\mathrm{LLS}},Z_{\mathrm{C}}^{\mathrm{LLS}})$。则有基线 $\boldsymbol{b}_{\mathrm{AB}}=(X_{\mathrm{B}}^{\mathrm{LLS}},Y_{\mathrm{B}}^{\mathrm{LLS}},Z_{\mathrm{B}}^{\mathrm{LLS}})$ 和 $\boldsymbol{b}_{\mathrm{AC}}=(X_{\mathrm{C}}^{\mathrm{LLS}},Y_{\mathrm{C}}^{\mathrm{LLS}},Z_{\mathrm{C}}^{\mathrm{LLS}})$。

当通过载波相位测量解算出各天线间基线矢量后,便可经过坐标转化模型转化为描述载体姿态的航向角、俯仰角和横滚角。假设载体坐标系 BFS 与 LLS 坐标系原点重合,则两坐标系间可以通过三个连续的欧拉角坐标轴旋转来使两个坐标系重合,即航向角 α、横滚角 β 和俯仰角 γ,相应于三个坐标轴的旋转矩阵为

$$\boldsymbol{R}_X(\gamma)=\begin{bmatrix}1 & 0 & 0\\ 0 & \cos\gamma & \sin\gamma\\ 0 & -\sin\gamma & \cos\gamma\end{bmatrix} \tag{6.89}$$

$$\boldsymbol{R}_Y(\beta)=\begin{bmatrix}\cos\beta & 0 & -\sin\beta\\ 0 & 1 & 0\\ \sin\beta & 0 & \cos\beta\end{bmatrix} \tag{6.90}$$

$$\boldsymbol{R}_Z(\alpha)=\begin{bmatrix}\cos\alpha & \sin\alpha & 0\\ -\sin\alpha & \cos\alpha & 0\\ 0 & 0 & 1\end{bmatrix} \tag{6.91}$$

按照 Z、X、Y 的顺序依次旋转 α、γ、β 三个欧拉角得到变换矩阵关系式为

$$(X^{\mathrm{BFS}},Y^{\mathrm{BFS}},Z^{\mathrm{BFS}})^{\mathrm{T}}=$$

$$\boldsymbol{R}_Y(\beta)\boldsymbol{R}_X(\gamma)\boldsymbol{R}_Z(\alpha)(X^{\mathrm{LLS}},Y^{\mathrm{LLS}},Z^{\mathrm{LLS}})^{\mathrm{T}}=$$

$$\begin{bmatrix}\cos\beta\cos\alpha-\sin\beta\sin\alpha\sin\gamma & \cos\beta\cos\alpha+\sin\beta\sin\alpha\sin\gamma & -\sin\beta\cos\gamma\\ -\cos\gamma\sin\alpha & \cos\gamma\cos\alpha & \sin\gamma\\ \sin\beta\cos\alpha+\cos\beta\sin\gamma\sin\alpha & \sin\beta\sin\alpha-\cos\beta\sin\gamma\cos\alpha & \cos\beta\cos\gamma\end{bmatrix}\begin{bmatrix}X^{\mathrm{LLS}}\\ Y^{\mathrm{LLS}}\\ Z^{\mathrm{LLS}}\end{bmatrix} \tag{6.92}$$

三天线情况下,以基准天线 A 的坐标作为原点,三个天线坐标分别为 $A^{\mathrm{LLS}}(0,0,0)$,$B^{\mathrm{LLS}}(X_{\mathrm{B}}^{\mathrm{LLS}},Y_{\mathrm{B}}^{\mathrm{LLS}},Z_{\mathrm{B}}^{\mathrm{LLS}})$,$C^{\mathrm{LLS}}(X_{\mathrm{C}}^{\mathrm{LLS}},Y_{\mathrm{C}}^{\mathrm{LLS}},Z_{\mathrm{C}}^{\mathrm{LLS}})$。由式(6.92)和姿态转换矩阵的正交性可得到载体的三个姿态角分别为

航向角

$$\alpha=-\arctan\left(\frac{X_{\mathrm{B}}^{\mathrm{LLS}}}{Y_{\mathrm{B}}^{\mathrm{LLS}}}\right) \tag{6.93}$$

俯仰角

$$\gamma=\arctan\left(\frac{Z_{\mathrm{B}}^{\mathrm{LLS}}}{\sqrt{(X_{\mathrm{B}}^{\mathrm{LLS}})^2+(Y_{\mathrm{B}}^{\mathrm{LLS}})^2}}\right) \tag{6.94}$$

横滚角

$$\beta = -\arctan\left(\frac{X_{\mathrm{C}}^{\mathrm{LLS}}\sin\alpha\sin\gamma - Y_{\mathrm{C}}^{\mathrm{LLS}}\cos\alpha\sin\gamma + Z_{\mathrm{C}}^{\mathrm{LLS}}\cos\gamma}{X_{\mathrm{C}}^{\mathrm{LLS}}\cos\alpha + Y_{\mathrm{C}}^{\mathrm{LLS}}\sin\alpha}\right) \tag{6.95}$$

通过以上公式便能够通过实测数据得到载体的主要姿态信息,实现多天线测姿。

6.5.3.2　多天线姿态角最小二乘估计

上节已给出三天线姿态角的解算方法。在一些特殊场景中,需要四个以上天线构成天线阵列以获取高精度载体姿态,此时需要重新建立模型进行估计。假设天线数为 m,其中序号为 i 的天线在载体坐标系和导航坐标系中的坐标分别为 $\boldsymbol{b}_i^{\mathrm{b}} = [x_i^{\mathrm{b}}, y_i^{\mathrm{b}}, z_i^{\mathrm{b}}]$ 和 $\boldsymbol{b}_i^{\mathrm{n}} = [x_i^{\mathrm{n}}, y_i^{\mathrm{n}}, z_i^{\mathrm{n}}]$,两者关系如下:

$$\boldsymbol{b}_i^{\mathrm{n}} = \boldsymbol{C}_{\mathrm{b}}^{\mathrm{n}}\boldsymbol{b}_i^{\mathrm{b}} \tag{6.96}$$

将两坐标系中坐标 $\boldsymbol{b}_i^{\mathrm{b}}$ 和 $\boldsymbol{b}_i^{\mathrm{n}}$ 作为观测值,对应协方差阵设为 $\boldsymbol{Q}_i^{\mathrm{b}}$ 和 $\boldsymbol{Q}_i^{\mathrm{n}}$,姿态角 $\mathbf{att} = (\gamma, \beta, \alpha)^{\mathrm{T}}$ 为待求参数,利用最小二乘进行估计。将序号为1的天线作为主天线并作为两坐标系原点,初始姿态角 $\mathbf{att}_0 = (\gamma_0, \beta_0, \alpha_0)^{\mathrm{T}}$ 已知,则有以下最小二乘估计模型:

$$\begin{pmatrix} A_2 \\ A_2 \\ \vdots \\ A_m \end{pmatrix}\begin{pmatrix} \Delta\alpha \\ \Delta\gamma \\ \Delta\beta \end{pmatrix} + \begin{pmatrix} \boldsymbol{R}_0 - \boldsymbol{I} & \boldsymbol{0} & \cdots & \boldsymbol{0} \\ \boldsymbol{0} & \boldsymbol{R}_0 - \boldsymbol{I} & \cdots & \boldsymbol{0} \\ \vdots & \vdots & & \vdots \\ \boldsymbol{0} & \boldsymbol{0} & \cdots & \boldsymbol{R}_0 - \boldsymbol{I} \end{pmatrix}\begin{pmatrix} \boldsymbol{b}_2^{\mathrm{n}} - \Delta\boldsymbol{b}_2^{\mathrm{n}} \\ \boldsymbol{b}_2^{\mathrm{b}} - \Delta\boldsymbol{b}_2^{\mathrm{b}} \\ \vdots \\ \boldsymbol{b}_m^{\mathrm{n}} - \Delta\boldsymbol{b}_m^{\mathrm{n}} \\ \boldsymbol{b}_m^{\mathrm{b}} - \Delta\boldsymbol{b}_m^{\mathrm{b}} \end{pmatrix} = 0 \tag{6.97}$$

为方便表示,将 $\boldsymbol{C}_{\mathrm{b}}^{\mathrm{n}}$ 以行矢量表示为 $\boldsymbol{C}_{\mathrm{b}}^{\mathrm{n}} = [r_1, r_2, r_3]^{\mathrm{T}}$,则上式各量含义如下:

$\boldsymbol{A}_i$ 矩阵表示为

$$\boldsymbol{A}_i = \begin{pmatrix} \dfrac{\partial(r_1 b_i^{\mathrm{n}})}{\partial\alpha} & \dfrac{\partial(r_1 b_i^{\mathrm{n}})}{\partial\gamma} & \dfrac{\partial(r_1 b_i^{\mathrm{n}})}{\partial\beta} \\ \dfrac{\partial(r_2 b_i^{\mathrm{n}})}{\partial\alpha} & \dfrac{\partial(r_2 b_i^{\mathrm{n}})}{\partial\gamma} & \dfrac{\partial(r_2 b_i^{\mathrm{n}})}{\partial\beta} \\ \dfrac{\partial(r_3 b_i^{\mathrm{n}})}{\partial\alpha} & \dfrac{\partial(r_3 b_i^{\mathrm{n}})}{\partial\gamma} & \dfrac{\partial(r_3 b_i^{\mathrm{n}})}{\partial\beta} \end{pmatrix} \tag{6.98}$$

R_0 表示将初始姿态角 $\mathbf{att}_0$ 代入下的 $C_{\mathrm{b},0}^{\mathrm{n}}$,$\Delta b_i^{\mathrm{n}}$ 和 Δb_i^{b} 分别为天线 i 在导航坐标系和载体坐标系中的坐标误差偏量;$\boldsymbol{I}$ 和 $\mathbf{0}$ 分别表示单位矩阵和零矩阵。

根据最小二乘估计准则,姿态角修正量为

$$\begin{pmatrix} \Delta\alpha \\ \Delta\gamma \\ \Delta\beta \end{pmatrix} = -\left(\sum_{i=2}^{m}\boldsymbol{A}_i^{\mathrm{T}}(\boldsymbol{R}_0^{\mathrm{T}}\boldsymbol{Q}_i^{\mathrm{n}}\boldsymbol{R}_0 + \boldsymbol{Q}_i^{\mathrm{b}})^{-1}\boldsymbol{A}_i\right)^{-1}\left(\sum_{i=2}^{m}\boldsymbol{A}_i^{\mathrm{T}}(\boldsymbol{R}_0^{\mathrm{T}}\boldsymbol{Q}_i^{\mathrm{n}}\boldsymbol{R}_0 + \boldsymbol{Q}_i^{\mathrm{b}})^{-1}(\boldsymbol{R}_0\boldsymbol{b}_i^{\mathrm{b}} - \boldsymbol{b}_i^{\mathrm{n}})\right) \tag{6.99}$$

利用牛顿迭代法更新三个姿态角直至达到设定门限值,则最终姿态角为

$$\mathbf{att} = (\gamma, \beta, \alpha)^{\mathrm{T}} = (\gamma, \beta, \alpha)^{\mathrm{T}} + (\Delta\gamma, \beta, \alpha)^{\mathrm{T}} \tag{6.100}$$

需要注意的是，基线方向与参考基准 INS 之间存在安装误差角，在组合或对比时需要考虑并消除。

6.6 INS 辅助动态高精度定姿技术

对于动态用户而言，可以通过 INS 辅助的形式提高 GNSS 高精度定位的性能。INS 具有良好的短期稳定性，可以很好地适应运动载体速度和加速度的变化，提供良好的运动模型，实现用户位置的准确预测[26]。准确的用户位置预测一方面可以提高滤波后定位的精度，另一方面对 GNSS 载波相位的周跳检测和模糊度固定也具有重要意义。

6.6.1 INS 辅助周跳检测技术

对于动态用户，由于树木遮挡等导致周跳现象的发生会使整周模糊度不准确，影响最终定位定姿结果。INS 能够提供准确的载体运动信息作为先验信息，提升 GNSS 载波相位周跳检测的成功率。本节介绍一种 INS/载波相位组合法在定姿中的应用。

6.6.1.1 周跳探测模型的建立

伪距/载波相位组合法根据伪距中不包含整周模糊度且在载波相位中是连续的而提出。但由于伪距误差很大，测量精度不高，小周跳很难探测到。而 INS 信息也是连续的，相比伪距观测量，在短时间内精度很高。因此首先可以利用 INS 与载波相位组合的方法进行探测。

根据基线长度 b_{AB} 与 INS 输出的姿态角信息，可以推断参考基线值 $\hat{b}_{\mathrm{AB}}^{\mathrm{I}}$。根据 INS 位置信息获取卫星观测方向 L_{I}，得到基于 INS 信息的双差站星几何距离为

$$r_{\mathrm{I,AB}}^{ij} = -(L_{\mathrm{I}}^{i} - L_{\mathrm{I}}^{j}) \cdot \hat{b}_{\mathrm{AB}}^{\mathrm{I}} \tag{6.101}$$

记 $L_{\mathrm{I}}^{ij} = L_{\mathrm{I}}^{i} - L_{\mathrm{I}}^{j}$，将式(6.101)代入双差载波相位观测方程式，变换可得

$$N_{\mathrm{AB}}^{ij} = \varphi_{\mathrm{AB}}^{ij} + \lambda^{-1} L_{\mathrm{I}}^{ij} \hat{b}_{\mathrm{AB}}^{\mathrm{I}} - \lambda^{-1} \xi_{\mathrm{AB}}^{ij} \tag{6.102}$$

相邻历元作差，得三差整周模糊度为

$$\Delta N_{\mathrm{AB}}^{ij} = \Delta\varphi_{\mathrm{AB}}^{ij} + \lambda^{-1} L_{\mathrm{I}}^{ij} \cdot \Delta \hat{b}_{\mathrm{AB}}^{\mathrm{I}} - \lambda^{-1} \Delta\xi_{\mathrm{AB}}^{ij} \tag{6.103}$$

在无周跳情况下，$\Delta N_{\mathrm{AB}}^{ij} = 0$，因此可取探测检验值 χ 如下：

$$\chi = \Delta\varphi_{\mathrm{AB}}^{ij} + \lambda^{-1} L_{\mathrm{I}}^{ij} \cdot \Delta \hat{b}_{\mathrm{AB}}^{\mathrm{I}} \tag{6.104}$$

设探测阈值为 ζ，则无周跳下应满足

$$|\chi| < \zeta \tag{6.105}$$

若探测到有周跳，可直接将 χ 取整作为周跳修复值 ΔN，即为

$$\Delta N = \mathrm{round}(\Delta\varphi_{\mathrm{AB}}^{ij} + \lambda^{-1} L_{\mathrm{I}}^{ij} \cdot \Delta \hat{b}_{\mathrm{AB}}^{\mathrm{I}}) \tag{6.106}$$

由于双差观测方程中,电离层延迟已经基本消除干净,因此在多频数据下可以利用电离层残差法进一步检验探测结果。利用上面三差模糊度方程式,在相同时间不同频率下作差,可以消除 $\Delta\hat{b}_{AB}^{I}$,得到四差方程:

$$\nabla\Delta\varphi = \lambda_1\Delta\varphi_{AB_1}^{ij} - \lambda_2\Delta\varphi_{AB_2}^{ij} = \lambda_1\Delta N_{AB_1}^{ij} - \lambda_2\Delta N_{AB_2}^{ij} + \nabla\Delta\xi_{AB}^{ij} \tag{6.107}$$

对修复值 ΔN_1、ΔN_2 的检验可以采取如下校验值:

$$\nu = \lambda_1\Delta N_1 - \lambda_2\Delta N_2 - \nabla\Delta\varphi \tag{6.108}$$

通过不同频率间关系进行检验,无周跳情况下 $\nu\approx0$。通过以上 INS 与载波相位相关法的探测和双差观测值下的电离层残差法的检验,可以消除几乎所有周跳。

6.6.1.2 周跳探测误差分析

下面分析 INS 姿态误差对探测结果的影响。以探测阈值 ζ 取 4 倍中误差为例,若想探测 1 周内的小周跳,需要满足

$$4\sigma_X < 1 \tag{6.109}$$

即需要满足如下条件:

$$\left|\Delta\phi_{AB}^{ij} + \lambda^{-1}L_I^{ij}\cdot\Delta\hat{b}_{AB}^{I}\right| < 0.25 \tag{6.110}$$

考虑到常用的 GPS 的 L1、L2 频点载波波长分别为 19.02cm 和 24.42cm,北斗 B1、B2 频点的载波波长分别为 19.22cm 和 24.85cm,这里选取 GPS 的 L1 频点为例,$\lambda = 19.02$cm,有

$$\left|\lambda\Delta\phi_{AB}^{ij} + L_I^{ij}\cdot\Delta\hat{b}_{AB}^{I}\right| < 0.048 \tag{6.111}$$

设基线误差矢量为 $\boldsymbol{b}_{err}$,基线真实值为 $\boldsymbol{b}_{AB}$,即有

$$\hat{b}_{AB}^{I} = \|\boldsymbol{b}_{AB} + \boldsymbol{b}_{err}\| \tag{6.112}$$

代入式(6.111),得如下关系:

$$\|\lambda\Delta\varphi_{AB}^{ij} + L_I^{ij}(\Delta\boldsymbol{b}_{AB} + \Delta\boldsymbol{b}_{err})\| = \|\Delta\xi_{\varphi} + L_I^{ij}\Delta\boldsymbol{b}_{err}\| < 0.048 \tag{6.113}$$

式中:ξ_{φ} 为载波相位测量噪声,考虑到载波相位测量精度很高,可以将其忽略,且有:

$$\|L_I^{ij}\Delta\boldsymbol{b}_{err}\| < \|L_I^{ij}\|\cdot\|\Delta\boldsymbol{b}_{err}\| < 2\|\Delta\boldsymbol{b}_{err}\| \tag{6.114}$$

设基线真实值与测量值间的角度差为 α_{err}(单位弧度),由于角度很小,近似有如下关系:

$$\|\Delta\boldsymbol{b}_{err}\| = b_{AB}\cdot|\alpha_{err}| \tag{6.115}$$

在满足如下要求的情况下,完全可以保证能探测到 1 周的周跳:

$$\|\Delta\boldsymbol{b}_{err}\| = b_{AB}\cdot|\alpha_{err}| < 0.024 \tag{6.116}$$

以基线 2m 为例,对姿态角误差(弧度)有如下要求:

$$|\alpha_{err}| < 0.012 \tag{6.117}$$

即在基线 2m 的场景下,姿态角误差在 0.68°以内时,可以保证能探测到小至 1 周的周跳。

6.6.2 INS 辅助模糊度解算技术

由于 GNSS 定姿需要多个天线同步观测,只要其中一个天线无观测值或有周跳,就会影响相关基线与姿态的精度。在导航信号重新捕获后,一般需要多个历元才能重新固定模糊度。若能够单历元确定模糊度,则既能避免周跳探测失误或修复不准确的问题,又能在信号重新捕获后迅速确定模糊度。因此,单历元固定模糊度对于提升定姿精度是有必要的。本节介绍一种惯导辅助模糊度解算方法,用惯导信息辅助解算模糊度浮点解,在固定模糊度后可以得出更精准稳定的 GNSS 姿态。

常规的双差相对定位中,基线矢量 $\boldsymbol{b}$ 与模糊度 N 是未知的。若能够利用 INS 信息获取基线估计值$\hat{b}$,则理论上仅利用单历元数据即可解算出双差整周模糊度浮点解$\hat{N}$,并可通过双频相关法、LAMBDA 方法等固定模糊度。

6.6.2.1 INS 辅助的 GNSS 模糊度浮点解

根据双差观测方程,可知单历元求解整周模糊度浮点解需获得参考基线矢量,即参考基线姿态与参考基线长度。对于多天线 GNSS 载体定姿需求,多天线往往是固连在载体上的,因此天线间基线长度与基线间角度确定已知。惯导系统可以提供载体的参考姿态信息,但与基线姿态间需要一定的转化过程,即惯导与天线的安装角、载体坐标系与导航坐标系的转化等,如图 6.24 所示。

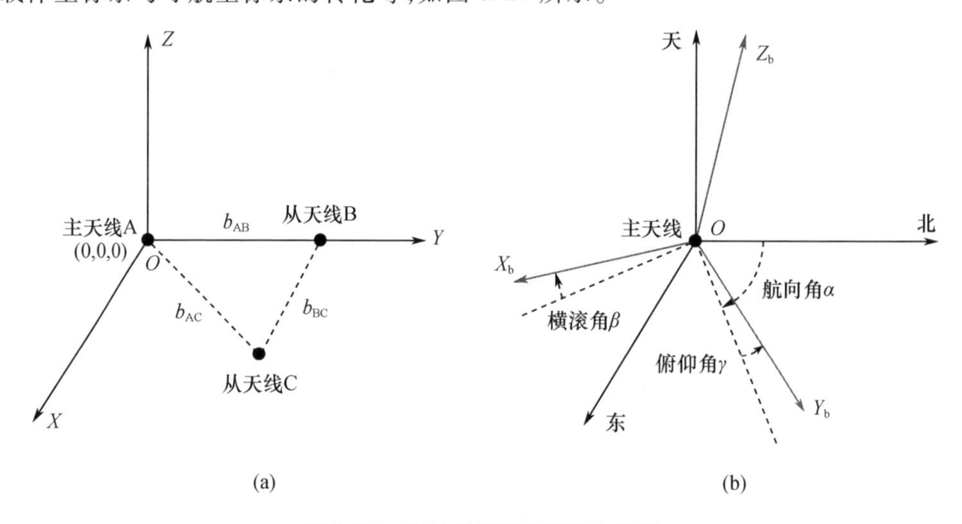

图 6.24 载体坐标系的建立与转换

载体上架设多天线后,在惯导初始化的同时完成静态 GNSS 定位,最终得到载体初始姿态角(即航向角 α_0、横滚角 β_0 和俯仰角 γ_0)和各天线精确位置。以三天线为例,如图 6.24(a)所示,以主天线位置为原点,主天线指向从天线 B 的矢量为 Y 轴,根据右手准则建立载体坐标系。载体坐标系可以通过三个欧拉角转换到导航坐标系,即分别依次绕 Z 轴、X 轴、Y 轴旋转航向角 α、俯仰角 γ 和横滚角 β,如图 6.24(b)所

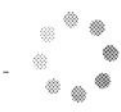

示,相应的旋转矩阵分别为

$$\boldsymbol{R}_X(\gamma)=\begin{pmatrix}1 & 0 & 0\\ 0 & \cos\gamma & \sin\gamma\\ 0 & -\sin\gamma & \cos\gamma\end{pmatrix} \tag{6.118}$$

$$\boldsymbol{R}_Y(\beta)=\begin{pmatrix}\cos\beta & 0 & -\sin\beta\\ 0 & 1 & 0\\ \sin\beta & 0 & \cos\beta\end{pmatrix} \tag{6.119}$$

$$\boldsymbol{R}_Z(\alpha)=\begin{pmatrix}\cos\alpha & \sin\alpha & 0\\ -\sin\alpha & \cos\alpha & 0\\ 0 & 0 & 1\end{pmatrix} \tag{6.120}$$

则得到天线分别在载体坐标系 b 与导航坐标系 n 中坐标的关系为

$$\begin{pmatrix}X^{\mathrm{b}}\\ Y^{\mathrm{b}}\\ Z^{\mathrm{b}}\end{pmatrix}=R_Y(\beta)R_X(\gamma)R_Z(\alpha)\begin{pmatrix}X^{\mathrm{n}}\\ Y^{\mathrm{n}}\\ Z^{\mathrm{n}}\end{pmatrix}=\boldsymbol{C}_{\mathrm{n}}^{\mathrm{b}}\begin{pmatrix}X^{\mathrm{n}}\\ Y^{\mathrm{n}}\\ Z^{\mathrm{n}}\end{pmatrix} \tag{6.121}$$

根据初始的姿态角 $\mathbf{att}_0=(\gamma_0,\beta_0,\alpha_0)^{\mathrm{T}}$ 与天线静态定位可求解出载体坐标系下的天线坐标,并认为其固定(忽略天线振动误差与天线基座漂移误差)。在动态解算中,可根据惯导测得的实时姿态角 $\mathbf{att}_t=(\gamma_t,\beta_t,\alpha_t)^{\mathrm{T}}$ 求出实时参考基线矢量 $\hat{\boldsymbol{b}}_{\mathrm{AB}}$、$\hat{\boldsymbol{b}}_{\mathrm{AC}}$。以基线 $\boldsymbol{b}_{\mathrm{AB}}$ 为例,初始化中求解的基线初始值为 $\boldsymbol{b}_{\mathrm{AB}}^{0}$,则求得基于 INS 的实时参考基线为

$$\hat{\boldsymbol{b}}_{\mathrm{AB}}^{\mathrm{t}}=\boldsymbol{C}_{\mathrm{n},t}^{\mathrm{b}}\boldsymbol{C}_{\mathrm{b},0}^{\mathrm{n}}\boldsymbol{b}_{\mathrm{AB}}^{0} \tag{6.122}$$

同时,对式(6.122)伪距观测方程中的基线 $\hat{\boldsymbol{b}}_{\mathrm{AB}}$ 进行最小二乘估计,得出基于双差伪距观测量的基线最优估计 $\hat{b}_{\mathrm{AB}}^{\rho}$。对两个估计值 $\hat{b}_{\mathrm{AB}}^{\mathrm{I}}$ 与 $\hat{b}_{\mathrm{AB}}^{\rho}$ 进行加权平均,如图 6.25 所示,求取加权平均后的实时参考基线值 $\hat{b}_{\mathrm{AB}}$ 如下:

$$\hat{b}_{\mathrm{AB}}=\frac{w_{\mathrm{I}}\hat{b}_{\mathrm{AB}}^{\mathrm{I}}+w_{\rho}\hat{b}_{\mathrm{AB}}^{\rho}}{w_{\mathrm{I}}+w_{\rho}}=k\hat{b}_{\mathrm{AB}}^{\mathrm{I}}+(1-k)\hat{b}_{\mathrm{AB}}^{\rho} \tag{6.123}$$

式中:$k=\dfrac{w_{\mathrm{I}}}{w_{\mathrm{I}}+w_{\rho}}$,$k\in[0,1]$,$w_{\mathrm{I}}$ 与 w_{ρ} 分别为 $\hat{b}_{\mathrm{AB}}^{\mathrm{I}}$ 与 $\hat{b}_{\mathrm{AB}}^{\rho}$ 的权重因子。INS 与伪距测量得到的基线误差方差为 σ_{I} 与 σ_{ρ},则可以取权重 $w_{\mathrm{I}}=\dfrac{1}{\sigma_{\mathrm{I}}}$,$w_{\rho}=\dfrac{1}{\sigma_{\rho}}$。

将由 INS 信息与伪距综合求得的实时参考基线值 $\hat{b}_{\mathrm{AB}}$ 代入式(6.123)载波相位观测方程可得

$$\lambda\varphi_{\mathrm{AB}}^{ij}=-(L^{i}-L^{j})\cdot\hat{b}_{\mathrm{AB}}+\lambda\cdot N_{\mathrm{AB}}^{ij}+\xi_{\mathrm{AB}}^{ij} \tag{6.124}$$

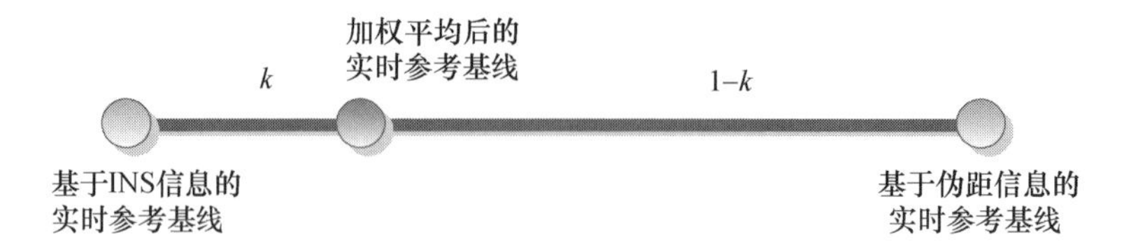

图 6.25 基于 INS 与伪距解算基线的加权平均

根据上式,结合双差载波相位观测值,可解算出整周模糊度浮点解 $\hat{N}_{AB}^{ij}$。需要注意的是,该模糊度浮点解的求取仅利用了一个历元的观测数据,为后续单历元固定模糊度提供了必要条件。此外,一般的双差定位要求至少 5 颗观测卫星才能求解出浮点解,而本方法浮点解的求取对卫星数量并没有要求,因此在可见卫星数极少的情况下也可能求解出固定解,这也对单历元固定模糊度提供了有力支撑。

6.6.2.2 附有基线长度约束的模糊度固定

通过上面求取模糊度浮点解后,本节结合基线已知信息、双频相关法等对模糊度备选值进行筛选,排除不合理的备选解,缩小模糊度搜索空间,以进一步提升模糊度固定效果。首先,利用 LAMBDA 算法搜索出多组模糊度候选值,组成一个模糊度备选空间。考虑到 LAMBDA 所输出的最优解不一定总是正确,因此需要输出多个整数候选值。整数候选值数目可以根据接收机的运动状态以及观测环境凭经验选取。

下面首先利用基线信息与双频相关法对不合理解剔除。根据相对定位中卫星观测方向与基线角度间关系,得到双差真实几何距离取值范围为

$$|r_{AB}^{ij}| = |-(L^i - L^j) \cdot b_{AB}| < 2b_{AB} \tag{6.125}$$

根据双差载波相位观测方程式,结合式(6.125) r_{AB}^{ij} 取值范围,可以得到

$$|\varphi_{AB}^{ij} - N_{AB}^{ij}| < \mathrm{round}(|r_{AB}^{ij}|/\lambda + 0.5) < \mathrm{round}(2b_{AB}/\lambda + 0.5) \tag{6.126}$$

以北斗的 B1 频点为例,载波波长 $\lambda = 19.22\text{cm}$,基线长度 2m 情况下,每个双差模糊度取值为[−21,21]范围内。该范围模糊度空间依然很大,需要进一步缩小。

若利用双频数据,根据式(6.125)可以得到以下关系:

$$\begin{aligned} -(L^i - L^j) \cdot b_{AB} &= (\varphi_{1\,AB}^{\ ij} - N_{1\,AB}^{\ ij}) \cdot \lambda_1 - \xi_{1\,AB}^{\ ij} = \\ &(\varphi_{2\,AB}^{\ ij} - N_{2\,AB}^{\ ij}) \cdot \lambda_2 - \xi_{2\,AB}^{\ ij} \end{aligned} \tag{6.127}$$

整理得到:

$$N_{1\,AB}^{\ ij} = \left(\frac{\lambda_2}{\lambda_1}\right) \cdot N_{2\,AB}^{\ ij} + \left(\frac{\lambda_2}{\lambda_1}\right) \cdot \varphi_{2\,AB}^{\ ij} - \varphi_{1\,AB}^{\ ij} + \nu \tag{6.128}$$

式中:$\nu = (\xi_{1\,AB}^{\ ij} - \xi_{2\,AB}^{\ ij})/\lambda_1$,假设其服从正态分布。取适合的阈值 σ,则有以下关系:

$$\left| N_{1\,AB}^{\ ij} - \left(\left(\frac{\lambda_2}{\lambda_1}\right) \cdot N_{2\,AB}^{\ ij} + \left(\frac{\lambda_2}{\lambda_1}\right) \cdot \varphi_{2\,AB}^{\ ij} - \varphi_{1\,AB}^{\ ij} \right) \right| < \sigma \tag{6.129}$$

如图 6.26 所示,根据式(6.129)双频模糊度之间的关系可以对模糊度备选值进行筛选,若无法满足条件则认为备选值错误。该方法可有效缩小搜索空间,同时降低

次优解精度较高的概率,使模糊度更容易固定。

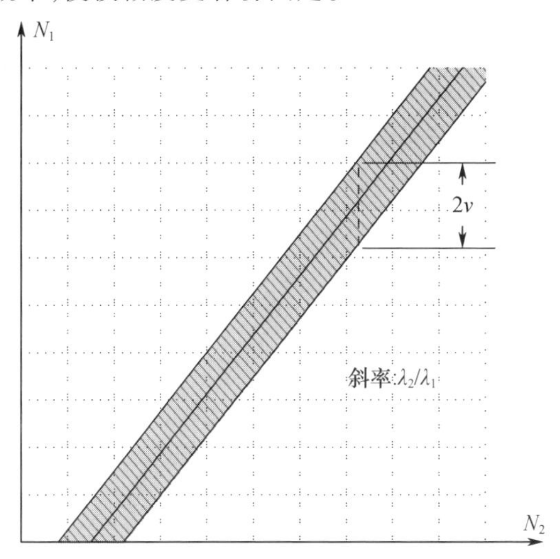

图6.26　双频相关法模糊度误差带

在解算模糊度浮点解中,利用了参考基线矢量$\hat{\boldsymbol{b}}_{AB}$,但在后续固定模糊度时,基线$b_{AB}$视为未知的,因此在单历元数据下,双差载波观测方程组未知数比方程维数多3个,即模糊度中仅3个互不相关。因此,在4颗卫星以上时,首先选出仰角最大的卫星作为基卫星,选取能与基卫星构成GDOP值最小的另外3颗卫星组成主卫星计算模糊度,其余卫星用以剔除错误模糊度解。

根据式(6.128),将其方程组写成矩阵形式为

$$\lambda\boldsymbol{\phi} = -\boldsymbol{H}\boldsymbol{b} + \lambda\boldsymbol{N} + \boldsymbol{v} \tag{6.130}$$

忽略残差v,通过最小二乘算法得

$$\boldsymbol{b} = -\lambda\boldsymbol{H}^{-1}(\boldsymbol{\phi} - \boldsymbol{N}) \tag{6.131}$$

对$\boldsymbol{H}^{\mathrm{T}}$进行QR分解,即$\boldsymbol{H}^{\mathrm{T}} = \boldsymbol{QR}$,其中$\boldsymbol{Q}$为正交矩阵,$\boldsymbol{R}$为上三角阵,基线长度变化为

$$\begin{aligned}\boldsymbol{b}^{\mathrm{T}}\boldsymbol{b} = \lambda^2(\boldsymbol{\phi}-\boldsymbol{N})^{\mathrm{T}}\boldsymbol{H}^{-\mathrm{T}}\boldsymbol{H}^{-1}(\boldsymbol{\phi}-\boldsymbol{N}) = \\ \lambda^2(\boldsymbol{\phi}-\boldsymbol{N})^{\mathrm{T}}\boldsymbol{R}^{-1}\boldsymbol{Q}^{-1}\boldsymbol{Q}^{-\mathrm{T}}\boldsymbol{R}^{-\mathrm{T}}(\boldsymbol{\phi}-\boldsymbol{N}) = \\ \lambda^2(\boldsymbol{\phi}-\boldsymbol{N})^{\mathrm{T}}\boldsymbol{R}^{-1}\boldsymbol{R}^{-\mathrm{T}}(\boldsymbol{\phi}-\boldsymbol{N})\end{aligned} \tag{6.132}$$

式中:$\boldsymbol{R}^{-1}$为三阶下三角阵,且对角线元素为正,设

$$\boldsymbol{R}^{-1} = \begin{pmatrix} r_{11} & 0 & 0 \\ r_{21} & r_{22} & 0 \\ r_{31} & r_{32} & r_{33} \end{pmatrix} \tag{6.133}$$

$$\boldsymbol{\phi} - \boldsymbol{N} = \begin{pmatrix} \phi_1 - N_1 \\ \phi_2 - N_2 \\ \phi_3 - N_3 \end{pmatrix} = \begin{pmatrix} x_1 \\ x_2 \\ x_3 \end{pmatrix} \tag{6.134}$$

由于基线长度 b_{AB} 已知,考虑误差 η 的存在,有

$$\left(\frac{l-\eta}{\lambda}\right)^2 \leqslant \frac{\boldsymbol{b}^{\mathrm{T}}\boldsymbol{b}}{\lambda^2} = (\boldsymbol{\Phi}-\boldsymbol{N})^{\mathrm{T}}\boldsymbol{R}^{-1}\boldsymbol{R}^{-\mathrm{T}}(\boldsymbol{\Phi}-\boldsymbol{N}) \leqslant \left(\frac{l+\eta}{\lambda}\right)^2 \tag{6.135}$$

即

$$\left(\frac{l-\eta}{\lambda}\right)^2 \leqslant (r_{11}x_1)^2 + (r_{21}x_1 + r_{22}x_2)^2 + (r_{31}x_1 + r_{32}x_2 + r_{33}x_3)^2 \leqslant \left(\frac{l+\eta}{\lambda}\right)^2 \tag{6.136}$$

由于有

$$(r_{11}x_1)^2 \leqslant \left(\frac{l+\eta}{\lambda}\right)^2 \tag{6.137}$$

可以推得 N_1 取值满足

$$-\frac{l+\eta}{\lambda r_{11}} + \phi_1 \leqslant N_1 \leqslant \frac{l+\eta}{\lambda r_{11}} + \phi_1 \tag{6.138}$$

又由于有

$$(r_{11}x_1)^2 + (r_{21}x_1 + r_{22}x_2)^2 \leqslant \left(\frac{l+\eta}{\lambda}\right)^2 \tag{6.139}$$

在 N_1 确定情况下,N_2 满足

$$\frac{-\sqrt{\left(\frac{l+\eta}{\lambda}\right)^2 - (r_{11}x_1)^2} - r_{21}x_1}{r_{22}} + \phi_2 \leqslant N_2 \leqslant \frac{\sqrt{\left(\frac{l+\eta}{\lambda}\right)^2 - (r_{11}x_1)^2} - r_{21}x_1}{r_{22}} + \phi_2 \tag{6.140}$$

在 N_1 与 N_2 都确定的情况下可继续确定 N_3 的取值范围,这里不再详述。

在选定的搜索空间内搜索模糊度解,使满足式(6.140)的解为模糊度固定解,固定解依照所述条件判定。在固定模糊度后,可求得天线间基线矢量的固定解 $\tilde{b}_{AB}$、$\tilde{b}_{AC}$ 来代替参考基线 $\hat{b}_{AB}$、$\hat{b}_{AC}$,从而利用该固定解求解姿态。

参考文献

[1] BRAASCH M S, VAN Dierendonck A J. GPS receiver architectures and measurements[J]. Proceedings of the IEEE, 1999, 87(1): 48-64.

[2] KIESEL S, ASCHER C, GRAMM D. GNSS receiver with vector based FLL-assisted PLL carrier tracking loop[C]//Proceedings of International Technical Meeting of the Satellite Division, Georgia, September16-19, 2008.

[3] KAPLAN E D, HEGARTY C J. Understanding GPS principles and applications[M]. Norwood: Artech House Inc., 2006.

[4] MAO W L , TSAO H W , CHANG F R . Intelligent GPS receiver for robust carrier phase tracking in kinematic environments[J]. IEE Proceedings-Radar, Sonar and Navigation, 2004, 151(3): 171-180.

[5]CURRAN J T,LACHAPELLE G,MURPHY C C. Digital GNSS PLL design conditioned on thermal and oscillator phase noise[J]. IEEE Transactions on Aerospace &Electronic Systems,2013,48(1): 180-196.

[6] XU G. GPS: theory, algorithms, and applications[M]. Berlin:Springer-Verlag, 2007.

[7] BISNATH S B,LANGLEY R B. High-precision positioning with a single GPS receiver[J]. Navigation,2002,49(3):161-169.

[8] MA C, LACHAPELLE G, CANNON M E. Implementation of a software GPS receive[C]//Proceeding of the 17th International Technical Meeting of the Satellite Division of The Institute of Navigation, Long Beach,September 21-24, 2004.

[9] IRSIGLER M, EISSFELLER B. Pll tracking performance in the presence of oscillator phase noise [J]. GPS Solutions, 2002, 5(4): 45-57.

[10] RAQUET J F. Multiple GPS receiver multipath mitigation technique[J]. IEE Proceedings-Radar, Sonar and Navigation, 2002, 149(4): 195-201.

[11] WOO K T. Optimum semicodeless carrier-phase tracking of L2[J]. Navigation, 2000, 47(2): 82-99.

[12] LOWE S T, MEEHAN T, YOUNG L. Direct signal enhanced semicodeless processing of GNSS surface-reflected signals[J]. IEEE Journal of Selected Topics in Applied Earth Observations and Remote Sensing, 2014, 7(5): 1469-1472.

[13] 谢钢. GPS 原理与接收机设计[M]. 北京:电子工业出版社, 2009.

[14] 滕云龙, 师奕兵, 郑植. 单频载波相位的周跳探测与修复算法研究[J]. 仪器仪表学报, 2010 (8): 22-27.

[15] LAURICHESSE D, MERCIER F, BERTHIAS J P, et al. Integer ambiguity resolution on undifferenced GPS phase measurements and its application to PPP and satellite precise orbit determination [J]. Navigation, 2009, 56(2): 135-149.

[16] CHANG X W, YANG X , ZHOU T . MLAMBDA: a modified LAMBDA method for integer least-squares estimation[J]. Journal of Geodesy, 2005, 79(9): 552-565.

[17] PARKINS A. Increasing GNSS RTK availability with a new single-epoch batch partial ambiguity resolution algorithm[J]. GPS Solutions, 2011, 15(4): 391-402.

[18] 周锋. 多系统 GNSS 非差非组合精密单点定位相关理论和方法研究[D]. 上海:华东师范大学,2018.

[19] SHI J, GAO Y. A comparison of three PPP integer ambiguity resolution methods[J]. GPS Solutions, 2014. 18(4): 519-528.

[20] 郭斐. GPS 精密单点定位质量控制与分析的相关理论和方法研究[D]. 武汉:武汉大学,2013.

[21] LAURICHESSE D, MERCIER F, BERTHIAS J P. Integer ambiguity resolution on undifferenced GPS phase measurements and its application to PPP and satellite precise orbit determination[J]. Navigation, 56(2): 135-149.

[22] WANG L, FENG Y, C WANG. Real-time assessment of GNSS observation noise with single receivers[J]. Journal of Global Positioning Systems, 2013, 12(1): 73-82.

[23] 李征航. 基于双频 GPS 数据的单历元定向算法研究[J]. 武汉大学学报(信息科学版), 2007(9): 753-756.

[24] BLAZHNOV B A, KOSHAEV D A. Determinating relative motion trajectory and orientation angles by GNSS phase measurements and micromechanical gyroscope data[J]. Gyroscopy & Navigation, 2010, 1(2):79-90.

[25] 范建军, 王飞雪. 一种短基线 GNSS 的三频模糊度解算(TCAR)方法[J]. 测绘学报, 2007(1):47-53.

[26] WU Y, WANG J, HU D. A new technique for INS/GNSS attitude and parameter estimation using online optimization[J]. IEEE Transactions on Signal Processing, 2014, 62(10):2642-2655.

第7章 高精度GNSS/INS组合定位及测姿系统设计与实现

前6章主要描述了GNSS和INS的基本概念、理论以及方法,对两者组合定位的分类、误差建模等也进行了详细阐述。本章将围绕GNSS和INS的组合定位重点讲述高精度GNSS/INS组合系统的设计。高精度GNSS/INS组合定位及测姿系统根据具体应用的场景不同组成会有所不同。例如,在小型载体平台上,无法安装双天线进行测姿,则使用单天线GNSS/INS组合;有些场合无法提供实时的差分链路实现实时差分定位,则需要配备数据后处理软件,通过后处理实现差分解算。因此在实际应用中,高精度GNSS/INS组合定位及测姿系统根据不同应用场合会有不同的配置。

本章结合各种实际需要,选择一款覆盖较为全面的测绘车移动测量平台上的定位测姿系统为原型进行系统设计。该款测绘车高精度GNSS/INS组合定位及测姿系统重点针对测绘车移动测量系统应用,采用多天线GNSS/INS组合导航处理,配备差分基准站、数据通信链路以及高精度组合导航数据处理软件,测量测绘车的位置、速度和姿态信息,满足移动测绘车高精度导航应用。

高精度GNSS/INS组合定位及测姿系统作为位置、速度、姿态和时间测量设备,是测绘车移动测量系统中的核心部件之一,与相机、激光雷达、全景相机等测量传感器集成在测绘车上。该移动测量系统具备在高速移动状态下完成测量与地理信息采集的能力。它对目标区域进行高效率的摄影测量,利用组合定位及测姿系统提供的位置、速度、姿态和时间信息,通过数据处理软件实现可测量影像、激光扫描数据、全景影像数据的空间同步,处理生成地理信息系统基本数据库。高精度GNSS/INS组合定位及测姿系统提供的位置、速度、姿态和时间信息是各测量传感器数据处理的时间、空间参考基准,是保证移动测量数据处理精度的基础。

中国电子科技集团公司第五十四研究所联合北京航空航天大学、武汉大学、中国测绘科学研究院、立得空间股份有限公司,依托国家“863”计划地球观测与导航技术领域“高精度低成本GNSS/INS深耦合测绘车定位系统与应用示范”课题,研制了针对测绘车应用的高精度GNSS/INS测绘车定位系统,本章将对系统设计与实现情况进行详细介绍。

7.1 测绘车组合定位及测姿系统需求与现状

7.1.1 测绘车组合定位及测姿系统需求

测绘车移动测量系统是高精度 GNSS/INS 组合定位及测姿系统的最典型应用平台之一,一方面获取高精度的位置、速度、姿态信息以及实现高精度的时间同步;另一方面,系统使用环境为城市道路环境,卫星导航信号接收情况复杂多变;再一方面系统应用不仅需要实时高精度差分处理,还需要事后数据处理获得更高精度。因此,从系统配置上看,测绘车 GNSS/INS 组合定位及测姿系统是覆盖最为全面的测量系统之一。

该系统在使用中主要面临以下难点:

(1) 城市道路环境卫星导航信号遮挡、衰落严重,对接收机性能提出了较高要求。

测绘车移动测量系统主要面向城市地理信息数据获取,测绘车在城市道路作业情况下,需要在楼宇、立交桥、隧道、树木之间进行移动测量,卫星信号强度衰落严重,可见卫星信号不断被遮挡中断。经统计,在国内典型城市条件下,仅 60% 属于卫星观测信号良好(有效卫星颗数优于 7 颗),30% 情况下属于卫星观测信号较差(有效观测卫星数小于 5 颗),10% 属于遮挡严重的无卫星环境(小于 3 颗),因此,在测绘车应用环境下,需要卫星导航接收机具备较高的抗多路径能力,另外,由于信号的频繁中断,需要提高接收机的接收灵敏度、捕获速度以及加快 RTK 整周模糊度收敛速度。

(2) 惯导单元是核心部件之一,提升惯性传感器精度是系统精度保障的关键。

IMU 是高精度低成本 GNSS/INS 深耦合测绘车定位系统中的核心部件之一,用于精确测量载体角速度和加速度信息,其测量精度与定位测姿系统性能有直接关系。惯性导航系统测量误差主要包括数学模型近似性误差、惯性传感器误差、计算误差和初始对准误差 4 种,其中惯性传感器误差和计算误差为系统最主要误差源。在保证系统精度的前提下降低设备成本,很重要的一个解决方法是利用组合导航技术,对惯性传感器误差和杆臂效应等系统误差进行精确估计与在线补偿,以低精度的惯性传感器实现高精度的系统导航。

(3) 组合定位及测姿系统精度高,动态条件下测试难度大。

测绘车 GNSS/INS 组合定位及测姿系统自身具有非常高的精度,其动态定位精度可以达到 5cm,姿态测量精度可以达到 0.005°,对于组合定位及测姿系统的实际测试,需要采用更高精度的测量设备作为其测量基准,而转台等设备只能应用于静态或者准静态测试,如何简单、快捷地对高精度组合定位及测姿系统进行精确测试一直以来都是一个技术难题。针对当前技术手段,对高精度 GNSS/INS 组合定位及测姿系统进行测试的方法包括:①基于组合导航模拟器的模拟测试;②基于组合导航模拟器

和三轴运动仿真转台的半物理仿真测试;③动态跑车测试;④实际系统使用中的精度符合性评估。

7.1.2 国内外测绘车组合定位及测姿系统现状

移动测量系统(MMS)是综合了GNSS/INS组合定位及测姿系统、摄影测量传感器、激光雷达和计算机等技术发展起来的一种新型道路测绘及数据采集装置,主要用于城市高精度数字地图的测绘、道路矿山勘测、国土调查等。基于移动测量领域发展的导航、环境感知、测距等技术,近年来在无人驾驶、无人车方向也有了广泛应用[1]。

国外移动测量系统的研究最早起始于加拿大卡尔加里大学和日本东京大学等。产品应用方面,加拿大的Optech公司率先将移动测量技术应用于数字城市测绘中,如图7.1所示。该公司推出的Lynx测绘车是世界上先进的车载移动测量系统。此外,日本拓普康公司、美国天宝公司也推出了各自的移动测量系统,如图7.2所示。目前,移动测量系统在高精度数字地图测绘领域获得了大量应用。

(a)

(b)

图7.1 Optech公司的移动测量系统

(a)

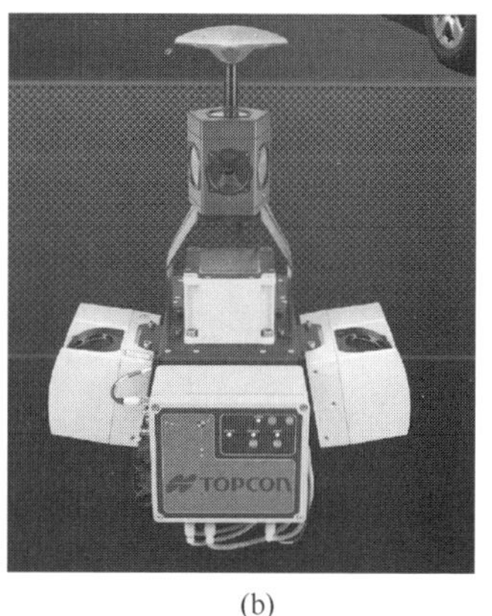

(b)

图7.2 拓普康公司的移动测量系统

国内移动测量系统的研究最先开始于武汉大学。李德仁院士于 1999 年提出了基于“3S”技术的 MMS。在此概念引领下,依托武汉大学成立了立得空间信息技术股份有限公司,经过十余年产业化推广,研制了系列移动测量系统并成功应用在国土监测、城市管理、交通运输、移动位置服务、国防安全、互联网应用等十几个领域,形成了独具中国特色的移动测量行业,其产品如图 7.3 所示。首都师范大学、中国测绘科学研究院、北京四维远见信息技术有限公司等单位联合研制的某型车载激光建模测量系统,也是移动测量系统的典型产品。

图 7.3 立得空间闪电侠系列移动测量系统

移动测量系统由载车平台、控制计算机、CCD 相机、全景相机、激光扫描仪、同步控制器等设备组成,各模块通过机械结构集成为一体,以 GNSS 时间为绝对时间参考实现各传感器采样时间的同步和协调,通过相互间结构关系求解所测目标点绝对坐标。通过地面移动测量,实现移动中直接获取目标物绝对坐标和空间信息数据。

GNSS/INS 组合定位及测姿系统是移动测量系统的核心部件之一,它为系统中的各传感器提供实时位置、速度、姿态、时间信息,实现各传感器测量信息的时空统一。位置姿态测量系统的精度直接影响了移动测量系统的最终精度,目前均采用差分 GNSS、INS 和可量测实景影像(DMI)等多导航源集成实现。移动测量系统应用的典型 GNSS/INS 组合定位及测姿系统也称为高精度定位定姿系统(POS)。国外在高分辨率对地观测需求的牵引下,高精度 POS 技术得到了快速发展,美国、加拿大、瑞士、德国等发达国家均已经形成了系列产品,并广泛应用于高分辨率对地观测和移动测量领域。

目前,国际上的 POS 产品已经达到很高的技术指标,其中诺瓦泰和天宝公司的产品在国内拥有较多客户,另外还包括德国的 IGI 公司等都有应用于移动测量或者航空摄影测量的 GNSS/INS 组合导航系统。该类型组合定位系统大多采用紧组合技术,具备高精度基准站以及数据后处理软件,系统可以达到非常高的精度。

Optech 公司的移动测量系统中使用的是美国 Applanix POS/LV420 组合定位及测姿系统。该系统包括高精度的 IMU、双 GPS 定向天线和 DMI,双 GPS 天线的设计

可以加快在高纬度地区航向角计算的速度，同时 DMI 可以提供高精度的车速更新数据，在 GPS 信号质量很差的情况下，仍可获得相对精度较高的航迹测量，DMI 还可以在汽车静止时为系统提供 ZUPT 功能。另外，该系统提供了 Applanix POSPac MMS 数据后处理软件，将 GNSS、IMU 和 DMI 数据同步融合解算，实现数据的有效利用，其产品如图 7.4 所示。

图 7.4　天宝 POS LV/AV 系列产品

德国 IGI 公司典型产品 AeroControl POS 采用了包含高精度光纤陀螺仪的 IMU 与 GNSS 组合，其后处理精度为：在卫星信号有效条件下，定位误差小于 0.02m，水平姿态误差小于 0.003°，航向误差小于 0.007°。卫星信号失锁 60s 条件下，定位误差小于 0.06m，水平姿态误差小于 0.003°，航向误差小于 0.007°。

诺瓦泰公司的同步定位测姿与导航（SPAN）技术将 GNSS 和 INS 两种不同系统进行组合，通过将高精度 GNSS 接收机定位结果与 IMU 中的陀螺仪和加速度计数据紧耦合，可以提供稳定、连续的三维导航信息（位置、速度、姿态）。在卫星信号受遮挡的情况下，也同样可以提供连续稳定的导航信息。在地面应用条件下，还可选择磁力或光电式编码车轮传感器作为辅助传感器，实现更高的系统精度。

表 7.1 给出了典型高精度 POS 产品性能指标。

表 7.1　典型产品性能指标

厂商		诺瓦泰	天宝	IGI mbH
设备型号		SPAN-ISA-100C	Applanix POS LV 610	AEROcontro Compact FOG-Ⅲ
GNSS 有效	定位精度	水平 1cm，垂直 2cm	X/Y:2cm，Z:5cm	2cm
	航向角精度	0.01°	0.015°	0.007°
	水平角精度	0.007°	0.005°	0.003°
GNSS 失锁 60s	定位精度	水平 4cm，垂直 3cm	X/Y:10cm，Z:7cm	6cm
	航向角精度	0.01°	0.015°	0.007°
	水平角精度	0.007°	0.005°	0.003°
数据更新率		200Hz	200Hz	600Hz
处理软件		Inertial Explorer GrafNav/GrafNet	Applanix POSPac MMS	AEROoffice，GrafNav 和 BINGO30

（续）

厂商	诺瓦泰	天宝	IGI mbH
特点	（1）紧耦合技术； （2）双天线配置； （3）支持 SD 卡存储； （4）可外接轮速传感器； （5）支持零速纠偏	（1）可外接轮速传感器； （2）水平测姿精度高	（1）一体化封装； （2）高数据更新率； （3）可升级双天线

采用高精度 GNSS 和 INS 进行组合的最大好处就是在 GNSS 信号受遮挡的情况下，利用经过校准的 INS 仍然可以达到很高性能。在 GNSS 信号恢复后又能保持原有的高精度特性。

国内 GNSS/INS 组合定位及测姿系统经过多年来的发展，有了多个系列产品。很多高校和科研院所开展了相关设备的研制工作，如北京航空航天大学、武汉大学等单位。

7.2 高精度 GNSS/INS 组合定位及测姿系统设计方案

7.2.1 系统组成

高精度 GNSS/INS 组合定位及测姿系统主要为测绘车移动测量平台提供高精度时间、位置、速度、姿态等数据。根据功能划分，该系统主要由组合导航接收机分系统、惯性测量单元分系统、组合导航数据处理软件分系统三部分组成，结合移动测量传感器和仿真测试分系统完成测绘车移动测量系统集成和性能测试[2-3]。

高精度 GNSS/INS 组合定位及测姿系统组成框图及系统连接关系如图 7.5 所示。

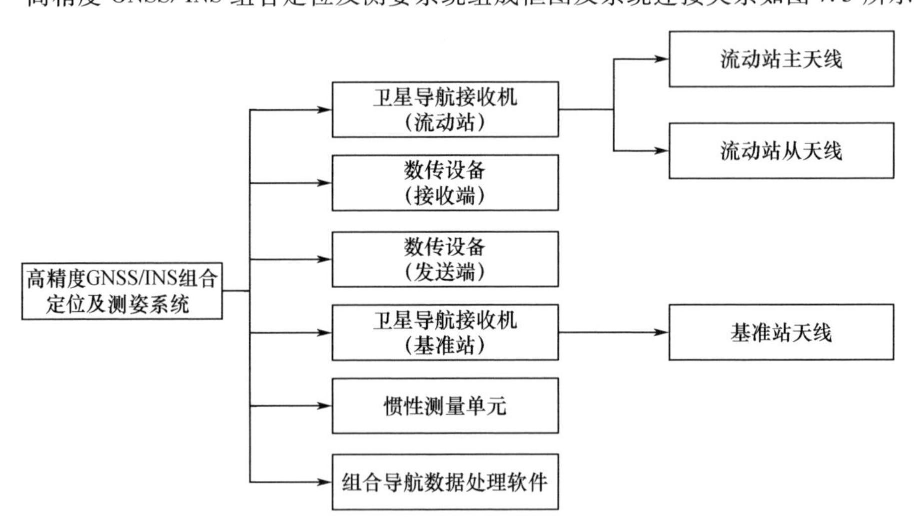

图 7.5　组合定位及测姿系统组成框图

7.2.2 系统工作原理

测绘车高精度 GNSS/INS 组合定位及测姿系统涉及三部分内容:惯性导航部分、卫星导航部分以及组合导航部分。该系统主要实现测绘车移动测量系统的高精度时间、位置、速度、姿态信息的测量,通过组合算法实现高精度的定位与测姿,同时通过惯性导航的辅助进一步提高 GNSS 接收机的性能[4]。测绘车高精度 GNSS/INS 组合定位及测姿系统工作原理图如图 7.6 所示。

首先系统完成初始位置和姿态的获取。GNSS 接收机开机后工作于传统接收机模式,通过天线接收 BDS 和 GPS 卫星信号,射频模块完成信号的下变频处理,转换为中频信号,在基带信号处理单元中完成信号捕获和跟踪,获得测距信息和导航电文信息,数据处理单元完成定位解算,获得初始位置。利用初始位置和惯性导航传感器测量的地球自转角速度进行位置、速度以及姿态初始化。

在完成位置和姿态初始化之后,系统进入组合模式,在组合模式中捷联惯导解算单元利用 IMU 测量的载体角速度和比力信息,得到惯性导航解。GNSS 基带信号处理单元利用中频信号与本地生成码和载波进行相关累积,得到基带 I、Q 信号,通过环路跟踪控制获得伪距、伪距率的测量信息,组合处理单元利用伪距及伪距率测量信息以及惯性导航解算的位置速度姿态信息进行数据滤波,实时修正惯导解算误差,得到高精度位置、速度、姿态、时间信息。

RTK 数据处理软件处理同一时刻基准站数据与车载流动站接收机数据,通过差分操作消除测量误差并进行定位解算。RTK 技术的关键是车载接收机在运动状态下进行整周模糊度确定,RTK 技术能够达到厘米级定位水平。

通过里程计和双天线测姿等辅助定位方法保障在恶劣条件下连续、可靠地输出位置、速度、姿态数据。静态条件下,双天线测姿与零速修正辅助导航数据测量;动态条件下,GNSS 信号无覆盖时,里程仪数据辅助惯性测量,提升系统可用性。

将高精度 GNSS/INS 组合定位及测姿系统与测绘车移动测量传感器集成,在完成位置、姿态信息测量的同时,由时间同步装置同时触发激光扫描传感器、CCD 成像传感器等设备,完成地理信息数据测量工作,将上述位置、姿态、速度、时间信息与测量获得的图像、激光点云数据进行融合处理,通过多源信息融合技术和目标提取技术,最终获得高精度地理信息测量数据,生成数字地图产品,完成移动测量任务。

7.2.3 组合导航接收机分系统

组合导航接收机分系统(图 7.7)主要由卫星导航接收机流动站、流动站主天线、流动站从天线、数传设备、基准站接收机及天线组成。卫星导航接收机分系统主要完成卫星导航观测信息测量、高精度载波相位差分修正信息测量与传输、接收 IMU 测量数据并完成捷联惯导解算、组合导航滤波及组合导航接收机环路控制等功能。

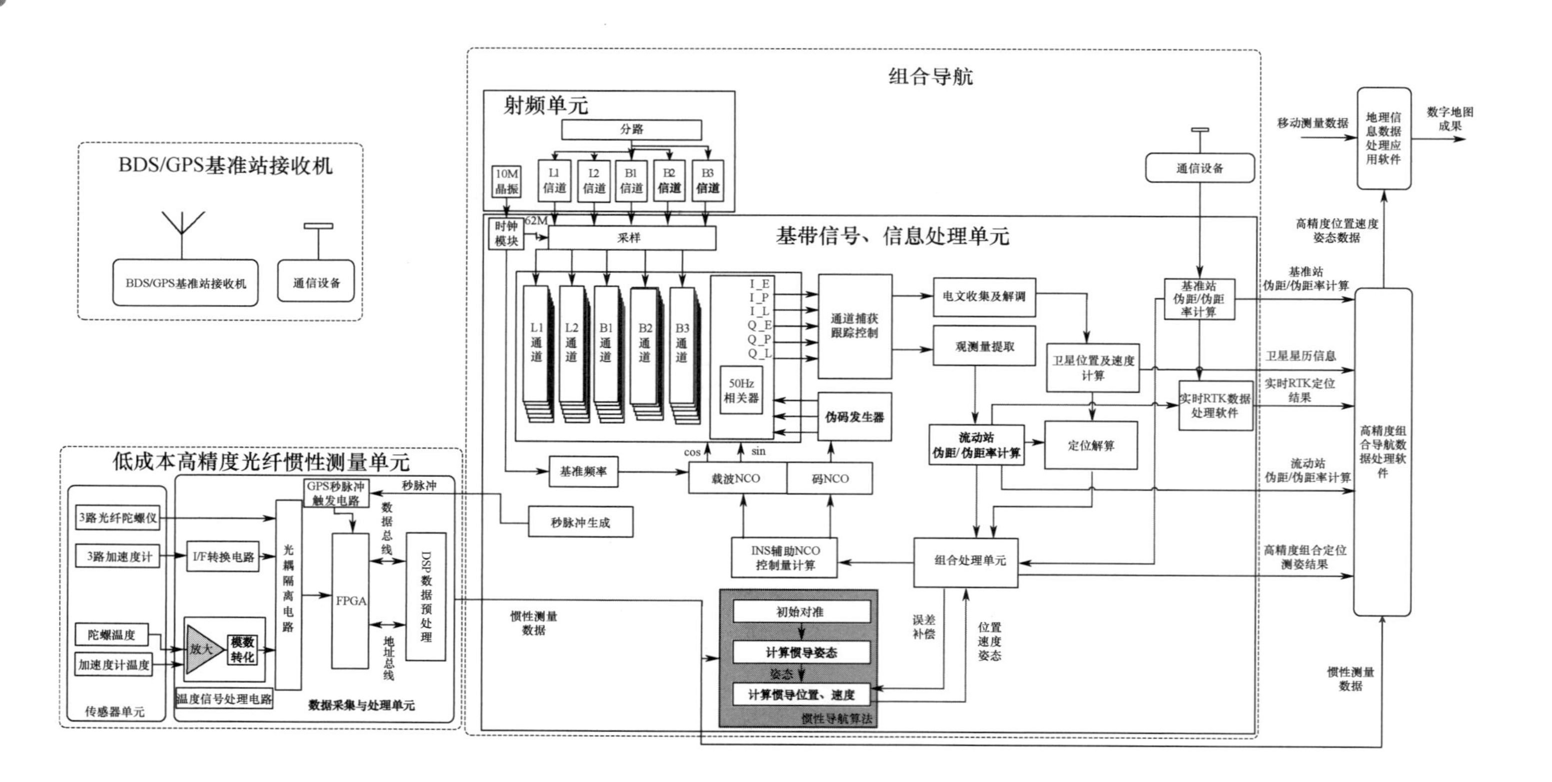

图7.6　测绘车高精度GNSS/INS组合定位及测姿系统原理框图

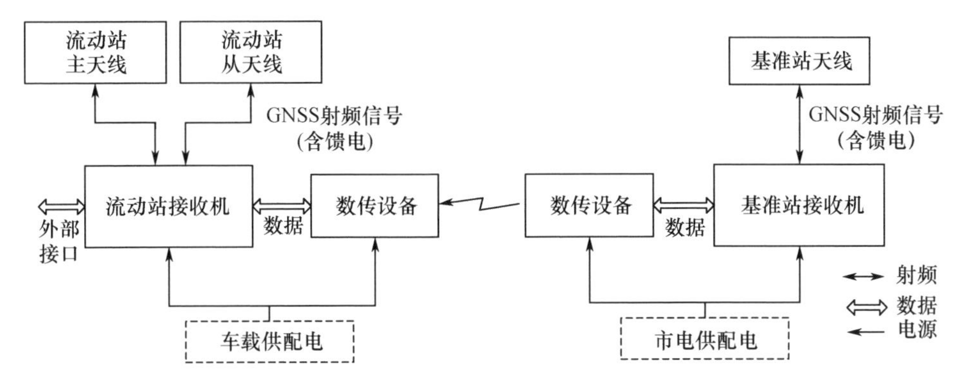

图7.7　组合导航接收机分系统设备组成图

组合导航接收机中,GNSS 接收机与惯性导航系统作为位置信息的传感器,分别输出位置信息与位置变化率信息。组合滤波算法将两者输出的导航信息通过数据融合的方式实现组合导航,充分利用惯性导航系统的短稳特性及卫星导航的长稳特性。同时,为了提高系统鲁棒性,在原来位置信息融合的基础上,利用卫星导航接收机输出的伪距及伪距变化率信息进行信息融合,大大提高了系统可靠性。组合导航接收机通过惯性测量信息计算得到卫星导航接收机环路控制参数的辅助信息,可以优化环路控制,实现接收机性能提升,从而提升导航系统整体性能[5]。

7.2.3.1　主要设备介绍

1）组合导航接收机主机及天线

组合导航接收机及天线完成北斗/GPS 卫星信号接收,获得高精度伪距及载波相位测量值;通过数据接口接收 IMU 测量数据,完成捷联惯导解算;实时接收差分修正信息,完成 RTK 解算;在数据处理单元中完成组合导航滤波算法,利用组合导航结果实现载波环和码环的闭合,进一步提高接收机性能;实现测量数据的存储,为数据后处理提供数据;生成秒脉冲信号和定时信息,用于触发各移动测量传感器实现数据同步;提供实时高精度位置、速度、姿态信息。

2）基准站接收机及天线

基准站接收机天线采用扼流圈天线,能够接收北斗/GPS 卫星信号,生成高精度观测值,包括伪距测量值、载波相位观测值以及信号载噪比等,一方面实现对测量信息存储,为数据后处理提供数据,另一方面生成并播发差分修正信息,辅助组合导航接收机获得高精度导航结果。

3）数传设备

数传设备采用移动通信数据传输模块,实现基准站与组合导航接收机之间的双向通信。

7.2.3.2　组合导航接收机工作模式

由基准站接收机测量并播发差分数据,在组合导航接收机端通过数传电台接收到可用差分数据时,组合导航接收机数据处理单元完成 RTK 解算,将高精度解算结果用于组合导航滤波，进一步提升误差估计精度，另一方面通过 INS 辅助，提高 RTK 整周模糊度固定成功率。

GNSS/INS 组合导航接收机分为 GNSS 接收机、GNSS/INS 深组合两种工作方式。GNSS/INS 深组合方式除了 INS 辅助 GNSS 外，同时利用接收到高精度差分数据，使接收机精度达到厘米级。为了保证事后处理的精度，接收机还具备中间观测数据采集和存储功能，以便于事后处理获得更高的测量精度。

7.2.3.3 组合导航接收机功能划分

根据应用需求，可将组合导航接收机功能划分如图 7.8 所示。

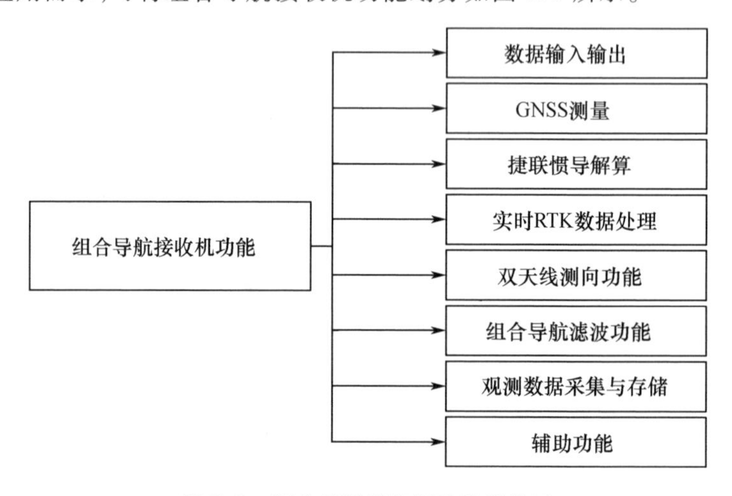

图 7.8 组合导航接收机功能划分图

1）数据输入输出

组合导航接收机需要具备数据输入输出功能，包括通过数据接口接收 IMU 测量信息、接收 RTK 差分修正信息、接收控制指令、输出测量信息和状态数据等。

2）GNSS 测量

组合导航接收机需要接收北斗/GPS 卫星信号，生成高精度观测值，包括伪距测量值、载波相位观测值以及信号载噪比等，实现位置、速度、时间信息解算。

3）捷联惯导解算

组合导航接收机接收 IMU 测量信息，完成捷联惯导解算，用于获得载体位置、速度、姿态信息以及组合滤波。

4）RTK 数据处理

组合导航接收机可以接收基准站接收机播发的差分修正数据，利用 RTK 算法，实现差分解算，获得实时高精度定位结果。

5）双天线测向功能

流动站接收机接收两个天线的测量信息并计算载体的航向角，用于惯性导航系统的初始对准以及组合滤波[6]。

6）组合导航滤波功能

组合导航接收机可以实现GNSS/INS组合导航滤波，利用组合滤波得到高精度位置、速度、姿态信息，同时进行载波环和码环控制量计算，实现环路控制，最终闭环接收机环路，实现深组合，提升接收机性能[7]。

7）观测数据采集与存储

组合导航接收机可以将卫星导航测量信息、IMU测量信息存储在内部存储器上，用于数据后处理以及移动测量数据后处理。数据采集与存储内容包括伪距、载波相位、导航电文等观测数据、带时标的IMU测量数据、差分修正信息、设备运行状态等。

8）辅助功能

组合导航接收机具备秒脉冲和时间信息输出功能，用于实现移动测量传感器的同步控制；可以实现与里程计的数据融合以及双天线测向等辅助功能，用于提高系统位置、姿态测量精度。

7.2.3.4　组合导航接收机硬件设计

组合导航接收机（图7.9）主机采用接口控制板+接收机核心板的实现方式。接口控制板主要实现电源转换、电平接口转换、数据预处理、数据存储等辅助功能，接收机核心板实现GNSS信号接收、捷联惯导解算、RTK解算、组合滤波功能。

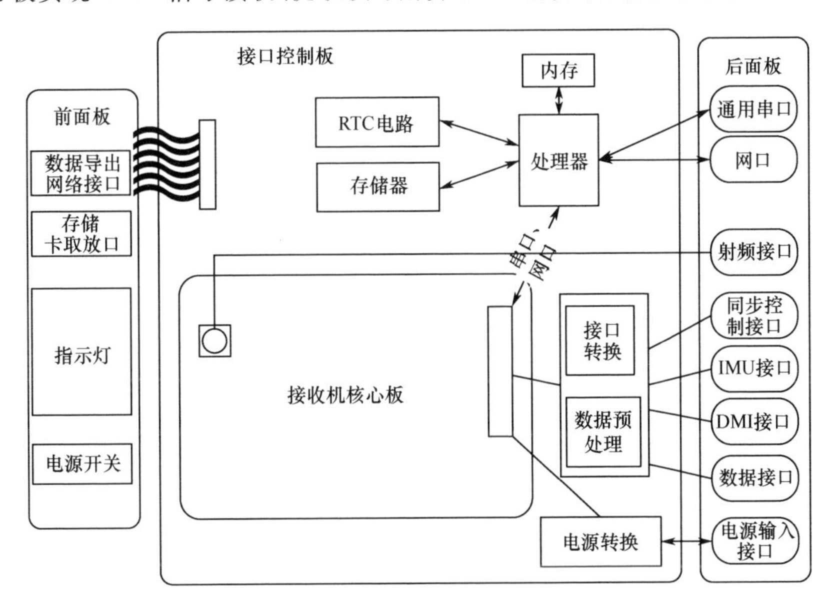

图7.9　组合导航接收机硬机组成

接收机核心板卡采用模块化设计，主要包括射频单元、基带信号处理单元、数据处理单元和电源转换单元等部分。组合导航接收机核心板组成如图7.10所示。

组合导航接收机主机结构如图7.11所示。

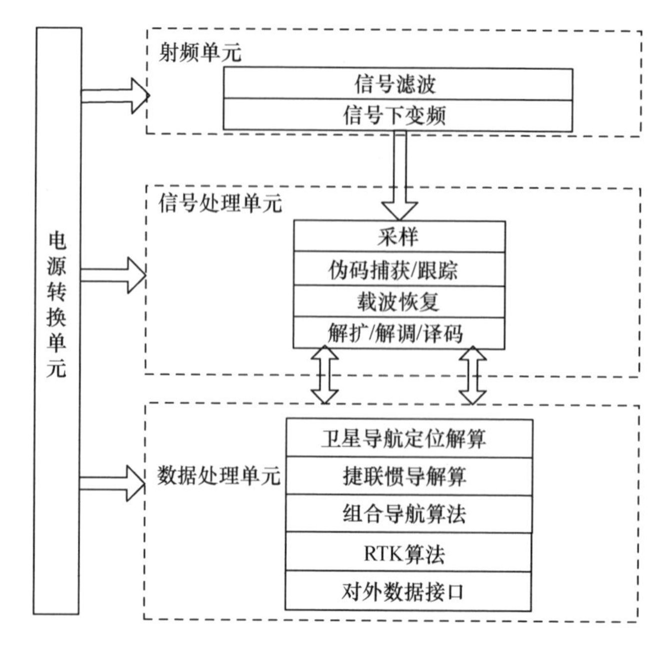

图 7.10　组合导航接收机核心板功能

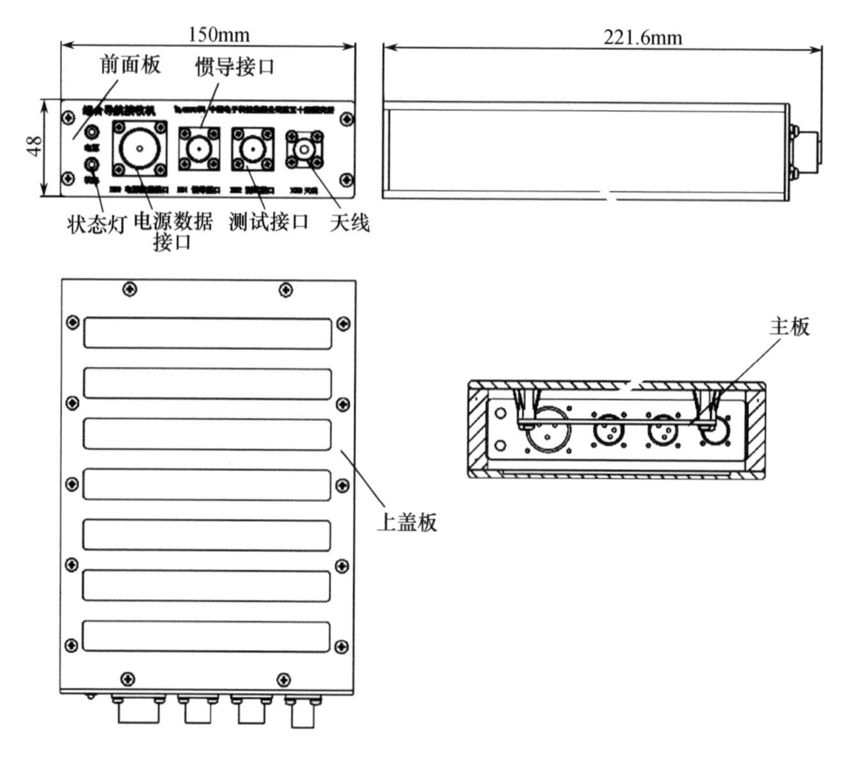

图 7.11　组合导航接收机主机结构设计

7.2.4 惯性测量单元分系统

7.2.4.1 系统组成

惯性测量单元分系统的主要功能是惯性信息的采集以及惯性导航解算。惯性测量单元主要包括电源转换单元,三个正交安装的陀螺仪,三个正交安装的加速度计,数据采集处理电路及必要的辅助电路。惯性测量单元分系统依靠陀螺仪测量载体运动角速率,通过加速度计测量载体运动线加速度[8]。电源转换单元将外部一次电源转换为陀螺仪和加速度计需要的二次直流电源。

惯性导航传感器的选型直接影响系统指标。根据应用需求,采用光纤惯导作为角速率传感器,采用石英加速度计作为加速度传感器。通过组合滤波技术可以利用低精度的传感器实现高精度的位置、速度、姿态测量。

惯性测量单元分系统组成框图如图 7.12 所示。

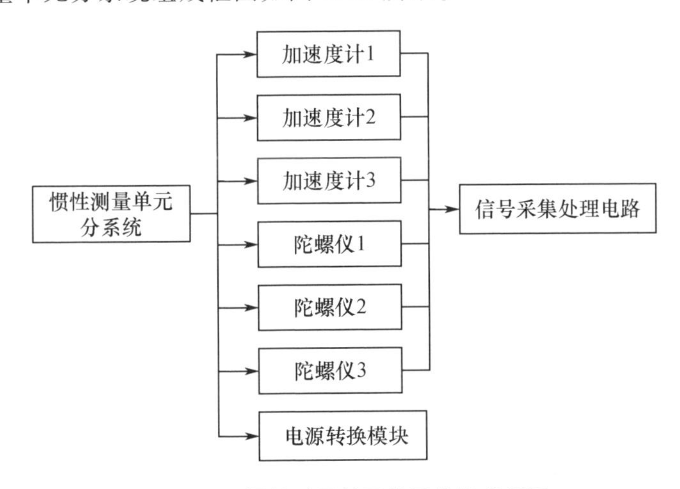

图 7.12 惯性测量单元分系统组成框图

惯性测量单元的特点是能够进行自主测量计算,不受外界干扰,但是其系统误差会随着时间的推移而累加。与组合导航接收机分系统进行组合后,可以相互弥补自身的不足,是最为理想的一种组合。

7.2.4.2 工作原理

INS 分系统采用直流供电,通过 DC/DC 电源将一次电源转换为内部各组件需要的二次电源。采用光纤陀螺仪作为角速率敏感器,将外部角速率输入信息转换为光信号,通过光电转换、数字信号处理,输出角速率信息;采用石英加速度计作为加速度敏感器,输出与加速度对应的电流信号,通过 A/D 转换,将电流信号转换为数字信号,完成加速度信息的采集。惯性测量单元分系统原理框图如图 7.13 所示。

陀螺仪测量的角速率信息和加速度计测量的加速度信息需要经过数据处理才能

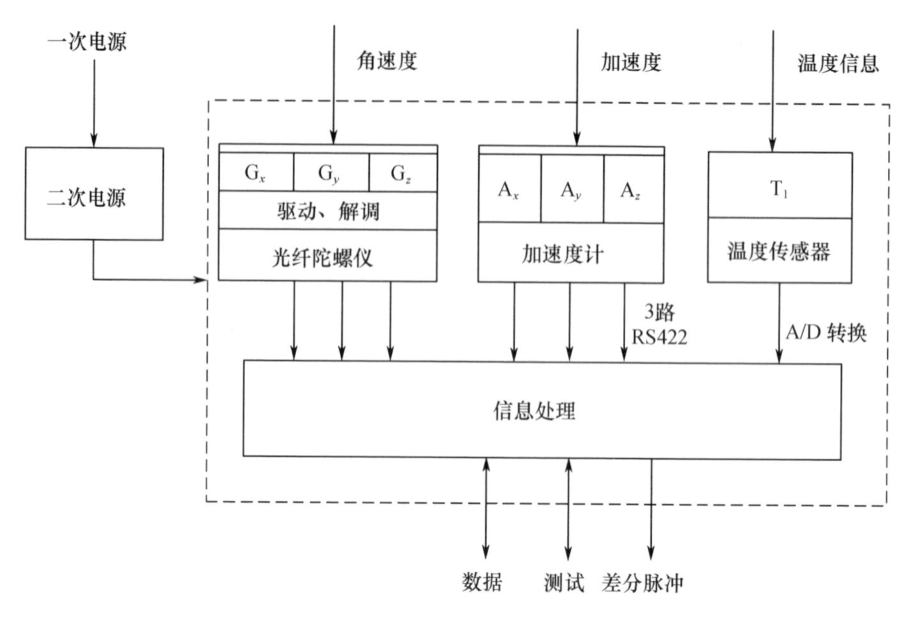

图 7.13　惯性测量单元分系统原理框图

提供给导航系统使用。在系统整机集成完成后，需要对系统误差和传感器误差参数进行标定，通过实验标定，可以获得陀螺加表零偏、比例因子、交叉耦合以及温度误差系数。在数据采集与处理程序中对上述系统误差进行补偿后得到惯性导航传感器测量数据。在完成载体姿态变化和速度变化信息测量和补偿后，对外输出惯性测量信息。

7.2.4.3　方案设计

1）陀螺仪选型

与传统机电陀螺仪相比，光纤陀螺仪无运动部件和磨损部件，成本低、寿命长、质量轻、体积小、动态范围大、应用覆盖面广、抗电磁干扰、无加速度引起的漂移，结构设计灵活、生产工艺简单。与激光陀螺仪相比，装配工艺简便，功耗低，可靠性高。光纤陀螺仪是一种结构简单、成本低、精度高的新型全固态惯性器件。

惯性测量单元分系统采用光纤陀螺仪作为敏感器，通过光电解调电路，将光信号转换为数字信号，输出角增量，通过串口通信模块提供给导航计算机，经过温度补偿后进行导航解算。

2）加速度计选型

惯性测量单元分系统采用石英加速度计作为敏感器。石英挠性加速度计是单自由度的闭环挠性机械摆式加速度计，由表头和伺服电路构成。当沿加速度计的输入轴有加速度作用时，差动电容传感器的电容值发生变化。伺服电路检测这一变化，并把它变换成相应的输出电流，以反馈给力矩器，该电流的大小与输入加速

度成正比。

信号采集电路中首先对三路加速度计电流输入信号进行 I/V 变换，采用精密电阻对加速度计电流信号进行采集，I/V 变换后电压信号不超出 A/D 转换芯片的量程范围。

3）信号采集与处理电路设计

惯性测量单元数据采集模块以现场可编程门阵列 + 数字信号处理器（FPGA + DSP）为核心处理单元，实现 IMU 相关数据的采集、陀螺仪和加速度计信息的时间同步、温度信号的采集、数据打包输出以及捷联惯导解算等功能。

整体组成框图如图 7.14 所示。

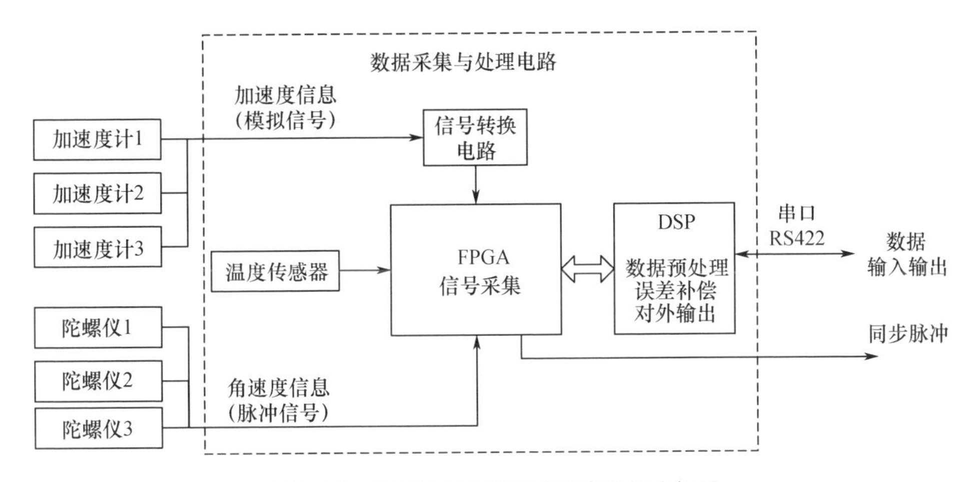

图 7.14 信息采集与数据处理电路组成框图

惯性测量传感器数据采集：在 FPGA 中扩展了 3 路陀螺仪脉冲计数器，采用边沿检测方式进行计数，并在同步脉冲的上升沿锁存计数器的计数值，保存相应数据。在同步脉冲的上升沿对 3 路加速度计测量信息进行采样。

温度信息采集：温度信号采用总线形式的 DS18B20 温度传感器。

采样脉冲：采样脉冲采用板载时钟计数获得，采样频率为 200Hz。根据外部输入的秒脉冲信号进行采样时刻同步，其中秒脉冲采用上升沿触发，每一次秒脉冲上升沿将传感器采样脉冲同步，每一秒内的 200 次采样脉冲由外部时钟计数器每 5ms 触发实现。

信号输出：将接收到的惯性导航传感器原始数据和温度信息根据系统标定的误差参数进行误差补偿，将补偿之后的数据按照时间进行打包，通过 RS422 输出至组合导航接收机，同时输出一路采样脉冲同步信息，便于组合导航分系统进行 IMU 与 GNSS 信号的时间同步。

上述所有信号采集及处理功能都在信号采集与处理板卡上完成，实现惯性测量单元分系统所有测量功能。

7.2.5 组合导航数据处理软件设计

组合导航数据处理软件包括两部分功能:数据采集监控和数据后处理。数据采集监控部分主要用于实时采集高精度 GNSS/INS 组合定位及测姿系统输出数据,监控系统运行状态,对系统进行参数配置等。数据后处理功能主要用于事后数据处理,包括 GNSS 事后差分定位、GNSS/INS 事后组合滤波等功能[9]。

组合导航数据处理软件具体功能包括:

(1) GNSS 卫星信息实时显示功能,包括卫星仰角和方位角、通道信息、卫星伪距残余误差信息的显示功能。

(2) 陀螺仪、加速度计原始数据显示功能,即能够实时以图形方式显示陀螺仪和加速度计输出。

(3) 导航信息显示模块,包括载体运行轨迹、速度以及姿态信息显示。

(4) GNSS 原始观测数据以及惯导原始数据存储功能。

(5) 对 GNSS 数据文件的编辑、修改以及转换功能,包括将 GNSS 二进制文件转换为与接收机无关的交换格式(RINEX),RINEX 文件的分割、合并以及各个版本之间的相互转换功能。

(6) GNSS 原始数据预处理功能,包括卫星轨道信息标准化,周跳探测及修复,粗差探测及剔除功能。

(7) GNSS 定位解算功能,包括 BDS/GPS 多模单点定位解算功能、差分全球卫星导航系统(DGNSS)解算功能以及多历元 RTK 解算功能。

(8) GNSS/INS 数据融合滤波算法,包括 GNSS/INS 前向滤波数据融合算法以及 GNSS/INS 后向平滑数据融合算法。

根据软件功能需求,将组合导航数据处理软件分为实时数据显示及存储模块、格式转换及编解码模块、高精度数据后处理模块,如图 7.15 所示。

1) 实时数据显示及存储模块

实时数据显示及存储模块由 GNSS 卫星仰角方位角信息显示模块、卫星原始观测信息显示模块、卫星多普勒信噪比信息显示模块、卫星伪距残余误差信息显示模块、陀螺仪及加速度计原始输出波形显示模块、GNSS 观测及惯导原始数据存储模块等组成。

2) 格式转换及编解码模块

格式转换以及编解码模块由 GNSS 原始文件转 RINEX 模块、RINEX 文件合并分割及各个版本相互转换模块、GNSS 数据预处理与周跳探测修复模块、惯导原始数据解码及丢数探测模块组成。

3) 高精度数据后处理模块

高精度数据后处理模块包括 BDS/GPS 多模 RTK 定位解算模块、BDS/GPS 多模单点定位解算模块、DGNSS 定位解算模块、纯惯性导航定位测姿解算模块、GNSS/INS

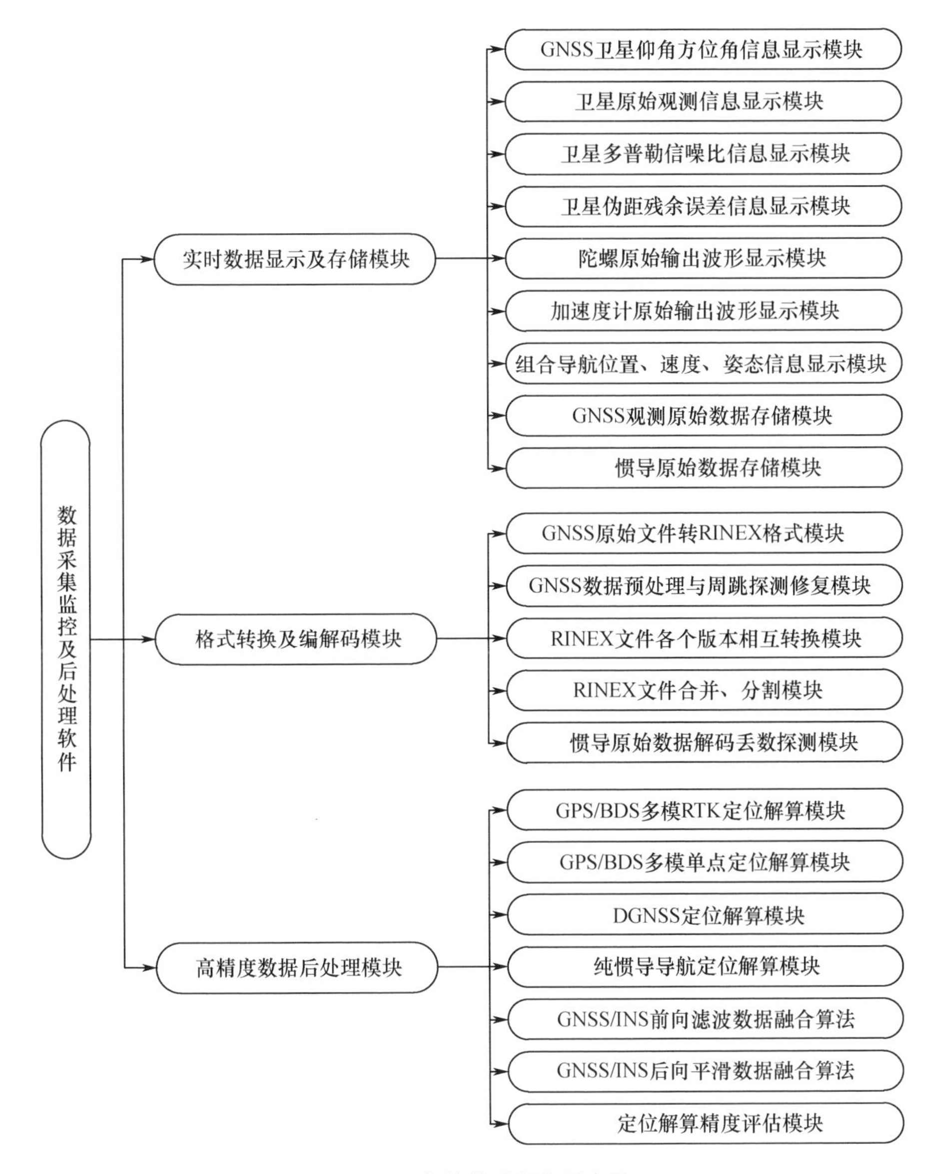

图 7.15　软件体系架构示意图

前向滤波数据融合算法、GNSS/INS 后向平滑数据融合算法、定位解算精度评估模块。

软件数据流结构如图 7.16 所示，实时测量过程中软件通过串口接收并显示卫星导航和惯导的数据采集状态。数据采集结束后，软件能够对数据进行格式转换以及后处理，输出高精度的位置、速度、姿态信息。

软件接收观测数据并存储，观测数据包括 BDS/GPS 星历、BDS/GPS 观测量、卫星方位角、仰角信息。

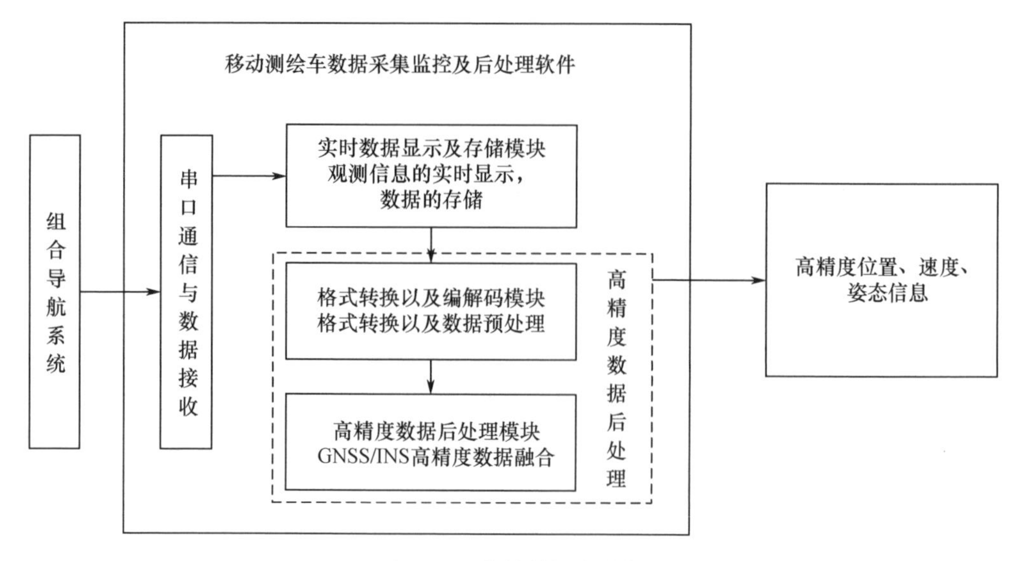

图 7.16　软件数据流结构

软件界面主要分为两部分，一部分是实时跑车监控界面，另一部分是高精度数据后处理界面。

软件的实时监控界面包括 GNSS 卫星信息监控界面，惯导原始输出信息监控界面，组合导航系统的位置、速度、姿态信息显示界面。卫星信息定时监控界面如图 7.17 所示。

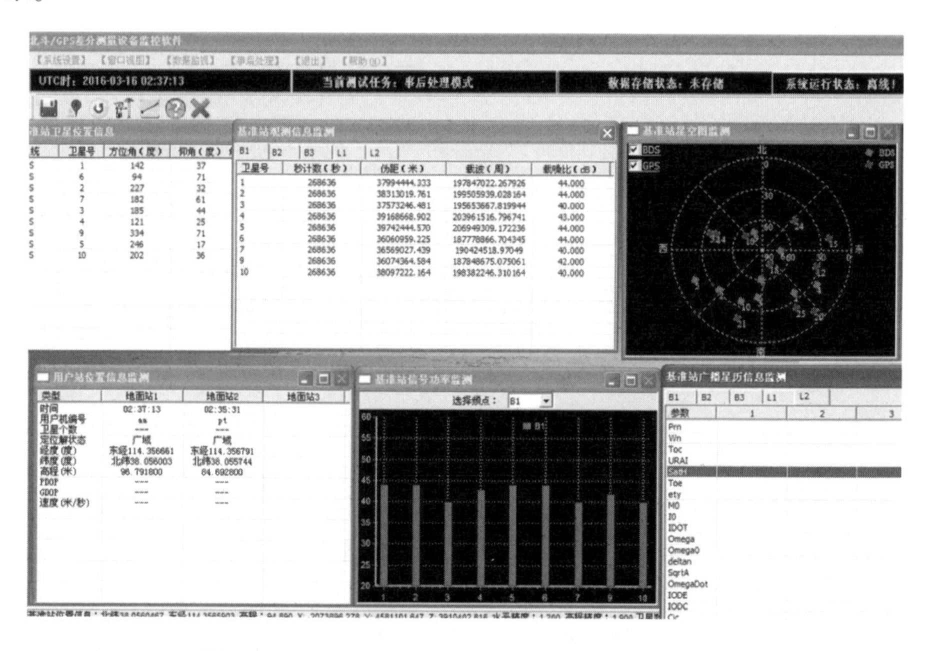

图 7.17　数据采集与后处理软件卫星信息实时监控界面示意图（见彩图）

GNSS/INS 数据融合模块主要用于 GNSS/INS 数据的融合,数据融合算法包括前向卡尔曼滤波算法及反向平滑算法,如图 7.18 所示。

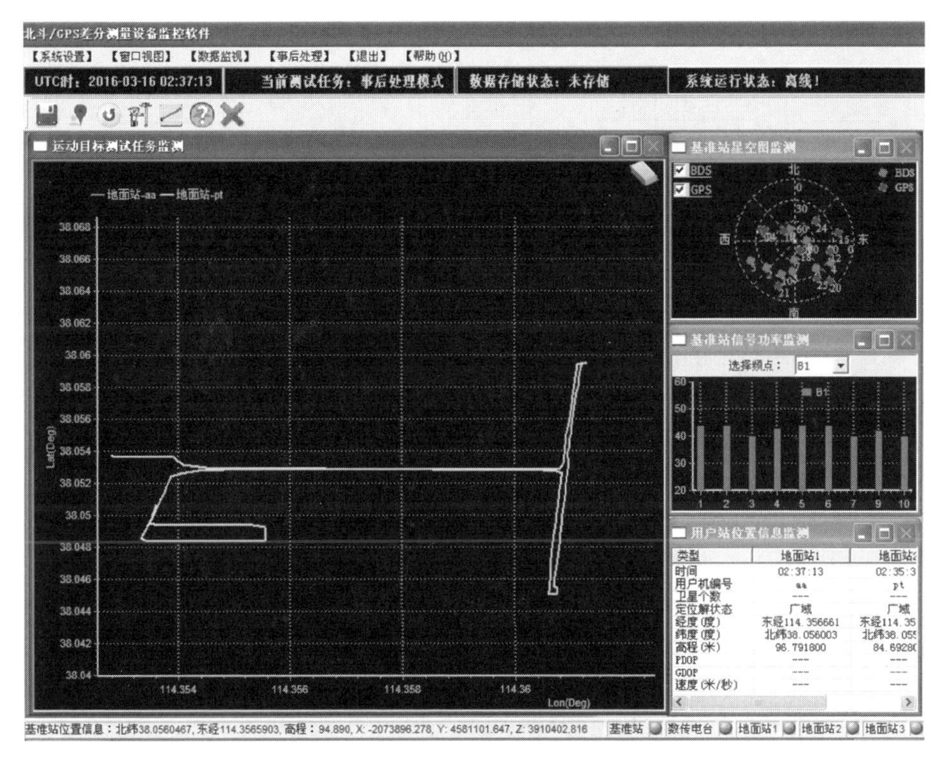

图 7.18　RTK 数据后处理界面(见彩图)

7.3　组合定位及测姿系统测试

在高精度 GNSS/INS 组合定位及测姿系统研制过程中以及设备研制完成后,需对系统各项性能指标进行试验验证。测试分为两个阶段,首先是组合定位及测姿系统的测试,然后是集成到测绘车中进行示范应用测试。

组合定位及测姿系统性能测试方面,根据目前已有的测试方法,设计基于 3 个层次的测试验证:①基于组合导航模拟器的模拟测试;②基于组合导航模拟器和三轴运动仿真转台的半物理仿真测试;③组合定位及测姿系统实际动态跑车测试。各测试方法均与相应的时间、位置、速度、姿态基准信息进行比对,对测绘车组合定位及测姿系统的性能指标进行评估。

测绘车应用示范测试方面,将组合定位及测姿系统集成到移动测量系统中,在具备精确标定点的控制场内进行实际测量,根据控制场内的高精度标校点评估组合定位及测姿系统的位置姿态测量精度[10-11]。试验验证测试流程如图 7.19 所示。

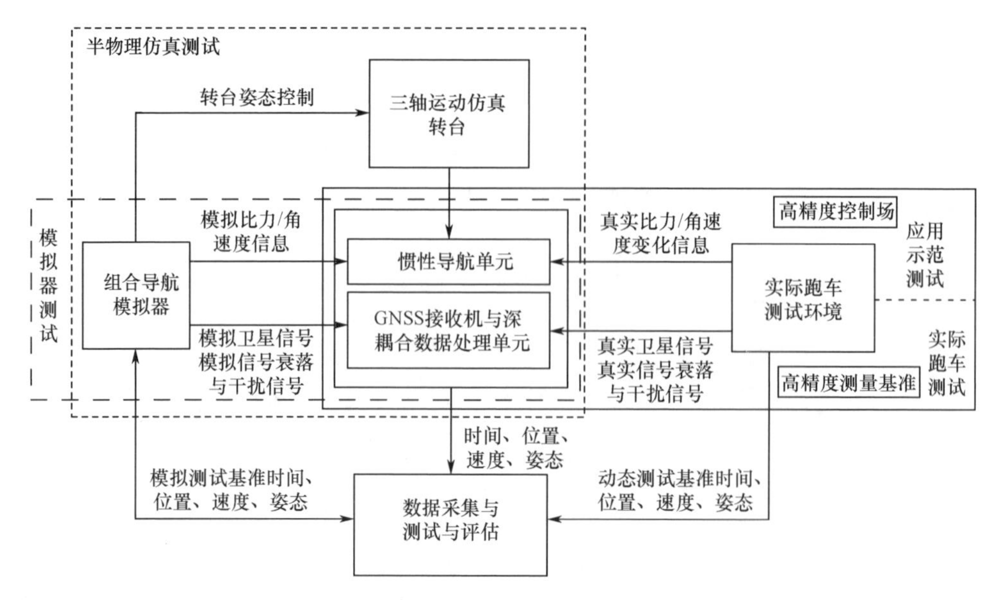

图 7.19　试验验证测试流程总图

7.3.1　测试方案设计

针对卫星导航接收机有比较成熟的测试方法,但是针对 GNSS/INS 组合定位及测姿系统并没有成熟的测试方法。根据已有的测试方法以及手段,采取分步实施、逐级测试、全面覆盖的方法进行测试验证。

(1) 在实验室内搭建基于信号源的测试,构建全空间全姿态组合导航模拟器测试环境对 GNSS/INS 组合定位及测姿系统的功能性能进行测试;

(2) 采用部分传感器与卫星导航接收机配合的半物理仿真测试,利用三轴运动仿真转台产生姿态激励和组合导航模拟器产生模拟射频信号配合加速度计数据实现组合定位及测姿系统测试;

(3) 基于高精度基准设备的实际跑车动态环境测试,利用测试车辆实现实际应用环境测试;

(4) 基于高精度控制场的测绘车应用示范测试,利用精确控制点测试深组合测绘车定位系统集成到移动测量系统中的实际性能。

1) 基于组合导航模拟器的测试

针对信号源测试,传统的信号源只能提供射频信号测试卫星导航接收机,无法提供同步的原始惯性测量信号测试 GNSS/INS 组合定位及测姿系统,因此需要研制 GNSS/INS 组合模拟器。

GNSS/INS 组合模拟器根据卫星分布及应用场景生成数据仿真文件,模拟用户设备在给定星座条件下的用户轨迹,同时将用户轨迹播发给卫星导航信号模拟器与惯导信号模拟器,在系统同步时钟的触发条件下,分别产生卫星射频信号与惯导模拟

数据。卫星导航射频信号直接通过天线辐射到室内测试系统，惯导模拟数据直接通过惯导模拟接口传输给组合导航接收机。GNSS/INS组合模拟器的实现过程如图7.20所示。

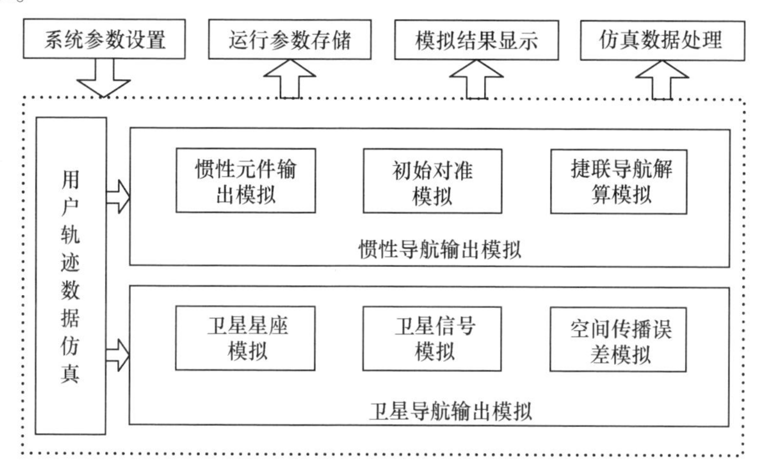

图7.20　GNSS/INS组合模拟器实现过程框图

利用GNSS/INS组合模拟器进行测试时，构建的测试环境如图7.21所示。

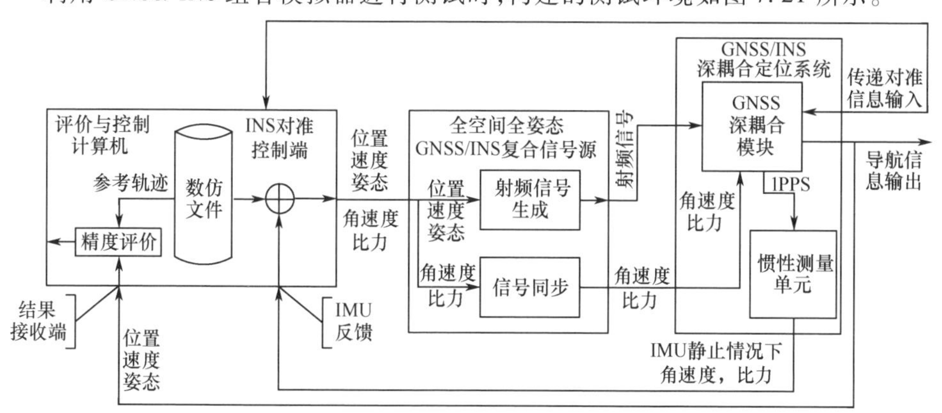

图7.21　GNSS/INS组合定位及测姿系统测试环境

测试系统主要包括三大部分：GNSS/INS组合定位及测姿系统、全空间全姿态GNSS/INS组合模拟器以及评价与控制计算机。

全空间全姿态GNSS/INS组合模拟器功能包括：

(1) 模拟载体在姿态改变情况下可见卫星的改变以及信号强度的改变。

(2) 将陀螺仪及加速度计的数据与射频信号同步输出。

评价与控制计算机功能包括：

(1) 产生测试场景即运动轨迹。

(2) 模拟任务计算机（制导、控制计算机）对GNSS/INS组合定位及测姿系统进行位置、速度、姿态初始化。

(3) 接收来自 GNSS/INS 组合定位及测姿系统中的 IMU 数据,并与事先存放的数仿文件中的 IMU 数据进行叠加,然后输出。

(4) 接收来自 GNSS/INS 组合定位及测姿系统的导航结果并进行评价。

测试与评估工作过程如下:

(1) 确定与产生测试场景。

(2) 通过评价与控制计算机对 GNSS/INS 组合定位及测姿系统进行初始化。

(3) 通过评价与控制计算机对信号源输出场景信息:位置、速度、姿态、角速度、比力。

(4) 信号源基于输入的位置、速度、姿态产生相应的射频信号并且输出到 GNSS/INS 组合定位及测姿系统的射频输入端;基于输入的角速度、比力经过与射频信号同步后送到 GNSS/INS 组合定位及测姿系统的角速度、比力输入端。

(5) 接收机将导航的结果值反馈到评价与控制计算机。

(6) 评价与控制计算机接收到反馈的角速度、比力信息,包含 IMU 的静态漂移与噪声等,然后与在场景生成时产生的角速度、比力信息分别进行叠加,合成含噪声与漂移特性的角速度、比力信息送到信号源。

(7) 评价与控制计算机对输出与反馈的位置、速度、姿态信息首先估计延时,然后将两者数据对齐,再进行误差评价。

2) 半物理仿真测试

该测试系统主要由实验监控评估计算机、GNSS/INS 复合信号模拟器、仿真控制计算机和三轴位置速率转台四部分组成。四部分基于以太网进行连接,通过交换机进行通信。GNSS/INS 组合定位及测姿系统为待测试设备,被固定在转台基座上。在测试系统运行过程中,系统模拟真实 GNSS/INS 组合定位及测姿系统接收到的卫星导航信号和载体的姿态变化信息,时间同步通过 B 码授时单元控制,半物理仿真测试流程如图 7.22 所示。

三轴速率转台通过与仿真控制计算机、转台控制柜进行通信,获取转台运行指令,模拟测试设备感测到的固定倾角和匀速角速度。将组合定位及测姿系统安装在转台内框的基座上,定位系统中惯组单元的三轴陀螺仪实时测量转台的角速率信息;通过实验监控评估计算机,仿真计算机中的线运动模拟器可以实时仿真输出与速率转台角运动对应的加速度信息,线运动模拟器实时读取仿真计算机写入的加速度信息,添加与加速度有关的常值误差和随机误差,以一定的数据格式发送给组合定位及测姿系统;GNSS 信号模拟器则根据控制计算机中载体的线运动信息和角运动信息,实时生成与之对应的卫星信号,供组合定位及测姿系统接收机使用。

三轴转台功能:

(1) 初始化载体姿态,完成惯组单元的初始对准;

（2）模拟运动载体的姿态运动。

仿真控制计算机功能：

（1）根据实验监控评估计算机提供的载体位置、速度、姿态信息，产生加速度信息；

（2）检测、控制转台的姿态变化；

（3）为GNSS信号模拟器提供载体信息；

（4）保证与实验监控评估计算机的时间、状态等同步。

实验监控评估计算机功能：

（1）保证GNSS信号模拟器、三轴速率转台、组合定位及测姿系统的时间同步；

（2）监控组合定位及测姿系统的运行状态，存储、评估定位信息。

半物理仿真测试（图7.22）过程中，将三轴转台接入其中，仿真控制计算机对速率转台的控制、转台接收激励信号后所作出的反应、组合定位及测姿系统对射频信号及加速度信号接收的时刻都需要有严格的时间同步基准。此测试方案的时间同步基准由B码授时单元提供。

此外，半物理仿真测试过程中，应保证组合定位及测姿系统卫星导航天线接收到GPS信号以及陀螺仪测量的角运动信息和加速度计测量的线运动信息，处于同一坐标基准上。此测试方案中，组合定位及测姿系统安装在三轴转台的内框中，即处于转台基座的中心点，测试时须将天线的实际位置平移至基座中心点处。

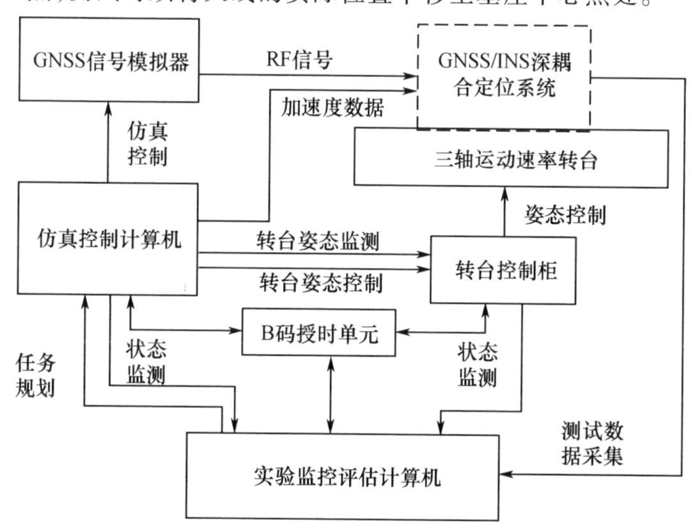

图7.22 半物理仿真测试流程

3）基于实际跑车的动态环境测试

基于车载动态环境的跑车试验可以测试组合定位及测姿系统完全工作状态下的系统功能，利用高精度的位置姿态测量系统作为基准，直接评估组合系统性能。在集成到移动测量系统之前进行充分的基于车载动态环境试验是十分必要的。在跑车试验环境中,组合定位及测姿系统各部分功能都与真实系统中运行状态相同,可以真实测试 GNSS 接收机接收实际信号的性能以及 INS 的性能。

将组合定位及测姿系统固定安装在测试车中,天线置于车顶,在车上安装高精度位置姿态测量基准系统。在初始位置经过较长时间测量获得初始位置,完成系统初始化,然后开始进行动态测试,路线选择有高低起伏的路径,并进行环形路径测试。整个路径起始位置和结束位置形成闭合路径,可以更加直观地验证定位精度。

整个车载动态测试环境如图 7.23 所示,组合定位及测姿系统和高精度位置姿态测量基准系统采用同一个天线。组合定位及测姿系统接收天线信号并输出 BDS/GPS 车载动态 RTK 数据处理分系统所需的观测信息,组合定位及测姿系统正常定位,输出高精度导航信息。高精度位置姿态测量基准系统采集惯性导航信息、卫星导航信息与基准站接收机测量获得的观测信息,统一在高精度数据处理软件中做数据融合处理,获得高精度基准信息。组合定位及测姿系统解算的位置、速度、姿态信息与基准信息进行比较,评估其性能。

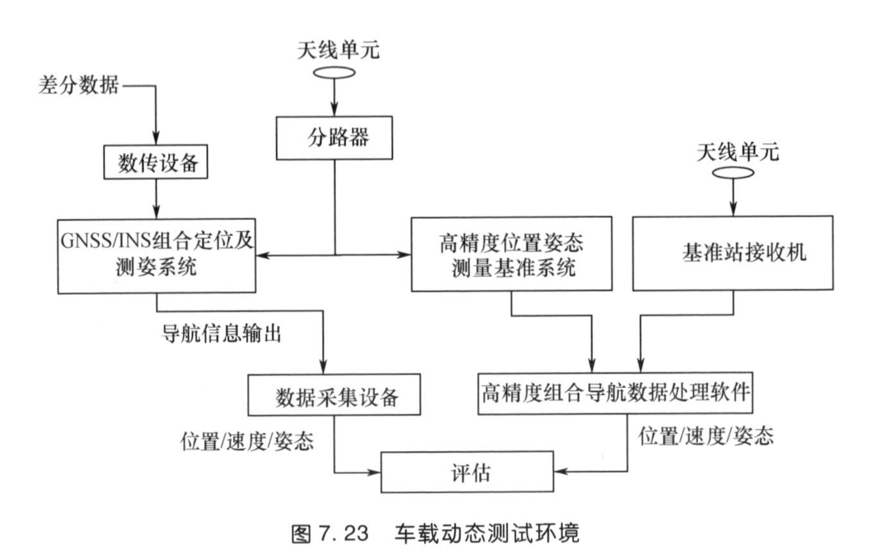

图 7.23　车载动态测试环境

4）测绘车应用示范测试

选取经过高精度测量的控制场,在控制场内规划跑车路径,组合定位及测姿系统处于完全工作模式,将组合定位及测姿系统集成在移动测量系统中,并安装在测绘车上,按事先设置好的跑车路线进行移动测量试验。行车途中,在各路标点停车约 1min,考核组合导航系统的定位测姿精度。数据采集后在数据处理软件中对组合定位及测姿系统提供的位置、姿态信息进行数据处理,提取各个控制点的测量信息,与控制点真实位置信息进行比较评估,得出相应的指标测试结果。

组合定位及测姿系统在测绘车应用示范中的测试如图 7.24 所示。

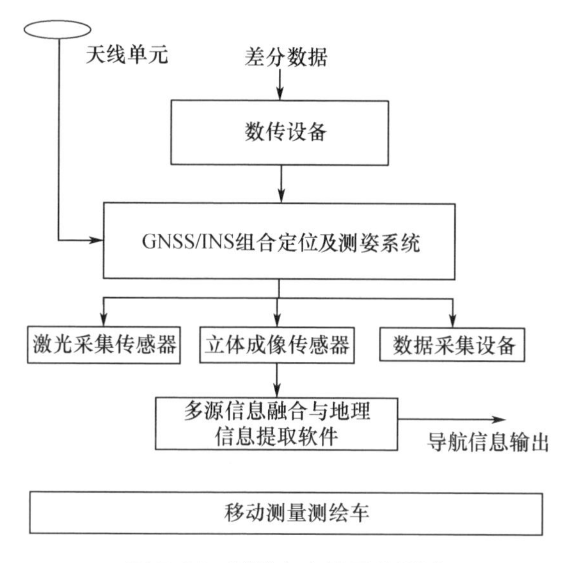

图 7.24　测绘车应用示范测试

7.3.2　测试结果

为了验证高精度组合定位及测姿算法的正确性，进行了实际的跑车测试实验。跑车测试过程中安装高精度激光惯导作为参考，两个惯导通过转接板进行连接，保持姿态的相对稳定，测试实物如图 7.25 所示。跑车试验前架设基准站，跑车过程中同时保存基准站和流动站的原始数据用于事后处理。事后采用商业软件 Inertial Explorer 计算的组合导航结果作为参考真值来验证算法正确性。

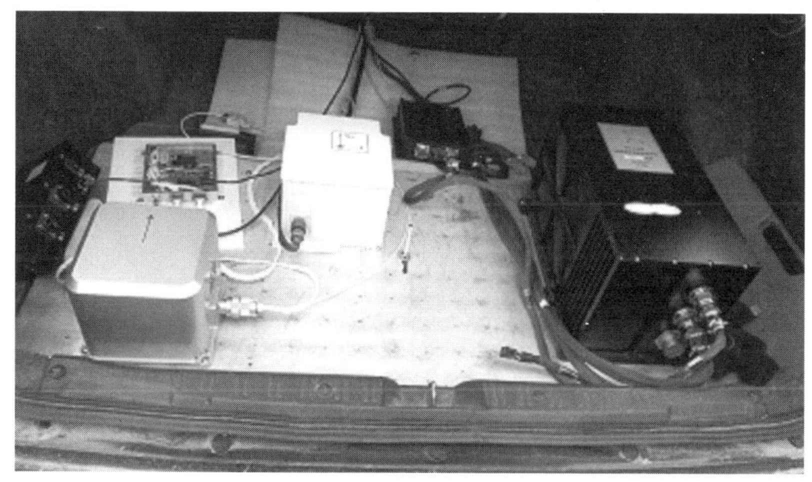

图 7.25　实物跑车测试图

跑车测试结束后，用 Inertial Explorer 软件处理高精度的激光惯组与 GNSS 组合的数据作为参考基准。利用基准值评估研制的 GNSS/INS 组合定位及测姿系统精度。通过计算得到位置、速度以及姿态误差如图 7.26 所示。从图中可以看出跑车测试得到的位置误差最大值不超过 0.1m，速度误差最大值不超过 0.04m/s，横滚和俯仰角误差最大不超过 0.01°，航向角误差最大不超过 0.1°。为了进一步评估定位、测速、测姿的精度，对误差进行了统计，统计结果见表 7.2。从表中可以看出，利用光纤惯组得到的水平位置误差为 1.87cm，高程位置误差为 1.29cm，水平速度误差为 0.0032m/s，高程速度误差为 0.0024m/s，得到的姿态信息水平姿态误差为 0.004°，航向角误差为 0.03°，以上测试结果均满足移动测绘车对位置、速度以及姿态信息的精度要求。

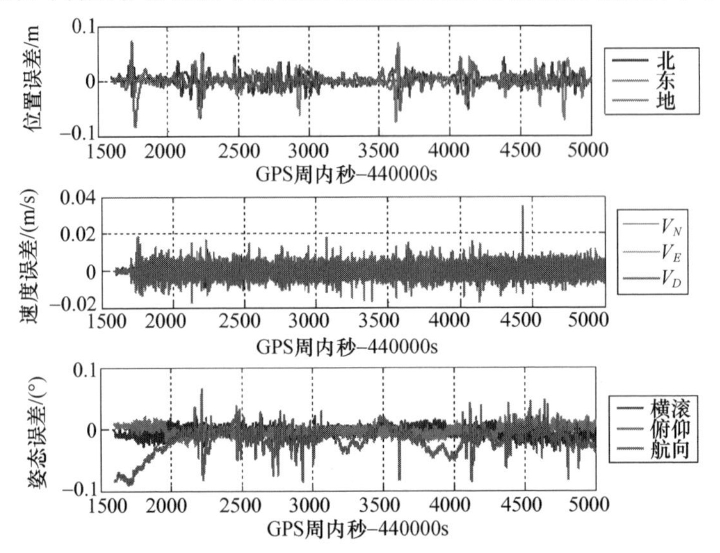

图 7.26 组合定位及测姿系统测试结果(见彩图)

表 7.2 组合导航误差统计结果

误差类型	位置误差/m		速度误差/(m/s)		姿态误差/(°)	
	x/y	z	x/y	z	x/y	z
平均值	0.0125	0.0084	0.0021	0.0018	0.0026	0.0237
均方根	0.0187	0.0129	0.0032	0.0024	0.0041	0.0303
最大值	0.1011	0.0812	0.0233	0.0339	0.0468	0.0899

通过实际跑车试验，测试了高精度 GNSS/INS 组合定位及测姿系统精度，满足了设计需求。该系统设计方案可作为 GNSS/INS 组合定位及测姿系统的设计参考。

参考文献

[1] VINANDE E, WEINSTEIN B, CHU T, et al. GNSS receiver evaluation record-and-playback test methods[J]. GPS World, 2010, 21(1):28-34.

[2] VINANDE E. Overcoming urban GPS navigation challenges through the use of MEMS inertial sen-

sors and proper verification of navigation system performance[D]. Boulder:University of Colorado at Boulder, 2010.

[3] HIDE C , MOORE T , SMITH M . Adaptive kalman filtering algorithms for integrating GPS and low cost INS[J]. The Journal of Navigation, 2003(56):143-152.

[4] NASSAR S, EL-SHEIMY N. A combined algorithm of improving INS error modeling and sensor measurements for accurate INS/GPS navigation[J]. GPS Solutions, 2006, 10(1):29-39.

[5] 张国良,李呈良,邓方林,等. 弹道导弹 INS/GNSS/CNS 组合导航系统研究[J]. 导弹与航天运载技术, 2004(2):13-17.

[6] FANG J,WAN D. A fast initial alignment method for strapdown inertial navigation system on stationary base[J]. Journal of Southeast University, 1996, 32(4): 1501-1504.

[7] CHIANG K W, HUANG Y W. An intelligent navigator for seamless INS/GPS integrated land vehicle navigation applications[J]. Applied Soft Computing, 2008, 8(1): 722-733.

[8] 陈哲,捷联惯性导航系统原理[M]. 北京:宇航出版社,1986. 12.

[9] GAO S , ZHONG Y , ZHANG X , et al. Multi-sensor optimal data fusion for INS/GPS/SAR integrated navigation system[J]. Aerospace Science and Technology, 2009, 13(4):232-237.

[10] 孙丽,秦永元. 捷联惯导系统姿态算法比较[J]. 中国惯性技术学报, 2006(3):8-12.

[11] NEMRA A, AOUF N. Robust INS/GPS sensor fusion for UAV localization using SDRE nonlinear filtering[J]. IEEE Sensors Journal, 2010, 10(4):789-798.

第8章　高精度GNSS/INS组合定位及测姿系统应用

导航的概念首先起源于航海事业,即确定航行到什么地方以及航行的方向,其最初的含义是引导运载体从一个地点航行到另一个地点的过程。随着时代变迁、科学技术发展以及运载工具种类增多,“导航”的概念也大大扩展。目前导航主要包括四个类别:陆地导航、海洋导航、航空导航和空间导航。导航系统是实现导航功能的各类专用设备的统称。它能够实时连续地输出载体位置、速度、加速度、姿态角、航向等导航参数。现有导航系统的种类十分繁多,包含地文导航系统、推位导航系统、惯性导航系统、无线电导航系统、天文导航系统以及卫星导航系统等。

单一导航系统会有诸多不足。组合导航系统是将两种或两种以上的导航系统组合在一起,将测量结果进行综合处理,互相弥补不足,从而获得更高精度和提高可靠性[1]。多传感器组合导航系统一般具有以下几个特点:一是各个导航系统之间是合作关系,各个导航子系统输出导航观测信息然后进行统一处理,最后实现单个子系统不具备的功能以及达到单个子系统不能达到的精度;二是组合导航系统利用各个子系统信息,各子系统在性能上是互补的,取长补短,可以提高系统的应用范围;三是各个子系统互为冗余,各子系统观测同一信息源,增加了观测量冗余度,在某一个子系统损坏或者受到干扰的情况下,组合导航系统仍然可以正常工作,系统可靠性在原有子系统基础上得到大幅提升。组合导航系统可以克服单一导航系统自身的缺点,扬长避短,使得导航能力、精度、可靠性和自动化程度大大提高。基于上述优点,组合导航成为如今导航领域发展的主流和受人们关注的热门领域,在军事领域、空间技术领域等得到广泛应用。

组合导航系统中应用最为广泛的是GNSS/INS组合导航系统。卫星导航系统具有高精度、低成本以及长期稳定等优点,但存在信号弱、易受干扰和欺骗等缺点。比较典型的例子是当汽车经过隧道或者高楼林立的街区地带时,卫星导航系统由于无法正常接收卫星信号,其可用性大大降低。惯性导航系统具有全天候、全自主、不受外界干扰、可提供全导航参数(位置、速度、姿态)等优点,但存在成本高、误差随时间累积等缺点。两者具有极强的互补性。GNSS/INS组合导航系统将两者组合成一个系统就是为了提高导航系统的精度和可靠性,尤其是提高运动载体(如汽车、轮船、飞机、火箭、卫星等)的精度以及对动态系统状态的估计精度。GNSS/INS组合导航系统逐渐成为现代导航系统的最主流发展模式。这种组合方式将卫星导航和惯性导

航输出的多类信息按照某种最优融合准则进行融合,克服了各自缺点,取长补短,使组合后的导航精度和可靠性均高于两个子系统独立工作的精度和可靠性,实现了在高动态和复杂环境下实时高精度的导航定位,是一种比较理想的组合导航系统,其主要优势体现在:

(1)改善导航系统精度。

对于惯性导航来说,利用卫星导航的长期稳定性与高精度特性,可以实现惯性传感器的校准、惯导系统的动态对准以及高度通道的稳定,从而有效提高惯性导航系统性能。同时惯导信息也送入卫星导航系统中提高信号捕获和跟踪能力、辅助周跳检测以及整周模糊度解算等,提高卫星导航的信号处理和信息处理性能。组合后的导航误差比单独导航系统小,因此能明显提升组合导航系统定位、测速及测姿精度。

(2)提高系统动态和抗干扰性能。

卫星导航在跟踪时的动态应力可以通过惯性导航系统测量的动态大小进行补偿和消除,从而提高卫星导航在动态环境下的跟踪能力,提升其动态性能和抗干扰能力。同时利用惯性导航对载体动态的估计,可以缩短卫星导航捕获卫星的时间以及加快信号失锁后的快速重捕和信号入锁进程,从而提高导航系统动态和抗干扰性能[2-3]。

(3)实现一体化,减小非同步误差。

卫星导航系统和惯性导航系统进行组合时,需要两系统观测量来自同一时刻,这样才能保证组合的结果是正确可靠的。GNSS/INS组合导航系统可以实现硬件架构一体化,把GNSS接收机置入惯性导航系统中,两者靠同一时钟源进行观测量采集,可以使系统的体积、质量和成本大幅度减小,且便于惯性导航系统和卫星导航系统同步,减小非同步误差,提升组合导航系统性能。

(4)增加系统冗余度,提高容错能力。

卫星导航系统和惯性导航系统对同一载体进行观测可获得导航冗余信息,增加整个系统冗余度,对异常导航信息的监测能力也得到增强。组合导航系统能够在单个子系统出现问题的状况下保持整个组合系统正常工作,系统容错能力大大提升,系统可靠性也进一步增强。

(5)导航信息全,输出更新率高。

组合导航系统和单一卫星导航系统相比,除了可输出载体三维位置和速度信息外,还可以输出加速度、姿态和航向信息。在数据更新率方面,目前卫星导航系统数据更新率在10Hz以内,高性能卫星导航系统数据更新率可达到50Hz以上,但是价格较为昂贵。GNSS/INS组合导航系统数据更新率均能够达到100Hz甚至更高。

(6)进一步降低系统成本。

GNSS/INS组合导航系统通过误差补偿和消除能够获得比原有子系统更高的测量精度[4]。在保证同等测量精度的前提下,GNSS/INS组合导航系统中的各子系统可以降低器件精度要求。无论是陀螺仪还是加速度计,器件精度的降低意味着成本降低，因此，优化的组合导航系统可以显著降低系统成本。

GNSS/INS 组合导航系统作为导航领域的重要组成部分，已经成为国际上的一个研究热点。近年来受无人驾驶、高动态、抗干扰、高精度导航需求的推动，组合导航技术已成为导航领域最具潜力的发展方向。加快和深入研究组合导航技术对我国导航领域的发展具有重要的战略意义[5]。伴随着巨大的市场需求，组合导航系统尤其是高精度 GNSS/INS 组合定位及测姿系统将会成为促进现代导航位置服务产业发展的核心推动力。目前，组合导航系统已在城市测绘、无人驾驶、通用航空、军事航天、精准农业等各领域得到广泛应用，有力地促进了导航与位置服务产业的发展，具有巨大的发展前景和商业价值。

8.1 城市测绘应用

城市测绘是研究城市建设过程中勘察、设计、施工等阶段测量工作的科学。合理高效的城市测绘可以更好地为城市发展和建设保驾护航。精确的时空信息获取是城市测绘必不可少的环节。针对 GNSS/INS 组合定位及测姿技术在城市测绘领域的应用，主要分析以下几个典型应用案例。

8.1.1 智慧城市测绘应用

随着社会主义市场经济的发展与改革开放进程的不断推进，我国城市规模逐渐扩大。城市测绘作为城市规划中的重要组成部分，在提升城市规划质量和建设质量等方面发挥着至关重要的作用，同时测绘工作在国民经济发展中也起着重要的基础性作用。我国的测绘工作正朝着以地理信息系统（GIS）、遥感技术（RS）、全球定位系统（GPS）和卫星通信技术为支撑的战略新型产业化方向快速发展。“数字城市”和“数字地球”理念陆续提出，我国城市数字化以及地球信息化进程不断加快，地球空间信息科学与产业领域、工业领域、交通领域以及信息技术领域等众多领域对城市三维空间信息的需求日益增长，基于测绘技术的空间信息数据获取与更新的制约问题日益明显。

时空数据的实时性、质量和内容好坏，直接影响信息服务质量，现有地理信息更新手段严重滞后于高速增长的精细化信息服务需求。我国经济的高速增长使得地面基础设施建设发生着日新月异的变化。对于北京、上海这样的大型城市，每年有相当比例的地图内容需要更新。采用传统测绘方法更新地图需要半年甚至一年以上时间，根本无法适应现实需要。因此，传统测绘与地图更新方式已成为制约中国地理信息产业发展的瓶颈。发展先进的科技手段，加快城市测绘的地理数据更新已是当务之急。

在城市移动测量中，获取车辆实时位置与姿态是整合测量数据的关键，只有将实时的位置姿态测量更加精准，才能更快速准确地整合所有测绘数据。卫星导航系统作为一种便捷的高精度测量手段扮演着越来越重要的角色。在现代化城市中高楼林立,立交桥、隧道、绿化树木等对 GNSS 信号遮挡严重并存在大量多径信号,对时空信息的获取造成了很大困难。另外城市中各种通信设施导致电磁环境极为恶劣,各种干扰对卫星导航系统的接收能力带来了极大挑战。为了解决以上难题,利用卫星导航和惯性导航两者的互补性,GNSS/INS 组合定位及测姿系统是一种理想的获取高精度位置信息和时间信息的手段。

GNSS/INS 组合定位及测姿技术一方面利用惯性辅助信息提升了 GNSS 信号高灵敏度接收性能,另一方面利用组合滤波器可以实现惯性传感器的误差估计与补偿,如图 8.1 所示。组合导航系统作为高精度位置、速度、姿态测量设备,是城市测绘系统中的核心部件之一,可与航测相机、红外相机、高光谱设备、激光雷达、SAR 等载荷结合起来,装载在汽车、火车、飞行器等不同载体上,在高速移动状态下完成测量与地理信息采集工作,对目标区域进行高效的摄影测量,显著提升地理信息生产能力。通过迅速、及时地获取多频段、多时相、高精度、高分辨率的位置与图像信息,可以快速建立数字高程模型,生成数字正射影像图、数字地形图及可量测实景影像,搭建智慧城市的地理数据基础——城市地理空间框架,如图 8.2 所示。

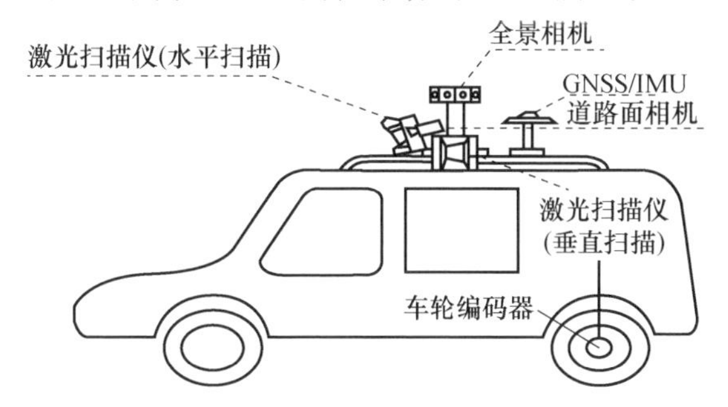

图 8.1　车载移动全景测量系统结构示意图

图 8.2　城市采集影像图

8.1.2　公路测绘应用

高精度 GNSS/INS 组合定位及测姿系统在城市测绘领域中的另一个典型应用是公路测绘应用。为了满足国家对全国公路空间信息管理的需求,提升我国交通地理系统信息化程度，国家测绘地理信息局、联参测绘导航局及交通运输部联合实施了中国公路网导航测绘工程，计划用五年时间完成全国县、乡道路数据采集任务。该任务要求四年内需完成全国县、乡道路约 70 万 km 外业任务。此项工程道路采集已近结束，考虑到全国道路新建速度较快，道路数据采集将是今后一项长期任务。经研究发现，引入高精度 GNSS/INS 组合导航定位测姿系统快速便捷地获取时空位置信息对提高道路测量精度与测量效率起到了关键性的作用。

中国公路网导航测绘工程的县、乡道路数据采集采用准动态导航测量技术获取成果数据，即一台接收机置于基准站，其他仪器置于流动站进行动态测量，事后进行差分数据处理来测绘公路轨迹，流动站上装置有测量型卫星导航接收机。对于公路起止点、道路周围的桥梁、里程碑等附属物设施采用记录时间的方法，通过时间匹配在动态差分数据处理中找出道路附属物位置。此项成果数据处理主要基于 1:5 万地形图，所有成果均采用 WGS-84。在实际测量过程中，由于高层建筑、高大树木等遮挡影响，在作业过程中常引起卫星失锁，导致卫星导航接收机无法记录数据，还存在隧道、电子干扰等导致卫星导航信号无法接收等情况，而惯性导航系统仍能记录数据，在这种情况下，为补充缺少的差分数据，常用导航数据来代替差分数据。而纯惯性导航模式下的数据精度较低，成果精度难以满足技术要求。所以公路测绘应用需要引入高精度 GNSS/INS 组合定位及测姿系统。通过对多个导航系统的定位信息进行数据融合，得到比单个系统性能更好的组合定位性能和更全面的组合定位信息来提高数据测量精度，满足工程测量需要。

高精度 GNSS/INS 组合定位及测姿系统利用传感器和数据处理技术，把具有不同特点的导航系统组合在一起，以达到整体优化的目的。它主要由以下部分构成：①输入装置主要由低成本陀螺仪、车辆里程表及卫星导航接收机等组成，进行角速度、距离及卫星导航数据的采集。②数据处理部分将由传感器接收到的导航信息进行实时综合处理，调用适当组合导航算法进行综合数据处理。③输出装置包括输出接口及各种终端设备，主要进行集中显示和实时输出位置信息。

高精度 GNSS/INS 组合定位及测姿系统中惯性设备采用低成本陀螺仪。通过对车辆航向角变化量和车辆位置变化量的测量，递推出车辆的位置变化，因此能够提供连续的、相对精度很高的定位信息。在车辆定位过程中，车辆运动可以看作是在二维平面上的运动。如果已知车辆的起点位置坐标和初始航向角，通过实时测量车辆的行驶距离和航向角变化，可以推算出车辆每个时刻的二维坐标。由于惯性导航系统自身不能提供车辆的初始位置坐标和初始航向角，无法得到航位推算系统的初始值。在进行航位推算时，随着时间推移和行驶距离增加，其误差逐步累积发散，因此单独的航位推算系统不能用于长时间的独立定位，需要用其他手段对累积误差进行适当补偿。当惯性导航系统与卫星导航系统组合时，卫星导航系统输出绝对位置为惯性导航系统提供航位推算的初始值，并对惯性导航系统进行定位误差的校正和系统参数的修正，同时惯性导航系统的连续推算具有很高的相对精度，可以补偿卫星导

航系统中的随机误差和定位断点,使定位轨迹平滑。因此,高精度 GNSS/INS 组合定位及测姿系统可以帮助解决本工程存在的诸多技术问题。引入高精度 GNSS/INS 组合定位及测姿系统进行公路测绘不仅可以确保公路轨迹的完整性,而且可以较好地解决公路里程及桥梁长度不准确等诸多问题。它主要有以下特点:

(1) 当卫星导航接收机无法接收信号时,高精度 GNSS/INS 组合定位及测姿系统将自动切换到惯性导航工作模式,惯性导航系统经过卫星导航系统的修正,其导航定位精度比未经校正的惯性导航系统精度明显提高。在道路信息采集过程中,每天都有多条道路需要用导航数据补充差分数据,因此采用高精度 GNSS/INS 组合定位及测姿系统对提高成果整体精度有重要意义。

(2) 对于大型桥梁、堤坝等附属物位置的记录,在工程实施中主要依靠记录时间来决定,通过记录时间在差分数据中寻找匹配位置,并计算其长度。实际上大型桥梁、堤坝等附属物的长度计算精度很差,例如,对于 30 多米的桥梁,长度计算结果与用皮尺丈量相比可相差 5 m 左右,实际工作中需要人工用测距仪或皮尺测量。所以对于桥梁等相对位置要求精确的附属物,高精度 GNSS/INS 组合定位及测姿系统可以发挥惯导系统相对位置精度高的优势,可大大加快工作速度。

(3) 对于公路里程计算,采用三维坐标进行累计计算,由于卫星导航系统在高程数据处理方面精度较差,特别是对于山区道路,处理成果与实际长度相差往往较大。采用高精度 GNSS/INS 组合定位及测姿系统,测量结果更加准确。

(4) 当卫星导航系统不能正常工作时(如进入隧道、电子干扰等),高精度 GNSS/INS 组合定位及测姿系统将切换工作模式,进入航迹推算定位模式,这样可以确保载体运动轨迹的完整性。

(5) 高精度 GNSS/INS 组合定位及测姿系统中可采用低成本惯导器件,里程计可采用车辆自带车速传感器,所以高精度 GNSS/INS 组合定位及测姿系统具有成本低、体积小、集成度高等特点,可大批量生产和应用。因此,高精度 GNSS/INS 组合定位及测姿系统是解决工程中诸多技术问题比较理想的方案,能够大幅提高工作效率,具有较高的推广应用价值。

8.1.3 铁路测绘应用

2020 年,全国铁路运营里程已达到 15 万 km,其中高速铁路 3 万 km,建成“四纵四横”高速铁路主骨架,到 2025 年,铁路网规模将达到 17.5 万 km 左右,其中高速铁路 3.8 万 km,基本实现“八纵八横”主通道为骨架、区域连接线衔接、城际铁路补充的高铁路网。随着“走出去”战略,中国未来 10 ~ 20 年将在世界各地建成不少于 2 万 km 的高速铁路。为了保持世界领先,高速铁路发展必须加大对技术创新成果的运用,通过高精度 GNSS/INS 组合定位与测姿技术与高速铁路技术的集成融合,实现高速铁路智能建造、智能装备、智能运营技术水平全面提升,使铁路运营更加安全高效、绿色环保、便捷舒适,推动中国高铁综合技术领跑世界。

我国大规模建设的客运专线设计速度通常在 250km/h 或 300km/h 以上，如此高的运行速度要求铁路轨道具有非常高的平顺性。铁建设 2008[246]号文《关于进一步加强铁路客运专线建设质量管理的指导意见》指出：客运专线应具有高安全性、高平顺性、高稳定性、高可靠性及高精确度五个突出特点。在建成质量目标中更是提出“实车最高检测速度达到设计速度的 110%，开通速度达到设计速度”的高要求。因此，建成后的轨道是否具有满足列车高速运行的高平顺性，成为客运专线建设成败的关键因素。

高速铁路轨道的任务是确保列车按规定速度安全平稳不间断运行，因此轨道几何形态应达到与列车运行相匹配的规定形态。随着客运专线等高速线路的建设，列车速度大幅提高，对轨道几何形态标准要求也越来越高，采用动态检测的周期也越来越短。静态检测目前还不能完全由动态检测来替代，因为静态检测可随时测量轨道的几何形位，指导施工和维修作业。列车运行速度越高，轨道几何形态允许偏差越小，传统的轨道检测工具例如倒尺等已经不能满足测量精度要求，使用轨检小车测量轨道几何形态势在必行，这也是铁路检测工具现代化的重要标志之一，如图 8.3 所示。

通过轨道静态精密检测，可以对铺轨后的轨道平顺性进行量化评价，其评价指标包括轨距、超高、扭曲、平面及高程位置、长短波平顺性等，并针对轨道不平顺点给出调整方案，进而保证线路开通前的轨道处于最佳几何形态。因此，轨道静态精密检测对于建成具有高平顺性的轨道线路以及客运专线能够按照设计的运营速度顺利开通具有十分重要的意义。

图 8.3　组合导航轨检小车

基于 GNSS/INS 组合导航的轨检小车采用了一种新形式的高精度 GNSS/INS 组合定位及测姿系统，其核心器件也是高精度 GNSS 接收机和惯性导航系统。基于 GNSS/INS 的轨道几何形态快速精密测量系统，可以实现较高速度下铁路轨道平顺

性检测,也可用于路基沉降、变形和位移等监测,与传统的测量设备相比检测速度可提高10倍,提高了施工效率,缩短了工期。同时在测量施工时,相比于传统测量手段提高了测量精度,保证了轨道平顺性。在实际应用中,基于GNSS/INS组合导航的轨检小车已经应用于西北地区首条长距离高速铁路——兰新高铁第二双线等一批正在建设的高速铁路建设项目中。对于铁路建设而言,不仅提高了效率,节省了可观的资金和人力成本,而且提高了数据保密性,为中国高铁的工程建设提供了安全保障。

8.2　无人驾驶应用

无人驾驶利用车载传感器来感知车辆周围环境,并根据感知所获得的道路、车辆位置和障碍物信息控制车辆的转向和速度,从而使车辆能够安全、可靠地在道路上行驶。无人驾驶汽车是一种智能汽车,也称为轮式移动机器人,主要依靠车内以计算机为主的智能驾驶仪来实现无人驾驶。无人驾驶汽车具有更好的安全性能,从根本上改变了传统的"人—车—路"闭环控制方式,通过去除不可控的驾驶员从而大大提高交通系统的效率和安全性。

在无人驾驶应用中,高精度GNSS/INS组合定位及测姿系统能够实时对车辆的三维位置、三维速度、三维姿态进行精确测量,这些测量信息可帮助车载计算机进行路径规划、轨迹追踪、车辆转向等车辆控制;同时高精度GNSS/INS组合定位及测姿系统输出高度平滑的轨迹信息,可以有效地减少车辆控制系统误操作。此原理可同步应用于无人驾驶汽车、无人驾驶农业机械等多种无人驾驶领域中。

8.2.1　无人驾驶汽车应用

无人驾驶汽车是一种通过车载传感系统感知道路环境,自动规划行车路线并控制车辆到达预定目标的智能汽车。它利用车载传感器来感知车辆周围环境,并根据感知所获得的道路、车辆位置和障碍物信息,控制车辆的转向和速度,从而使车辆能够安全、可靠地在道路上行驶。无人驾驶集自动控制、体系结构、人工智能、视觉计算等众多技术于一体,是计算机科学、模式识别和智能控制技术高度发展的产物,也是衡量一个国家科研实力和工业水平的重要标志,在国防和国民经济领域具有广阔的应用前景。

从20世纪70年代开始,美国、英国、德国等国家开始进行无人驾驶汽车的研究,在可行性和实用化方面都取得了突破性进展。美国谷歌公司作为最先发展无人驾驶技术的公司,其研制的全自动驾驶汽车能够实现自动行驶与停车。其后,谷歌自动驾驶汽车项目重组为一家名为Waymo的独立公司。Waymo于2017年11月7日对外宣布,将对不配备安全驾驶员的无人驾驶汽车进行测试。除了传统汽车业强国以及谷歌等互联网企业开始无人驾驶汽车的研发并且已取得了相当好的成果之外,苹果、优步等也将业务范围向无人驾驶汽车倾斜。

在国内，无人驾驶汽车已经在上海、北京等地进行路测。2017 年，百度在北京完成真实道路环境下的路测。2018 年在百度人工智能(AI)开发者大会上，百度宣布和金龙客车合作的全球首款 L4 级自动驾驶巴士“阿波龙”正式量产下线。

车辆的高精度定位是无人驾驶的核心技术之一，卫星导航系统在无人驾驶定位中担负着相当重要的职责。无人车在复杂的城市环境中行驶，尤其在大城市，卫星信号多径反射问题明显，卫星定位信息很容易就有几米甚至几十米的误差。对于在有限宽度高速行驶的自动驾驶汽车来说，这样的误差很可能导致交通事故。因此必须借助其他传感器来辅助和提高定位精度。另外卫星导航系统的更新频率低，道路路况瞬息万变，在车辆快速行驶时很难给出及时精准的实时定位信息。惯性导航系统是检测加速度与旋转运动的高频传感器，对惯性传感器数据进行处理后，可以实时得出车辆的位移与转动信息，但惯性传感器自身也存在偏差与噪声等问题。高精度 GNSS/INS 组合定位与测姿技术通过使用基于卡尔曼滤波的传感器融合技术，融合 GNSS 与惯性传感器数据，各取所长，能达到更好的定位效果。由于无人驾驶对可靠性和安全性要求非常高，所以基于 GNSS 和惯性传感器的组合导航方式并非无人驾驶里唯一的定位方式，通常还会融入激光雷达(LiDAR)点云与高精地图匹配、视觉里程计等多种定位方法，让各种定位法互相纠正以达到更精准的组合导航定位及测姿效果，图 8.4 给出了 Waymo 公司的无人驾驶汽车示意图。

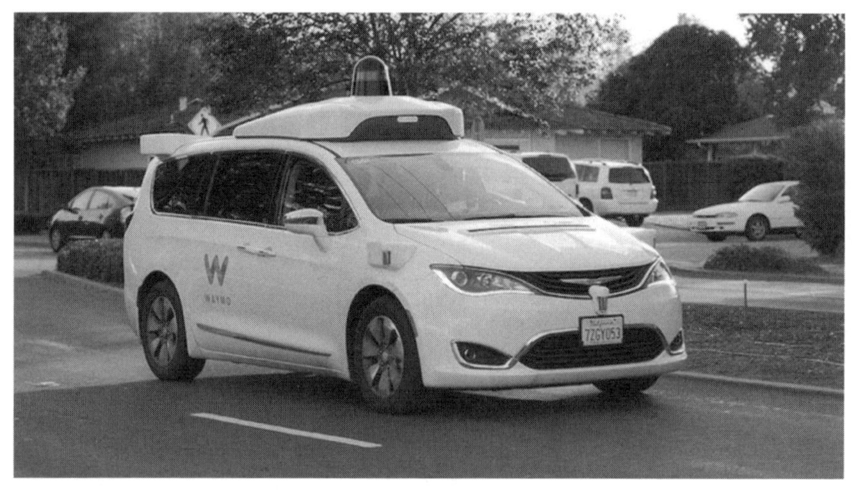

图 8.4　Waymo 公司研制的无人驾驶汽车

8.2.2　无人驾驶农业应用

随着智能时代到来，各行各业都在发生翻天覆地的变化，传统的农业领域也无法躲开这波涛汹涌的浪潮。目前，农业领域正加快与高精度 GNSS/INS 组合定位及测姿技术的融合，使得农业开始进入无人驾驶时代。提起自动驾驶，很多人首先想到的是汽车和卡车等场景，事实上，农业发展也迫切需要自动驾驶与农用机械的结合。无

人驾驶农机的用途很多,可用于翻地、耙地、旋耕、起垄、播种、喷药、收割等作业领域。无人农机技术的研发与推广,势必会为农民生活、农机产业、农业发展带来翻天覆地的变化。目前农业劳动力缺乏,在对农机作业效率要求越来越高的今天,无人驾驶农业机械无疑具有良好的优越性和巨大的市场潜力。

农机自动导航系统是高精度 GNSS/INS 组合定位及测姿技术在农业机械上的典型应用案例。高精度 GNSS/INS 组合定位及测姿系统提供高精度的定位测速以及姿态信息,同时可以提供机械运行方向。农机自动导航系统利用这些导航信息,由控制器对农机的行驶方向、油门进行控制,农机按照设定的路线(直线或曲线)自动行驶,减少作业的遗漏和重叠,提高农机作业质量。农机自动导航系统还可以在夜间和复杂气象条件下作业,提高农机作业效率,降低对机手的技能要求并减轻劳动强度。该系统在起垄、播种、喷药、收获等农田作业时都可以使用,提高了农业作业精度和农产品质量。

国内已经开展了农机自动导航系统的应用,主要应用在插秧机上,插秧机不用人工驾驶照样行驶得平稳可靠,栽出来的秧苗横平竖直棵棵均匀。无人驾驶插秧机采用基于高精度 GNSS/INS 组合定位及测姿技术的自动驾驶系统。最新研制制造的插秧机一秒钟可以调整数次插秧位置,误差仅有 1 ~ 2cm。同时,无人驾驶插秧机还可以在夜间播种作业,有助于延长作业时间,节省人力物力。另外,无人驾驶插秧机还有计亩、定位、作业速度检测等功能,而导航定位数据又可为后期水稻施肥、植保、收获等作业提供精准位置信息,便于提高水稻种植全程精准作业程度。每台无人驾驶插秧机能节省人工成本 50% 以上,图 8.5 给出了无人驾驶插秧机的工作现场示意图。

图 8.5　无人驾驶插秧机示意图

同样的应用案例还有无人驾驶拖拉机(见图 8.6)。拖拉机装有传感器和控制器。传感器完成周围环境的识别与探测,并完成无人驾驶拖拉机的高精度定位。控制器可以自动发出指令控制拖拉机前进、转弯。高精度 GNSS/INS 组合定位及测姿技术将控制器与传感器数据相结合为拖拉机规划无人驾驶线路,实现无人驾驶。无人驾驶拖拉机具备规定区域内的自动路径规划及导航、自动换向、自动刹车、远程启动、远程熄火、自动后动力输出、发动机转速的自动控制、农具的自动控制、障碍物的主动避让和远程控制等功能。获得了高精度的位置信息,无人驾驶拖拉机就可以有规律地进行耕种作业,而且比机手驾驶更快更精准。以 800 亩(1 亩 = 666.67m^2)地为例,采用传统作业方式需要十几个机手连续作业一周,采用无人驾驶拖拉机一天就能干完,同时基本不需要人力资源的投入,作业效率大大提升。

图 8.6 无人驾驶拖拉机示意图

8.3 无人机应用

随着智能化产业的迅速发展,无人机行业逐渐走进人们视线。无人机是一种由动力驱动、机上无人驾驶、可重复使用的航空飞行器。无人机在民用和军事领域都得到广泛应用。民用方面,无人机 + 行业应用是无人机的主要应用模式。目前在航拍、农业、植保、微型自拍、快递运输、灾难救援、观察野生动物、监控传染病、测绘、新闻报道、电力巡检、救灾、影视拍摄等领域开展了大量应用,大大拓展了无人机用途。军事方面,在近期几次局部战争中,无人机均有效执行了包括照相侦察、信号情报搜索、战场损伤评估在内的多种军事任务,作为军队战斗力的倍增器受到各国军方普遍关注,并成为科学研究热点。在美军的网络中心战理论中,无人机以其良好的战场感知能力成为重要环节,图 8.7 给出了美军典型的军用无人机。

无人机组合导航系统由光纤陀螺仪构成的捷联惯导系统、卫星导航定位接收机、组合导航计算机、里程计、高度表等组成。系统实时闭环输出位置和姿态信息,为飞

图8.7　美国"死神"无人机

机提供精确的方向基准和位置坐标,同时根据姿态信息对无人机飞行状态进行实时监测。

无人机导航系统按照要求精度,沿着预定航线在指定时间内正确地引导无人机至目的地。无人机要成功完成预定航行任务,除了起始点和目标位置外,还必须知道无人机的实时位置、航行速度、航向等导航参数。在无人机上采用的导航技术主要包括惯性导航、卫星导航、多普勒导航、地形辅助导航以及地磁导航等。这些导航技术都有各自的优缺点,因此,在无人机导航中,根据无人机承担的不同任务来选择合适的导航定位技术至关重要。

惯性导航系统由于其输出数据平稳,短期稳定性好,自主性强等优势,成为无人机导航领域中最为核心的导航方式,但是惯性导航系统的误差会随时间累积。卫星导航系统易受环境和载体运动影响而丢失信号,但长期稳定性好,是目前最常用的辅助惯性导航的系统。利用INS和GNSS进行组合导航,既能够利用惯性导航的自身优势,又能通过GNSS避免惯性导航中系统误差与随机误差带来的导航定位误差。

对于大部分民用领域来说,考虑到成本因素,组合导航系统以高精度GNSS定位为主,以低成本惯性器件为辅的方案,通过优势互补,既能够满足精度需要,也能够兼顾复杂的应用环境。在GNSS信号良好,只是小范围信号受影响的环境中,这种方案达到的效果更好,更受用户欢迎。除了将GNSS和INS进行组合导航外,还可以应用一些其他相关技术提高精度,比如大气数据辅助、航迹推算技术等。

8.3.1　无人机组合导航航测应用

无人机航测是传统航空摄影测量手段的有力补充,具有机动灵活、高效快速、精细准确、作业成本低、适用范围广、生产周期短等特点。无人机航测在小区域和飞行困难地区进行高分辨率影像快速获取方面具有明显优势。随着无人机与数码相机技术的发展,基于无人机平台的数字航摄技术已显示出其独特优势。无人机与航空摄影测量相结合使得“无人机数字低空遥感”成为航空遥感领域的一个崭新发展方向。无人机航测可广泛应用于国家重大工程建设、灾害应急与处理、国土监察、资源开发、新农村和小城镇建设等方面,尤其在基础测绘、土地资源调查监测、土地利用动态监测、数字城市建设和应急救灾测绘数据获取等方面具有广阔前景。

高精度稳定平台是无人机高分辨率航空遥感系统的重要组成部分。一方面稳定平台用于承载质量较大的遥感载荷,另一方面稳定平台可抵消载荷在方位、横滚和俯仰三个方向传递的角运动,克服载荷姿态变化与外界环境扰动对遥感载荷视轴稳定的影响,确保航空摄影时数字航测相机保持水平,控制数字航测相机航偏角的幅度,从而保持航空摄影相机姿态的稳定,提高航空摄影的质量和效率,同时也能补偿姿态变化带来的相移。

无人机航测主要是由 GNSS 接收机和 INS 集成在一起构成高精度 GNSS/INS 组合定位及测姿系统,用于精确测量无人机稳定平台的空间位置信息。该系统充分发挥了 GNSS/INS 各自优点,通过观测数据的联合处理来提高定位精度。INS 通过 GNSS 校正有效地抑制了误差随时间的累积,同时 INS 定位结果在短时期内有助于解决 GNSS 在动态环境下的周跳以及信号失锁问题。GNSS/INS 联合使用可以提高二者性能,最终提供连续、稳定的高精度位置和姿态参数。具体实际应用形式如下:

1)堆体测量

堆体测量的应用范围非常广泛。矿山、火电厂、建筑工程施工过程中的土堆和沙堆计量,港口码头的散装货物估算,以及粮仓里的粮堆估算等,这些都离不开堆体测量技术。目前堆体测量主要依靠全站仪、盘煤仪、GPS 等测量仪器进行测量,相较于更早之前的完全依赖人工使用皮尺丈量,这些测量手段已经有了长足的进步。如今更为高效、高精度的测量方法是使用无人机测绘并建模。无人机可以预设航线,利用 GNSS/INS 组合导航系统提供的数据在作业区域上空自动作业采集数据,采集完数据后可导入 GIS,一键生成点云及三维模型数据,并据此进行空间距离、体积的测量,或者进行斜面等不规则堆体面积的模拟测量,为工程建设规划和生产作业等提供精确数值参考。

2)隧道检测

传统地铁、铁路和汽车隧道检测需要检测人员深入隧道内部,采用人工排查的方式确认是否有裂痕或漏水等异常情况。这种方式过分依赖人力,效率较低且存在一定的安全风险,作为交通通道的地铁、铁路和汽车隧道,留给检测人员的空档时间非常有限,这就进一步增加了检测工作的难度。采用集成高精度 GNSS/INS 组合定位及测姿系统的无人机搭载高清相机和激光雷达等设备,可以采集隧道内高精度的图像数据并生成三维模型,以供随时调取查看,这不仅能够提供更高的检查精度,还能让工程师有更多的时间专注于对所搜集到的资料进行分析,并快速提出应对措施。

3）桥梁检测

桥梁检测主要是对其外观和结构性能进行检查评定。通常对结构的性能检查是通过一系列力学试验完成的，对其外观进行检查主要依靠肉眼或者辅助工具（如桥检车、望远镜等），检测桥梁构件是否出现裂缝、开裂破损、露筋锈蚀、支座脱空等病害。传统桥梁检测多是利用相关专用仪器对桥梁各个部位进行测量、记录和统计。在此过程中，维护人员需悬挂在桥梁下方，或从高架平台上着手检测。对于特殊结构桥梁（如斜拉桥、悬索桥、钢管混凝土拱桥等）或者大跨高墩桥梁来说，传统检测工具无法派上用场，只能回归人工检测的原始形态。人工检测作业，不仅效率低、难度大、危险系数高，而且检测精细度远远不够，而无人机技术的应用，将在很大程度上解决这一难题。集成了高精度 GNSS/INS 组合定位及测姿系统的无人机可通过相机、激光雷达等设备完成桥梁底面、柱面及横梁等结构面的拍摄取证，同时还可以进行桥梁整体的三维建模，通过模型来测算桥梁的外在结构，供专业人员分析桥梁状态，及时发现险情，可极大减轻桥梁维护人员的工作强度，提高桥梁检测维护效率。

4）文物保护

文物是人类在历史发展过程中遗留下来的遗物、遗迹，是人类宝贵的历史文化遗产。对于大型古村落，可以采用无人机系统迅速完成大范围的数据采集。集成了高精度 GNSS/INS 组合定位及测姿系统的无人机可搭载激光雷达采集古迹图像数据，获取文物点云进行精确重建，建立起实物三维或模型数据库，保存文物原有的各项数据和空间关系等重要资源，实现濒危文物资源的永久保存，进而建立在线浏览的虚拟现实（VR）数字博物馆。

5）无人机植保

植保无人机主要由飞行平台、飞行控制系统、喷洒机构三部分组成，通过飞行控制系统来控制飞行平台按照预定路线进行农药喷洒作业。飞行控制系统按照功能又可分为增稳、半自动和全自动飞控。GNSS 接收机为后两种飞行控制模式提供高精度位置参考和校准，结合机载 INS 输出航向、俯仰、横滚三轴姿态参数，帮助飞行控制系统实现对飞机飞行姿态的控制和调整。同时在作业前也需要高精度 GNSS/INS 组合定位及测姿系统对作业对象进行位置标定，实现自主识别作业范围，提高作业效率。

8.3.2　无人机组合导航技术发展趋势

不管未来军事和民用领域如何发展，无人机代替有人驾驶飞机都是趋势。随着无人机技术的逐渐成熟和各种应用场景不断提出，无人机组合导航技术将面临如下的发展趋势。

1）研制新型惯性导航系统，提高组合导航系统精度

目前已经研制出光纤惯导、激光惯导、微固态惯性仪表等多种方式的惯性导航系统。随着现代微机电系统的飞速发展，硅微陀螺仪和硅微加速度计的研制进展迅速，

其成本低、功耗低、体积小及质量轻的特点很适于无人机组合导航应用。随着先进精密加工工艺的提升和关键理论、技术的突破,会有多种类型的高精度惯导装置出现,组合导航的精度也会随之提高。

2）增加组合因子,提高导航稳定性能

未来无人机导航将对组合导航的稳定性和可靠性提出更高要求,组合导航因子将会有足够的冗余,不再依赖于组合导航系统中的某一项或者某几项技术,当其中的一项或者几项因子因为突发状况不能正常工作时,不会影响到无人机的正常导航功能。

3）研发数据融合新技术,进一步提高组合导航系统性能

组合导航系统的关键模块是卡尔曼滤波器,它利用各导航系统的数据进行数据融合处理。目前研究人员正在研究新的数据融合技术,例如采用自适应滤波技术,在进行滤波时,利用观测数据带来的信息,不断在线估计和修正模型参数、噪声统计特性和状态增益矩阵以提高滤波精度,从而得到对象状态的最优估计值。此外,将神经网络、人工智能、小波变换等各种信息处理方法引入以组合导航为核心的信息融合技术中,这点正在引起人们的高度重视[6-7]。这些新技术一旦研制成功,必将进一步提高组合导航的综合性能。

8.4 民用航空应用

目前民用飞机上装载的大部分是惯性导航和无线电导航系统。随着星基导航系统的发展,民用航空领域也希望采用多种导航手段来提高其可用性、完整性、精确性和连续性。我国北斗三号全球卫星导航系统已经建成,可以满足我国航空事业对卫星导航自主可控的需求,确保我国航空公共信息安全。高精度 GNSS/INS 组合定位及测姿系统在我国民用航空领域具有重要的作用,主要包括飞机航线路径规划、飞机进离场的所需导航性能(RNP)精密导航、机场仪表着陆系统等。

1）在飞机航线路线规划中的应用

区域导航指在地面导航设施范围内的导航,机载导航系统引导飞机在设施范围内按照既定航线飞行。如果陆基导航条件有限,无法搭设地面导航台,则会影响机载导航的服务功能,无法让飞机按照飞行路线飞行。纯惯性导航系统没有卫星导航系统精准定位信息的校准,根本无法完成任务。因此高精度 GNSS/INS 组合定位及测姿系统应用在民航导航系统中,可以打破地面导航对机载导航的限制,提高航空领域的利用率。飞机在飞行导航时,GNSS/INS 组合导航系统结合惯性系统与卫星导航系统的导航信息,让两者相互配合,寻找最佳的飞行路线,从而实现航线点对点的直航,提高飞机飞行效率。

2）在飞机进离场的 RNP 精密导航功能

RNP 技术是利用飞机自身搭载的导航设备和全球卫星导航系统引导飞机起降的技术,是未来航空导航发展方向。飞行员不需要依靠地面导航设施就能按照精准

的定位轨迹进行飞行，即便在能见度很低的情况下，也可以实现精准着陆，提高飞机飞行的安全性和精准性，减少我国航空公司由于天气原因导致飞机航班延误和返航现象的发生，提高飞机飞行效率。RNP 精密导航利用现代飞行计算机、全球卫星导航系统以及惯性传感器，让飞机按照预定航线精确飞行。将高精度 GNSS/INS 组合定位及测姿系统应用在飞机进离场活动中，通过飞行计算机让飞机准确地进入跑道，以避免飞机进离场需要与飞机场地面导航设施配合时，地面导航设施受天气、飞机场等方面因素的制约，进而影响飞机着陆和起飞时间。将 GNSS/INS 组合导航系统应用在我国西部复杂地形、天气多变的机场中，可以改变机场起飞天气标准和最低下降标准。

3）应用于机场仪表着陆系统

飞机仪表着陆系统又称盲降系统。地面导航系统发射两束无线电信号指引飞机向下滑行和向航道航行，帮助飞机建立一条由跑道向空中飞行的虚拟路径。空中飞机通过机载接收设备接收无线电信号，确定飞机和虚拟飞行路径信息，让飞机按照正确的路径方向飞向跑道或者平稳下滑，实现飞机安全着陆。仪表着陆系统让飞机在能见度很低或者飞行员看不到任何参照物的条件下指引飞机着陆，所以被称为盲降系统。盲降系统是机场标准的着陆引导设备。仪表着陆系统由甚高频航向信标台、特高频下滑信标台以及甚高频指点标构成。当航向信标台显示与跑道中心线对准的航向面时，下滑信标会显示下滑面，航向面和下滑面相交的位置就是着陆系统给出的飞机进近着陆的路线。如果飞机下降时低于盲降系统提供的下滑线，盲降系统将向飞行员发布警告信息。

仪表着陆系统在运行过程中，受到地面建筑物、地面与空中反射信号、地面台地形等因素的干扰，无法调整飞机精准度，导致出现空中交通频繁的现象。仪表着陆系统在班次比较少的情况下，可以让飞机实现安全着陆，但在班次降落比较频繁的情况下，系统无法及时做出响应，影响飞机的正常降落。将高精度 GNSS/INS 组合导航技术应用在仪表着陆系统中，可以实现飞机精密导航定位和利用飞行指引进行着陆。精密导航定位可以满足一类盲降要求，并提供飞机水平方向和垂直方向的偏差指引。普通的仪表着陆系统，一条跑道着陆系统只能对应一个同等级的仪表着陆系统进近程序，精密进近着陆系统可以同时对应多个同等级仪表着陆系统进近程序，提高了仪表着陆系统的进近效率和导航服务的精准性。

精密仪表着陆系统具有更强的灵活性和适应性，支持曲线进近，系统可以根据飞机场的实际情况编程进近程序，满足不同类型航空器独立进离场的需求，提高飞机着陆效率和管制效果。精密仪器着陆系统可以满足二类、三类盲降要求，普通仪表着陆系统只能满足一类盲降要求。目前，北京、广州、上海、成都和乌鲁木齐机场的盲降系统可以满足二类盲降要求，其他机场大多数只能实现降低大于 800m 或者跑道视程大于 550m 条件下的盲降。精密仪器着陆系统对飞机盲降系统没有高度限制和外界目视参考要求。

8.5 航天应用

随着空间技术发展,各国对航天器自主以及可重复使用等需求日渐强烈,对导航系统的设计也提出了更高要求。航天器上 GNSS/INS 组合系统能够进行空间姿态固定和轨道测定,为航天器制导提供位置、速度、姿态、姿态角速率和时间等多个输出状态,实现航天器自主轨道确定和姿态确定,如安装在国际空间站上的交互制导信息系统(SIGI)。

航天器上的 GNSS/INS 组合系统应用于航天器的交会对接,也是这方面的典型应用。航天器在空间完成交会对接是一项庞大而复杂的工程。从测量设备来讲,在交会对接过程中要求有绝对准确的测量信息。采用传统手段的各种空间测量设备、系统性能各不相同,难以满足整个交会对接过程中的所有测量要求,使得测量工作变得非常庞大、复杂。在目标航天器与追踪航天器上各安装一台 GNSS/INS 组合系统,则交会对接的大部分阶段的测量任务可由 GNSS/INS 组合系统完成。它具有测量准确、精度高、不受时间限制、系统价格便宜、设备简单、可实现航天器交会自主控制等优点,能够大幅度简化流程。

8.6 军事应用

随着精确制导武器在现代高技术局部战争中的作用日益突出,作为精确制导武器“眼睛”的导航系统也受到更多重视与关注。组合导航技术摆脱了惯性导航系统的精度负担,保留了惯性导航系统的自主性、短时间相对高精度和连续性的优点。由于 GNSS 接收机的高精度特性以及惯性导航系统抗干扰、高自主性以及高可靠性特点,组合导航系统在军事上得到广泛应用,包括导弹制导、保障海上航行、为飞机等武器平台提供导航定位服务、为军事侦察行动提供定位信号等。

1)应用于导弹制导

以美国“战斧”巡航导弹为例,其制导方式就是惯导 + 辅助导航系统。由于美国军用 GPS 精度高,使用方便,美国及其西方盟国都在中制导段采用 GPS 作为惯导的辅助导航系统,而不再采用地形匹配。GPS/INS 组合系统可以用 INS 提供的平台速度信息去辅助 GPS 接收机的载波环路和伪码环路,使其环路带宽设置很窄,从而提高 GPS 接收机的信号/干扰比。同时 GPS/INS 组合制导系统能识别干扰信号的存在,卫星导航/INS 的组合结果可以使接收机抗干扰能力提高 10 ~ 15dB,并在短时间内以较小制导误差精确制导。一体化组合制导不仅提高了武器可靠性,也提高了武器精度。通常其单独用 GPS 制导精度约为 15m,而组合后的制导精度在 10 ~ 13m。

2)保障海上航行安全

舰船导航系统的传统使命是保障舰船海上航行的安全,导航系统精度及工作稳

定可靠将直接关系到舰船和人员的安全。新中国成立初期,我国自行研制设计建造的第一艘万吨级远洋货轮首航日本,由于罗经航向误差过大,计程仪测速超差严重,造成船舶明显偏离计划航线,再加上没有天文、无线电等多种导航手段及时进行校正,以致酿成震惊中外的触礁沉没事故。由此可见,舰船导航仪器性能的优劣将严重影响舰艇海上航行的安危。采用高精度 GNSS/INS 组合导航技术可以充分发挥定位精度高、系统互为备份、战时受损冗余重组的优势,确保在战争中我军海军舰船的航行安全。

3)为飞机等武器平台提供导航定位服务

美国及其北约盟国空军的绝大部分主力战机都换装了以激光陀螺仪为核心的第二代标准惯导系统,其改装重点是以光学陀螺仪为基础的惯性系统嵌入抗干扰卫星导航接收机。这种嵌入式配置不需要在惯性导航系统和卫星导航接收机之间设置另外的安全总线,从而使卫星导航伪距/伪距率数据不会受到威胁信号的干扰。这种组合系统定位精度达到 0.8 海里/h,准备时间也由 15min 减小到 5~8min,系统可靠性从原来的几百小时提升到 2000~4000h。

4)为军事侦察行动提供定位信号

军事侦察的目的在于发现目标,确定目标的位置和评估武器的打击效果。目前很多国家正在利用高空成像技术建立全球地理信息数据库。高空成像系统主要由侦察机、中低轨卫星组成。该系统装备了 GNSS/INS 组合定位装置,利用该装置可以获得位置、速度以及姿态信息以便为军事侦察行动提供相应的时空基准信息。

8.7 未来展望

人类不断前行,技术永无止境。可以预见,未来技术将继续不断发展。导航系统的性能无论从精度、可靠性都将进一步提升,也将有更多方法和手段融入现有导航技术中。GNSS 与 INS 自身特性决定了 GNSS/INS 组合导航在较长时间内仍将作为导航应用的主要方式,但同时可以预见未来将会呈现出如下发展趋势:

1)采用新理论、新方法与新结构进一步提高组合导航的性能

GNSS/INS 组合导航的核心是从各个导航系统的观测值中获取对真实导航参数的最优估计。这要求对组合导航系统模型结构与算法进行研究,包括集中滤波模型、分散滤波模型、联邦卡尔曼滤波模型、多模型卡尔曼滤波以及故障诊断、隔离与系统重构技术等。随着组合导航技术的发展,参与组合导航系统的传感器不断增加,这就需要研究组合导航系统的新结构,以便最有效地利用多源传感器的信息资源。

2)提高各卫星导航的抗干扰性能,进而提高组合导航系统的可靠性

卫星导航系统由于信号弱,易受压制式干扰和欺骗。军事应用时使用卫星导航系统一定会遭到敌方干扰,为此需要解决“在复杂电磁环境下,使己方有效利用卫星导航系统,同时阻止敌方使用该系统”的难题,采取一定措施改进卫星导航抗干扰性

能，以应对敌方可能使用干扰机对己方卫星导航定位系统的干扰。美国已经计划通过增强星上处理能力、改进星上原子钟和利用星历外推算法提高卫星自主工作能力。为进一步提高性能，今后美国将在飞机、船舶、车辆、武器等使用更复杂的高端接收机，包括美军正在研制的空间分集型接收机、调零型接收机、波束成形型接收机等抗干扰军码接收机，通过改进接收机性能提升抗干扰能力。

3）向智能化、可视化方向发展，提高组合导航系统的可操作性

随着 GNSS/INS 组合导航技术的不断发展以及多源融合导航技术的逐渐成熟，为了有效组织和利用组合导航系统的多源传感器信息，不断提高组合导航系统的精度、可靠性与容错性，未来组合导航系统必须具有智能化特征。通过智能化增强系统适应环境的能力和操作人员参与决策及交互的能力，尤其是在车载和机载导航系统中，未来导航系统必将向着智能化与可视化方向发展。

4）向完全无人化迈进，增强组合的深层次信息处理

目前组合导航系统主要是对 GNSS/INS 进行组合，未来组合导航系统将更加强调认知集成而不仅是设备集成，组合导航系统将实现更加深层次的信息处理，充分发挥微处理器的快速计算和推理能力，起到态势分析、危险评估、决策支持、智能导航的作用。在未来 GNSS/INS 组合导航技术发展过程中，认知集成十分重要，组合导航系统在工作过程中一方面需要动态信息，包括 INS 以及 GNSS 接收机等设备实时测量到的载体运动数据以及周围环境的位置以及各种数据；另一方面需要静态信息，包括地图信息、避让法则、路线规划、交通管理规则以及自然环境要素，同时将这些信息做深度融合，并逐步建立、完善、更新相关的知识库，形成真正的智能化导航体系。

随着科技进步，人们对时空信息的精度、可靠性等的要求进一步提升。卫星导航以其低成本、高精度特性，INS 以其完全自主、不受干扰特性，以及两者结合的组合导航系统在各行各业中将会继续发挥重要作用。

参考文献

[1] PARKINSON B W. Global positioning system: theory and applications(volume I)[M]. Washington, DC: American Institute of Aeronautics and Astronautics, 1996.

[2] TSUI J B. Fundamentals of global positioning system receivers: a software approach wiley-interscience[M]. Hoboken: John Wiley & Sons Inc, 2004.

[3] SPILKER J J, PARKINSON B W. Fundamentals of signal tracking theory[J]. Progress in Astronautics and Aeronautics, 1996, 163: 245-328.

[4] VAN DER MERWE R, WAN E A. Sigma-point Kalman filters for integrated navigation[C]//Proceeding of the Institute of Navigation, Dayton, 60th Annual Meeting, June 7-9, 2004.

[5] 康国华，刘建业，熊智．弹道导弹的 GNSS/SST/SINS 组合导航系统研究[J]．武汉大学学报（信息科学版），2006(2)：85-88.

[6] JWO D J, LAI C N. Unscented Kalman filter with nonlinear dynamic process modeling for GPS navigation[J]. GPS Solutions, 2008, 12(4):249-260.

[7] HAN H, WANG J, et al. Performance analysis on carrier phase-based tightly-coupled GPS/BDS/INS integration in GNSS degraded and denied environments[J]. Sensors, 2015, 15(4):8685-8711.

缩 略 语

AHRS	Attitude and Heading Reference System	姿态航向参考系统
AI	Artificial Intelligence	人工智能
AOA	Angle of Arrival	到达角
BDGIM	BeiDou Global Broadcast Ionospheric Delay Correction Model	北斗全球广播电离层延迟修正模型
BDS	BeiDou Navigation Satellite System	北斗卫星导航系统
BDT	BDS Time	北斗时
BFS	Body Frame System	载体坐标系
BIH	Bureau International de I'Heure	国际时间局
BIQUE	Best Invariant Quadratic Unbiased Estimation	最优不变二次无偏估计器
BOC	Binary Offset Carrier	二进制偏移载波
BPSK	Binary Phase-Shift Keying	二进制相移键控
CA	Constant Acceleration	常加速度
CGCS2000	China Geodetic Coordinate System 2000	2000 中国大地坐标系统
CS	Commercial Services	商业服务
CTP	Conventional Terrestrial Pole	协议地球极
CV	Constant Velocity	常速度
DARPA	Defense Advanced Research Projects Agency	美国国防高级研究计划局
DCB	Different Code Bias	差分码偏差
DGNSS	Differential GNSS	差分全球卫星导航系统
DLL	Delay Locked Loop	延迟锁定环
DME	Distance Measuring Equipment	测距设备
DMI	Digital Measurable Images	可量测实景影像
DOP	Dilution of Precision	精度衰减因子
DSP	Digital Signal Processing	数字信号处理器
DZUPT	Dynamic Zero-Velocity Update	动态零速修正

ECEF	Earth Centered Earth Fixed	地心地固(坐标系)
EGNOS	European Geostationary Navigation Overlay Service	欧洲静地轨道卫星导航重叠服务
EKF	Extended Kalman Filter	扩展卡尔曼滤波器
ENU	East North Up	东北天
EOP	Earth Orientation Parameters	地球定向参数
FA	False Alarm	虚警
FARA	Fast Ambiguity Resolution Approach	快速模糊度解算方法
FASF	Fast Ambiguity Search Filter	快速模糊度搜索滤波器
FCB	Fractional Cycle Bias	小数周偏差
FKF	Federal Kalman Filter	联合卡尔曼滤波器
FLL	Frequency Locked Loop	锁频环
FPGA	Field-Programmable Gate Array	现场可编程门阵列
FPS	Firefighter Position System	消防员定位系统
GDOP	Geometric Dilution of Precision	几何精度衰减因子
GEO	Geostationary Earth Orbit	地球静止轨道
GF	Geometry-Free	无几何
GIS	Geographic Information System	地理信息系统
GLONASS	Global Navigation Satellite System	(俄罗斯)全球卫星导航系统
GLONASST	GLONASS Time	GLONASS 时
GNSS	Global Navigation Satellite System	全球卫星导航系统
GPS	Global Positioning System	全球定位系统
GPST	GPS Time	GPS 时
GST	Galileo System Time	Galileo 系统时
GTRF	Galileo Terrestrial Reference Frame	Galileo 地球参考框架
HDOP	Horizontal Dilution of Precision	水平精度衰减因子
HOW	Hand over Word	交接字
IAU	International Astronomical Union	国际天文学联合会
IGSO	Inclined Geosynchronous Orbit	倾斜地球同步轨道
ILS	Instrument Landing System	仪表着陆系统
IMU	Inertial Measurement Unit	惯性测量单元
INS	Inertial Navigation System	惯性导航系统
IRNSS	Indian Regional Navigation Satellite System	印度区域卫星导航系统
ISA	Inertial Sensor Assembly	惯性传感器组件
ITRF	International Terrestrial Reference Frame	国际地球参考框架

LAMBDA	Least-Square Ambiguity Decorrelation Adjustment	最小二乘模糊度降相关平差
LDPC	Low Density Parity Check Code	低密度奇偶校验码
LiDAR	Light Detection and Ranging	激光雷达
LLS	Local Level System	当地地理坐标系
LOS	Line-of-Sight	卫星视线方向
LS-VCE	Least-Squares Variance Component Estimation	最小二乘方差分量估计
LSAST	Least Squares Ambiguity Search Technique	最小二乘模糊度搜索算法
MEDLL	Multipath Estimating Delay Lock Loop	多径估计延迟锁定环
MEMS	Micro-Electro-Mechanical System	微机电系统
MEO	Medium Earth Orbit	中圆地球轨道
MIMU	Miniature Inertial Measurement Unit	微型惯性测量单元
MINQUE	Minimum Norm Quadratic Unbiased Estimation	最小范数二次无偏估计器
MINT	Micro Inertial Navigation Technology	微型化惯性导航技术
MMS	Mobile Mapping System	移动测量系统
MTBF	Mean Time Between Failure	平均故障间隔时间
MW	Melbourne Wubbena	双频码相(组合)
mHRG	Micro-Hemispherical Resonator Gryo	微半球谐振陀螺仪
NCO	Numerically Controlled Oscillator	数字控制振荡器
NED	North East Down	北东地
NNSS	Navy Navigation Satellite System	海军导航卫星系统
NRTK	Network Real Time Kinematic	网络实时动态
OS	Open Service	开放服务
PDI	Pre-Detection Integration	预检测积分
PDOP	Position Dilution of Precision	位置精度衰减因子
PLL	Phase Lock Loop	锁相环
PNT	Positioning, Navigation and Timing	定位、导航与授时
POS	Position and Orientation System	定位定姿系统
PPP	Precise Point Positioning	精密单点定位
PRN	Pseudo Random Noise	伪随机噪声
PRS	Public Regulated Service	公共特许服务
PVT	Position, Velocity and Time	位置、速度和时间
QMBOC	Quadrature Multiplexed Binary Offset Carrier	正交复用 BOC
QZO	Quasi-Zenith Satellite Orbit	准天顶卫星轨道
QZSS	Quasi-Zenith Satellite System	准天顶卫星系统
RDSS	Radio Determination Satellite Service	卫星无线电测定业务

RINEX	Receiver Independent Exchange Format	与接收机无关的交换格式
RMLE	Recursive Maximum Likelihood Estimation	极大似然估计
RMS	Root Mean Square	均方根
RNP	Required Navigation Performance	所需导航性能
RNSS	Radio Navigation Satellite Service	卫星无线电导航业务
RS	Remote Sensing	遥感技术
RTD	Real Time Differential	实时差分
RTK	Real Time Kinematic	实时动态
SAR	Search and Rescue	搜寻与救援
SF	Scale Factor	刻度因子
SIGI	System for Interactive Guidance Information	交互制导信息系统
SINS	Strap-Down Inertial Navigation System	捷联惯导系统
SNR	Signal Noise Ratio	信噪比
SOL	Safety of Life	生命安全
SPAN	Synchronous Position, Attitude and Navigation	同步定位测姿与导航
SRIF	Square-Root Information Filter	均方根信息滤波
TAI	International Atomic Time	国际原子时
TDOA	Time Difference of Arrival	到达时间差
TDOP	Time Dilution of Precision	时间精度衰减因子
TEC	Total Electron Content	电子总含量
TECR	Total Electron Content Rate	电子总含量变化率
TECU	Total Electron Content Unit	电子总含量单位
TLM	Telemetry Word	遥测字
TOA	Time of Arrival	到达时间
UPD	Uncalibrated Phase Delays	未校准的相位硬件延迟
URE	User Range Error	用户测距误差
UT	Universal Time	世界时
UTC	Coordinated Universal Time	协调世界时
VDOP	Vertical Dilution of Precision	垂直精度衰减因子
VOR	Very-High-Frequency Omnidirectional Radio Range	甚高频全向无线电信标
VR	Virtual Reality	虚拟现实
WGS-84	Word Geodetic System 1984	1984 世界大地坐标系
ZUPT	Zero-Velocity Update	零速修正